W0257202

Teubner Studienbücher

Mathematik

Ahlswede/Wegener: **Suchprobleme**
328 Seiten. DM 28,80

Ansorge: **Differenzenapproximationen partieller Anfangswertaufgaben**
298 Seiten. DM 29,80 (LAMM)

Böhmer: **Spline-Funktionen**
Theorie und Anwendungen. 340 Seiten. DM 28,80

Clegg: **Variationsrechnung**
138 Seiten. DM 17,80

Collatz: **Differentialgleichungen**
Eine Einführung unter besonderer Berücksichtigung der Anwendungen
5. Aufl. 226 Seiten. DM 24,80 (LAMM)

Collatz/Krabs: **Approximationstheorie**
Tschebyscheffsche Approximation mit Anwendungen. 208 Seiten. DM 28,–

Constantinescu: **Distributionen und ihre Anwendung in der Physik**
144 Seiten. DM 18,80

Fischer/Sacher: **Einführung in die Algebra**
2. Aufl. 240 Seiten. DM 18,80

Grigorieff: **Numerik gewöhnlicher Differentialgleichungen**
Band 1: Einschrittverfahren. 202 Seiten. DM 16,80
Band 2: Mehrschrittverfahren. 411 Seiten. DM 29,80

Hainzl: **Mathematik für Naturwissenschaftler**
2. Aufl. 311 Seiten. DM 29,– (LAMM)

Hässig: **Graphentheoretische Methoden des Operations Research**
160 Seiten. DM 26,80 (LAMM)

Hilbert: **Grundlagen der Geometrie**
12. Aufl. VII, 271 Seiten. DM 24,80

Jaeger/Wenke: **Lineare Wirtschaftsalgebra**
Eine Einführung
Band 1: vergriffen
Band 2: IV, 160 Seiten. DM 19,80 (LAMM)

Jeggle: **Nichtlineare Funktionalanalysis**
Existenz von Lösungen nichtlinearer Gleichungen. 255 Seiten. DM 24,80

Kall: **Mathematische Methoden des Operations Research**
Eine Einführung. 176 Seiten. DM 22,80 (LAMM)

Kochendörffer: **Determinanten und Matrizen**
IV, 148 Seiten. DM 17,80

Kohlas: **Stochastische Methoden des Operations Research**
192 Seiten. DM 24,80 (LAMM)

Fortsetzung auf der 3. Umschlagseite

Teubner Studienbücher   Mathematik

B. Rauhut / N. Schmitz / E.-W. Zachow
Spieltheorie

Leitfäden der angewandten Mathematik und Mechanik LAMM

Unter Mitwirkung von
Prof. Dr. E. Becker, Darmstadt
Prof. Dr. G. Hotz, Saarbrücken
Prof. Dr. P. Kall, Zürich
Prof. Dr. K. Magnus, München
Prof. Dr. E. Meister, Darmstadt
Prof. Dr. Dr. h. c. F. K. G. Odqvist, Stockholm

herausgegeben von
Prof. Dr. Dr. h. c. H. Görtler, Freiburg

Band 49

Die Lehrbücher dieser Reihe sind einerseits allen mathematischen Theorien und Methoden von grundsätzlicher Bedeutung für die Anwendung der Mathematik gewidmet; andererseits werden auch die Anwendungsgebiete selbst behandelt. Die Bände der Reihe sollen dem Ingenieur und Naturwissenschaftler die Kenntnis der mathematischen Methoden, dem Mathematiker die Kenntnisse der Anwendungsgebiete seiner Wissenschaft zugänglich machen. Die Werke sind für die angehenden Industrie- und Wirtschaftsmathematiker, Ingenieure und Naturwissenschaftler bestimmt, darüber hinaus aber sollen sie den im praktischen Beruf Tätigen zur Fortbildung im Zuge der fortschreitenden Wissenschaft dienen.

Spieltheorie

Eine Einführung in die mathematische
Theorie strategischer Spiele

Von Dr. rer. nat. Burkhard Rauhut
o. Professor an der Technischen Hochschule Aachen

Dr. rer. nat. Norbert Schmitz
o. Professor an der Universität Münster

und Dr. rer. nat. Ernst-Wilhelm Zachow
Akad. Rat an der Universität Münster

Mit 35 Abbildungen, 50 Aufgaben
und zahlreichen Beispielen

 B. G. Teubner Stuttgart 1979

Prof. Dr. rer. nat. Burkhard Rauhut

Geboren 1942 in Berlin. Von 1961 bis 1966 Studium der Mathematik, Physik und Wirtschaftswissenschaften an den Universitäten Berlin (FU) und Göttingen und an der TH Karlsruhe. Diplom in Mathematik 1966 in Göttingen. 1970 Promotion und 1970 Habilitation an der Universität Karlsruhe (TH). 1972 apl. Professor an der Universität Karlsruhe (TH). Seit 1973 o. Professor und Direktor des Instituts für Statistik und Wirtschaftsmathematik der RWTH Aachen.

Prof. Dr. rer. nat. Norbert Schmitz

Geboren 1939 in Münster. Von 1958 bis 1964 Studium der Mathematik und Physik an den Universitäten Münster und München. 1964 Diplom in Mathematik, 1964 Staatsexamen in Mathematik und Physik. 1966 Promotion an der Universität Münster. 1970 Habilitation an der Universität Karlsruhe (TH). Von 1970 bis 1972 Wiss. Rat und Professor an der FU Berlin. Seit 1972 o. Professor und Direktor des Instituts für Mathematische Statistik der Universität Münster.

Dr. rer. nat. Ernst-Wilhelm Zachow

Geboren 1951 in Berlin. Von 1969 bis 1974 Studium der Mathematik an der Universität Münster. 1974 Diplom in Mathematik, 1976 Promotion an der Universität Münster. Seit 1977 Akad. Rat am Institut für Mathematische Statistik der Universität Münster.

CIP-Kurztitelaufnahme der Deutschen Bibliothek

Rauhut, Burkhard:
Spieltheorie : e. Einf. in d. math. Theorie strateg.
Spiele / von Burkard Rauhut, Norbert Schmitz u.
Ernst-Wilhelm Zachow. — Stuttgart : Teubner, 1979. —
    (Leitfäden der angewandten Mathematik und Mechanik ;
    Bd. 49) (Teubner Studienbücher : Mathematik)
    ISBN 978-3-519-02351-7   ISBN 978-3-322-99574-2 (eBook)
    DOI 10.1007/978-3-322-99574-2
NE: Schmitz, Norbert: ; Zachow, Ernst-Wilhelm:

Gesamtherstellung: Beltz Offsetdruck, Hemsbach/Bergstraße
Umschlaggestaltung: W. Koch, Sindelfingen

Vorwort

Die mathematische Theorie strategischer Spiele wurde von dem
Mathematiker J. von Neumann gemeinsam mit dem Wirtschafts-
wissenschaftler O. Morgenstern entwickelt, um eine rationale
Analyse von ökonomischen Interessengegensätzen und sozialen
Konfliktsituationen zu ermöglichen - ihr klassisches und
immer noch fundamentales Werk hat den Titel "Theory of Games
and Economic Behavior" ("Spieltheorie und wirtschaftliches
Verhalten"). So weist die Spieltheorie in besonderer Weise die
beiden Aspekte auf, die eine angewandt-mathematische Disziplin
auszeichnen: Zum einen entstammen die Problemstellungen den
Substanzwissenschaften und die von der Theorie gelieferten Ant-
worten müssen der Überprüfung durch die Praxis gewärtig sein,
zum anderen hat eine formale Präzisierung der Fragestellungen
und eine exakte Behandlung im mathematischen Modell zu erfolgen, um so Aussagen von genereller Gültigkeit zu erhalten.

Bei dem vorliegenden Lehrbuch haben wir versucht, beide Aspekte
gleichrangig zu berücksichtigen: Einerseits haben wir besondere
Sorgfalt auf ausführliche Motivationen, eine detaillierte
Modellbildung, die Behandlung von anschaulichen Beispielen
und die Angabe illustrativer Aufgaben verwendet, andererseits
waren wir bemüht, die Begriffsbildungen, Aussagen und Beweise
auch dann mathematisch exakt zu formulieren, wenn dies einen
etwas größeren "technischen" Aufwand erforderte. Es kann sich
empfehlen, bei einem ersten Lesen umfangreichere Beweise
(z.B. bei den Sätzen (1.23), (1.27), (2.4) und (2.10)) oder die
Behandlung von Detailfragen (z.B. § 4 von Kapitel I und § 5 von
Kapitel III) zu überschlagen. Diesem Hinweis ist teilweise
bereits dadurch Rechnung getragen worden, daß etliche "tech-
nische" Beweise in Kleindruck geschrieben sind; hier gilt jedoch dasselbe wie bei Verträgen - wenn man es genau wissen
will, sollte man auch das Kleingedruckte lesen.

Als einführendes Lehrbuch enthält dieser Text natürlich viele
"klassische" Resultate, jedoch wird der Kenner an etlichen
Stellen auch Ergebnisse registrieren, die hier erstmalig in
Lehrbuchform dargestellt sind. Selbstverständlich konnte aus
der Fülle dessen, was die Spieltheorie heute beinhaltet, nur
eine - subjektiv gefärbte - Auswahl getroffen werden
(einige wichtige Gebiete, die wir aus Platzgründen nicht darstellen konnten, sind zum Abschluß des letzten Kapitels genannt). Die getroffene Auswahl erklärt sich zumindest teilweise daraus, daß dieser Text aus Vorlesungen entstanden ist,
welche die Autoren an der RWTH Aachen und den Universitäten
Berlin, Karlsruhe und Münster gehalten haben - sicherlich
sind auch Einflüsse des akademischen Lehrers der beiden erst-
genannten Autoren, Herrn Prof. Dr. D. Bierlein, erkennbar.
An Vorkenntnissen wurde und wird der Stoff der üblichen
mathematischen Anfänger-Vorlesungen bis zur Wahrscheinlichkeitstheorie vorausgesetzt.

Besonderen Dank möchten wir an dieser Stelle Fräulein
Chr. Sudhaus aus Münster aussprechen, die den vorliegenden
Text mit großer Sorgfalt niedergeschrieben hat, sowie Herrn
Dr. N. Gaffke aus Aachen, der uns durch sein sorgfältiges
Korrekturlesen unterstützt hat. Ebenso danken wir Frau
E. Tummeley für die Anfertigung von Entwürfen zu zahlreichen
Abschnitten.

Aachen und Münster im April 1979

B. Rauhut
N. Schmitz
E.-W. Zachow

INHALT

I. MATHEMATISCHE MODELLE FÜR STRATEGISCHE SPIELE

§ 1 Verbale Beschreibung strategischer Spiele

Das Wort "Spiel" wird in der Umgangssprache in etlichen Bedeutungen benutzt; man sagt beispielsweise "das Schachspiel ist schwerer als das Mühlespiel" oder "das letzte Skatspiel habe ich gewonnen" oder "das Spiel des Pianisten war unerträglich".

Die letzte Art von Spiel werden wir nicht besprechen - ästhetische Gesichtspunkte entziehen sich ebenso wie theologische oder pädagogische Aspekte von "Spielen"[1] weitgehend einer formalen Analyse - für eine mathematische Behandlung bieten sich dagegen Spiele an, deren "Spielregeln" sich präzise beschreiben lassen, wie z.B. die Gesellschaftsspiele Schach, Mühle oder Skat, aber auch der Kauf bzw. Verkauf von Gütern, die Preiskalkulationen auf einem Oligopol-Markt, der Einsatz von Material in militärischen Konflikten u.ä.m.

(1.1) *Ein Spiel ist gekennzeichnet durch die Gesamtheit*
     der Spielregeln.

Um später einfache Erläuterungen geben zu können, seien einige simple Beispiele von Spielen angegeben:

(1.2) *Beispiele:*

a) *"Knobeln":* Es wird eine Münze geworfen; falls "Wappen" erscheint, gewinnt der erste Spieler, sonst der zweite.

b) *"Stein-Schere-Papier":* Zwei Spieler deuten gleichzeitig durch Gebärden einen der drei aufgezählten Gegenstände an

---

[1] Der an solchen Gesichtspunkten interessierte Leser sei auf das Buch *Homo Ludens* von Huizinga [25] verwiesen.

(Stein~Faust; Schere~Spreizen von Zeige- und Mittelfinger;
Papier~flache Hand). Falls beide Spieler denselben Gegen-
stand anzeigen, ist das Spiel unentschieden. Sonst gewinnt
"Stein" gegenüber "Schere" ("Stein schleift Schere"),
"Schere" gegenüber "Papier" ("Schere schneidet Papier")
und "Papier" gegenüber "Stein" ("Papier wickelt Stein
ein").[1)]

c) *"11-er Spiel"*: Zwei Spieler wählen abwechselnd nach
    eigener Wahl eine der Zahlen 1,...,1o; diese werden auf-
    addiert. Derjenige, der als erster die Summe auf 100 oder
    mehr bringt, hat verloren.

d) *"Hölzchen-Spiel"*: Von einem Haufen von ursprünglich
    25 Hölzchen nimmt jeder Spieler Zug um Zug nach eigener
    Wahl 1,...,6 Hölzchen. Sieger ist derjenige, der das
    letzte Hölzchen nimmt.

e) Die Gesellschaftsspiele Schach, Go, Mühle, Dame, Skat,
    Bridge, Poker u.s.w.

Hierbei unterscheidet sich das Spiel "Knobeln" von den anderen
Spielen wesentlich dadurch, daß die Spieler keinerlei Einfluß
auf den Spielausgang nehmen können, ein "kluges" bzw. "dummes"
Verhalten also keine Auswirkungen auf das Ergebnis des Spiels
hat. Solche ausschließlich vom Zufall bestimmten Spiele sind
für unsere Betrachtungen uninteressant - wir wollen vielmehr
gerade nach geschickten Verhaltensweisen der Spieler suchen.

(1.3) *Unter einem strategischen Spiel verstehen wir ein*
       Spiel, bei dem die Spieler Einfluß auf das Ergebnis
       des Spiels nehmen können.
       Eine einzelne Realisierung eines Spiels heißt
       Partie.
       Die einzelnen Entscheidungen der Spieler im Verlauf

[1)] Chinesische Version: Mann ißt Huhn, Huhn frißt Würmer,
      Würmer fressen Mann.

einer Partie heißen Züge.

In diesem Sinne sind also die Beispiele (1.2) b)-e) strategische Spiele; wir werden etwa formulieren "die letzte Skat-
partie habe ich gewonnen" oder "der 23. Zug der vorigen
Schachpartie brachte die Entscheidung" oder "im Rechenzentrum
liegt ein Programm für das Mühle-Spiel vor".

Beim "11-er Spiel" erkennt man sofort, daß der zweite Spieler
einen Gewinnplan besitzt, d.h. er gewinnt bei einem Vorgehen
nach diesem Plan, ohne daß der Gegner (Spieler 1) das verhindern kann: Wählt nämlich Spieler 1 im i-ten Zug die Zahl
x_i, und antwortet Spieler 2 auf diesen Zug mit der Zahl
$y_i = 11-x_i$, so ist

$$\sum_{i=1}^{9} (x_i + y_i) = 99,$$

d.h. im 1o-ten Zug des ersten Spielers wird die Summe $\geq$ 1oo.

Beim "Hölzchen-Spiel" mit zwei Spielern kann sich analog
Spieler 1 den Sieg sichern, indem er zuerst 4 Hölzchen nimmt
und dann im i-ten Zug (i=2,3)

$$x_i = 7-y_{i-1}$$

zieht: Dann bleiben nach x_3 noch sieben Hölzchen übrig, von
denen Spieler 2 mindestens eines und höchstens sechs nehmen
muß.

In diesen Beispielen haben also Spieler 2 bzw. Spieler 1 einen
Verhaltensplan, der ihnen für jede mögliche Situation angibt,
wie sie handeln müssen, um zu gewinnen.

(1.4)   a) *Ein bedingter Befehl ordnet jeder potentiellen
         Information über den Verlauf einer Partie eine
         Anweisung zu, wie der nächste Zug auszuführen ist.*

b) Eine Strategie des Spielers S ist ein Verhaltens-
plan, der für jede Zug-Position des Spielers S einen
bedingten Befehl enthält.

Eine Strategie muß also für jede Situation, in die der Spieler
im Verlauf einer Partie gelangen kann, eine Anweisung geben,
wie der nächste Zug auszuführen ist. Dabei dürfen jeweils alle
Informationen über den bisherigen Partieverlauf, die dem
Spieler gemäß den Spielregeln zur Verfügung stehen, benutzt
werden. Für jeden einzelnen Zug ist also eine Abbildung

potentielle Informationen → zulässige Entscheidungen

anzugeben.

In den beiden oben kurz untersuchten Beispielen waren jeweils
die potentiellen Informationen des Spielers 2 bei seinem
n-ten Zug

$$(x_1, y_1, x_2, \ldots, y_{n-1}, x_n).$$

Diese Spiele haben zwei Besonderheiten: Zum einen ist jeder
Spieler stets über den gesamten vorherigen Verlauf der Partie
vollständig informiert und zum anderen reicht es aus, bei den
Überlegungen bzgl. des nächsten Zuges jeweils nur den gegen-
wärtigen Stand der Partie (Summe der bisher gewählten Zahlen,
Anzahl der verbliebenen Hölzchen) zu berücksichtigen. Am Bei-
spiel des Skatspiels erkennt man sofort, daß diese speziellen
Strukturen im allgemeinen nicht vorliegen.

(1.5)   Ein Spiel heißt Spiel mit vollständiger Information,
wenn jeder Spieler zu jedem Zeitpunkt jeder Partie
vollständig über den bisherigen Verlauf der Partie
informiert ist; anderenfalls spricht man von einem
Spiel mit unvollständiger Information.

Situationen mit unvollständiger Information können insbesondere bei Spielen auftreten, bei denen der Zufall ein
"Mitspieler" ist, d.h. wenn die Spielregeln den Eingriff eines

Zufallsmechanismus in den Spielablauf (z.B. Kartenmischen beim
Skatspiel) vorsehen.

Oftmals ist es jedoch vorteilhaft, auch bei Spielen, für welche
die Spielregeln keine Zufallszüge vorschreiben, "künstlich"
den Zufall "ins Spiel" zu bringen. Betrachten wir dazu das
Beispiel "Stein-Schere-Papier" (1.2)b):

Bezeichnen wir Gewinn mit +,
Verlust mit - und Remis mit o,
so lassen sich die Spielausgänge für Spieler 1 (analog
für Spieler 2) in dem nebenstehenden Schema darstellen.

$_2\diagdown{}^1$	St	Sch	Pa
St	o	-	+
Sch	+	o	-
Pa	-	+	o

Hier ist zunächst kein Zufall im Spiel. Kein Spieler hat eine
Gewinnstrategie, denn falls ein Spieler weiß, was der andere
tut, kann er selbst gewinnen, indem er die geeignete Gegenstrategie wählt. Jeder Spieler muß also versuchen, seine
Strategie möglichst gut vor dem Gegner "geheimzuhalten".
Eine besonders einfache Methode, den nächsten Zug geheimzuhalten, besteht darin, ihn nicht selbst auszuwählen, sondern
- z.B. durch verdecktes Auswürfeln - vom Zufall bestimmen zu
lassen. Durch eine solche "Tarnung" ist ein Umgehen der
"Geheimhaltung" unmöglich. Der Spieler, der so vorgeht, bringt
also selbst den Zufall in seine Verhaltenspläne ein. Dadurch
hat er neue Strategien zur Verfügung, die aus den ursprünglich
gegebenen durch "Mischen" entsprechend der von ihm jeweils
gewählten Wahrscheinlichkeitsverteilung entstehen. Im Gegensatz zu den durch die Spielregeln vorgeschriebenen Zufallszügen hat der Spieler hier aber die Möglichkeit, die Wahrscheinlichkeitsverteilung selbst zu wählen - also Einfluß auf
den "Zufall" zu nehmen.

Bei vielen Gesellschaftsspielen - insbesondere bei Karten-
spielen - treten beide Arten von Zufallszügen auf, z.B. einmal
beim Mischen und Austeilen der Karten (hier ist die

Wahrscheinlichkeitsverteilung meistens durch die Spielregeln
vorgeschrieben und von den Spielern nicht zu beeinflussen),
zum zweiten beim "Verschleiern" der Absichten der Spieler
- sehr deutlich zeigt sich das beim Pokerspiel, wo man die
Gegner bluffen kann.

Im folgenden wird es nun darum gehen, diese bisher nur verbal
geschilderten Situationen zu formalisieren, d.h. mathematische
Modelle für allgemeine Spielsituationen zu entwickeln, und
in diesem Rahmen zu analysieren[1], d.h. nach (in geeignetem
Sinne) "vernünftigen" bzw. "optimalen" Verhaltensweisen zu
suchen.

---

[1] Nach Ansicht eines bekannten Trierer Nationalökonomen
    ist eine Wissenschaft erst dann wirklich entwickelt,
    wenn sie dahin gelangt ist, sich der Mathematik be-
    dienen zu können.

§ 2   Strategien

Im weiteren wird es zunächst um eine Formalisierung der bei
strategischen Spielen vorliegenden Situationen gehen, um diese
einer mathematischen Behandlung zugänglich zu machen.

Ein erstes sehr einfaches Charakteristikum von Spielen ist die
Anzahl der teilnehmenden Spieler. Wenngleich z.B. bei der
Untersuchung von großen Märkten mathematische Modelle mit un-
endlich vielen Spielern eine Rolle spielen (vgl. z.B. Aumann/
Shapley [3], Hildenbrand [24]), so werden wir hier doch nur den
Fall betrachten, daß (nur) endlich viele Spieler an einem
Spiel teilnehmen. Teilnehmer an einem Spiel, die nur über eine
einzige Aktionsmöglichkeit verfügen, werden i.a. nicht als
Spieler bezeichnet, da sie einerseits keinerlei Überlegungen
bzgl. eines rationalen Verhaltens anstellen können und andererseits bei den anderen Spielern keinerlei Unsicherheit über
ihre Vorgehensweise herrscht. Dagegen werden Teilnehmer, die
ihr Verhalten aufeinander abstimmen, d.h. miteinander kooperieren können, jeweils einzeln als Spieler gezählt. Die
Anzahl n der in diesem Sinne an einem Spiel beteiligten Spieler ist also unabhängig davon, ob Kooperation unter den Teilnehmern stattfindet oder nicht. Da für eine Analyse rationalen Verhaltens von Spielern deren Namen usw. keine Rolle
spielen, zählen wir die Spieler einfach ab und bezeichnen
jeden Spieler mit seiner Nummer:

(1.6) $N := \{1, \ldots, n\}$ *bezeichnet die Spielermenge.*

Da viele Spiele mit einem Zufallszug beginnen (es wird z.B.
ausgelost, wer anfängt) oder auch im Spielverlauf Zufallszüge
enthalten sind (z.B. Würfelwürfe beim Mensch-ärgere-Dich-nicht)
ist es häufig zweckmäßig, den Zufall als einen fiktiven
"Spieler" 0 hinzuzunehmen.

Für die Analyse eines Spiels ist vor allem die Gesamtheit der
Entscheidungsmöglichkeiten und somit die Gesamtheit der möglichen Strategien der einzelnen Spieler von Interesse. Hier
bieten sich zur Formalisierung vor allem zwei Darstellungs-

möglichkeiten an:

a) _Spielbäume_

Viele Gesellschaftsspiele verlaufen so, daß zwei oder mehr
Spieler in einer gewissen Reihenfolge abwechselnd "am Zug"
sind. In solchen Fällen liegt es nahe, die Formalisierung in
Form eines "Spielbaumes" vorzunehmen. Dazu betrachten wir zunächst ein sehr einfaches Beispiel:

(1.7) _Beispiel: (Vereinfachtes "Hölzchen-Spiel")_

Von einem Haufen von ursprünglich 6 Hölzchen nehmen zwei Spieler abwechselnd Hölzchen weg und zwar haben sie die Wahl
zwischen einem oder zwei Hölzchen. Wer das letzte Hölzchen
nimmt ist Sieger.

Kennzeichnet man dieses Spiel in einem Diagramm dadurch, daß
man die möglichen Züge als "Kanten" zeichnet, an deren Ende
("Knoten") der andere Spieler seine Züge realisieren kann, so
erhält man:

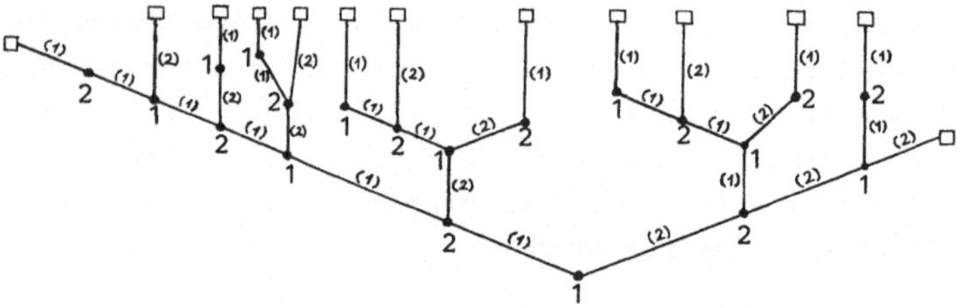

Dabei geben die Zahlen an den Knoten den Spieler an, der in
dem entsprechenden Zustand am Zug ist; die Zahl 1 am Ausgangs-
knoten besagt also, daß Spieler 1 beginnt. Die Zahlen (i) an
den Kanten kennzeichnen, daß i Hölzchen weggenommen werden.

Die Gewinner bei den möglichen Zugkombinationen lassen sich an
dem obigen Diagramm leicht ablesen: Es gewinnt derjenige Spieler, dessen Nummer am Vorgängerknoten des "Endknotens" markiert
ist, der durch diese Zugkombination erreicht wird.

Auch Spiele mit mehr als zwei Spielern lassen sich in dieser
Weise in "Baumform" darstellen: In diesem Fall wird an den
Knoten des Baumes durch $i \in N$ gekennzeichnet, daß der Spieler i
am Zug ist; die möglichen Situationen, in die Spieler i im
Laufe des Spiels gelangen kann, sind also gerade durch die
Knoten des Spielbaums gegeben, an denen die Zahl i notiert
ist.

Die Angabe des Baumes allein reicht jedoch nicht zur ein-
deutigen Charakterisierung eines Spiels aus. Der in Beispiel
(1.7) angegebene Baum ergibt sich nämlich auch, wenn man das
vereinfachte Hölzchenspiel so abändert, daß der erste Zug
beider Spieler "verdeckt" stattfindet.[1] In diesem Fall weiß
Spieler 2 nur, daß er sich in einer der beiden ersten mit
2 markierten Positionen befindet, nicht jedoch in welcher.
Während er bei der ersten Version des Spiels eine Gewinnstrategie besitzt - nämlich $y_1=3-x_1$, $y_2=3-x_2$ -, kann er bei
der zweiten Version den Sieg nicht erzwingen. Die Angabe der
"Informationsstände" wird also für die Charakterisierung eines
Spiels wesentlich sein.

Schließlich hat man noch zu berücksichtigen, daß in vielen
Spielen der - als Spieler O hinzugenommene - Zufall eine Rolle
spielt, der die von den mit O markierten Knoten ausgehenden
Kanten mit bestimmten Wahrscheinlichkeiten "auswählt", und daß
an den Endknoten das Ergebnis der zugehörigen Partie angegeben
werden muß (vgl. dazu § 3).

Für den Fall, daß jeder Spieler bei jedem seiner Züge nur
endlich viele Entscheidungsmöglichkeiten hat und daß eine
feste Obergrenze für die Anzahl der Züge in einer Partie

---

[1] An diesem Beispiel erkennt man auch, daß der Baumaufbau von
unten nach oben i.a. nicht impliziert, daß höher liegende
Knoten zeitlich später realisiert werden als tiefere:
Findet das "verdeckte" Ziehen so statt, daß beide Spieler
gleichzeitig ihre Wahl treffen (z.B. durch Aufschreiben der
gewählten Anzahl), so haben der Anfangsknoten und die
beiden folgenden dasselbe "Zeitniveau".

existiert, liegt nach den obigen Bemerkungen die folgende
mathematische Formalisierung derartiger Spiele nahe:

(1.8) Definition:

Ein <u>endlicher n-Personen Spielbaum</u> ist ein Tripel

$$(X, \mathcal{U}, W_o)$$

bestehend aus

(i)   *einer endlichen teilweise geordneten[1] Menge
       $(X, \leq)$ mit einem minimalen[2] Element x^o derart,
       daß zu jedem $x \in X$ genau eine maximale[3] Kette*

$$x^o < x^1 < \ldots < x^{t-1} < x^t = x$$

von x^o nach x existiert.

*X heißt <u>Baum</u>; die $x \in X$ nennt man <u>Positionen</u>
(Knoten), x^o heißt <u>Anfangs-</u> oder <u>Ausgangsposition</u>;
$t = t(x)$ nennt man den <u>Rang</u> von x; $f: X - \{x^o\} \longrightarrow X$,
$f(x) = x^{t(x)-1}$, ordnet jeder Position $x \in X$ ihren
direkten Vorgänger zu; Positionen x mit $f^{-1}(x) = \emptyset$
heißen <u>Endknoten</u>, die Menge der Endknoten sei mit
E bezeichnet.*

(ii)   *einer in n+1 disjunkte Teilsysteme $\mathcal{U}_o, \mathcal{U}_1, \ldots, \mathcal{U}_n$
       zerlegten disjunkten Überdeckung $\mathcal{U}$ von X-E mit den
       Eigenschaften*

---

[1] Eine Menge X heißt teilweise geordnet durch $\leq$, wenn $\leq$ eine
     reflexive, antisymmetrische, transitive Relation auf X ist.

[2] Ein Element $x^o \in X$ heißt minimal, wenn $\forall x \in X: x^o \leq x$ gilt.

[3] Eine Kette $x^o < x^1 < \ldots < x^t$ heißt maximale Kette von x^o nach x^t,
     wenn $\forall x \in X: (x^o < x < x^t \implies \exists i \in \{1, \ldots, t-1\}: x^i = x)$ gilt; dabei
     sei in naheliegender Weise $x < y: \iff x \leq y \wedge x \neq y$.

(α) $\mathcal{U}_1,\ldots,\mathcal{U}_n \neq \emptyset$;

(β) $x,y\in U\in\mathcal{U} \Rightarrow x \not< y$;

(γ) $x,y\in U\in\mathcal{U} \Rightarrow |f^{-1}(x)|=|f^{-1}(y)|=: m_U$;

(δ) zu $U\in\mathcal{U}$ ist eine bijektive Abbildung

$$g_U\colon U\times\{1,\ldots,m_U\} \longrightarrow f^{-1}(U)$$

gegeben;

(ε) für zwei maximale Ketten $x^o<\ldots<x^{t_1} = x$,

$$x^o=y^o<\ldots<y^{t_2} = y \quad mit\ x,y\in U\in\mathcal{U}_i\ gilt:$$

$$\forall x^j\in V\in\mathcal{U}_i\colon \exists y^k\in V\colon (x^{j+1}=g_V(x^j,l)\Rightarrow y^{k+1}=g_V(y^k,l))$$

$$\forall y^j\in V\in\mathcal{U}_i\colon \exists x^k\in V\colon (y^{j+1}=g_V(y^j,l)\Rightarrow x^{k+1}=g_V(x^k,l)).$$

Die $U\in\mathcal{U}_i$ heißen _Informationsmengen_[1] von Spieler i, $0\leq i\leq n$; die Menge

$$X_i:= \{x\in X;\ \exists U\in\mathcal{U}_i\colon x\in U\}$$

ist die Menge der _Zug-Positionen_ des Spielers i, $0\leq i\leq n$. Für $U\in\mathcal{U}$ heißt $A_U:= \{1,\ldots,m_U\}$ auch die Menge der _Alternativen_ in U.

(iii) einer Familie W_o von Wahrscheinlichkeitsmaßen w_o^U auf $\mathcal{P}(f^{-1}(U))$, $U\in\mathcal{U}_o$;

$$W_o = \{w_o^U;\ U\in\mathcal{U}_o\}$$

heißt _Bewegungsgesetz_ des Spielbaums.[2]

Die Interpretation des Baumes X ist nach den vorherigen Aus-
führungen evident. Die möglicherweise unvollständigen Informationen der Spieler werden durch die Informationsmengen $U\in\mathcal{U}$
erfaßt: $U\in\mathcal{U}_i$ bedeutet, daß der Spieler i zwar bemerkt, wenn er
in eine Position in U gerät, jedoch (für $|U|\geq 2$) nicht über die

---

[1] Die Informationsmengen $U\in\mathcal{U}_o$ des "Zufalls" setzen wir
o.B.d.A. als einelementig voraus – der Zufall "weiß" immer,
in welcher Position er sich befindet.

[2] Wenn kein Zufallseinfluß vorliegt, ist $W_o=\emptyset$; in diesem Fall
wird statt $(X,\mathcal{U},\emptyset)$ auch einfach $(X,\mathcal{U})$ geschrieben.

genaue Position x∈U informiert ist. Für den Fall, daß alle
Informationsmengen einelementig sind, definieren wir:

(1.9) Definition:

> *Ein endlicher n-Personen-Spielbaum $(X, \mathcal{U}, W_o)$ heißt Spiel-*
> *baum mit <u>vollständiger Information</u>, wenn gilt*
> $$\forall U \in \mathcal{U}: \quad |U| = 1,$$
> *sonst Spielbaum mit <u>unvollständiger Information</u>*
> *(vgl. (1.5)).*

Weiterhin besagen unsere Voraussetzungen über $\mathcal{U}$, daß in jeder
Position x∈X, die kein Endknoten ist, gerade genau ein Spieler
am Zug ist, daß weiterhin keine Informationsmenge zwei aufeinander folgende Positionen enthält und daß die Zugmöglichkeiten
(Alternativen) der Spieler nur von ihren Informationsmengen
abhängen; befindet sich der Spieler i in der Position $x \in U \in \mathcal{U}_i$
und wählt er als Alternative $j \in A_U$, so geht die Partie durch
diesen Zug in die Position $g_U(x, j)$ über. Das Bewegungsgesetz
W_o erfaßt die im Spiel enthaltenen Zufallszüge: Befindet sich
eine Partie in der Position $x \in \{x\} = U \in \mathcal{U}_o$, so geht sie mit der
Wahrscheinlichkeit $w_o^U(\{y\})$ in die Position $y \in f^{-1}(x)$ über.
Die Bedingung (ε) in Definition (1.8) beinhaltet schließlich
eine Forderung an die Struktur der Informationsmengen: Wenn
ein Spieler keine Information darüber hat, ob er sich in der
Zug-Position $x \in U \in \mathcal{U}_i$ oder in der Zug-Position $y \in U \in \mathcal{U}_i$ befindet,
so ist er in den maximalen Ketten $x^o < \ldots < x^{t_1} = x$ und
$x^o = y^o < \ldots < y^{t_2} = y$ gleich oft am Zug; außerdem entspricht jeder
Zug-Position $x^j \in V \in \mathcal{U}_i$ (genau) eine Zug-Position $y^k \in V$ derart,
daß, falls durch Wahl der Alternative $l \in A_V$ die Partie von x^j
nach x^{j+1} übergeht, auch y^j durch $l \in A_V$ in y^{j+1} überführt wird.
Der Spieler i ist also weder aufgrund der von ihm selbst ge-
troffenen Entscheidungen noch aufgrund der ihm bei vergangenen
Zügen zur Verfügung stehenden Informationen in der Lage, die
Punkte x und y "zu trennen". Beispielsweise ist es damit ausgeschlossen, daß in einem Spielbaum eine Informationsstruktur
der folgenden Art auftritt:

Hier liegen nämlich x_4 und
x_5 in einer Informationsmenge des Spielers 1 und
für die maximalen Ketten
$x^0 < x_1 < x_4$ bzw. $x^0 < x_2 < x_5$ gilt
$x_1 = g_{\{x^0\}}(x^0,1)$, $x_2 = g_{\{x^0\}}(x^0,2)$,
so daß der erste Spieler schon
aufgrund seiner Entscheidung
im ersten Zug feststellen kann,
ob sich die Partie im Knoten

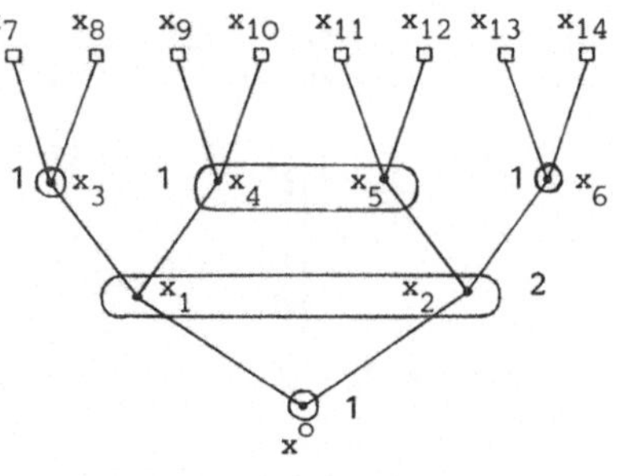

x_4 oder x_5 befindet. Diesem Umstand trägt die Bedingung (ε)
insofern Rechnung, als solche Bäume nicht als Spielbäume zugelassen werden. Ein weiteres Beispiel, an dem sich die Bedingung
(ε) erläutern läßt, wird am Ende des § 4 behandelt werden.

In dem durch Definition (1.8) beschriebenen Modell wird eine
spezielle Partie beschrieben durch eine maximale Kette

$$x^0 < x^1 < \ldots < x^t = x \quad \text{mit} \quad x \in E;$$

es besteht also eine bijektive Beziehung zwischen den Endknoten
und den Partien. Für $x \in E$ nennt man daher $t(x)$ die Länge der in
x endenden Partie. Faßt man also alle Positionen vom Rang t zur
Menge X^t zusammen, so beschreibt die Menge

$$S := \{x = (x^0, \ldots, x^{t(x)}) \in \mathop{\times}_{t=0}^{t(x)} X^t; \ f(x^t) = x^{t-1} \text{ für } 1 \le t \le t(x), \ x^{t(x)} \in E\}$$

alle möglichen Partien.

Nun liegt auch die Präzisierung des Strategie-Begriffs (1.4)
nahe:

<u>(1.10)</u> <u>*Definition:*</u>

> *Es sei $(X, \mathcal{U}, W_0)$ ein endlicher n-Personen-Spielbaum.*
>
> *a) Für $0 \le i \le n$ heißt*
>
> $$S_i := \begin{cases} \mathop{\times}\limits_{U \in \mathcal{U}_i} A_U & \text{falls } X_i \ne \emptyset \\ \\ \emptyset & \text{falls } X_i = \emptyset \end{cases}$$

Menge der <u>reinen Strategien</u> des Spielers i.

(Wegen (1.8)(ii)(a) ist $S_i \neq \emptyset$ für $1 \leq i \leq n$.)

$$
b) \qquad \sum := \begin{cases} \displaystyle\mathop{\times}_{i=0}^{n} S_i & \text{falls} \quad S_0 \neq \emptyset \\[2ex] \displaystyle\mathop{\times}_{i=1}^{n} S_i & \text{falls} \quad S_0 = \emptyset \end{cases}
$$

heißt die Menge der <u>Situationen</u> von Γ.

Eine reine Strategie $\sigma_i \in S_i$ des Spielers i ist also ein
Vektor, der in jeder Komponente - d.h. für jede Informations-
menge $U \in \mathcal{U}_i$ - aus einer Alternative in U besteht: Wählt der
Spieler i die reine Strategie

$$
\sigma_i = (\sigma_i^{U_1}, \ldots, \sigma_i^{U_{u_i}}), \quad u_i := |\mathcal{U}_i|,
$$

und gerät die Partie in die Position $x \in U$, so geht sie in die
Position $g_U(x, \sigma_i^U)$ über.

Die Situationen $\sigma \in \sum$ geben die möglichen Kombinationen von
reinen Strategien der Spieler i, $0 \leq i \leq n$, an; jede Situation
beschreibt also den Verlauf einer möglichen Partie. Zur Veranschaulichung betrachten wir zunächst einige Beispiele:

(1.11) Beispiele:

a) Vereinfachtes "Hölzchen-Spiel" (Beispiel (1.7))

Um dieses Spiel in Form eines endlichen 2-Personen-Spielbaums
darzustellen, braucht man lediglich das bereits in (1.7) angegebene Diagramm zu vervollständigen:

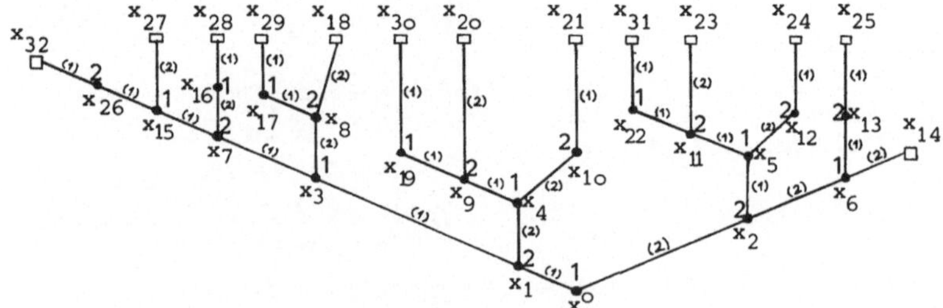

Als Baum definieren wir $X := \{x^O, x_1, \ldots, x_{32}\}$. X wird geordnet
durch

$$x \leq y :\Longleftrightarrow \text{"x liegt auf dem Weg von } x^O \text{ nach } y\text{"} \quad {}^{1)},$$

so daß x^O minimales Element von X ist. Damit läßt sich der
Rang jeder Position $x \in X$ bestimmen; beispielsweise ist für x_{22}
die durch $x^1 = x_2$, $x^2 = x_5$, $x^3 = x_{11}$, $x^4 = x_{22}$ definierte Kette
$x^O < x^1 \ldots < x^4$ eine maximale Kette von x^O nach x_{22} und somit
$t(x_{22}) = 4$. Die Menge der Endknoten ist
$E = \{x_{14}, x_{18}, x_{2o}, x_{21}, x_{23}, x_{24}, x_{25}, x_{27}, \ldots, x_{32}\}$; da bei diesem
Spiel der Zufall keine Rolle spielt, ist $\mathcal{U}_o = \emptyset$ und weil
jeder Spieler zu jedem Zeitpunkt jeder Partie vollständig über
den gesamten bisherigen Partieverlauf informiert ist, sind
alle Informationsmengen $U \in \mathcal{U}_1 \cup \mathcal{U}_2$ einelementig:

$$\mathcal{U}_1 = \{\{x^O\}, \{x_3\}, \{x_4\}, \{x_5\}, \{x_6\}, \{x_{15}\}, \{x_{16}\}, \{x_{17}\}, \{x_{19}\}, \{x_{22}\}\}$$

$$\mathcal{U}_2 = \{\{x_1\}, \{x_2\}, \{x_7\}, \{x_8\}, \{x_9\}, \{x_{1o}\}, \{x_{11}\}, \{x_{12}\}, \{x_{13}\}, \{x_{26}\}\}.$$

Als Mengen von reinen Strategien erhalten wir $S_o = \emptyset$,
$S_1 = \{(1),(2)\}^6 \times \{(1)\}^4$, $S_2 = \{(1),(2)\}^5 \times \{(1)\} \times \{(1),(2)\} \times \{(1)\}^3$
und als Menge der Situationen $\sum = S_1 \times S_2$. Eine solche
Situation ist z.B.

$$\sigma = ((2),(1),(1),(2),\underbrace{(1),\ldots,(1)}_{6 \text{ mal}},(2),(1),(1),(2),(2),(1),(2),(1),(1),(1)),$$

sie entspricht in dem oben angegebenen Baumschema einer Partie,
deren Verlauf durch die (maximale) Kette

$$x^O < x_2 < x_5 < x_{12} < x_{24}$$

beschrieben wird.

b) *"Stein-Schere-Papier"* (Beispiel (1.2)b)

Auch dieses Spiel läßt sich in Form eines endlichen 2-Personen-
Spielbaums (ohne Zufallseinfluß) darstellen; mit der

---

[1] Wir verzichten an dieser Stelle auf die formal korrekte
explizite Angabe von $\leq$, die man sofort mit Hilfe des obigen
Baumdiagramms erhalten kann.

Identifikation
Stein ~ 1, Schere ~ 2,
Papier ~ 3 läßt sich
die nebenstehende
"Baumdarstellung" angeben:
X-E besteht aus den Punkten
x^o, x_1, x_2, x_3; wegen des
"gleichzeitigen Zeigens"

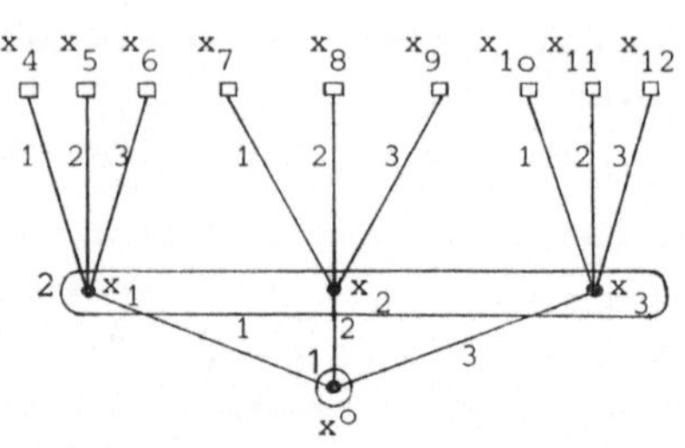

gilt $\mathcal{U}_1 = \{\{x^o\}\}$, $\mathcal{U}_2 = \{\{x_1,x_2,x_3\}\}$. Bei beiden Spielern gilt
für die Mengen der reinen Strategien

$$S_i = \{1,2,3\}, \quad i=1,2;$$

die Menge der Spielsituationen ist also

$$\sum = \{(j,k); \ j,k \in \{1,2,3\}\}.$$

c) *"Zwei-Finger-Morra"* (mit Auswürfeln der Positionen)

Zunächst wird eine Münze geworfen, die mit der Wahrscheinlichkeit p Kopf zeigt, sonst Wappen. Dann heben zwei Spieler
gleichzeitig einen oder zwei Finger. Falls "Kopf" gefallen
war, ergibt sich die folgende Auszahlung: Stimmen die gezeigten
Anzahlen überein, so erhält der Spieler 1 vom Spieler 2
soviele Geldeinheiten, wie Finger gezeigt wurden, stimmen sie
nicht überein, so erhält Spieler 2 diese Anzahl (d.h. 3) Geldeinheiten vom Spieler 1. Wenn "Wappen" gefallen war, vertauschen sich die Rollen von Spieler 1 und 2.

Zu diesem Spiel, bei dem
ein Zufallseinfluß gegeben
ist, kann man sofort die
folgende "Baumdarstellung"
angeben mit

$\mathcal{U}_o = \{\{x^o\}\}$, $\mathcal{U}_1 = \{\{x_1\},\{x_2\}\}$,

$\mathcal{U}_2 = \{\{x_3,x_4\},\{x_5,x_6\}\}$ und

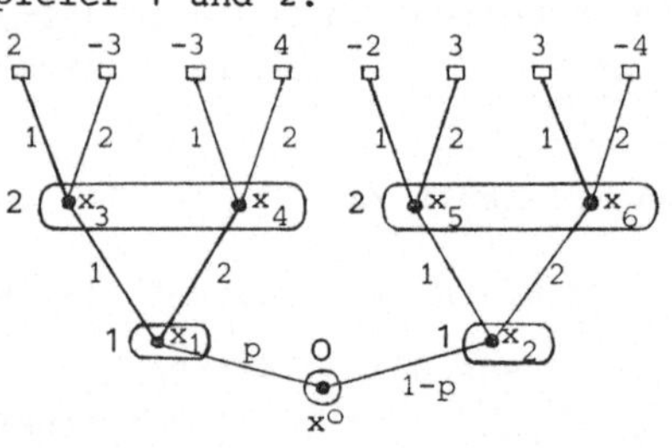

den an den Endknoten angegebenen Zahlungen von Spieler 2 an
Spieler 1. An diesem Beispiel erkennt man, daß die formale
Beschreibung eines Spiels durch einen n-Personen-Spielbaum
i.a. unvollständig ist, da noch eine "Bewertung" der möglichen

Spielausgänge fehlt. Auf diesen Aspekt werden wir in §3 zurück-
kommen. $\square$

Die Beispiele (1.11) zeigen, daß man den Ablauf eines Spiels
auf verschiedene Arten in Form eines n-Personen-Spielbaums im
Sinne der Definition (1.8) darstellen kann. So beschreibt der
folgende Baum ebenso wie der in (1.11) b) angegebene das Spiel
"Stein-Schere-Papier". 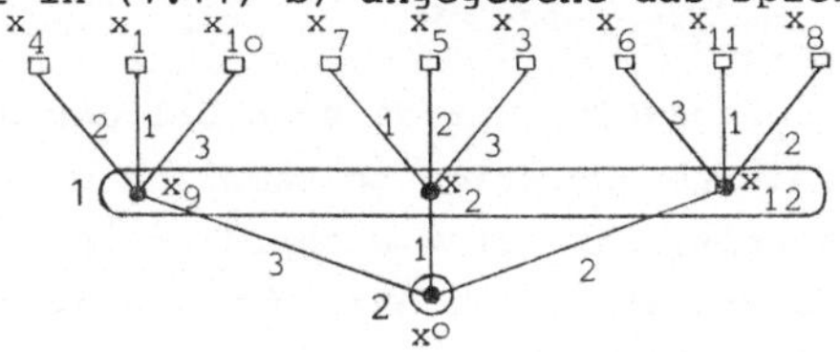
Es erscheint deshalb ange-
bracht, die aus beiden
Baumschemata erhaltenen
Spiele zu "identifizieren".

<u>(1.12)</u> <u>Anmerkung:</u> (Äquivalenz von n-Personen-Spielbäumen)

Sind $(X, \mathcal{U}, W_0)$ und $(X^*, \mathcal{U}^*, W_0^*)$ zwei endliche n-Personen-
Spielbäume (X teilweise geordnet durch $\leq$ mit Vorgängerfunk-
tion f, X^* teilweise geordnet durch $\leq^*$ mit Vorgängerfunktion
f^*), für die gilt

(i) $\exists \varphi: X \longrightarrow X^*$ bijektiv: $\forall x, y \in X: (x \leq y \Leftrightarrow \varphi(x) \leq^* \varphi(y))$,

(ii) $\exists \pi: \{0, \dots, n\} \longrightarrow \{0, \dots, n\}$ Permutation:
$(\mathcal{U}_0^* = \{\{\varphi(x)\}; \ x \in U \in \mathcal{U}_{\pi(0)}\} \ \wedge \ \forall 1 \leq i \leq n: \mathcal{U}_i^* = \{\varphi(U); \ U \in \mathcal{U}_{\pi(i)}\})$,

(iii) $\forall 1 \leq i \leq n: (\forall U^* \in \mathcal{U}_i^*: \ \exists U \in \mathcal{U}_i: (m_{U^*} = m_U \wedge \{y^* \in E \ ; \exists x^* \in U^*: x^* \leq^* y^*\}$

$= \varphi(\{y \in E; \ \exists x \in U: x \leq y\})) \wedge \forall U \in \mathcal{U}_i: \ \exists U^* \in \mathcal{U}_i^*: (m_{U^*} = m_U$

$\wedge \{y^* \in E^*; \ \exists x^* \in U^*: x^* \leq^* y^*\} = \varphi(\{y \in E; \ \exists x \in U: x \leq y\}))),$

(iv) $\forall \{x^*\} \in \mathcal{U}_0^*: \ \exists \{x\} \in \mathcal{U}_0: (m_{\{x^*\}} = m_{\{x\}} \wedge \forall 1 \leq j \leq m_{\{x\}}:$

$w_0^{*\{x^*\}}(\{g_{\{x^*\}}^*(x^*, j)\}) = w_0^{\{x\}}(\{g_{\{x\}}(x, j)\})$

$\wedge \{y^* \in E^*; \ x^* \leq^* y^*\} \cup \{y^* \in E^*; \ \exists x^{**} \in X^*: (f^*(x^*), x^{**} \in U^* \in \mathcal{U}^* \wedge x^{**} \leq^* y^*)\}$

$= \varphi(\{y \in E; \ x \leq y\} \cup \{y \in E; \ \exists x' \in X: (f(x), x' \in U \in \mathcal{U} \wedge x' \leq y)\})) \wedge$

$\forall \{x\} \in \mathcal{U}_0: \ \exists \{x^*\} \in \mathcal{U}_0^*: \ (m_{\{x^*\}} = m_{\{x\}} \wedge \forall 1 \leq j \leq m_{\{x\}}:$

$$w_o^{*\{x^*\}}(\{g_{\{x^*\}}^*(x^*,j)\}) = w_o^{\{x\}}(\{g_{\{x\}}(x,j)\})$$

$$\wedge \{y^*\in E^*;\ x^*\leq^* y^*\}\cup\{y^*\in E^*;\ \exists x^{**}\in X^*:(f^*(x^*),x^{**}\in U^*\in \mathcal{U}^* \wedge x^{**}\leq^* y^*)\}$$

$$= \varphi(\{y\in E;\ x\leq y\}\cup\{y\in E;\ \exists x'\in X:(f(x),x'\in U\in \mathcal{U} \wedge x'\leq y)\})),$$

so heißen $(X,\mathcal{U},W_o)$ und $(X^*,\mathcal{U}^*,W_o^*)$ äquivalent.

Der Nachweis, daß es sich bei der durch (1.12)(i)-(iv) definierten Relation tatsächlich um eine Äquivalenzrelation
handelt, ist durch Nachprüfen von Reflexivität, Symmetrie
und Transitivität ohne große Schwierigkeiten zu führen. Wir
wollen hier jedoch auf diesen Nachweis verzichten und stattdessen die Bedingungen (1.12)(i)-(iv) erläutern:

Eine Umbenennung der Knoten im Baumschema eines Spiels wird
durch die in (i) erwähnte bijektive Abbildung $\varphi:\ X \longrightarrow X^*$
beschrieben. Die in (ii) genannte Permutation π beschreibt
eine (zeitliche) Vertauschung der Zug-Positionen der Spieler,
wobei für die Spieler $1,\ldots,n$ die Informationsstruktur der
Mengensysteme $\mathcal{U}_{\pi(1)},\ldots,\mathcal{U}_{\pi(n)}$ erhalten bleibt. Bedingung (iii)
stellt sicher, daß beim Vertauschen der Zug-Positionen zu
jeder Informationsmenge des i-ten Spielers in dem einen Spiel
eine "entsprechende" Informationsmenge desselben Spielers im
anderen Spiel gefunden werden kann derart, daß die beiden zugehörigen Mengen der Alternativen gleich sind und aus beiden
Informationsmengen auch (bis auf Umbenennung durch φ) die gleichen
Endpunkte in den beiden Spielbäumen erreicht werden können
(d.h. daß kein Spieler durch die Vertauschung der Zug-Positionen irgendwelche Information über den Verlauf der Partie
"gewinnt" bzw. "verliert"). Schließlich befaßt sich (iv) mit
der "Verlegung" der in beiden Spielen auszuführenden Zufallsexperimente. Es wird verlangt, daß eine "Verlegung" in dem
Sinne irrelevant ist, als die Zahl der möglichen Ergebnisse
des Experiments gleich bleiben soll ebenso wie die Wahrscheinlichkeiten, mit denen die einzelnen Ergebnisse auftreten. Außerdem soll für die Spieler $1,\ldots,n$ durch die "Verlegung" kein

"Informationsgewinn" bzw. "-verlust" auftreten, was wie folgt
ausgedrückt wird: Sind $x \in X$ und $x^* \in X^*$ Punkte, in denen "einander entsprechende" Zufallsexperimente stattfinden, so sollen
die von x^* und den Punkten aus der Informationsmenge des Vorgängers von x^* erreichbaren Endpunkte in E (bis auf Umbenennung durch φ) übereinstimmen mit den· von x und den Punkten
aus der Informationsmenge des Vorgängers von x erreichbaren
Endpunkten in E.

Eine schärfere Definition von endlichen n-Personen-Spielbäumen würde also die Äquivalenzklassen bzgl. der in (1.12)
definierten Äquivalenzrelation beinhalten; da jedoch im folgenden die Aussagen stets für alle Repräsentanten dieser
Äquivalenzklassen gemacht werden, erübrigt sich diese Unterscheidung.

In unserer verbalen Einführung hatten wir bereits angemerkt,
daß z.B. beim Spiel "Stein-Schere-Papier" beide Spieler versuchen werden, ihre Strategie vor dem Gegner geheimzuhalten,
und daß sie dies erreichen können, indem sie "künstlich" den
Zufall "ins Spiel" bringen. Diese Vorgehensweise erfassen wir
in unserem Modell dadurch, daß wir zulassen, daß die Spieler
nicht nur über ihre reinen Strategien verfügen können, sondern
diese auch noch mit (beliebig wählbaren) Wahrscheinlichkeiten
mischen dürfen:

(1.13) *Definition:*

 a) $P_i := \{p;\ p$ *ist Wahrscheinlichkeitsmaß auf*

    $(S_i, \mathcal{P}(S_i))\}$ *heißt Menge der* <u>*gemischten*</u>

  <u>*Strategien*</u> *des Spielers i,* $1 \leq i \leq n$.

 b) $B_i := \underset{U \in \mathcal{U}_i}{\times} \{p^U;\ p^U$ *ist W-maß auf* $(A_U, \mathcal{P}(A_U))\}$

   heißt Menge der <u>*Verhaltensstrategien*</u> *des*
   Spielers i, $1 \leq i \leq n$.

Während also der Spieler i bei einer gemischten Strategie $p \in P_i$ seine reinen Strategien $\sigma \in S_i$ gemäß dem Wahrscheinlichkeitsmaß p "mischt", wählt er bei einer Verhaltensstrategie $b \in B_i$ in jeder Informationsmenge $U \in \mathcal{U}_i$ getrennt die Alternative gemäß p^U und setzt diese zu einer "Gesamtmischung" zusammen. Es wird sich zeigen (§4), daß die beiden "Mischungsarten" (für endliche n-Personen-Spielbäume) in einem noch zu präzisierenden Sinne äquivalent sind.

b) Strategien-Normalformen

Wenngleich sich etliche Konfliktsituationen mit Hilfe von endlichen n-Personen-Spielbäumen darstellen lassen, so führen doch viele praktische Probleme auf Situationen, die nicht in dieser anschaulichen Art "bildlich" beschrieben werden können. Zwei kleine Beispiele mögen die Situation klären helfen:

(1.14) Beispiele:

a) Ein Ruinspiel.
Zwei Spieler besitzen zu Beginn ihres Spiels Anfangsvermögen V_1 bzw. V_2. Sie spielen Zwei-Finger-Morra, bis einer der Spieler ruiniert, d.h. zahlungsunfähig geworden ist; der ruinierte Spieler hat dann (endgültig) verloren, der andere gewonnen. Hier liegt zwar für jedes einzelne "Teilspiel" die oben behandelte Struktur vor, da aber (zumindest potentiell) unendlich viele Teilspiele stattfinden können, haben wir keinen endlichen Baum mehr.

b) Ein Zeitspiel.
Django und Ringo lieben dasselbe Mädchen. Um die Situation zu klären, verabreden sie das folgende "Spiel":
Jeder erhält eine Pistole mit einem Schuß. Sie stellen sich dann an den beiden Enden der 1 km langen Straße vom Saloon

zum Bahnhof auf und gehen auf ein Signal des Mädchens hin
langsam aufeinander zu. Dabei versuchen sie, den anderen mit
ihrer Kugel zu treffen, wobei Django mit Wahrscheinlichkeit
$P(x)$ und Ringo mit Wahrscheinlichkeit $Q(x)$ aus einer Entfernung von x km trifft. Über die Trefferwahrscheinlichkeiten der
beiden Rivalen sei noch folgendes bekannt:
$P(1) = Q(1) = 0$, $P(0) = Q(0) = 1$, P und Q sind stetig und
streng monoton fallend in $[0;1]$. (Wenn beide dieses "Spiel"
überleben, bleibt die Situation "leider" vorerst ungeklärt.)

In diesem "Spiel" stehen beide Spieler vor dem Dilemma, einerseits den Zeitpunkt ihres Schusses möglichst lange hinauszu-
zögern, andererseits aber noch zeitig genug abzudrücken, weil
sie sonst möglicherweise dazu nicht mehr in der Lage sein
werden. Jeder der beiden Spieler hat also ein Kontinuum von
Zeitpunkten zur Auswahl, so daß auch diese Situation nicht in
den Rahmen der Definition (1.8) paßt.   □

Zwar kann man einige Fälle dieser Art noch durch geeignete
Erweiterungen der früheren Definitionen erfassen (vgl. z.B.
Aumann [2]), die Anschaulichkeit der Begriffsbildungen geht
dann jedoch verloren.

Wenn man aber ohnehin die Anschaulichkeit verliert, dann kann
man diesen Weg auch konsequent fortsetzen: Im Anschluß an die
Definition (1.10) hatten wir angemerkt, daß eine Situation
- d.h. eine Kombination von Strategien der n+1 Spieler - den
Verlauf einer Partie völlig beschreibt. Bei der "Auswertung"
einer Partie spielt daher die Struktur der einzelnen Strategien keine Rolle mehr, es kommt vielmehr nur auf den zur
Partie gehörenden Endzustand (Endknoten) an. Von Interesse
sind also nur die Resultate, die sich beim Aufeinandertreffen
verschiedener Strategien ergeben, nicht der Spielablauf im
einzelnen. Indem man die Strategien bereits als Grundbausteine
verwendet, gelangt man zur folgenden Begriffsbildung:

(1.15) *Definition:*

> *Eine n-Personen Strategien-Normalform ist gegeben*
> *durch ein (n+1)-Tupel*
>
> $$(X_1, \ldots, X_n, (\Omega, \digamma, P)),$$
>
> *wobei die X_i, $1 \leq i \leq n$, nicht leere Mengen sind und*
> *$(\Omega, \digamma, P)$ ein Wahrscheinlichkeitsraum ist.* [1]
> *X_i heißt die Menge der reinen Strategien des*
> *Spielers i.*

Die Mengen X_i bestehen also bereits aus den (reinen) Strategien
der einzelnen Spieler, und der Wahrscheinlichkeitsraum $(\Omega, \digamma, P)$
erfaßt die in den Spielregeln vorgesehenen Zufallseinflüsse.

Die endlichen n-Personen Spielbäume lassen sich sehr einfach
unter dieses Modell subsummieren, indem man $X_i := S_i$, $1 \leq i \leq n$,
wählt und den durch W_O beschriebenen Zufallseinfluß durch den
folgendermaßen definierten Wahrscheinlichkeitsraum $(\Omega, \digamma, P)$
erfaßt:
Besteht das Informationssystem $\mathcal{U}_O$ aus den Mengen $U_1, \ldots, U_k$,
so sei

$$\Omega := A_{U_1} \times \ldots \times A_{U_k} \quad , \qquad \digamma = \mathcal{P}(\Omega) \quad \text{und} \quad P := w_O^{U_1} \otimes \ldots \otimes w_O^{U_k} \ .$$

(1.16) *Beispiele:*

a) In dem Zeitspiel (1.14)b) hat man
$$X_1 = X_2 = [0;1];$$
da kein Zufallseinfluß gegeben ist, kann man $(\Omega, \digamma, P)$ beliebig (z.B. als trivialen Wahrscheinlichkeitsraum) wählen
(vgl. Fußnote 1).

b) Das Spiel "Stein-Schere-Papier" (1.2)b); (1.11)b) stellt
sich in diesem Modell dar als
$$X_1 = X_2 = \{1,2,3\}.$$
(Wieder beinhalten die Spielregeln keinen Zufallseinfluß.)

---

[1] Wenn kein Zufallseinfluß vorliegt - der Wahrscheinlichkeitsraum also trivial ist - wird die Angabe von $(\Omega, \digamma, P)$ meistens weggelassen.

c)   Beim vereinfachten Hölzchenspiel (vgl. (1.7), (1.11)a))
sind die Strategienmengen beider Spieler bereits wesentlich
größer. Wir hatten schon S_1 und S_2 in Beispiel (1.11)a)
angegeben und können deshalb gemäß der obigen Bemerkung
$X_1 = S_1$ und $X_2 = S_2$ wählen. Dabei sieht man, daß in diesem
noch verhältnismäßig einfachen Spiel jeder der beiden Spieler insgesamt 64 Strategien zur Verfügung hat, und daß
schon durch eine relativ geringfügige Änderung der Spielregeln wie z.B. in (1.2)d) die Strategienmengen sehr groß
und unübersichtlich werden können. (Eine recht grobe Abschätzung für die Anzahl der reinen Strategien der beiden
Spieler beim Hölzchenspiel (1.2)d) liefert bereits
$|X_1| = |S_1| \geq 6^{43} > 2{,}8 \cdot 10^{33}$, $|X_2| = |S_2| \geq 6^{222} > 5{,}6 \cdot 10^{172}$.)   □

Die Strategienmengen X_i werden häufig noch spezielle Strukturen
besitzen - beispielsweise als Teilmengen topologischer Räume.
Für zwei wichtige Spezialfälle wollen wir noch eigene Bezeichnungen einführen:

(1.17)   Definition:

Eine n-Personen Strategien-Normalform
$$(X_1, \ldots, X_n, (\Omega, \gamma, P)$$
heißt

a) <u>endlich</u>, wenn alle X_i endlich sind;

*b) <u>kontinuierlich</u>, wenn alle X_i kompakte Teilmengen
des $\mathbb{R}^1$ sind.*

In (1.16)b) und c) handelt es sich also um endliche Strategien-
Normalformen und in (1.16)a) um eine kontinuierliche Strategien-Normalform.

Auch bei Strategien-Normalformen wird man die von den Spielern
"künstlich" in das Spiel gebrachten Zufallseinflüsse dadurch
erfassen, daß man Wahrscheinlichkeitsverteilungen über den X_i
betrachtet. Da jedoch bei der Beurteilung der Konsequenzen
solcher "gemischter" Strategien Schwierigkeiten auftreten können, kommen wir hierauf erst wieder am Ende von § 3 zurück.

§ 3   Auszahlungsfunktionen

Bei der verbalen Beschreibung von Spielsituationen hatten wir
bereits angemerkt, daß zur vollständigen Beschreibung eines
strategischen Spiels auch die Bewertung der möglichen Ausgänge
von Partien gehört. In den Beispielen (1.2) waren die möglichen Ausgänge "Gewinn" und "Verlust" sowie in einigen Fällen
"Remis". Das Beispiel (1.11)c) zeigte aber, daß der "Gewinn"
durchaus verschieden hoch ausfallen kann: Heben beim "Zwei-
Finger-Morra" beide Spieler *einen* Finger, so erhält der Gewinner 2 Geldeinheiten, zeigen sie *verschiedene* Anzahlen, so
bekommt der Gewinner 3 Geldeinheiten, und zeigen sie schließlich beide *zwei* Finger, so erhält der Gewinner 4 Geldeinheiten.

Da wir das Ziel haben, Strategien zu bestimmen, die von den
Spielern für "günstig" gehalten werden, müssen wir überdies
auch noch subjektive Beurteilungskriterien zulassen: Selbst
wenn beispielsweise beim Schachspiel der Gewinn einer Partie
mit einer Geldeinheit bewertet wird (und Remis mit O), so
dürfte dennoch ein mittelmäßiger Schachspieler ein Remis gegen
Bobby Fischer als großartigen Erfolg ("wie einen Sieg") feiern,
während das Remis für Fischer eine Blamage darstellen würde
("die einer Niederlage gleich käme"). Diese subjektiven Kriterien werden also die Beurteilung eines Spielergebnisses bzw.
einer Strategie wesentlich beeinflussen.

a)   *Präferenzrelationen und Nutzenfunktionen*

Im spieltheoretischen Modell wollen wir die (subjektiven) Ein-
schätzungen der möglichen Spielausgänge messen, d.h. mit
reellen Zahlen so bewerten, daß insbesondere einer höheren
("besseren") Einschätzung auch ein größerer Zahlenwert entspricht - wir möchten also individuelle Präferenzrelationen
durch reellwertige "Nutzenfunktionen" darstellen.

(1.18) <u>*Definition:*</u>

Auf $Y \neq \emptyset$ seien eine zweistellige Relation R [1] *und eine Funktion $u: Y \longrightarrow \mathbb{R}^1$ gegeben. Die Relation R wird durch u repräsentiert, falls gilt*

$$x R y \iff u(x) < u(y);$$

u heißt dann <u>*Nutzenfunktion*</u> *zu R.*

Daß man sicherlich nicht alle Präferenzrelationen durch Nutzenfunktionen repräsentieren kann, zeigt das Beispiel jener Dame im Cafe, der Tee lieber ist als Kaffee, die einen Cognac dem Tee vorzieht, jedoch statt des Cognac lieber einen ("ordentlichen") Kaffee bestellt. Präferenzrelationen, die sich in der o.g. Weise repräsentieren lassen, müssen zumindest im folgenden Sinne "vernünftig" sein:

(1.19) <u>*Definition:*</u>

Eine <u>*Präferenzordnung*</u> *$\prec$ auf $Y \neq \emptyset$ ist eine zweistellige Relation auf Y mit den Eigenschaften* [2]

(i) $x \prec y \implies \neg (y \prec x)$ (Asymmetrie)

(ii) $\neg (x \prec y) \wedge \neg (y \prec z) \implies \neg (x \prec z)$ (negative Transitivität).

Interpretiert man $x \prec y$ als "x ist schlechter als y", so besagt (i), daß für zwei "Zustände" $x, y \in Y$ nicht gleichzeitig "x ist schlechter als y" und "y ist schlechter als x" gelten kann, während (ii) bedeutet, daß in einer Situation, wo "x mindestens so gut ist wie y" und "y mindestens so gut ist wie z", x nicht "schlechter" sein kann als z.

---

[1] Es gilt also $R \subseteq Y \times Y$; statt $(x, y) \in R$ schreiben wir auch $x R y$.

[2] Solche Relationen heißen auch schwache Ordnungen.

Daß höchstens Präferenzordnungen durch reellwertige Funktionen repräsentiert werden können, ergibt sich sofort aus den Anordnungsaxiomen der reellen Zahlen:

(i) $u(x) < u(y) \implies \neg(u(y) < u(x))$

(ii) $u(x) \geq u(y) \geq u(z) \implies u(x) \geq u(z)$.

Daß man andererseits nicht jede Präferenzordnung durch Nutzenfunktionen repräsentieren kann, zeigt das folgende Beispiel:

_(1.20)_ _Beispiel_ _(lexikographische Ordnung):_
Auf $Y = \mathbb{R}^2$ sei eine zweistellige Relation $\lhd$ definiert durch

$$(x_1, x_2) \lhd (y_1, y_2) \iff x_1 < y_1 \vee (x_1 = y_1 \wedge x_2 < y_2).$$

Offensichtlich ist $\lhd$ eine Präferenzordnung im Sinne von (1.19); $\lhd$ wird lexikographische Ordnung auf $\mathbb{R}^2$ genannt[1].

Behauptung: Es gibt keine Nutzenfunktion zu $\lhd$.
Beweis: Angenommen, u sei eine Nutzenfunktion zu $\lhd$. Dann gilt für jedes $x \in \mathbb{R}^1$

$$v_*(x) := \inf\{u(x,y);\ y \in \mathbb{R}^1\} < \sup\{u(x,y);\ y \in \mathbb{R}^1\} =: v^*(x),$$

da z.B. aus $(x,-1) \lhd (x,1)$ folgt $u(x,-1) < u(x,1)$.
Andererseits gilt für $x_1 < x_2$

$$v^*(x_1) \leq v_*(x_2),$$

da z.B. $(x_1, y_1) \lhd (\frac{x_1 + x_2}{2}, 0) \lhd (x_2, y_2)\ \ \forall y_1, y_2 \in \mathbb{R}^1$

und somit $v^*(x_1) \leq u(\frac{x_1 + x_2}{2}, 0) \leq v_*(x_2)$.

---

[1] Die lexikographische Ordnung $\lhd$ ist sogar eine _strikte_ Ordnung, d.h. $\lhd$ ist eine (schwach) vollständige Präferenzordnung:

$$(x_1, x_2) \neq (y_1, y_2) \implies (x_1, x_2) \lhd (y_1, y_2) \vee (y_1, y_2) \lhd (x_1, x_2).$$

Präferenzrelationen von diesem Typ liegen immer dann vor, wenn es "in erster Linie auf ... und erst in zweiter Linie auf ... ankommt".

$$\{(v_*(x); v^*(x)); x\in \mathbb{R}^1\}$$

bildet also eine überabzählbare Familie von disjunkten,
nicht-leeren offenen Intervallen. Das ist aber der gewünschte
Widerspruch (jedes Intervall $(v_*(x); v^*(x))$ enthält rationale
Punkte!). $\qquad\qquad\square$

Lexikographische Ordnungen sind also i.a. zu kompliziert, um
durch eine (eindimensionale) Nutzenfunktion repräsentiert
werden zu können[1].

Zunächst wollen wir nun die Klasse der durch Nutzenfunktionen
repräsentierbaren Präferenzordnungen $\lhd$ auf Y untersuchen. Dabei benutzen wir die folgende Bezeichnung:

(*) $\qquad x\sim y: \Longleftrightarrow \neg(x\lhd y) \wedge \neg(y\lhd x)$.

Die Relation $\sim$ wird auch *Indifferenz* genannt.

(1.21) Anmerkung:

> *Ist $\lhd$ eine Präferenzordnung, so ist die Indifferenz $\sim$*
> *eine Äquivalenzrelation auf Y.*

Die Reflexivität von $\sim$ ergibt sich aus der Asymmetrie von $\lhd$,
die Symmetrie von $\sim$ folgt aus der Definition (*) und die
Transitivität[2] von $\sim$ resultiert aus der negativen Transitivität von $\lhd$.

Die Menge der Äquivalenzklassen von Y unter $\sim$ werde mit Y/$\sim$
bezeichnet.

---

[1] Die Repräsentierbarkeit durch vektorwertige Funktionen
(beispielsweise durch die Identität) ist offensichtlich.

[2] Die Transitivität der Indifferenz bei Präferenzrelationen
ist in den Wirtschaftswissenschaften nicht unumstritten
(vgl. z.B. Fishburn [17]).

(1.22) *Anmerkung:*

> *Auf* $Y/\sim$ *wird durch*
> $$a \lhd' b: \iff \exists x \in a: \exists y \in b: x \lhd y$$
> *eine strikte, d.h. schwach vollständige*
> $(a \neq b \Rightarrow a \lhd' b \vee b \lhd' a)$ *Präferenzordnung definiert.*

Beweis: Für zwei beliebige Äquivalenzklassen $a, b \in Y/\sim$ zeigen wir zunächst die Hilfsaussage:

$$\exists x \in a: \exists y \in b: x \lhd y \iff \forall x \in a: \forall y \in b: x \lhd y.$$

Seien dazu $x, x' \in a$, $y, y' \in b$ und es gelte $x \lhd y$. Durch Kontraposition der Bedingung (1.19)(ii) erhält man

$$
\begin{aligned}
x \lhd y &\Rightarrow x \lhd y' \vee y' \lhd y, &&\\
&\Rightarrow x \lhd y' && \text{(wegen } y \sim y'\text{)},\\
&\Rightarrow x \lhd x' \vee x' \lhd y' && \text{(Kontraposition von (1.19)(ii))},\\
&\Rightarrow x' \lhd y' && \text{(wegen } x \sim x'\text{)},
\end{aligned}
$$

womit die obige Behauptung bewiesen ist. Mit Hilfe dieser Aussage wird nun gezeigt, daß $\lhd'$ eine strikte Präferenzordnung auf $Y/\sim$ ist:

Asymmetrie:
$$
\begin{aligned}
a \lhd' b &\Rightarrow \forall x \in a: \forall y \in b: x \lhd y,\\
&\Rightarrow \forall x \in a: \forall y \in b: \neg(y \lhd x) && \text{(Asymmetrie von } \lhd),\\
&\Rightarrow \neg(\exists x \in a: \exists y \in b: y \lhd x),\\
&\Rightarrow \neg(b \lhd' a).
\end{aligned}
$$

Negative Transitivität:

$$
\begin{aligned}
\neg(a \lhd' b) \wedge \neg(b \lhd' c) &\Rightarrow \forall x \in a: \forall y \in b: \forall z \in c: \neg(x \lhd y) \wedge \neg(y \lhd z),\\
&\Rightarrow \forall x \in a: \forall z \in c: \neg(x \lhd z) && \text{(Negative Transitivität von } \lhd),\\
&\Rightarrow \neg(a \lhd' c).
\end{aligned}
$$

(Schwache) Vollständigkeit:

$$
\begin{aligned}
a, b \in Y/\sim \wedge a \neq b &\Rightarrow \forall x \in a: \forall y \in b: \neg(x \sim y)\\
&\Rightarrow \forall x \in a: \forall y \in b: (x \lhd y \vee y \lhd x),\\
&\Rightarrow a \lhd' b \vee b \lhd' a. \qquad \qquad \square
\end{aligned}
$$

Der folgende Satz gibt nun eine vollständige Charakterisierung derjenigen Präferenzordnungen, die sich durch Nutzenfunktionen repräsentieren lassen:

(1.23) <u>*Satz*</u> *(Birkhoff):*

 Es sei $\vartriangleleft$ eine zweistellige Relation auf $Y \neq \emptyset$; dann gilt: Notwendig und hinreichend dafür, daß eine Nutzenfunktion $u: Y \longrightarrow \mathbb{R}^1$ existiert, die $\vartriangleleft$ repräsentiert, sind die Bedingungen

 (i) $\vartriangleleft$ ist eine Präferenzordnung,

 (ii) es gibt eine abzählbare Teilmenge T von $Y/\!\sim$ mit der Eigenschaft, daß zu jedem Paar $a,b \in T^C$ mit $a \vartriangleleft' b$ ein $c \in T$ existiert mit[1]

$$a \vartriangleleft' c \vartriangleleft' b.$$

Beweis: a) Es wird zunächst die Notwendigkeit der Bedingungen (i) und (ii) gezeigt. Dazu sei $u: Y \longrightarrow \mathbb{R}^1$ eine Nutzenfunktion, die $\vartriangleleft$ repräsentiert. Bereits im Anschluß an Definition (1.19) war darauf hingewiesen worden, daß dann $\vartriangleleft$ eine Präferenzordnung sein muß. Zum Nachweis von (ii) sei

$$R := \{ [p;q]; \ p,q \in \mathbb{Q}, \ p < q \}$$

die (abzählbare!) Menge aller nicht-leeren, abgeschlossenen Intervalle mit rationalen Endpunkten. Für jedes $I \in R$ mit $u(Y) \cap I \neq \emptyset$ wird unter Anwendung des Auswahlaxioms ein $y_I \in Y$ gewählt mit $u(y_I) \in I$. Bezeichnet man mit $[y]$ die von $y \in Y$ erzeugte Äquivalenzklasse in $Y/\!\sim$, so ist

$$A := \{ [y_I]; \ I \in R \}$$

abzählbar und für alle $x,y \in Y$ mit

$$([x],[y]) \in K := \{ (a,b); \ a,b \in Y/\!\sim \cap A^C, \ a \vartriangleleft' b, \ \forall c \in A: \neg(a \vartriangleleft' c \vartriangleleft' b) \}$$

gilt

(*) $\forall c \in Y/\!\sim: \ \neg([x] \vartriangleleft' c \vartriangleleft' [y])$.

Andernfalls gäbe es nämlich ein $z \in Y$ und ein $I \in R$ mit $u(z) \in I \subset (u(x);u(y))$, d.h. $[x] \vartriangleleft' [y_I] \vartriangleleft' [y]$, was im Widerspruch steht zur Voraussetzung

---

[1] Eine Teilmenge T von $Y/\!\sim$ mit der Eigenschaft (ii) nennt man auch $\vartriangleleft'$-ordnungsdicht.

$([x],[y]) \in K$. Aus (*) erhält man, daß $\{(u(x);u(y)); \ x,y \in Y, ([x],[y]) \in K\}$ eine Familie von nicht-leeren, paarweise disjunkten Intervallen ist, woraus folgt, daß K und somit auch

$$B := \{a \in Y/\!\!\sim; \ \exists b \in Y/\!\!\sim: \ ((a,b) \in K \vee (b,a) \in K)\}$$

abzählbar sind. $T := A \cup B$ ist dann eine abzählbare, $\vartriangleleft'$-ordnungsdichte Teilmenge von $Y/\!\!\sim$, denn sind $a,b \in Y/\!\!\sim \cap \, T^C$ mit $a \vartriangleleft' b$, so gilt $(a,b) \notin K$ und $(b,a) \notin K$, d.h. $\exists c \in A: a \vartriangleleft' c \vartriangleleft' b$.

b) Im zweiten Teil des Beweises sei vorausgesetzt, daß $\vartriangleleft$ eine Präferenzordnung auf Y und $T \subseteq Y/\!\!\sim$ eine abzählbare, $\vartriangleleft'$-ordnungsdichte Teilmenge ist. Gibt es ein schlechtestes Element $m_* \in Y/\!\!\sim$, d.h. $m_* \vartriangleleft' a$ für alle $a \neq m_*$, bzw. ein bestes Element $m^* \in Y/\!\!\sim$, d.h. $a \vartriangleleft' m^*$ für alle $a \neq m^*$, so kann o.B.d.A. angenommen werden, daß $m_* \in T$ bzw. $m^* \in T$ gilt. Somit erhält man für alle $a \in T^C$:

$$M^a := \{b \in T; \ b \vartriangleleft' a\} \neq \emptyset, \quad M_a: \{b \in T; \ a \vartriangleleft' b\} \neq \emptyset,$$

$$M^a \cap M_a = \emptyset, \quad M^a \cup M_a = T.$$

Da $T \vartriangleleft'$-ordnungsdicht ist, gibt es zu jedem $c \in T$ höchstens ein $a \in T^C$ mit

$$c \in M^a \text{ und } d \vartriangleleft' c \text{ für alle } d \in M^a, \ d \neq c,$$

und höchstens ein $b \in T^C$ mit

$$c \in M_b \text{ und } c \vartriangleleft' d \text{ für alle } d \in M_b, \ d \neq c.$$

Folglich ist

$$B := \{a \in T^C; \ \exists m^a \in M^a: \ \forall b \in M^a: \ (b = m^a \vee b \vartriangleleft' m^a)$$
$$\vee \ \exists m_a \in M_a: \ \forall b \in M_a: \ (b = m_a \vee m_a \vartriangleleft' b)\}$$

und damit auch $A := T \cup B$ abzählbar. Um zunächst eine Nutzenfunktion $v: A \longrightarrow \mathbb{R}^1$ zu konstruieren, welche $\vartriangleleft' |_A$ repräsentiert, sei $(a_n)_{n \in \mathbb{N}}$ eine Abzählung von A und $(r_n)_{n \in \mathbb{N}}$ eine Abzählung von $\mathbb{Q}$. v wird dann induktiv definiert durch $v(a_1) := 0$,

$$v(a_{n+1}) := \begin{cases} n+1 & \text{falls } \forall m \leq n: \ a_m \vartriangleleft' a_{n+1} \\[4pt] -n-1 & \text{falls } \forall m \leq n: \ a_{n+1} \vartriangleleft' a_m \\[4pt] r_{\min\{k \in \mathbb{N}; \ v(a_i) < r_k < v(a_j)\}} & \text{falls } \exists i,j \leq n: (a_i \vartriangleleft' a_{n+1} \vartriangleleft' a_j \\ & \quad \wedge \forall h \leq n: \neg (a_i \vartriangleleft' a_h \vartriangleleft' a_j)) \\[4pt] v(a_i) & \text{falls } \exists i \leq n: \ a_i = a_{n+1} \end{cases}$$

Man sieht, daß v gerade so konstruiert ist, daß gilt:

$$a_i \lhd' a_j \iff v(a_i) < v(a_j).$$

Im weiteren Verlauf des Beweises werden wir die Funktion v so zu einer Funktion w auf $Y/\sim$ fortsetzen, daß w die strikte Präferenzordnung $\lhd'$ repräsentiert. Dazu benötigen wir die beiden folgenden Hilfsbehauptungen:

(1) $\forall a \in A^C: \forall b \in A: (a \lhd' b \implies \exists c \in A: a \lhd' c \lhd' b),$

(2) $\forall a \in A^C: \forall b \in A: (b \lhd' a \implies \exists c \in A: b \lhd' c \lhd' a).$

Zum Beweis von (1) nehmen wir an, daß $a \in A^C$, $b \in A$ existieren mit $a \lhd' b$ und für alle $c \in A$ mit $a \lhd' c$ gilt $c = b$ oder $b \lhd' c$. Wegen $a \notin B$ ist $b \notin M_a \subset T$, und da für alle $c \in T$ gilt $a \lhd' c$ oder $c \lhd' a$ folgt

$$\forall c \in T: (a \lhd' b \lhd' c \; \lor \; c \lhd' a),$$

was im Widerspruch dazu steht, daß T eine $\lhd'$-ordnungsdichte Teilmenge ist. Also gilt (1).

Mit einer analogen Argumentation zeigt man (2).

Für $a \in A^C$ sei nun

$$w^a := \sup \{v(b); \, b \in A, \, b \lhd' a\}, \qquad w_a := \inf \{v(b); \, b \in A, \, a \lhd' b\};$$

v wird dann fortgesetzt zu $w: Y/\sim \longrightarrow \mathbb{R}^1$ durch

$$w(a) := \begin{cases} v(a) & \text{falls } a \in A \\ \frac{1}{2}(w^a + w_a) & \text{falls } a \in A^C \end{cases}.$$

Im Fall $a \in A^C$ erhält man wegen $v(b) < v(c)$ für alle $b, c \in A$ mit $b \lhd a \lhd c$ die Ungleichung $w^a \leq w_a$ und aus (1) bzw. (2) folgt

$$\forall c \in A: (a \lhd' c \implies w_a < v(c)),$$

$$\forall b \in A: (b \lhd' a \implies v(b) < w^a),$$

so daß $w(b) < w^a \leq w(a) \leq w_a < w(c)$ gilt für alle $b, c \in A$ mit $b \lhd' a \lhd' c$, d.h.

$\forall a \in A^C: \forall b \in A: ((a \lhd' b \implies w(a) < w(b)) \land (b \lhd' a \implies w(b) < w(a))).$

Sind $a, b \in A^C$ mit $a \lhd' b$, dann gibt es ein $c \in T \subset A$ mit $a \lhd' c \lhd' b$, woraus $w(a) < w(c) < w(b)$ folgt, so daß

$$\forall a, b \in Y/\sim \; : \; (a \lhd' b \implies w(a) < w(b))$$

bewiesen ist. Gilt umgekehrt $w(a) < w(b)$ für $a, b \in Y/\sim$, so erhält man, da $\lhd'$ eine strikte Präferenzordnung ist, daß genau eine der Aussagen $a \lhd' b$, $a = b$, $b \lhd' a$ richtig ist, und man kann aus dem zuvor gezeigten

schließen, daß a $\lhd$'b gelten muß. Somit gilt für die durch u(x):=v([x])
definierte Funktion u: Y $\longrightarrow \mathbb{R}^1$

$$\forall x,y \in Y: \quad (x \lhd y \Longleftrightarrow u(x) < u(y)). \qquad \qquad \square$$

Zwar enthält Satz (1.23) notwendige und hinreichende Bedingungen dafür, daß eine Präferenzrelation $\lhd$ durch eine
Nutzenfunktion u: Y $\longrightarrow \mathbb{R}^1$ repräsentiert werden kann, sind
diese Bedingungen jedoch erfüllt, so gibt es i.a. sehr ver-
schiedenartige, $\lhd$-repräsentierende Nutzenfunktionen; z.B. wird
die Relation $<$ auf $\mathbb{R}^1$ sowohl durch $u_1(x)=x$ als auch durch
$u_2(x)=e^x$, $x \in \mathbb{R}^1$, und jede andere streng monotone (nicht notwendig stetige) Transformation von u_1 repräsentiert. Für die
Auswahl der "richtigen" Nutzenfunktion gibt Satz (1.23) noch
keine Anhaltspunkte, hier muß das betreffende Individuum unter
Beachtung zusätzlicher Gesichtspunkte, die z.B. bei der Beurteilung gemischter Strategien auftreten (vgl. Abschnitt b) dieses Paragraphens), eine Festlegung treffen.

Bei einem endlichen n-Personen Spielbaum beschreibt die Menge
E der Endpunkte des Baumes die möglichen Ausgänge des Spiels.
Wenn jeder der Spieler $i \in N=\{1,\ldots,n\}$ die möglichen Spielaus-
gänge hinsichtlich der Konsequenzen, die sich für ihn selbst
ergeben, durch eine Präferenzordnung $\lhd_i$ ordnen kann, dann
folgt aus Satz (1.23) wegen $|E| < \infty$ sofort, daß Funktionen
a_i: E $\longrightarrow \mathbb{R}^1$, $i \in N$, existieren, die Nutzenfunktionen zur
Präferenzordnung $\lhd_i$ sind.

(1.24) Definition:

   Ein __extensives__ (nicht kooperatives) __n-Personenspiel__
   __mit endlichem Baum__ ist ein Quadrupel

$$\Gamma = (X, \mathfrak{U}, W_o, a),$$

   bestehend aus einem endlichen n-Personen Spielbaum
   $(X, \mathfrak{U}, W_o)$ und einer Funktion

$$a = (a_1,\ldots,a_n): E \longrightarrow \mathbb{R}^n,$$

   welche komponentenweise die Präferenzen der einzelnen

*Spieler auf der Menge E der Endknoten repräsentiert;
die Komponente a_i heißt Auszahlungsfunktion des
Spielers i.*

Ist die Menge der möglichen Ausgänge eines Spiels dagegen nicht
mehr endlich oder abzählbar, so kann man die Spielausgänge
nur noch dann mit reellen Nutzenwerten (Auszahlungen) belegen,
wenn jeder Spieler eine Präferenzordnung auf dieser Menge der
möglichen Ausgänge besitzt, so daß zu jeder dieser Präferenzordnungen eine abzählbare ordnungsdichte Teilmenge existiert.

(1.25) Definition:

> *a) Ein n-Personenspiel in expliziter Normalform ist
> ein (n+2)-Tupel*
> $$\Gamma = (X_1, \ldots, X_n, \; (\Omega, \mathfrak{F}, P), u),$$
> *wobei $(X_1, \ldots, X_n, \; (\Omega, \mathfrak{F}, P))$ eine n-Personen
> Strategien-Normalform und*
> $$u = (u_1, \ldots, u_n): \bigtimes_{i=1}^{n} X_i \times \Omega \longrightarrow \mathbb{R}^n$$
> *eine Funktion ist, welche komponentenweise die
> Präferenzen der einzelnen Spieler auf der durch
> die möglichen Strategienkombinationen*
> $$(x_1, \ldots, x_n, \omega) \in \bigtimes_{i=1}^{n} X_i \times \Omega \quad \text{beschriebenen Menge der}$$
> *Spielausgänge repräsentiert. Die Komponente u_i
> heißt Auszahlungsfunktion des Spielers i.*
>
> *b) Entsprechend den in Definition (1.17) gewählten
> Bezeichnungen heißt ein n-Personenspiel
> $(X_1, \ldots, X_n, \; (\Omega, \mathfrak{F}, P), u)$ in expliziter Normalform
> endlich bzw. kontinuierlich[1], wenn $(X_1, \ldots, X_n, (\Omega, \mathfrak{F}, P))$
> eine endliche bzw. kontinuierliche n-Personen Stra-
> tegien-Normalform ist.*

---

[1] Die Auszahlungsfunktionen eines kontinuierlichen
n-Personenspiels in expliziter Normalform brauchen demnach
nicht stetig zu sein.

Mit den in (1.24) und (1.25) eingeführten Begriffen ist eine
mathematische Formalisierung von Spielen erreicht worden, die
es gestattet, nach möglichst "guten" (d.h. mit hohen Auszahlungen verbundenen) reinen Strategien der einzelnen Spieler
zu suchen. Da es jedoch schon bei relativ einfachen Spielen,
wie z.B. dem "Stein-Schere-Papier-Spiel" (1.2)b) vorteilhaft
erscheint, reine Strategien zu "mischen", wird man bestrebt
sein, auch die (bisher nur für extensive n-Personenspiele mit
endlichem Baum definierten) gemischten Strategien hinsichtlich
ihrer Konsequenzen durch reellwertigen Nutzen zu beurteilen.

b) *Erwarteter Nutzen bei gemischten Strategien*

Da im Anschluß an Definition (1.15) angemerkt worden war, daß
man endliche n-Personen-Spielbäume auch als n-Personen
Strategien-Normalformen darstellen kann und der Begriff der gemischten Strategie für endliche n-Personen-Spielbäume bereits
in (1.13) definiert worden war, liegt es nahe, gemischte
Strategien für endliche n-Personen Strategien-Normalformen auf
die folgende Weise zu definieren:

(1.26) Definition:

> *Für ein endliches n-Personenspiel $\Gamma = (X_1, \ldots, X_n, (\Omega, \mathfrak{F}, P), u)$*
> *in expliziter Normalform heißt*
>
> $P_i := \{p_i;\ p_i$ *ist Wahrscheinlichkeitsmaß auf* $(X_i, \mathfrak{P}(X_i))\}$
>
> *Menge der* <u>*gemischten Strategien*</u> *des Spielers i, $1 \leq i \leq n$.*

Es erhebt sich sofort die Frage, wie derartige gemischte
Strategien bewertet werden sollen - insbesondere, da die reinen
Strategien $x_i \in X_i$ bereits durch den Funktionsvektor u beurteilt
werden.
Dazu betrachten wir den Ablauf einer Partie, bei der die
Spieler gemischte Strategien $(p_1, \ldots, p_n) \in P_1 \times \ldots \times P_n$ einsetzen:
Zunächst führt jeder der Spieler $i \in N$ ein Zufallsexperiment
durch, bei dem mit der Wahrscheinlichkeit $p_i(\{x_i\})$ das
Ergebnis $x_i \in X_i$ auftritt $(i \in N)$ und dessen Ausgang vor den anderen

Spielern geheimgehalten wird. Die speziellen Ergebnisse $\hat{x}_1,\ldots,\hat{x}_n$ dieser n Zufallsexperimente werden dann zusammen mit dem Ergebnis $\hat{\omega}\in\Omega$ des im Spiel bereits vorgesehenen Zufallsexperimentes als reine Strategien eingesetzt, so daß am Ende der Spieler i eine Auszahlung $u_i(\hat{x}_1,\ldots,\hat{x}_n,\hat{\omega})$ erhält, $i\in N$.

Bei der subjektiven Einschätzung der Spielausgänge, die sich beim Einsatz gemischter Strategien ergeben, wird man einerseits natürlich die Auszahlungen $u_i(\hat{x}_1,\ldots,\hat{x}_n,\hat{\omega})$, $i\in N$, berücksichtigen wollen. Andererseits kann man sich aber sicherlich nicht nur an diesen Auszahlungen orientieren, wie folgendes Beispiel zeigt:

Es sei (X_1,X_2,u) das durch $X_1=X_2=\{1,2\}$ und den Auszahlungsvektor

$$u_1(i,j) := \begin{cases} 5 & \text{falls } i=j \\ -10 & \text{falls } i=1,\ j=2, \\ -7 & \text{falls } i=2,\ j=1 \end{cases} \qquad u_2 := -u_1$$

definierte Zweipersonenspiel in expliziter Normalform. In diesem Spiel werden beide Spieler am Einsatz gemischter Strategien interessiert sein, denn falls Spieler 1 die reine Strategie $x_1\in\{1,2\}$ spielt, kann Spieler 2 durch den Einsatz der Strategie $x_2=3-x_1$ eine positive Auszahlung für sich erzwingen; umgekehrt kann Spieler 1, falls er weiß, daß Spieler 2 die Strategie $x_2\in\{1,2\}$ spielt, durch den Einsatz von $x_1=x_2$ eine positive Auszahlung für sich erreichen. Bei einem Einsatz der gemischten Strategien $(p_1,p_2)\in P_1\times P_2$ bzw. $(p_1',p_2)\in P_1\times P_2$ mit $p_1(\{1\})=p_2(\{1\})=p_1'(\{2\}) = \frac{1}{3}$, $p_1(\{2\})=p_2(\{2\})=p_1'(\{1\}) = \frac{2}{3}$ "würfeln" die Spieler entsprechend den Wahrscheinlichkeitsverteilungen p_1 und p_2 bzw. p_1' und p_2 aus, welche der beiden reinen Strategien sie spielen; als Ergebniskonstellationen kommen in beiden Fällen alle Tupel $(\hat{x}_1,\hat{x}_2)\in\{1,2\}^2$ in Betracht. Für einen Vergleich der gemischten Strategien (p_1,p_2) und (p_1',p_2) wird man aber berücksichtigen wollen, daß bei (p_1',p_2) die für den Spieler 1 ungünstigen Auszahlungen -10 und -7 mit den Wahrscheinlichkeiten $\frac{4}{9}$ bzw. $\frac{1}{9}$, bei (p_1,p_2) jedoch nur mit den Wahrscheinlichkeiten $\frac{2}{9}$ bzw. $\frac{2}{9}$ erfolgen und Spieler 1 aus diesem Grund "lieber" p_1 als p_1' (bei festem p_2) spielen wird.

Es reicht also nicht aus, zur Bewertung von gemischten Strategien die möglichen Ergebnisse $\mathfrak{X}_1,\ldots,\mathfrak{X}_n,\hat{\omega}$ und die daraus resultierenden Auszahlungen $u_i(\mathfrak{X}_1,\ldots,\mathfrak{X}_n,\hat{\omega})$ zu verwenden; man hat auch in Betracht zu ziehen, mit welchen Wahrscheinlichkeiten die Ergebnisse auftreten. In unserem Beispiel hat Spieler 1 bei (p_1,p_2) mit einer "durchschnittlichen Auszahlung" von

$5\cdot\frac{1}{9} + 5\cdot\frac{4}{9} - 10\cdot\frac{2}{9} - 7\cdot\frac{2}{9} = -1$, bei (p_1',p_2) aber mit

$5\cdot\frac{2}{9} + 5\cdot\frac{1}{9} - 10\cdot\frac{4}{9} - 7\cdot\frac{1}{9} = -3$ zu rechnen; es liegt also nahe,

die durch den Einsatz von gemischten Strategien $(p_1,\ldots,p_n)$ möglichen Spielausgänge anhand ihrer Auszahlungen und der Wahrscheinlichkeit ihres Auftretens zu bewerten, d.h. man möchte Präferenzrelationen, die auf Mengen von Wahrscheinlichkeitsmaßen definiert sind, durch Erwartungswerte von Nutzenfunktionen numerisch repräsentieren. Der folgende, auf J. von Neumann und O. Morgenstern ([46]) zurückgehende Satz zeigt, unter welchen Bedingungen an die jeweilige Präferenzrelation eine solche Repräsentierung möglich ist.

(1.27) *Satz:*

> *Es sei $Y \neq \emptyset$ eine endliche Menge[1], P eine konvexe Menge von Wahrscheinlichkeitsmaßen über $(Y, \mathcal{P}(Y))$, welche alle Einpunktmaße enthält, und $\lhd$ eine zweistellige Relation auf P. Dann gilt:*
>
> a) *Notwendig und hinreichend für die Existenz einer Nutzenfunktion $u: Y \longrightarrow \mathbb{R}^1$ mit der Eigenschaft*
>
> (*)   *$\forall p,q \in P: (p \lhd q \iff \int u\,dp < \int u\,dq)$*

---

[1] Im Hinblick auf (1.31)c) sei angemerkt, daß die Endlichkeit von Y im Beweis nur insofern benötigt wird, als P nur endlich-diskrete Wahrscheinlichkeitsmaße enthalten darf. Die Aussage des Satzes bleibt somit für beliebige Mengen $Y \neq \emptyset$ richtig, wenn P eine konvexe Menge von endlich-diskreten Wahrscheinlichkeitsmaßen ist, welche alle Einpunktmaße enthält.

sind die folgenden Bedingungen:

(i) $\lhd$ ist eine Präferenzordnung auf P.

(ii) $\forall \alpha \in (0;1):\forall p,q,r \in P: (p \lhd q \Longrightarrow \alpha p+(1-\alpha)r \lhd \alpha q+(1-\alpha)r).$

(iii) $\forall p,q,r \in P: (p \lhd q \lhd r \Longrightarrow \exists \alpha, \beta \in (0;1):$

$$\alpha p+(1-\alpha)r \lhd q \lhd \beta p+(1-\beta)r).$$

b) Darüberhinaus ist jede Nutzenfunktion u: $Y \longrightarrow \mathbb{R}^1$
mit der Eigenschaft (*) bis auf positive lineare
Transformationen eindeutig bestimmt, d.h. daß
zwei Funktionen u,v: $Y \longrightarrow \mathbb{R}^1$ genau dann die Be-
dingung (*) erfüllen, wenn Konstanten a>0, $b \in \mathbb{R}^1$
existieren mit u=av+b.

Beweis: a) Daß eine Repräsentierung der Präferenzrelation $\lhd$
durch die Erwartungswerte einer Nutzenfunktion gemäß (*) die
Gültigkeit der Bedingungen (i) - (iii) impliziert, folgt zum
einen aus Satz (1.23) (Satz von Birkhoff) und zum anderen aus
der Linearität von Integralen. - Zum Nachweis, daß (i) - (iii)
auch hinreichend sind für eine Repräsentierung (*), werden die
folgenden, unter Voraussetzung von (i) - (iii) geltenden Hilfsbehauptungen benötigt:

(1) $\forall p,q \in P: \forall \alpha,\beta \in [0;1]: (p \lhd q \wedge \alpha < \beta \Longrightarrow \beta p+(1-\beta)q \lhd \alpha p+(1-\alpha)q).$

(2) $\forall p,q,r \in P: (p \unlhd q \unlhd r \wedge p \lhd r \Longrightarrow \exists! \alpha \in [0;1]: q \sim \alpha p+(1-\alpha)r).$[1]

(3) $\forall p,q,r,s \in P:\forall \alpha \in [0;1]: (p \lhd q \wedge r \lhd s \Longrightarrow \alpha p+(1-\alpha)r \lhd \alpha q+(1-\alpha)s).$

(4) $\forall p,q \in P: \forall \alpha \in [0;1]: (p \sim q \Longrightarrow \alpha p+(1-\alpha)q \sim p).$

(5) $\forall p,q,r \in P: \forall \alpha \in [0;1]: (p \sim q \Longrightarrow \alpha p+(1-\alpha)r \sim \alpha q+(1-\alpha)r).$

Beweis:

<u>(1):</u> Für $\alpha = 0$ bzw. $\beta = 1$ folgt (1) aus Bedingung (ii) mit r=q bzw. r=p.
Sind $\alpha,\beta \in (0;1)$, so folgt durch sukzessive Anwendung von (ii) erst

---

[1] Für $p,q \in P$ sei $p \unlhd q: \Longleftrightarrow p \lhd q \vee p \sim q.$

$\beta p+(1-\beta)q \prec q$ und dann

$$\beta p+(1-\beta)q = \frac{\alpha}{\beta}(\beta p+(1-\beta)q)+(1-\frac{\alpha}{\beta})(\beta p+(1-\beta)q) \prec \frac{\alpha}{\beta}(\beta p+(1-\beta)q)+(1-\frac{\alpha}{\beta})q=\alpha p+(1-\alpha)q.$$

<u>(2)</u>: Ist $p \sim q$ bzw. $q \sim r$, so gilt für $\alpha = 1$ bzw. $\alpha = 0$ die Indifferenz $q \sim \alpha p + (1-\alpha)r$ und aus (ii) erhält man $p \prec \beta p+(1-\beta)r$ für alle $\beta<1$ bzw. $\beta p+(1-\beta)r \prec r$ für alle $\beta>0$, woraus ersichtlich ist, daß $\alpha = 1$ bzw. $\alpha = 0$ die einzigen Zahlen mit $q \sim \alpha p+(1-\alpha)r$ sind.

Falls $p \prec q \prec r$ gilt sei $\alpha := \inf\{\beta \in [0;1]; \beta p+(1-\beta)r \preceq q\}$.

Wegen (iii) existieren $\gamma,\delta \in (0;1)$ mit $\gamma p+(1-\gamma)r \prec q \prec \delta p+(1-\delta)r$, so daß aus (1) folgt $\alpha \in [\delta;\gamma]$ und $p \prec \alpha p+(1-\alpha)r \prec q$.

Angenommen, es gilt $q \prec \alpha p+(1-\alpha)r$. Dann gibt es nach (iii) ein $\varepsilon \in (0;1)$ mit $q \prec \varepsilon p+(1-\varepsilon)(\alpha p+(1-\alpha)r) = (\varepsilon+\alpha(1-\varepsilon))p+(1-\alpha)(1-\varepsilon)r$, d.h. $\varepsilon+\alpha(1-\varepsilon) \leq \alpha$ im Widerspruch zu $\alpha\varepsilon + \alpha(1-\varepsilon)<\varepsilon + \alpha(1-\varepsilon)$. Nimmt man andererseits $\alpha p+(1-\alpha)r \prec q$ an, dann erhält man mit (iii) ein $\varepsilon \in (0;1)$, so daß $\varepsilon\alpha p+(1-\varepsilon\alpha)r=\varepsilon(\alpha p+(1-\alpha)r)+(1-\varepsilon)r \prec q$ gilt und somit $\alpha \leq \varepsilon\alpha$ folgt, was im Widerspruch zu $\varepsilon\alpha<\alpha$ steht. Folglich ist $q \sim \alpha p+(1-\alpha)r$ und aus (1) folgt, daß α die einzige Zahl mit dieser Eigenschaft ist.

<u>(3)</u>: Für $\alpha \in \{0,1\}$ ist die Behauptung klar, für $\alpha \in (0;1)$ erhält man aus (ii): $\alpha p+(1-\alpha)r \prec \alpha q+(1-\alpha)r \prec \alpha q+(1-\alpha)s$.

<u>(4)</u>: Aus der Annahme $\alpha p+(1-\alpha)q \prec p$ folgt $\alpha p+(1-\alpha)q \prec q$, so daß man mit Hilfe von (3) den Widerspruch $\alpha p+(1-\alpha)q=\alpha(\alpha p+(1-\alpha)q)+(1-\alpha)(\alpha p+(1-\alpha)q) \prec \alpha p+(1-\alpha)q$ erhält. Auf die gleiche Weise führt man die Annahme $p \prec \alpha p+(1-\alpha)r$ zum Widerspruch und folgert $p \sim \alpha p+(1-\alpha)r$.

<u>(5)</u>: Da für $\alpha \in \{0,1\}$ nichts zu zeigen ist, sei $\alpha \in (0;1)$. Ist $p \sim r$, dann ergibt sich durch Anwenden von (4): $\alpha p+(1-\alpha)r \sim p \sim q \sim \alpha q+(1-\alpha)r$.

Für $r \prec p$ erhält man aus (ii): $r \prec \alpha p+(1-\alpha)r$. Nimmt man an, daß $\alpha p+(1-\alpha)r \prec \alpha q+(1-\alpha)r$ gilt, so existiert wegen (2) genau ein $\beta \in (0;1)$ mit $\alpha p+(1-\alpha)r \sim (1-\beta)r+\beta(\alpha q+(1-\alpha)r)= \alpha\beta q+(1-\alpha\beta)r$. Andererseits folgt aber aus $r \prec p$ auch $r \prec q$ und somit nach (ii) sowohl $\beta q+(1-\beta)r \prec q \sim p$ als auch $\alpha\beta q+(1-\alpha\beta)r = \alpha(\beta q+(1-\beta)r)+(1-\alpha)r \prec \alpha p+(1-\alpha)r$, was jedoch im Widerspruch steht zu $\alpha p+(1-\alpha)r \sim \alpha\beta q+(1-\alpha\beta)r$. Nachdem man auf die gleiche Art die Annahme $\alpha q+(1-\alpha)r \prec \alpha p+(1-\alpha)r$ zum Widerspruch geführt hat ergibt sich $\alpha p+(1-\alpha)r \sim \alpha q+(1-\alpha)r$. Gilt schließlich $q \sim p \prec r$, dann ist $\alpha q+(1-\alpha)r \prec r$, und aus der Annahme $\alpha p+(1-\alpha)r \prec \alpha q+(1-\alpha)r$ folgert man die Existenz genau eines $\beta\in(0;1)$ mit $\alpha q+(1-\alpha)r \sim \beta(\alpha p+(1-\alpha)r)+(1-\beta)r$. Im Widerspruch dazu erhält man $q\sim p\lhd \beta p+(1-\beta)r$ sowie $\alpha q+(1-\alpha)r \lhd \alpha(\beta p+(1-\beta)r)+(1-\alpha)r$. Auf analogem Weg führt man die Annahme $\alpha q+(1-\alpha)r \lhd \alpha p+(1-\alpha)r$ zum Widerspruch und erhält $\alpha p+(1-\alpha)r \sim \alpha q+(1-\alpha)r$.

Damit sind die Behauptungen (1) - (5) nachgewiesen, und wir kommen zurück zum eigentlichen Beweis der Aussage a) von Satz (1.27). Es ist noch zu zeigen, daß die Bedingungen (i) - (iii) hinreichend sind für die Existenz einer Funktion $u\colon Y \longrightarrow \mathbb{R}^1$, welche die Eigenschaft (*) besitzt. Dazu wird angenommen, daß $r,s\in P$ existieren mit $r\lhd s$. (Gilt $r\sim s$ für alle $r,s\in P$, dann besitzt jede konstante Funktion auf Y die Eigenschaft (*).)

Für jedes $p\in[r;s]:=\{q\in P;\ r\unlhd q\unlhd s\}$ gibt es nach (2) genau eine Zahl $m(p)\in[0;1]$ mit $p\sim(1-m(p))r+m(p)s$; für die so definierte Funktion $m\colon[r;s]\longrightarrow[0;1]$ gilt:
$m(r)=0,\ m(s)=1,$
$m(p)<m(q) \;\overset{(1)}{\Longrightarrow}\; (1-m(p))r+m(p)s \lhd (1-m(q))r+m(q)s \;\Longrightarrow\; p\lhd q,$
$m(p)=m(q) \;\Longrightarrow\; p\sim q,$
d.h. $p\lhd q \Longleftrightarrow m(p)<m(q)$ für alle $p,q\in[r;s]$.
Außerdem ergibt sich aus (ii) und (5) für alle $p,q\in[r;s]$ und alle $\alpha\in[0;1]$
$\alpha r+(1-\alpha)r \unlhd \alpha p+(1-\alpha)r \unlhd \alpha p+(1-\alpha)q \unlhd \alpha s+(1-\alpha)q \unlhd \alpha s+(1-\alpha)s,$
so daß $\alpha p+(1-\alpha)q\in[r;s]$ und
$\alpha p+(1-\alpha)q \sim (1-m(\alpha p+(1-\alpha)q))r+m(\alpha p+(1-\alpha)q)s$
gelten. Eine zweifache Anwendung von (5) liefert überdies
$\alpha p+(1-\alpha)q\sim\alpha((1-m(p))r+m(p)s)+(1-\alpha)((1-m(q))r+m(q)s)$
$$= (1-(\alpha m(p)+(1-\alpha)m(q)))r+(\alpha m(p)+(1-\alpha)m(q))s,$$
woraus man mit Hilfe von (2) die Linearitätsbedingung

$$m(\alpha p+(1-\alpha)q) = \alpha m(p)+(1-\alpha)m(q)$$

für alle $\alpha\in[0;1]$ und alle $p,q\in[r;s]$ erhält. Im folgenden zeigen wir, daß sich m so von $[r;s]$ auf P fortsetzen läßt, daß die Fortsetzung die Relation $\lhd$ auf P repräsentiert und die Linearitätsbedingung erhalten bleibt. Seien dazu $r_i,s_i\in P$ mit $[r;s]\subset[r_i;s_i],i=1,2$. Dann gibt es nach dem bisher Gezeigten

Funktionen $m_i^*: [r_i;s_i] \longrightarrow [0;1]$, $i=1,2$, die linear sind und die auf $[r_i;s_i]$ die Präferenz $\lhd$ repräsentieren. Die durch positive lineare Transformationen von m_i^* definierten Funktionen

$$m_i(p) := \frac{m_i^*(p)-m_i^*(r)}{m_i^*(s)-m_i^*(r)} \ , \qquad p\in[r_i;s_i], \quad i=1,2,$$

sind ebenfalls linear und repräsentieren $\lhd$ auf $[r_i;s_i]$.

Es gilt sogar $m_1(p)=m_2(p)$ für alle $p\in[r_1;s_1] \cap [r_2;s_2]$: Ist nämlich $p \sim r$ oder $p \sim s$, so folgt diese Gleichheit aus der Definition von m_1 und m_2; andernfalls muß einer der Fälle $p \lhd r \lhd s$, $r \lhd p \lhd s$ oder $r \lhd s \lhd p$ gelten.

$p \lhd r \lhd s \ \xRightarrow{(2)} \ \exists \alpha\in(0;1): r \sim \alpha p+(1-\alpha)s \Rightarrow \forall i\in\{1,2\}: \ 0=\alpha m_i(p)+1-\alpha,$

$r \lhd p \lhd s \ \Longrightarrow \ \exists \beta\in(0;1): p \sim \beta r+(1-\beta)s \Rightarrow \forall i\in\{1,2\}: \ m_i(p)=1-\beta,$

$r \lhd s \lhd p \ \Longrightarrow \ \exists \gamma\in(0;1): s \sim \gamma r+(1-\gamma)p \Rightarrow \forall i\in\{1,2\}: \ 1=(1-\gamma)m_i(p).$

In jedem Fall erhält man also $m_1(p)=m_2(p)$. Da m_i eine Fortsetzung von m auf $[r_i;s_i]$, $i=1,2$, ist, existiert eine Fortsetzung m^* von m auf $\bigcup\limits_{\substack{r^*,s^*\in P \\ [r;s]\subset[r^*;s^*]}} [r^*;s^*] = P$ mit

$p \lhd q \iff m^*(p)<m^*(q)$ und $m^*(\alpha p+(1-\alpha)q)=\alpha m^*(p)+(1-\alpha)m^*(q)$ für alle $\alpha\in[0;1]$ und alle $p,q\in P$. Definiert man schließlich $u:Y \longrightarrow \mathbb{R}^1$ durch $u(y)=m^*(\varepsilon_y)$, wobei ε_y das Einpunktmaß im Punkt $y\in Y$ bezeichnen möge, so ergibt sich für

$p = \sum\limits_{i=1}^{k} \alpha_i \, \varepsilon_{x_i} \in P$ durch vollständige Induktion aus der Linearität von m^*

$$m^*(p) = \sum\limits_{i=1}^{k} \alpha_i \, m^*(\varepsilon_{x_i}) = \int u \, dp$$

womit wegen $|Y|<\infty$ Teil a) der Aussage des Satzes bewiesen ist.

b) Gilt für v die Eigenschaft (*), so gilt sie offensichtlich auch für $u=av+b$, $a>0$, $b\in\mathbb{R}^1$.

Es seien nun $u,v: Y \longrightarrow \mathbb{R}^1$ Funktionen, die (*) erfüllen. Gilt dann $\varepsilon_x \sim \varepsilon_y$ für alle $x,y\in Y$, so sind u und v notwendig konstant, d.h. $u=c_1$, $v=c_2$, und es gilt $u=v+c_1-c_2$.

Gibt es dagegen $x,y \in Y$ mit $\varepsilon_x \lhd \varepsilon_y$ ($\Longleftrightarrow u(x)<u(y) \wedge v(x)<v(y)$), so sind

$$u^*(z) := \frac{u(z)-u(x)}{u(y)-u(x)} \quad , \quad v^*(z) := \frac{v(z)-v(x)}{v(y)-v(x)} \quad , \quad z \in Y,$$

wohldefinierte positive lineare Transformationen von u bzw. v, welche (*) erfüllen und für die $u^*(x)=v^*(x) = 0$ sowie $u^*(y)=v^*(y) = 1$ gelten. Mit der gleichen Argumentation, mit der man in Teil a) $m_1(p)=m_2(p)$ für alle $p \in [r_1;s_1] \cap [r_2;s_2]$ gezeigt hat, folgert man hieraus $u^* = v^*$, d.h.

$$u(z) = \frac{u(y)-u(x)}{v(y)-v(x)} \, v(z) + \frac{u(x)v(y)-v(x)u(y)}{u(y)-v(x)} \quad . \qquad \square$$

Da die Bedingungen (i) - (iii) in Satz (1.27) als Axiome für die Existenz von erwartetem Nutzen angesehen werden können, wollen wir deren Bedeutung für Präferenzrelationen kurz erläutern:

Die in Bedingung (i) geforderte Asymmetrie der zugrundeliegenden Präferenz kann als unproblematische Forderung angesehen werden, da man von einem "vernünftigen" Individuum sicherlich verlangen kann, daß es bei zwei vorgelegten Alternativen p und q nicht gleichzeitig p schlechter einschätzt als q und q schlechter einschätzt als p. Dagegen wurde schon im Anschluß an die Forderung (1.21) in einer Fußnote darauf hingewiesen, daß die sich aus der negativen Transitivität der Präferenz ergebende Transitivität der Indifferenz in der Praxis unter Umständen problematisch ist. So lassen sich bei vielen Individuen insbesondere dann intransitive Indifferenzen beobachten, wenn es um die Beurteilung von Risiken geht: Wenn jemand vor der Wahl steht, in einer Lotterie L mit Wahrscheinlichkeit $\frac{1}{10}$ DM 10.000 zu gewinnen und mit Wahrscheinlichkeit $\frac{9}{10}$ nichts zu erhalten oder sofort ohne jedes Risiko x DM zu bekommen, wird er normalerweise für "kleine" Werte x eine Präferenz $x \lhd L$ besitzen und für "große" x eine Präferenz $L \lhd x$. Für ein bestimmtes x (beispielsweise x=720) wird er aber weder den sicheren Betrag x der Lotterie L noch umgekehrt L dem Betrag x vorziehen, so daß dann $L \sim x$ gilt. Bietet man dem Individuum in dieser Situation an, anstelle der Teilnahme an der Lotterie L sofort x-1 DM zu bekommen, so wird jedoch in vielen Fällen das Angebot nicht abgelehnt werden. Es gilt dann sowohl $L \sim x$ als auch $L \sim x-1$. Da andererseits aber sicherlich der Erhalt von x DM dem Erhalt von x-1 DM vorgezogen wird ist $x-1 \prec x$, d.h. die Indifferenz $\sim$ ist in einem solchen Fall nicht transitiv.

Die als zweite Bedingung in Satz (1.27) genannte *Unabhängigkeitsforderung* (ii) besagt, daß für Alternativen $p \prec q$ jede "Mischung" $\alpha p + (1-\alpha)r$ schlechter sein muß als $\alpha q + (1-\alpha)r$ unabhängig von der Wahl von $\alpha \in (0;1)$. Dafür, daß diese Bedingung in manchen Entscheidungssituationen verletzt sein kann, gibt es vor allem zwei Gründe. Sowohl Allais ([1]) als auch Savage ([58]) haben festgestellt, daß bei der intuitiven Beurteilung von Lotterien, wie sie schon oben bei der Diskussion von (i) angesprochen worden sind, vielfach die individuellen Präferenzen nicht konsistent mit (ii) sind (vgl. [58], S. 1o1-1o3). Das Auftreten solcher Inkonsistenzen erscheint aber weniger gravierend angesichts der Bemerkung von Savage ([58]), daß jeder, der auf solche Inkonsistenzen hingewiesen wird und (ii) prinzipiell akzeptiert, bereit sein müßte, seine "Fehler" zu korrigieren und die ursprünglichen Präferenzen so abzuändern, daß die Änderungen die Konsistenz mit (ii) herstellen. Ein weiterer, und weitaus gravierenderer Einwand gegenüber der Bedingung (ii) ist darin zu sehen, daß das Durchführen von "Mischungen" Kosten verursachen kann, die größer sind als der Vorteil, den "Mischungen" überhaupt bieten. Unterscheiden sich nämlich zwei Alternativen $p \prec q$ hinsichtlich der Präferenz $\prec$ nur "wenig" und liegt $\alpha \in (0;1)$ "nahe bei 1", so wird der geringfügige Vorteil von $\alpha p + (1-\alpha)q$ gegenüber p oftmals durch die "Bereitstellungskosten" für ein Zufallsexperiment mit den vorgeschriebenen Wahrscheinlichkeiten zunichte gemacht, und man wird insgesamt gesehen $\alpha p + (1-\alpha)q \preceq p$ einschätzen (vgl. auch [59]).

Die manchmal auch als *Archimedisches Axiom* bezeichnete Be-
dingung (iii) verlangt, daß es zu je drei Alternativen $p \triangleleft q \triangleleft r$
"Mischungen" $\alpha p+(1-\alpha)r$ und $\beta p(1-\beta)r$ gibt, die schlechter bzw.
besser als q sind. Es darf also keine "unendlich guten" bzw.
"unendlich schlechten" Alternativen geben, wie sie z.B. auftreten, wenn p für "sofortiger Tod", q für "keine Veränderung
des Status quo" und r für den "Erhalt von 1 DM" stehen. Wird
nämlich in dieser Situation außer der Präferenz $p \triangleleft q \triangleleft r$ auch
noch $\alpha p+(1-\alpha)r \triangleleft q$ für jedes $\alpha \in (0;1)$ gesetzt, so ist (iii) verletzt. Bei einem Präferenzverhalten, das mit (iii) in Über-
einstimmung steht, würde dagegen für "sehr kleine" Werte
$\beta \in (0;1)$ q schlechter eingeschätzt als die "Mischung" $\beta p+(1-\beta)r$.[1]

Wenn in einer Konfliktsituation die Spieler $1,\ldots,n$ neben ihren
reinen Strategien $x_1 \in X_1,\ldots,x_n \in X_n$ auch gemischte Strategien
$p_1 \in P_1,\ldots,p_n \in P_n$ als mögliche Verhaltensweisen in Betracht ziehen
wollen und ihre Präferenzen auf der Menge $\{(p_1,\ldots,p_n);p_i \in P_i,$
$1 \le i \le n\}$ der möglichen Spielausgänge den Bedingungen (i) - (iii)
in Satz (1.27) genügen[2], so gibt es Nutzenfunktionen $u_1,\ldots,u_n$
auf $X_1 \times \ldots \times X_n \times \Omega$, so daß $\Gamma=(X_1,\ldots,X_n,(\Omega,\mathcal{F},P),(u_1,\ldots,u_n))$ und
$\Gamma_g=(P_1,\ldots,P_n,(\Omega,\mathcal{F},P),(U_1,\ldots,U_n))$,
$U_i(p_1,\ldots,p_n,\omega):=\int\ldots\int u_i(x_1,\ldots,x_n,\omega)dp_1(x_1)\ldots dp_n(x_n)$, $1 \le i \le n$,
n-Personenspiele in expliziter Normalform sind, von denen Γ_g
die Konfliktsituation beschreibt, in der sich die Spieler bei
möglichem Einsatz gemischter Strategien befinden. Setzen die
Spieler als spezielle gemischte Strategien die Einpunktmaße
$\varepsilon_{x_1} \in P_1,\ldots,\varepsilon_{x_n} \in P_n$ ein, so erhalten sie die Auszahlungen

$$U_i(\varepsilon_{x_1},\ldots,\varepsilon_{x_n},\omega)=u_i(x_1,\ldots,x_n,\omega), \quad 1 \le i \le n,$$

falls $\omega \in \Omega$ das Ergebnis des im Spiel bereits vorgesehenen
Zufallsexperimentes ist.

---

[1] Im Straßenverkehr z.B. zeigen manche Verkehrsteilnehmer, daß
sie auch für "relativ große" $\alpha \in (0;1)$ einer "Mischung"
$\alpha p+(1-\alpha)r$ (r ~ "Zeitgewinn von wenigen Minuten") den Vorzug
geben gegenüber q.

[2] Fishburn ([18]) hat gezeigt, daß man diese Bedingungen auf der
speziellen Menge $P_1 \times \ldots \times P_n$ von Wahrscheinlichkeitsmaßen über
$X_1 \times \ldots \times X_n$ nur "komponentenweise" zu überprüfen braucht.

Es macht deshalb in formaler Hinsicht für die Konsequenzen keinen Unterschied, ob die Spieler im Spiel Γ die Strategien $x_1,\ldots,x_n$ oder im Spiel Γ_g die Strategien $\varepsilon_{x_1},\ldots,\varepsilon_{x_n}$ einsetzen. Da auch bei der Interpretation eines solchen Strategieneinsatzes kein Unterschied festzustellen ist (die deterministische Wahl der Strategien $x_1,\ldots,x_n$ wird genauso interpretiert wie die mit Wahrscheinlichkeit 1 vorgenommene Wahl der Strategien $x_1,\ldots,x_n$), *werden die reinen Strategien $x_i \in X_i$ jeweils identifiziert mit den gemischten Strategien $\varepsilon_{x_i} \in P_i$, $1 \leq i \leq n$.*

Natürlich stellt sich für Entscheidungssituationen, in denen die Spieler nicht notwendig jeweils nur endlich viele reine Strategien zur Verfügung haben, gleichermaßen die Frage, wann man Verhaltensweisen, bei denen "künstlich" der Zufall ins Spiel gebracht wird, durch Erwartungswerte von Nutzenfunktionen bewerten kann. Im Gegensatz zu dem in Satz (1.27) behandelten Fall endlicher Y tritt bei unendlichen Mengen Y zusätzlich das Problem auf, daß für die gesuchten Nutzenfunktionen $u: Y \longrightarrow \mathbb{R}^1$ und die in Betracht kommenden Wahrscheinlichkeitsmaße p über Y die Integrale $\int u(y)\,dp(y)$ existieren sollen. Demzufolge ist zu erwarten, daß man im Fall $|Y| = \infty$ für die Repräsentierbarkeit von Präferenzrelationen durch Nutzenerwartungswerte i.a. weitere, in (1.27) noch nicht genannte Bedingungen benötigt. Der folgende Satz beantwortet die Frage, wann Präferenzrelationen durch Nutzenerwartungswerte repräsentiert werden können, auch für diesen Fall.

<u>(1.28)</u> <u>*Satz:*</u>

> *Auf einer Menge $Y \neq \emptyset$ (von reinen Strategien) sei eine Präferenzrelation $\blacktriangleleft$ definiert. $\mathfrak{Y}(\blacktriangleleft) := \mathfrak{Y}(\{\{y \in Y; y \blacktriangleleft z\}; z \in Y\})$, bezeichne die von $\blacktriangleleft$ erzeugte σ-Algebra über Y. Ferner sei P eine konvexe Menge von Wahrscheinlichkeitsmaßen über $(Y,\mathfrak{Y})$, $\mathfrak{Y} \supset \mathfrak{Y}(\blacktriangleleft)$, welche alle Einpunktmaße enthält und*

$$p \in P, \quad A \in \mathcal{Y}, \quad p(A) > 0 \implies p(\,.\,|A) \in P \quad [1]$$

erfüllt. Auf P sei eine Präferenzrelation $\vartriangleleft$ definiert, die im folgenden Sinne eine "Erweiterung" von $\blacktriangleleft$ sein möge:

$$\forall x, y \in Y: \ (x \blacktriangleleft y \iff \varepsilon_x \vartriangleleft \varepsilon_y).$$

Dann gilt: Notwendig und hinreichend für die Existenz einer Funktion $u: Y \longrightarrow \mathbb{R}^1$, die integrabel ist für alle $p \in P$ und

$$\forall p, q \in P: \ (p \vartriangleleft q \iff \textstyle\int u \ dp < \int u \ dq)$$

erfüllt, sind die Bedingungen (i) - (iii) aus Satz (1.27) sowie

$$(iv) \quad \forall A \in \mathcal{Y}: \ \forall p \in P: \ (((p(A)=1 \wedge \forall x \in A: \ y \trianglelefteq x) \implies \varepsilon_y \trianglelefteq p)$$
$$\wedge ((p(A)=1 \wedge \forall x \in A: \ x \trianglelefteq y) \implies p \trianglelefteq \varepsilon_y)),$$

$$(v) \quad \forall p, q, r \in P: \ \forall (A_n)_{n \in \mathbb{N}} \in \mathcal{Y}: \ (p \vartriangleleft q \vartriangleleft r \wedge \forall n \in \mathbb{N}: \ A_n \subset A_{n+1}$$
$$\wedge\, q(\bigcup_{n=1}^{\infty} A_n)=1 \implies \exists n_o \in \mathbb{N}: \ \forall n \geq n_o: \ p \vartriangleleft q(\,.\,|A_n) \vartriangleleft r).$$

Außerdem ist jede Funktion $u: Y \longrightarrow \mathbb{R}^1$, deren bzgl. $p \in P$ gebildeten Erwartungswerte die Präferenz $\vartriangleleft$ repräsentieren, bis auf positive lineare Transformationen eindeutig bestimmt.

Auf den recht umfangreichen Beweis dieses Satzes soll hier verzichtet werden; es sei aber darauf hingewiesen, daß die Aussage von (1.28) eine Spezialisierung eines allgemeineren Resultates ist, das in [74] und [76] bewiesen ist.

Die in Satz (1.28) neu hinzugekommenen Bedingungen (iv) und (v) können recht anschaulich interpretiert werden: Das *"sure-thing principle"* (iv) verlangt, daß ein Wahrscheinlichkeitsmaß p nicht schlechter (nicht besser) beurteilt wird als

---

[1] Mit p(.|A) wird das (elementare) bedingte Wahrscheinlichkeitsmaß unter der Hypothese A bezeichnet.

eine reine Strategie y, sofern jeder Trägerpunkt von p nicht
schlechter (nicht besser) beurteilt wird als y. Die "*Stetig-
keitsforderung*" (v) stellt dagegen sicher, daß sich für eine
isotone Folge $(A_n)_{n \in \mathbb{N}}$ von meßbaren Mengen, deren Vereinigung
den Träger eines Wahrscheinlichkeitsmaßes $q \in P$ enthält, q hinsichtlich der Präferenz $\vartriangleleft$ "beliebig gut" durch die bedingten
Wahrscheinlichkeitsmaße $q(.\,|A_n)$ approximieren läßt.
Genauso wie man den von den Spielern "künstlich" (durch den
Einsatz von Wahrscheinlichkeitsmaßen $p_1,\ldots,p_n$) ins Spiel gebrachten Zufallseinfluß durch Auszahlungserwartungen bewerten
möchte, wird man natürlich den in einem n-Personenspiel
$\Gamma=(X_1,\ldots,X_n,(\Omega,\mathcal{F},P),u)$ in expliziter Normalform bereits vorgesehenen und durch den Wahrscheinlichkeitsraum $(\Omega,\mathcal{F},P)$ formal
dargestellten Zufallseinfluß ebenfalls durch Erwartungswerte
von Auszahlungsfunktionen bewerten wollen. Dadurch läßt sich
nämlich die Abhängigkeit der Auszahlungen $u_i(x_1,\ldots,x_n,\omega)$, $1 \le i \le n$,
von dem (vor Ausführung des Spiels unbekannten) Ergebnis ω des
Zufallsexperimentes beseitigen, d.h. es ist dann eine Bewertung
von Strategien möglich, die nicht mehr abhängig ist vom Ausgang
$\omega \in \Omega$ des Zufallsexperimentes $(\Omega,\mathcal{F},P)$.

(1.29) *Definition:*

> $(X_1,\ldots,X_n,(\Omega,\mathcal{F},P),u)$ *sei ein n-Personenspiel in*
> *expliziter Normalform, so daß für alle $1 \le i \le n$ und alle*
> $(x_1,\ldots,x_n) \in X_1 \times \ldots \times X_n$ *die Integrale*
>
> $$a_i(x_1,\ldots,x_n):=\int u_i(x_1,\ldots,x_n,\omega)dP(\omega)<\infty$$
>
> *existieren. Dann heißt* $(X_1,\ldots,X_n,a)$, $a=(a_1,\ldots,a_n)$,
> *das zu* $(X_1,\ldots,X_n,(\Omega,\mathcal{F},P),u)$ *gehörige* <u>*n-Personenspiel*</u>
> <u>*in Normalform*</u>. *Ist dabei* $(X_1,\ldots,X_n,(\Omega,\mathcal{F},P),u)$ *endlich*
> *bzw. kontinuierlich, so heißt auch* $(X_1,\ldots,X_n,a)$ *endlich*
> *bzw. kontinuierlich.*

Wie man sofort sieht, läßt sich jedes n-Personenspiel
$(X_1,\ldots,X_n,(\Omega,\mathcal{F},P),u)$ in expliziter Normalform, bei dem P ein
endlich-diskretes Wahrscheinlichkeitsmaß auf $\mathcal{F}=\mathcal{P}(\Omega)$ ist,

gemäß Definition (1.29) auf Normalformgestalt bringen. Außerdem sind Spiele in expliziter Normalform ohne Zufallseinfluß, wie das im Anschluß an Definition (1.26) angegebene Beispiel, ebenfalls Spiele in Normalform, da in diesem Fall

$$u_i(x_1,\ldots,x_n,\cdot): \Omega \longrightarrow \mathbb{R}^1, \qquad 1 \leq i \leq n,$$

für alle $(x_1,\ldots,x_n) \in X_1 \times \ldots \times X_n$ konstante Funktionen sind.

Mehr noch als bei Spielen in expliziter Normalform wird man bei Spielen in Normalform daran interessiert sein, den von den Spielern "künstlich" ins Spiel gebrachten Zufallseinfluß durch Auszahlungserwartungen zu bewerten, da auf diese Weise auch das "Mischen" von reinen Strategien unabhängig vom speziellen Ergebnis $\omega \in \Omega$ des im Spiel vorgesehenen Zufallsexperimentes beurteilt werden kann. Für endliche n-Personenspiele $(X_1,\ldots,X_n,a)$ in Normalform gibt Satz (1.27) notwendige und hinreichende Bedingungen an die Präferenzen auf den gemischten Strategien über $Y = X_1 \times \ldots \times X_n$ an, die zeigen, wann eine Strategien-Bewertung durch Auszahlungserwartungen möglich ist. Im Gegensatz dazu ist es jedoch nicht zweckmäßig, Satz (1.28) bei nicht notwendig endlichen Spielen in Normalform auf die gleiche Weise anzuwenden, wie das mit Satz (1.27) bei endlichen Spielen in Normalform geschehen ist, da im Gegensatz zu endlichen Spielen die Berechnung der iterierten Integrale

$$\int \ldots \int a_i(x_1,\ldots,x_n)\, dp_1(x_1) \ldots dp_n(x_n)$$

auch für nicht produktmeßbare Funktionen a_i, $1 \leq i \leq n$, vorgenommen wird und in diesem Fall i.a. von der Integrationsreihenfolge abhängt.

Deshalb definieren wir:

(1.30) *Definition:*

  a) $\Gamma = (X_1,\ldots,X_n,a)$ *sei ein n-Personenspiel in Normalform mit endlichen Mengen* $X_1,\ldots,X_n$. *Dann heißt das durch*

$$P_i := \{p_i; \ p_i \ \textit{ist Wahrscheinlichkeitsmaß über}$$
$$(X_i, \mathcal{P}(X_i))\},$$

$$A_i(p_1, \ldots, p_n) = \int \ldots \int a_i(x_1, \ldots, x_n) \, dp_1(x_1) \ldots dp_n(x_n),$$
$$1 \leq i \leq n,$$

und $a = (a_1, \ldots, a_n)$, $A := (A_1, \ldots, A_n)$ *definierte*
n-Personenspiel $\Gamma_m = (P_1, \ldots, P_n, A)$ *in Normalform <u>die</u>*
<u>*gemischte Erweiterung*</u> *von* Γ.

b) *Ein n-Personenspiel* $\Gamma_m = (P_1, \ldots, P_n, A)$ *in Normal-*
   form heißt <u>eine gemischte Erweiterung</u> des
   n-Personenspiels $\Gamma = (X_1, \ldots, X_n, a)$, *wenn für* $1 \leq i \leq n$
   gilt: P_i *ist eine konvexe Menge von Wahrscheinlich-*
   keitsmaßen über $(X_i, \mathcal{Y}_i)$, *welche alle Einpunktmaße*
   enthält und die folgenden Bedingungen erfüllt:

$$p_i \in P_i, \ A_i \in \mathcal{Y}_i, \ p_i(A_i) > 0 \Rightarrow p_i(\,.\,|A_i) \in P_i,$$
$$A_i(p_1, \ldots, p_n) = \int \ldots \int a_i(x_1, \ldots, x_n) \, dp_1(x_1) \ldots dp_n(x_n)$$

   unabhängig von der Integrationsreihenfolge,
   $A = (A_1, \ldots, A_n)$, $a = (a_1, \ldots, a_n).$ [1]

c) *Für ein n-Personenspiel* $(X_1, \ldots, X_n, a)$ *in Normalform*
   heißt ein Wahrscheinlichkeitsmaß p_i *über* X_i <u>*ge-*</u>
   <u>*mischte Strategie*</u> *des Spielers i, wenn es eine*
   gemischte Erweiterung $(P_1, \ldots, P_n, A)$ *von*
   $(X_1, \ldots, X_n, a)$ *gibt mit* $p_i \in P_i$.

d) *Die gemischte Erweiterung* $(P_1, \ldots, P_n, A)$ *von*
   $(X_1, \ldots, X_n, a)$ *mit*

   (α) $P_i = \{p_i; \ p_i$ *ist endlich diskretes Wahrschein-*
   lichkeitsmaß über $(X_i, \mathcal{P}(X_i))\}$, $1 \leq i \leq n$,

   (β) $P_i = \{p_i; \ p_i$ *ist diskretes Wahrscheinlichkeits-*
   maß über $(X_i, \mathcal{P}(X_i))\}$, $1 \leq i \leq n$,

   heißt

---

[1] Die in Teil a) definierte gemischte Erweiterung bei endlichen
Strategienmengen $X_1, \ldots, X_n$ ist also insbesondere auch eine
gemischte Erweiterung im Sinne von b).

(α)   endlich diskrete gemischte Erweiterung,

(β)   diskrete gemischte Erweiterung.

Die endlich diskrete gemischte Erweiterung eines Spiels Γ wird mit Γ_{fdm}, die diskrete gemischte Erweiterung mit Γ_{dm} bezeichnet.

Obwohl die in Teil b) der Definition genannten σ-Algebren $\mathcal{Y}_1,\ldots,\mathcal{Y}_n$, ähnlich wie die σ-Algebra $\mathcal{Y}$ in Satz (1.29), von den Präferenzen der Spieler abhängen, gibt es in vielen Fällen von der Problemstellung her bereits "kanonische" σ-Algebren (z.B. die Borelschen σ-Algebren bei Strategienmengen $X_i \subset \mathbb{R}^{n_i}$), über denen gemischte Strategien der einzelnen Spieler definiert sind.

Man kann nun versuchen, zu vorgegebenen Strategien-Normalformen $(X_1,\ldots,X_n,(\Omega,\mathcal{Y},P))$ und $(P_1,\ldots,P_n,(\Omega,\mathcal{Y},P))$ (bei denen P_i konvexe Mengen von Wahrscheinlichkeitsmaßen über $(X_i,\mathcal{Y}_i)$ sind, welche "abgeschlossen" sind gegen die Bildung elementarer bedingter Wahrscheinlichkeitsmaße) und vorgegebenen Präferenzen der einzelnen Spieler nach einer Charakterisierung solcher Präferenzrelationen zu suchen, für die ein Vektor

$$a := (a_1,\ldots,a_n) : X_1 \times \ldots \times X_n \longrightarrow \mathbb{R}^n$$

von Auszahlungsfunktionen existiert, so daß $(P_1,\ldots,P_n,A)$ eine gemischte Erweiterung von $(X_1,\ldots,X_n,a)$ ist, bei der A_i die Präferenzen des i-ten Spielers repräsentiert. Eine derartige Charakterisierung ist für Zweipersonenspiele in [75] durchgeführt worden; wegen des verhältnismäßig umfangreichen Aufwandes, den eine Darstellung dieser Charakterisierung erfordern würde, wollen wir hier jedoch darauf verzichten.

§ 4 Randomisierungsarten bei Spielen in extensiver Form

Im Zusammenhang mit der Definition (1.13) hatten wir gesehen, daß die Spieler in einem endlichen n-Personen Spielbaum zwei Möglichkeiten haben zu randomisieren, d.h. von sich aus den Zufall ins Spiel zu bringen: Zum einen können sie ihre reinen Strategien "mischen", d.h. mit gewissen von ihnen wählbaren Wahrscheinlichkeiten unter ihren reinen Strategien diejenige auswählen, die dann zum Einsatz gebracht wird; zum anderen können sie in jeder Zug-Position die Wahrscheinlichkeiten festlegen, mit denen sie die möglichen Alternativen als nächsten Zug wählen. Der zuerst beschriebenen Art des Randomisierens entspricht die Wahl einer *gemischten Strategie*, der zweiten Randomisierungsart die Wahl einer *Verhaltensstrategie*. Da von den Spielregeln keinem Spieler vorgeschrieben ist, welche Randomisierungsart er gegebenenfalls zu verwenden hat, wird man erwarten, daß es "im Prinzip gleichgültig" ist, auf welche Weise die Spieler randomisieren, d.h. daß jeder Spieler anstelle einer gemischten Strategie eine geeignete Verhaltensstrategie zum Einsatz bringen kann (und umgekehrt), ohne daß sich an den Wahrscheinlichkeiten für den Ausgang der betreffenden Partie etwas ändert.

(1.31) *Beispiel:*

Für das Zwei-Finger-Morra mit Auswürfeln der Positionen war in (1.11)c) ein Spielbaum angegeben worden mit den Systemen von Informationsmengen

$\mathcal{U}_0=\{\{x^0\}\}$, $\mathcal{U}_1=\{\{x_1\},\{x_2\}\}$,
$\mathcal{U}_2=\{\{x_3,x_4\},\{x_5,x_6\}\}$.

In diesem Spiel besitzt Spieler 1 vier reine Strategien, nämlich $\sigma_1^{(1)}=(1,1)$, $\sigma_1^{(2)}=(1,2)$, $\sigma_1^{(3)}=(2,1)$, $\sigma_1^{(4)}=(2,2)$. Setzt er diese reinen Strategien jeweils mit Wahrscheinlichkeit $\frac{1}{4}$ ein, d.h. spielt er die gemischte Strategie $p_1 = \sum_{j=1}^{4} \frac{1}{4} \varepsilon_{\sigma_1}(j)$, und setzt Spieler 2 die Ver-

haltensstrategie $b_2 = (\frac{1}{3}\varepsilon_1 + \frac{2}{3}\varepsilon_2 , \frac{2}{3}\varepsilon_1 + \frac{1}{3}\varepsilon_2)$, d.h. wählt er

in der Informationsmenge $\{x_3, x_4\}$ die Alternativen 1 bzw. 2 mit
den Wahrscheinlichkeiten $\frac{1}{3}$ bzw. $\frac{2}{3}$ und in der Informationsmenge
$\{x_5, x_6\}$ mit den Wahrscheinlichkeiten $\frac{2}{3}$ bzw. $\frac{1}{3}$, so endet die
Partie beim Aufeinandertreffen von p_1 und b_2 mit der Wahrscheinlichkeit

$$p \cdot p_1(\{(\sigma_1^{(1)}, \sigma_1^{(2)})\}) \cdot b_2^{\{x_3, x_4\}}(\{1\}) = \frac{1}{6} p$$

im Endknoten $g_{\{x_3, x_4\}}(x_3, 1)$, da die Partie von x^o nach x_1 mit

Wahrscheinlichkeit $b_2^{\{x_3, x_4\}}(\{1\})$ übergeht. Auf analoge Weise
erhält man als "Reali-
sierungswahrscheinlich-
keiten" für die anderen
sieben Endpunkte im
Spielbaum (in der Reihen-
folge von links nach
rechts) die Werte $\frac{1}{3}p$,
$\frac{1}{6}p$, $\frac{1}{3}p$, $\frac{1}{3}(1-p)$, $\frac{1}{6}(1-p)$,
$\frac{1}{3}(1-p)$, $\frac{1}{6}(1-p)$. Diesel-

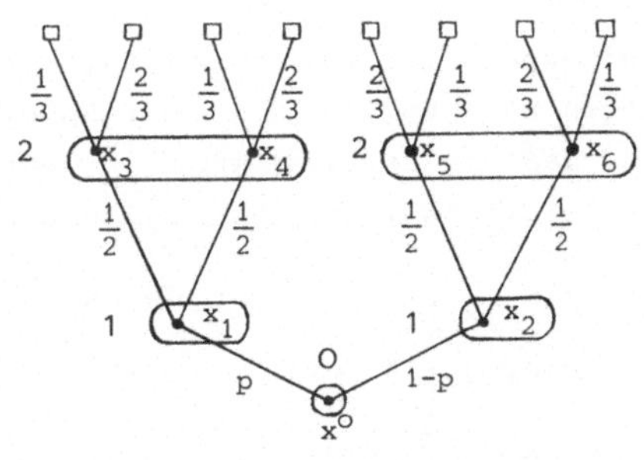

ben Wahrscheinlichkeiten für die Realisierung der acht Endknoten ergeben sich aber auch, wenn anstelle von p_1 und b_2 die
beiden Verhaltensstrategien $b_1 = (\frac{1}{2}\varepsilon_1 + \frac{1}{2}\varepsilon_2 , \frac{1}{2}\varepsilon_1 + \frac{1}{2}\varepsilon_2) \in B_1$
und $b_2 \in B_2$ aufeinandertreffen, so daß man p_1 und b_1 als gleich-
wertig ansehen wird. □

Um allgemein die Richtigkeit der Vermutung, daß gemischte Strategien und Verhaltensstrategien in diesem Sinne äquivalent sind,
beweisen zu können, werden zunächst die in dem vorangegangenen
Beispiel anschaulich klaren Begriffe der Übergangswahrscheinlichkeiten und Realisierungswahrscheinlichkeiten allgemein definiert.
Dazu betrachten wir einen endlichen n-Personen Spielbaum
$(X, \mathcal{U}, W_o)$: Zu jeder maximalen Kette $x^o < \ldots < x^t$ von x^o nach x^t

und zu jedem $\nu\in\{0,\ldots,t-1\}$ gibt es genau eine Informationsmenge $U(x^\nu)\in\mathcal{U}$ sowie genau einen Spieler $i(x^\nu)\in\{1,\ldots,n\}$ mit $x^\nu\in U(x^\nu)\in\mathcal{U}_{i(x^\nu)}$. Da x^ν im Baum X der direkte Vorgängerknoten von $x^{\nu+1}$ ist, gibt es nach (1.8)(ii)(δ) genau eine Alternative $n(x^{\nu+1})\in\{1,\ldots,m_{U(x^\nu)}\}$ mit $g_{U(x^\nu)}(x^\nu,n(x^{\nu+1})) = x^{\nu+1}$. Wenn also im Knoten x^ν, $0\leq\nu<t$, der Spieler $i(x^\nu)\in\{1,\ldots,n\}$ am Zug ist und dieser Spieler eine Verhaltensstrategie $b\in B_{i(x^\nu)}$ einsetzt, so geht die Partie mit Wahrscheinlichkeit

$$b^{U(x^\nu)}(\{n(x^{\nu+1})\})$$

in den Zustand $x^{\nu+1}$ über. Setzt dieser Spieler dagegen eine gemischte Strategie $p\in P_{i(x^\nu)}$ ein und ist

$$S_j(x^{\nu+1}) := \{\sigma\in S_j;\ \forall\mu\leq\nu:\ (i(x^\mu)=j \Rightarrow \sigma^{U(x^\mu)}=n(x^{\mu+1}))\},\ 1\leq j\leq n,$$

die Menge aller reinen Strategien des Spielers j, die in den Knoten x^μ, $\mu\leq\nu$, in denen der Spieler j am Zug ist, so entscheiden, daß die Partie nach $x^{\mu+1}$ übergeht, so geht die Partie mit der (bedingten) Wahrscheinlichkeit

$$\frac{p(S_{i(x^\nu)}(x^{\nu+1}))}{p(S_{i(x^\nu)}(x^{\mu+1}))} \qquad \text{falls}\quad \exists\eta<\nu:\ i(x^\eta)=i(x^\nu)\quad \text{und}$$
$$\mu=\max\{\eta;\ \eta<\nu,\ i(x^\eta)=i(x^\nu)\}$$

bzw. $p(S_{i(x^\nu)}(x^{\nu+1}))$ sonst

von x^ν in den Zustand $x^{\nu+1}$ über. Ist schließlich $i(x^\nu)=0$, d.h. ist im Knoten x^ν der Spieler 0 ("Zufall") am Zug, so ist

$$w_0^{U(x^\nu)}(\{g_{U(x^\nu)}(x^\nu,n(x^{\nu+1}))\})$$

die Wahrscheinlichkeit für einen Übergang von x^ν nach $x^{\nu+1}$. Ausgehend von diesen Überlegungen definieren wir jetzt den Begriff der Übergangswahrscheinlichkeit wie folgt:

(1.32) *Definition:*

Es seien $(X,\mathcal{U},W_0)$ *ein endlicher n-Personen Spielbaum,* $x^0<\ldots<x^t$ *eine maximale Kette von* x^0 *nach* x^t *und*

$$q = (q_1, \ldots, q_n) \in \mathop{\mathsf{X}}_{i=1}^{n} (P_i \cup B_i) \quad \textit{ein Strategientupel der}$$

n Spieler. Dann heißt

$$w_q(x^{\nu+1}|x^\nu) := \begin{cases} q^{U(x^\nu)}_{i(x^\nu)}(\{n(x^{\nu+1})\}) & \textit{falls } q_{i(x^\nu)} \in B_{i(x^\nu)} \\[2ex] \dfrac{q_{i(x^\nu)}(S_{i(x^\nu)}(x^{\nu+1}))}{q_{i(x^\nu)}(S_{i(x^\nu)}(x^{\mu+1}))} & \begin{array}{l} \textit{falls } q_{i(x^\nu)} \in P_{i(x^\nu)} \\ \exists \eta < \nu: \ i(x^\eta) = i(x^\nu), \\ \mu = max\{\eta < \nu; i(x^\eta) = i(x^\nu)\} \end{array} \\[3ex] q_{i(x^\nu)}(S_{i(x^\nu)}(x^{\nu+1})) & \begin{array}{l} \textit{falls } q_{i(x^\nu)} \in P_{i(x^\nu)} \\ \forall \eta < \nu: \ i(x^\eta) \neq i(x^\nu) \end{array} \\[3ex] w^{U(x^\nu)}_o(\{g_{U(x^\nu)}(x^\nu, n(x^{\nu+1}))\}) & \textit{falls } i(x^\nu) = 0 \end{cases}$$

die q-Übergangswahrscheinlichkeit *von* x^ν *nach* $x^{\nu+1}$, $0 \leq \nu < t$.

In dem zu Beginn dieses Paragraphen betrachteten Beispiel hatten wir für das Zwei-Finger-Morra mit Auswürfeln der Positionen bereits mit Übergangswahrscheinlichkeiten gerechnet. Für $q=(p_1,b_2)$ sind z.B. $w_q(x_1|x^o)=w_o^{\{x^o\}}(\{x_1\})=p$, $w_q(x_3|x_1)$ $=p_1(\{\sigma_1^{(1)},\sigma_1^{(2)}\})=\frac{1}{2}$ und $w_q(g_{\{x_3,x_4\}}(x_3,1)|x_3)=b_2^{\{x_3,x_4\}}(\{1\})=\frac{1}{3}$ die aufgrund von (1.32) berechneten q-Übergangswahrscheinlichkeiten von x^o nach x_1, x_1 nach x_3 und x_3 nach $g_{\{x_3,x_4\}}(x_3,1)$.

Mit Hilfe von Übergangswahrscheinlichkeiten werden im folgenden zu einem vorgegebenem Strategientupel $q=(q_1,\ldots,q_n) \in \mathop{\mathsf{X}}_{i=1}^{n}(P_i \cup B_i)$

Realisierungswahrscheinlichkeiten definiert; dabei wird, anschaulich gesagt, die bzgl. q berechnete Realisierungswahrscheinlichkeit definiert als diejenige Wahrscheinlichkeit, mit der die zu spielende Partie beim Einsatz des Strategientupels q in den Knoten x^ν gelangt.

(1.33) **Definition:**

> $(X, \mathfrak{U}, W_o)$ *sei ein endlicher n-Personen Spielbaum,*
> $x^o < \ldots < x^t$ *eine maximale Kette von* x^o *nach* x^t *und*
> $$q = (q_1, \ldots, q_n) \in \bigtimes_{i=1}^{n} (P_i \cup B_i) \quad \text{ein Strategientupel}$$
> *der n Spieler. Dann heißt*
> $$r_q(x^t) := \prod_{\nu=0}^{t-1} w_q(x^{\nu+1} \mid x^\nu)$$
> *die* <u>*Realisierungswahrscheinlichkeit*</u> *von* x^t *unter* q.

Realisierungswahrscheinlichkeiten können am einfachsten dadurch
berechnet werden, daß man an den Kanten eines Spielbaumes die
gemäß (1.32) errechneten Übergangswahrscheinlichkeiten notiert
und für jeden Punkt $x \in X$ die an dem eindeutig bestimmten Pfad
von x^o nach x notierten Übergangswahrscheinlichkeiten miteinander multipliziert (Pfadregel). Zu Beginn dieses Paragraphen
war die Pfadregel bereits bei der Berechnung der Realisierungswahrscheinlichkeiten der Endpunkte des in (1.11)c) und (1.31)
angegebenen Spielbaums angewendet worden.

Es sei zunächst angemerkt, daß es sich bei den in (1.32) und
(1.33) definierten Begriffen tatsächlich um Wahrscheinlichkeitsverteilungen handelt:

(1.34) **Anmerkung:**

> *Für jedes Strategientupel* $q = (q_1, \ldots, q_n) \in \bigtimes_{i=1}^{n} (P_i \cup B_i)$
> *gilt:*
>
> *a)* $\forall x \in X - E: \displaystyle\sum_{j \in A_{U(x)}} w_q(g_{U(x)}(x, j) \mid x) = 1;$
>
> *b)* $\displaystyle\sum_{x \in E} r_q(x) = 1.$

Beweis: a) Sei $i := i(x)$. Dann folgt für $q_i \in B_i$ oder $i=0$ die
Behauptung direkt aus den Eigenschaften einer Verhaltensstrategie bzw. aus den Eigenschaften des Bewegungsgesetzes W_o.

Für $q_i \in P_i$ ist

$$\sum_{j \in A_{U(x)}} q_i(S_i(g_{U(x)}(x,j)))$$
$$= q_i(\{\sigma_i \in S_i;\ \forall z < x: (i(z)=i \Rightarrow g_{U(z)}(z,\sigma_i^{U(z)}) \leq x)\}).$$

Im Fall $\forall z < x:\ i(z) \neq i$ gilt

$$\{\sigma_i \in S_i;\ \forall z < x:\ (i(z)=i \Rightarrow g_{U(z)}(z,\sigma_i^{U(z)}) \leq x)\} = S_i;$$

falls dagegen in der maximalen Kette $x^0 < x^1 < \ldots < x^{t(x)} = x$ ein x^ν, $\nu < t(x)$, existiert mit $i(x^\nu)=i$, so folgt für $\mu := \max\{\nu < t(x);\ i(x^\nu)=i\}$ die Gleichheit

$$\{\sigma_i \in S_i;\ \forall z < x:\ (i(z)=i \Rightarrow g_{U(z)}(z,\sigma_i^{U(z)}) \leq x)\} = S_i(x^{\mu+1}).$$

Aus (1.32) erhält man somit auch im letzteren Fall

$$\sum_{j \in A_{U(x)}} w_q(g_{U(x)}(x,j)\,|\,x) = 1.$$

b) Sei $E = \{x_1, \ldots, x_m\}$. Dann gibt es zu jedem x_j eine maximale Kette $x^0 < x_j^1 < \ldots < x_j^{t_j} = x_j$ von x^0 nach x_j. Definiert man induktiv

$$J_1 := \{j;\ f(x_j)=f(x_1)\} \quad \text{und für } k < m$$

$$J_{k+1} := \{j;\ f(x_j)=f(x_{k+1})\} \cap \bigcap_{\nu=1}^{k} J_\nu^c,$$

so besitzen alle Endpunkte x_j mit $j \in J_\nu$ für festes $\nu \leq m$ jeweils denselben Vorgängerknoten, und es gilt wegen a)

$$\sum_{j=1}^{m} r_q(x_j) = \sum_{j=1}^{m} \prod_{\nu=0}^{t_j-1} w_q(x_j^{\nu+1}\,|\,x_j)$$

$$= \sum_{j \in J_1} \prod_{\nu=0}^{t_j-1} w_q(x_j^{\nu+1}\,|\,x_j) + \ldots + \sum_{j \in J_m} \prod_{\nu=0}^{t_j-1} w_q(x_j^{\nu+1}\,|\,x_j)$$

$$= \prod_{\nu=0}^{t_{j_1}-2} w_q(x_{j_1}^{\nu+1}\,|\,x_{j_1}) + \ldots + \prod_{\nu=0}^{t_{j_m}-2} w_q(x_{j_m}^{\nu+1}\,|\,x_{j_m})$$

$$= \ldots \qquad \text{für } j_1 \in J_1, \ldots, j_m \in J_m$$

$$= \sum_{k \in A_{\{x^0\}}} w_q(g_{\{x^0\}}(x^0,k)\,|\,x^0) = 1. \qquad \square$$

Da in einem n-Personen Spielbaum jeder Spieler in einer Zug-Position $x \in U \in \mathcal{U}_{i(x)}$ nur die Nummer einer Alternative $j \in A_U$ und nicht einen direkten Nachfolgeknoten y von x wählen kann, wird man von einer sinnvollen Definition des Begriffs der Übergangswahrscheinlichkeit erwarten, daß der Wert von $w_q(x^{\nu+1}|x^\nu)$ nur über die Nummer der Alternative $n(x^{\nu+1})$ von $x^{\nu+1}$ abhängt. Diese Vermutung wird durch das folgende Lemma bestätigt:

(1.35) **Lemma:**

Es sei $(X,\mathcal{U},W_o)$ ein n-Personen Spielbaum und $q = (q_1,\ldots,q_n) \in \overset{n}{\underset{i=1}{\times}} (P_i \cup B_i)$ ein Strategientupel der n Spieler. Dann gilt für alle Knoten $x,y \in X-E$ mit $U(x)=U(y)$ die Aussage

$$\forall j \in A_{U(x)}: \quad w_q(g_{U(x)}(x,j)|x) = w_q(g_{U(x)}(y,j)|y).$$

Beweis: Ist $i(x)=0$ oder $q_{i(x)} \in B_{i(x)}$ eine Verhaltensstrategie, so folgt die Behauptung wegen $U(x)=U(y)$ unmittelbar aus (1.32). Für $q_{i(x)} \in P_{i(x)}$ gilt nach Definition (1.8) eines n-Personen Spielbaums

$$S_{i(x)}(g_{U(x)}(x,j)) = S_{i(x)}(g_{U(x)}(y,j))$$

für alle $j \in A_{U(x)}$, so daß sich die Behauptung des Lemmas wiederum aus (1.32) ergibt. □

Der nachfolgende Satz besagt nun, daß in einem n-Personen Spielbaum zu jedem Strategientupel $q=(q_1,\ldots,q_n)$ jeder Spieler $i \in \{1,\ldots,n\}$ statt der von ihm gewählten Strategie $q_i \in P_i$ (bzw. $q_i \in B_i$) eine geeignete Strategie $s_i \in B_i$ (bzw. $s_i \in P_i$) wählen kann, ohne daß sich an den Realisierungswahrscheinlichkeiten für die Endpunkte des Spielbaums etwas ändert.

(1.36) **Satz:**

$(X,\mathcal{U},W_o)$ sei ein endlicher n-Personen Spielbaum. Dann gilt für jedes Strategientupel $q=(q_1,\ldots,q_n) \in \overset{n}{\underset{i=1}{\times}} (P_i \cup B_i)$ und jeden Spieler $i \in \{1,\ldots,n\}$:

a) Ist $q_i \in P_i$ eine gemischte Strategie, so gibt es eine Verhaltensstrategie $b_i \in B_i$ mit
$$\forall x \in E: \quad r_{(q_1,\ldots,q_{i-1},b_i,q_{i+1},\ldots,q_n)}(x) = r_q(x).$$

b) Ist $q_i \in B_i$ eine Verhaltensstrategie, so gibt es eine gemischte Strategie $p_i \in P_i$ mit
$$\forall x \in E: \quad r_{(q_1,\ldots,q_{i-1},p_i,q_{i+1},\ldots,q_n)}(x) = r_q(x).$$

Beweis: a) $q_i \in P_i$ sei eine gemischte Strategie und $U \in \mathcal{U}_i$ eine Informationsmenge des Spielers i. Ist $y \in U$ beliebig gewählt, so wird nach (1.34)a) durch

$$b_i^U(\{j\}) := w_q(g_U(y,j)\,|\,y), \qquad j \in A_U,$$

eine Wahrscheinlichkeitsverteilung über $(A_U, \mathcal{P}(A_U))$ definiert. Nach Lemma (1.35) ist die Definition von $b_i^U(\{j\})$ zudem auch nicht abhängig von der Wahl des speziellen Knotens $y \in U$.
Für einen beliebigen Endknoten $x \in E$ mit der zugehörigen maximalen Kette $x^o < \ldots < x^t = x$ gilt damit

$$r_q(x) = \prod_{\nu=0}^{t-1} w_q(x^{\nu+1}|x^{\nu})$$

$$= \prod_{\substack{\nu \in \{0,\ldots,t-1\} \\ i(x^\nu) \neq i}} w_q(x^{\nu+1}|x^{\nu}) \cdot \prod_{\substack{\nu \in \{0,\ldots,t-1\} \\ i(x^\nu) = i}} w_q(x^{\nu+1}|x^{\nu})$$

$$= \Big(\prod_{\substack{\nu \in \{0,\ldots,t-1\} \\ i(x^\nu) \neq i}} w_q(x^{\nu+1}|x^{\nu})\Big) \prod_{\substack{\nu \in \{0,\ldots,t-1\} \\ i(x^\nu) = i}} b_i^{U(x^\nu)}(\{n(x^{\nu+1})\})$$

$$= \prod_{\nu=0}^{t-1} w_{(q_1,\ldots,q_{i-1},b_i,q_{i+1},\ldots,q_n)}(x)$$

$$= r_{(q_1,\ldots,q_{i-1},b_i,q_{i+1},\ldots,q_n)}(x).$$

b) Es sei $q_i \in B_i$ eine Verhaltensstrategie des Spielers i. Definiert man dann für eine reine Strategie $\sigma_i \in S_i$

$$p_i(\{\sigma_i\}) := \prod_{U \in \mathcal{U}_i} q_i^U(\{\sigma_i^U\}),$$

66

so ist für $\mathcal{U}_i = \{U_1, \ldots, U_k\}$

$$\sum_{\sigma_i \in S_i} p_i(\{\sigma_i\}) = \sum_{j_1 \in A_{U_1}} \cdots \sum_{j_k \in A_{U_k}} p_i(\{(j_1, \ldots, j_k)\})$$

$$= \sum_{j_1 \in A_{U_1}} \cdots \sum_{j_k \in A_{U_k}} \prod_{\nu=1}^{k} q_i^{U_\nu}(\{j_\nu\})$$

$$= \sum_{j_1 \in A_{U_1}} \cdots \sum_{j_{k-1} \in A_{U_{k-1}}} \left(\prod_{\nu=1}^{k-1} q_i^{U_\nu}(\{j_\nu\})\right) \sum_{j_k \in A_{U_k}} q_i^{U_k}(\{j_k\})$$

$$= \sum_{j_1 \in A_{U_1}} \sum_{j_{k-2} \in A_{U_{k-2}}} \left(\prod_{\nu=1}^{k-2} q_i^{U_\nu}(\{j_\nu\})\right) \sum_{j_{k-1} \in A_{U_{k-1}}} q_i^{U_{k-1}}(\{j_{k-1}\})$$

$$= \ldots = \sum_{j_1 \in A_{U_1}} q_i^{U_1}(\{j_1\}) = 1,$$

so daß p_i eine Wahrscheinlichkeitsverteilung über $(S_i, \mathcal{P}(S_i))$ und somit eine gemischte Strategie ist. Sei nun $x \in E$ ein beliebiger Endknoten im Baum X mit der zugehörigen maximalen Kette $x^o < \ldots < x^t = x$. Dann gilt:

$$r_q(x) = \prod_{\nu=0}^{t-1} w_q(x^{\nu+1} | x^\nu)$$

$$= \left(\prod_{\substack{\nu \in \{0,\ldots,t-1\} \\ i(x^\nu) \neq i}} w_q(x^{\nu+1} | x^\nu)\right) \cdot \prod_{\substack{\nu \in \{0,\ldots,t-1\} \\ i(x^\nu) = i}} q_i^{U(x^\nu)}(\{n(x^{\nu+1})\})$$

$$= \left(\prod_{\nu=0}^{t-1} w_q(x^{\nu+1} | x^\nu)\right) \cdot p_i(S_i(x^{\mu+1})), \quad \mu := \max\{\nu; \, i(x^\nu) = i\},$$

$$= \left(\prod_{\substack{\nu \in \{0,\ldots,t-1\} \\ i(x^\nu) \neq i}} w_q(x^{\nu+1} | x^\nu)\right)$$

$$\cdot \prod_{\substack{\nu \in \{0,\ldots,t-1\} \\ i(x^\nu) = i}} w_{(q_1,\ldots,q_{i-1},p_i,q_{i+1},\ldots q_n)}(x^{\nu+1} | x^\nu)$$

$$= \prod_{\nu=0}^{t-1} w_{(q_1,\ldots,q_{i-1},p_i,q_{i+1},\ldots,q_n)}(x^{\nu+1} | x^\nu)$$

$$= r_{(q_1,\ldots,q_{i-1},p_i,q_{i+1},\ldots,q_n)}(x). \qquad \Box$$

Der soeben bewiesene Satz soll jetzt auf extensive n-Personenspiele $(X,\mathcal{U},W_o,a)$ mit endlichem Baum angewendet werden, d.h.
auf Spielbäume, deren Endknoten bereits durch einen Vektor von
Auszahlungsfunktionen $a=(a_1,\ldots,a_n): E \longrightarrow \mathbb{R}^n$ im Nutzenmaß-
stab bewertet sind. Wenn dann von den Spielern ein Strategien-
tupel $q=(q_1,\ldots,q_n) \in \bigtimes_{i=1}^{n} (P_i \cup B_i)$ zum Einsatz gebracht wird,
berechnen sich die Werte der Auszahlungsfunktionen

$$A_i : \bigtimes_{j=1}^{n} (P_i \cup B_i) \longrightarrow \mathbb{R}^1, \qquad 1\leq i\leq n,$$

gemäß

$$A_i(q_1,\ldots,q_n) := \sum_{x\in E} r_q(x)\cdot a_i(x), \qquad 1\leq i\leq n,$$

d.h. es werden die Auszahlungen an den Endknoten jeweils noch
"gewichtet" mit den zugehörigen Realisierungswahrscheinlichkeiten bzgl. q.

Andererseits ist es aber auch möglich, das zugrundeliegende
extensive n-Personenspiel $(X,\mathcal{U},W_o,a)$ mit endlichem Baum gemäß
der im Anschluß an Definition (1.15) gemachten Bemerkung zu beschreiben durch ein n-Personenspiel $(S_1,\ldots,S_n,(\Omega,\mathcal{F},P),a')$ in
expliziter Normalform: Da durch jedes Strategientupel
$\sigma=(\sigma_1,\ldots,\sigma_n)\in S_1\times\ldots\times S_n$ und jedes Ergebnis $\omega\in\Omega$ des im Spiel
vorgesehenen Zufallsexperimentes bereits ein Endknoten $x_{\sigma,\omega}\in E$
eindeutig bestimmt ist, braucht man als Auszahlungsfunktion
lediglich noch

$$a' : \bigtimes_{i=1}^{n} S_i \times \Omega \longrightarrow \mathbb{R}^n,$$

$$a'(\sigma_1,\ldots,\sigma_n,\omega) := a(x_{\sigma,\omega}),$$

zu definieren. Berechnet man beim Einsatz eines Tupels
$p=(p_1,\ldots,p_n) \in \bigtimes_{i=1}^{n} P_i$ von gemischten Strategien die Auszahlungserwartungen

$$A_i'(p_1,\ldots,p_n) := \int\ldots\int a_i'(\sigma_1,\ldots,\sigma_n,\omega)\,dP(\omega)\,dp_1(\sigma_1)\ldots dp_n(\sigma_n), \quad 1\leq i\leq n,$$

so ergibt sich, daß für alle $1\leq i\leq n$ gilt

68

$$\forall\, p \in \underset{j=1}{\overset{n}{\times}}\, P_j : A_i(p) = A_i'(p);$$

A_i kann also als Fortsetzung der Auszahlungserwartungen von $\underset{j=1}{\overset{n}{\times}}\, P_j$ auf $\underset{j=1}{\overset{n}{\times}}\, (P_j \cup B_j)$ interpretiert werden. Für diese "erweiterten Auszahlungserwartungen" $A_1,\ldots,A_n$ erhält man aus Satz (1.36) sofort:

(1.37) Korollar:

> *$(X,\mathcal{U},W_o,a)$ sei ein extensives n-Personenspiel mit endlichem Baum und $q=(q_1,\ldots,q_n) \in \underset{j=1}{\overset{n}{\times}}\, (P_j \cup B_j)$ ein Strategientupel der n Spieler. Dann gilt für jeden Spieler $i \in \{1,\ldots,n\}$:*
>
> *Falls $q_i \in P_i$ eine gemischte Strategie ist, gibt es eine Verhaltensstrategie $b_i \in B_i$ mit*
>
> $$A_j(q) = A_j(q_1,\ldots,q_{i-1},b_i,q_{i+1},\ldots,q_n), \qquad 1 \le j \le n;$$
>
> *ist dagegen $q_i \in B_i$ eine Verhaltensstrategie, so gibt es eine gemischte Strategie $p_i \in P_i$ mit*
>
> $$A_j(q) = A_j(q_1,\ldots,q_{i-1},p_i,q_{i+1},\ldots,q_n), \qquad 1 \le j \le n.$$

Wie man aus Korollar (1.37) ersieht, macht es für die Spieler auch im Hinblick auf ihre (erweiterten) Auszahlungserwartungen keinen Unterschied, ob sie gemischte Strategien oder Verhaltensstrategien einsetzen. Aus diesem Grunde sind für extensive Spiele mit endlichem Baum beide Randomisierungsarten äquivalent. Überdies wird im Beweis zu Satz (1.36) sogar angegeben, wie man solche "äquivalenten" Strategien im konkreten Fall ausrechnen kann. Wir sehen uns dazu noch das folgende Beispiel an:

(1.38) Beispiel:

Beim Standard-Zweipersonenpoker zahlt jeder der beiden Spieler zuerst einen Einsatz von 1 DM in die Kasse. Sodann werden drei Karten, welche die Werte 1, 2 und 3 haben, gemischt. Nach dem Mischen erhält Spieler 1 eine Karte. Er sieht sich (verdeckt für Spieler 2) den Wert der Karte an und entscheidet sich dann für Bieten (erneute Zahlung von 1 DM in die Kasse) oder

Passen (keine Aktion). Anschließend hat Spieler 2 die Möglichkeit zu bieten
oder zu passen. Bietet er, erhält er zufällig eine der beiden übrigen Karten; paßt er, so ist die Partie beendet. Wenn Spieler 2 bietet nachdem vorher Spieler 1 gepaßt hat, besitzt Spieler 1 nochmals die Möglichkeit zu
bieten oder zu passen, womit auch in diesem Fall die Partie beendet ist. Es
ergibt sich die folgende Auszahlung:

Passen beide Spieler, so erhält jeder seinen Einsatz zurück. Paßt ein
Spieler, nachdem vorher der andere geboten hat, so erhält der bietende Spieler den Inhalt der Kasse (Gewinn 1 DM). In allen anderen Fällen werden die
Karten verglichen, und der Spieler, dessen Karte den höheren Wert besitzt,
erhält den Inhalt der Kasse (Gewinn 2 DM).

Dieses Spiel läßt sich auf folgende Weise als extensives Zweipersonenspiel
mit endlichem Baum darstellen:

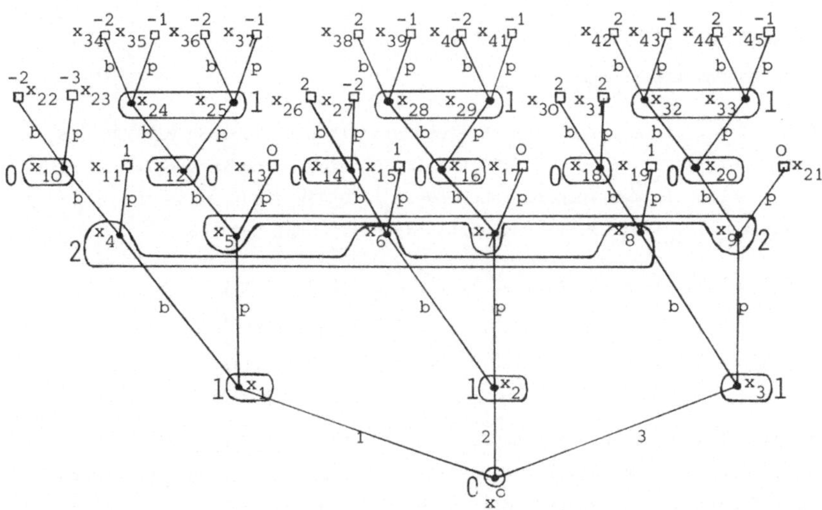

Als Spielbaum definiert man $X := \{x^0, x_1, \ldots, x_{45}\}$, als Systeme von Informationsmengen $\mathfrak{U}_0 := \{\{x^0\}, \{x_{10}\}, \{x_{12}\}, \{x_{14}\}, \{x_{16}\}, \{x_{18}\}, \{x_{20}\}\}$,

$\mathfrak{U}_1 := \{\{x_1\}, \{x_2\}, \{x_3\}, \{x_{24}, x_{25}\}, \{x_{28}, x_{29}\}, \{x_{32}, x_{33}\}\}$,

$$\mathcal{U}_2 := \{\{x_4, x_6, x_8\}, \{x_5, x_7, x_9\}\}^{1)}, \quad \text{als Bewegungsgestz } W_o \text{ die Menge}$$

$$W_o := \{w_o^U ; \, U \in \mathcal{U}_o \}$$

von Wahrscheinlichkeitsmaßen mit

$$w_o^{\{x^o\}} = \tfrac{1}{3}\epsilon_1 + \tfrac{1}{3}\epsilon_2 + \tfrac{1}{3}\epsilon_3 \, , \quad w_o^{\{x_{10}\}} = w_o^{\{x_{12}\}} = \tfrac{1}{2}\epsilon_2 + \tfrac{1}{2}\epsilon_3 \, ,$$

$$w_o^{\{x_{14}\}} = w_o^{\{x_{16}\}} = \tfrac{1}{2}\epsilon_1 + \tfrac{1}{2}\epsilon_3 \, , \quad w_o^{\{x_{18}\}} = w_o^{\{x_{20}\}} = \tfrac{1}{2}\epsilon_1 + \tfrac{1}{2}\epsilon_2$$

und als Auszahlungsfunktion $a=(a_1, a_2): E \longrightarrow \mathbb{R}^2$ den durch $a_2 := -a_1$ und

$$a_1(x_{22}) = a_1(x_{23}) = a_1(x_{27}) = a_1(x_{34}) = a_1(x_{36}) = a_1(x_{40}) = -2,$$

$$a_1(x_{35}) = a_1(x_{37}) = a_1(x_{39}) = a_1(x_{41}) = a_1(x_{43}) = a_1(x_{45}) = -1,$$

$$a_1(x_{13}) = a_1(x_{17}) = a_1(x_{21}) = 0, \quad a_1(x_{11}) = a_1(x_{15}) = a_1(x_{19}) = 1,$$

$$a_1(x_{26}) = a_1(x_{30}) = a_1(x_{31}) = a_1(x_{38}) = a_1(x_{42}) = a_1(x_{44}) = 2$$

erklärten Funktionsvektor.

Numeriert man die Alternativen "Bieten" mit "1" und "Passen" mit "2", so ist jedes Tupel $(i_1, \ldots, i_6)$, $i_j \in \{1,2\}$ für $1 \leq j \leq 6$, eine reine Strategie des Spielers 1, welche in der Informationsmenge U_j ($U_k = \{x_k\}$ für $1 \leq k \leq 3$, $U_4 = \{x_{24}, x_{25}\}$, $U_5 = \{x_{28}, x_{29}\}$, $U_6 = \{x_{32}, x_{33}\}$) die Alternative i_j wählt. Durch

$$p(\{(1,1,1,2,1,1)\}) = p(\{(1,2,1,2,2,1)\}) = p(\{(1,2,1,2,1,1)\})$$
$$= p(\{(1,1,1,2,2,1)\}) = \tfrac{1}{12} \, ,$$

$$p(\{(2,1,1,2,1,1)\}) = p(\{(2,1,1,2,2,1)\}) = p(\{(2,2,1,2,1,1)\})$$
$$= p(\{(2,2,1,2,2,1)\}) = \tfrac{1}{6}$$

wird dann eine gemischte Strategie des Spielers 1 definiert. Wird diese gemischte Strategie von Spieler 1 zusammen mit derjenigen Verhaltensstrategie b_2 des Spielers 2 eingesetzt, die in beiden Informationsmengen $\{x_4, x_6, x_8\}$ und $\{x_5, x_7, x_9\}$ die Alternativen 1 und 2 jeweils mit Wahrscheinlichkeit $\tfrac{1}{2}$ wählt, so ergeben sich im Spielbaum für $q=(p, b_2)$ z.B. die folgenden

---

1) Man sieht leicht, daß die Bedingung (1.8)(ϵ) in diesem Beispiel erfüllt ist. Es sei aber darüberhinaus angemerkt, daß es wegen dieser Bedingung z.B. ausgeschlossen ist, daß $x_{25}, x_{28} \in U \in \mathcal{U}_1$ gilt. Die zu x_{25} und x_{28} gehörigen maximalen Ketten sind nämlich $x^o < x_1 < x_5 < x_{12} < x_{25}$ sowie $x^o < x_2 < x_7 < x_{16} < x_{28}$, so daß wegen $x_2 \notin \{x_1\}$ die Forderung (1.8)(ϵ) verletzt wäre.

Übergangswahrscheinlichkeiten:

$$w_q(x_1|x^o) = \frac{1}{3} \ , \quad w_q(x_5|x_1) = \frac{2}{3} \ , \quad w_q(x_{12}|x_5) = \frac{1}{2} \ , \quad w_q(x_{25}|x_{12}) = \frac{1}{2} \ ,$$

$$w_q(x_{37}|x_{25}) = 1.$$

Folglich besitzt der Endknoten x_{37} unter q die Realisierungswahrscheinlichkeit $r_q(x_{37}) = \frac{1}{18}$.

Man kann nun, unter Beachtung des Beweises von Satz (1.36)a), zu der oben angegebenen gemischten Strategie p eine Verhaltensstrategie b für den ersten Spieler finden derart, daß $r_{(b,b_2)} = r_q$ gilt. Nach der in jenem Beweis angegebenen Konstruktion muß man dazu lediglich

$$b^{U_k}(\{j\}) := w_q(g_{U_k}(y,j)|y), \quad j\in\{1,2\}, \quad y\in U_k,$$

für $1\leq k\leq 6$ berechnen. Auf diese Weise erhält man in unserem Beispiel die durch

$$b = (b^{U_1},\ldots,b^{U_6}) = (\ \frac{1}{3}\epsilon_1 + \frac{2}{3}\epsilon_2 \ , \ \frac{1}{2}\epsilon_1 + \frac{1}{2}\epsilon_2 \ , \ \epsilon_1 \ , \ \epsilon_2 \ , \ \frac{1}{2}\epsilon_1 + \frac{1}{2}\epsilon_2 \ , \ \epsilon_1 \ )$$

definierte Verhaltensstrategie als zu p in dem Sinne "äquivalente" Strategie, daß die Realisierungswahrscheinlichkeiten für die Endknoten des Spielbaumes unter (p,b_2) dieselben sind wie unter (b,b_2). Entsprechend erhält man bei Beachtung des Beweises von (1.36)b), daß für die durch

$$p_2(\{(1,1)\}) = p_2(\{(1,2)\}) = p_2(\{(2,1)\}) = p_2(\{(2,2)\}) = \frac{1}{4}$$

erklärte gemischte Strategie p_2 des Spielers 2 gilt

$$r_{(b,b_2)} = r_{(b,p_2)} = r_{(p,b_2)} \ . \qquad\qquad \square$$

AUFGABEN

<u>1.</u> Zwei Spieler legen abwechselnd jeweils einen ihrer Steine (Spieler 1: weiße Steine; Spieler 2: schwarze Steine) auf ein freies Feld des abgebildeten 4x4-Spielbretts. Sieger ist, wer als erster drei eigene Steine nebeneinander in einer Zeile oder Diagonalen plaziert. Prüfen Sie, ob einer der beiden Spieler eine Gewinnstrategie besitzt und geben Sie gegebenenfalls eine solche an.

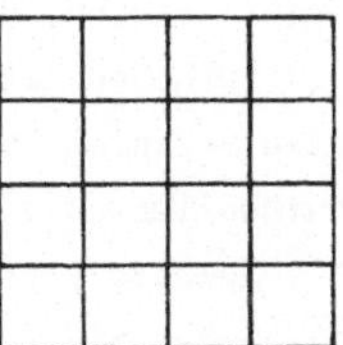

__2.__ ("Tic-Tac-Toe") Zwei Spieler legen abwechselnd einen ihrer Steine auf ein freies Feld des abgebildeten 3×3-Spielbretts. Sieger ist, wer als erster eine Spalte, Zeile oder Diagonale mit eigenen Steinen besetzt. Prüfen Sie, ob einer der beiden Spieler eine Gewinnstrategie besitzt und geben Sie gegebenenfalls eine solche an.

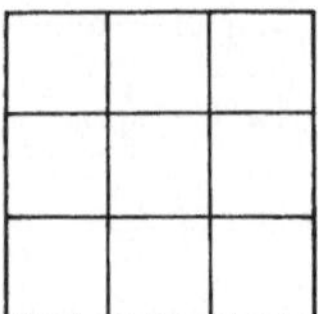

__3.__ (Ein "Nim-Spiel") 15 Hölzchen werden in der abgebildeten Weise in fünf Reihen ausgelegt. Zwei Spieler kommen abwechselnd zum Zug; jeder darf aus irgendeiner Reihe eine von ihm gewählte Anzahl von Hölzchen entfernen, jedoch mindestens eins. Sieger ist, wer das letzte Hölzchen wegnimmt.

a) Geben Sie in geeigneter Form die reinen Strategien an und bestimmen Sie eine Gewinnstrategie für den anziehenden Spieler.

b) Wie ändert sich die strategische Situation, wenn derjenige *verliert*, der das letzte Hölzchen wegnimmt?

__4.__ Beim Skatspiel ist zuerst der Spieler 0 ("Zufall") am Zug, der die Karten nach dem Mischen an die drei Spieler und den Skat verteilt. Dann beginnt der Spieler 1 mit dem "Reizen".

a) In wieviel verschiedenen Informationsmengen kann sich der Spieler 1 beim Beginn des "Reizens" befinden?

b) Wieviele verschiedene Knoten enthält jede dieser Informationsmengen?

__5.__ ("Zwei-Finger-Morra mit Zusatzinformation") Zunächst trifft Spieler 1 die Entscheidung, ob er einen oder zwei Finger heben will, anschließend wird eine "faire" Münze geworfen. Falls "Kopf" fällt, wird dem Spieler 2 vor seinem Zug die Entscheidung seines Gegners mitgeteilt, andernfalls danach. Der Zug von Spieler 2 besteht darin, einen oder zwei Finger zu heben. Es ergibt sich die folgende Auszahlung: Stimmen die gezeigten Anzahlen überein, so erhält der Spieler 1 vom Spieler 2 soviele Geldeinheiten, wie Finger gezeigt wurden, stimmen sie nicht überein, so erhält Spieler 2 diese Anzahl Geldeinheiten vom Spieler 1.

a) Geben Sie für dieses Spiel mit Hilfe einer Zeichnung einen 2-Personen-Spielbaum $(X, \mathcal{U}, W_0)$ an.

b) Um seinen Gegner über seine Absichten möglichst weitgehend im Unkla-
ren zu lassen, wählt Spieler 1 die Anzahl der von ihm zu zeigenden Finger
jeweils mit Wahrscheinlichkeit $\frac{1}{2}$. Wie würden Sie als Spieler 2 auf ein
solches Verhalten reagieren?

<u>6.</u> a) Zeigen Sie, daß die durch (1.12)(i)-(iv) definierte Relation
eine Äquivalenzrelation ist.

b) Zeigen Sie, daß die beiden auf den Seiten 16 und 17 angegebenen Dar-
stellungen des Spiels "Stein-Schere-Papier" im Sinne der Definition
(1.12) äquivalent sind.

<u>7.</u> Es sei auf $X:=[-1;1]$ eine zweistellige Relation $\lhd$ definiert durch

$$x \lhd y: \leftrightarrow |x| < |y| \vee (|x|=|y| \wedge x < y) \quad \text{für alle } x,y \in X.$$

Untersuchen Sie, ob eine Nutzenfunktion $u: X \longrightarrow \mathbb{R}^1$ existiert, die $\lhd$ repräsentiert und geben Sie gegebenenfalls eine solche an.

<u>8.</u> Es seien X eine nicht-leere Menge und P die Menge der diskreten
Wahrscheinlichkeitsmaße über X. Auf P sei eine zweistellige Relation
definiert, so daß für alle $p \in P$, $y \in X$, $A \subset X$ gilt

$$p(A)=1 \text{ und } \varepsilon_y \lhd \varepsilon_x \text{ für alle } x \in A \Rightarrow \varepsilon_y \trianglelefteq p,$$

$$p(A)=1 \text{ und } \varepsilon_x \lhd \varepsilon_y \text{ für alle } x \in A \Rightarrow p \trianglelefteq \varepsilon_y.$$

Zeigen Sie, daß für jede Nutzenfunktion $u: P \longrightarrow \mathbb{R}^1$, welche die Relation
repräsentiert und

$$u(\alpha p+(1-\alpha)q) = \alpha u(p) + (1-\alpha)u(q) \quad \text{für alle } \alpha \in [0;1], \ p,q \in P$$

erfüllt, gilt: Die durch $v(y):=u(\varepsilon_y)$, $y \in X$, definierte Funktion $v: X \longrightarrow \mathbb{R}^1$
ist beschränkt.

<u>9.</u> Eine Person A überlegt, ob sie ihr Kapital von 75.000 DM in ein
Projekt investieren soll, bei dem eine Rückzahlung von

0 DM	mit der Wahrscheinlichkeit	0,01
75.000 DM	mit der Wahrscheinlichkeit	0,88
300.000 DM	mit der Wahrscheinlichkeit	0,11

erfolgt. Wenn A zwischen zwei "Investitionsobjekten" R und S mit

$$R: \begin{cases} \text{Auszahlung} \quad\quad\ 0 \text{ DM mit der Wahrscheinlichkeit } 0,88 \\ \text{Auszahlung } 75.000 \text{ DM mit der Wahrscheinlichkeit } 0,12 \end{cases}$$

$$S: \begin{cases} \text{Auszahlung} \quad\quad\ \ 0 \text{ DM mit der Wahrscheinlichkeit } 0,89 \\ \text{Auszahlung } 300.000 \text{ DM mit der Wahrscheinlichkeit } 0,11 \end{cases}$$

zu wählen hätte, würde A sich für S entscheiden. Wie muß sich A entscheiden, wenn seine Präferenzstruktur durch erwarteten Nutzen repräsentiert werden kann?

10. Ein Kfz.-Halter überlegt, ob er für seinen Pkw eine Vollkasko-Versicherung abschließen soll. Die Wahrscheinlichkeit, daß für einen Pkw innerhalb eines Jahres ein Schadensfall (Kosten: 2.400 DM) eintritt, sei $\frac{1}{10}$. Die Versicherungsgesellschaft verfüge über sehr viel Kapital, so daß sich für sie der Nutzen eines Geldbetrages proportional zu diesem Geldbetrag verhält. Dagegen habe der Kfz.-Halter nur eine Rücklage von 5.000 DM. Seine Nutzenfunktion u sei auf [-4.800 ; 0] durch

$$u(x) = 4000 \cdot \ln(1 + \frac{x}{5000}) \qquad \textit{(Bernoulli-Nutzen)}$$

gegeben. Für die Versicherungsgesellschaft verursacht jeder abgeschlossene Versicherungsvertrag außerdem innerhalb eines Jahres Verwaltungskosten in Höhe von 80 DM.

a) Welche Mindestprämie wird die Versicherungsgesellschaft pro Jahr fordern, und welche Höchstprämie ist der Kfz.-Halter bereit, an die Versicherungsgesellschaft zu zahlen? Kann ein Versicherungsvertrag zustande kommen?

b) Wie ändert sich die Situation, wenn die Kosten für einen Schadensfall auf 3.000 DM steigen?

c) Angenommen der Kfz.-Halter besitzt zwei Autos. Welche Mindestprämie wird dann die Versicherungsgesellschaft für beide Autos zusammen verlangen, wenn für jedes Auto ein Versicherungsvertrag abgeschlossen wird, und welche Höchstprämie ist der Kfz.-Halter bereit, für beide Autos zu zahlen?

Man behandle die Aufgabe unter der Annahme, daß sowohl die Versicherungsgesellschaft als auch der Kfz.-Halter Wahrscheinlichkeitsmaße durch erwarteten Nutzen bewerten und gehe in Teil c) davon aus, daß der Eintritt des Schadenfalls für das eine Auto unabhängig ist vom Eintritt des Schadenfalls für das andere Auto.

11. Der Manager eines Boxweltmeisters hat für jeden möglichen Gegner seines Schützlings aufgrund langjähriger Erfahrungen eine Liste aufgestellt, aus der hervorgeht, wie groß die Wahrscheinlichkeiten p_G bzw. p_V sind, daß bei einem Titelkampf der Champion gewinnt bzw. verliert. ($1 - p_G - p_V$ ist dann die Wahrscheinlichkeit für ein Unentschieden.) Um dem Weltmeister den Titel möglichst lange zu sichern, verfährt der Manager bei seinen Überlegungen, mit welchem der Herausforderer der nächste Titelkampf vereinbart werden soll, folgendermaßen: Er vergleicht jeweils zwei Herausforderer p und q (die hier durch die Wahrscheinlichkeiten (p_G, p_V) und (q_G, q_V) beschrieben werden) und ist eher geneigt mit p einen Vertrag über einen Titelkampf abzuschließen als mit q genau dann, wenn die "Überlegenheit" $p_G - p_V$ des Champions gegenüber p einerseits größer ist als dessen "Überlegenheit" $q_G - q_V$ gegenüber q, andererseits aber auch größer als $\frac{1}{2}$. Läßt sich die so beschriebene Präferenz des Managers durch erwarteten Nutzen repräsentieren?

12. $(X, \mathfrak{U})$ sei der mit Hilfe der nebenstehenden Zeichnung erklärte Zweipersonen-Spielbaum ($U_1 = \{x^0\}$, $U_2 = \{x_3, x_6\}$, $U_3 = \{x_4, x_5\}$, $U = \{x_1, x_2\}$). Die aus den reinen Strategien $\sigma_1 = (1,2,1)$, $\sigma_2 = (2,1,1)$ ($(i_1, i_2, i_3) \sim$ Wahl der Alternative i_j in der Informationsmenge U_j,

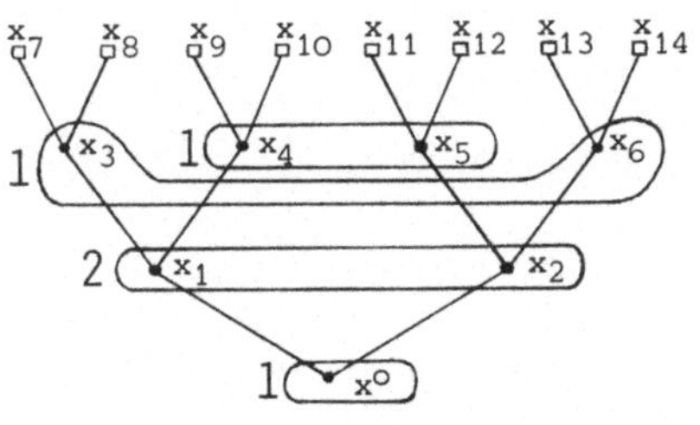

$1 \leq j \leq 3$) "zusammengesetzte" gemischte Strategie $p_1 = \frac{1}{3}\varepsilon_{\sigma_1} + \frac{2}{3}\varepsilon_{\sigma_2}$ werde von Spieler 1 zusammen mit derjenigen gemischten Strategie p_2 des Spielers 2 eingesetzt, die in der Informationsmenge U die Alternativen 1 und 2 jeweils mit Wahrscheinlichkeit $\frac{1}{2}$ wählt.

Untersuchen Sie, ob für Spieler 1 eine Verhaltensstrategie b_1 existiert mit $r_{(b_1, p_2)}(x) = r_{(p_1, p_2)}(x)$ für alle $x \in E$ und geben Sie gegebenenfalls eine solche an.

13. Es wird das folgende Zweipersonenspiel betrachtet: In einer Schale liegen zu Beginn 10 Steine. Zunächst würfelt Spieler 1 mit einem unverfälschten Würfel eine Zahl $z_0 \in \{1, \ldots, 6\}$ und nimmt z_0 Steine aus der Schale. Dann wird der Würfel beiseite gelegt und die Spieler entnehmen abwechselnd (beginnend mit Spieler 2) Steine aus der Schale, wobei sie die folgende

Regel beachten müssen: Sind im i-ten Zug z_i Steine genommen worden, so müssen im $(i+1)$-ten Zug entweder z_i-1 oder z_i+1 Steine genommen werden, d.h. $z_{i+1} \in \{z_i-1, z_i+1\} \cap \mathbb{N}_0$. Das Spiel ist nach dem n-ten Zug beendet, wenn entweder $\sum_{i=0}^{n} z_i = 10$ ist oder wenn $\sum_{i=0}^{n-1} z_i < 10$ und $\sum_{i=0}^{n} z_i > 10$ sein würde. Im ersten Fall erhält derjenige Spieler, der den n-ten Zug gemacht hat, von seinem Gegenspieler 2 DM, im zweiten Fall zahlen beide Spieler je 1 DM in eine Spendenkasse. Beide Spieler wollen ihre durchschnittliche Auszahlung maximieren (und wissen dies voneinander). Geben Sie eine reine Strategie des zweiten Spielers an, die seine durchschnittliche Auszahlung maximiert.

II. GLEICHGEWICHTSPUNKTE

§ 1 Das Lösungskonzept der Gleichgewichtspunkte

Im Kapitel I ging es uns vor allem um eine mathematische
Präzisierung der bei strategischen Spielen vorliegenden
Situation; das eigentliche Anliegen der Spieltheorie, die
Analyse rationalen bzw. optimalen Verhaltens in einem
strategischen Spiel, wurde jedoch noch nicht behandelt.
Im folgenden wollen wir nun zunächst Kriterien entwickeln,
die eine Bewertung und Beurteilung von Strategien ermöglichen.

Völlig unproblematisch ist dies im Fall von *Einpersonenspielen*
("Robinson-Crusoe-Spielen"): Der Spieler - der einzige
Handelnde - kann versuchen, seine Auszahlung zu maximieren,
ohne daß er dabei berücksichtigen muß, was andere Spieler
(mit i.a. divergierenden Interessen) tun.

(2.1) *Definition:*

> *(X,a) sei ein Einpersonenspiel in Normalform. $\hat{x} \in X$ heißt*
> *optimale Strategie in (X,a) genau dann, wenn gilt*
>
> $$a(\hat{x}) = \max_{x \in X} a(x).$$

Die Suche nach optimalen Strategien führt hier also auf das
klassische Problem der Analysis, zu untersuchen, ob und ge-
gebenenfalls in welchen Punkten $x \in X$ die Funktion $a: X \longrightarrow \mathbb{R}^1$
ein Maximum besitzt. Spezifisch spieltheoretische Frage-
stellungen treten in diesem Fall nicht auf.

Sind jedoch mehrere Spieler an einem strategischen Spiel beteiligt, so hängt die Auszahlung jedes einzelnen Spielers i.a.
nicht nur von der eigenen Entscheidung (Strategie) ab, sondern
auch noch vom Verhalten der Mitspieler. Jeder Spieler muß ein-
zukalkulieren versuchen, was die anderen tun werden.

Bei diesen Überlegungen über das Verhalten der anderen
Spieler werden sicherlich solche n-Tupel von Strategien der
n Spieler, d.h. solche Verhaltensvorschriften für alle Spieler,
von besonderem Interesse sein, bei denen jeder einzelne
Spieler sich keinen Vorteil durch einseitiges Abweichen von
dieser Verhaltensvorschrift verschaffen kann: Wenn dann nämlich
alle Spieler außer Spieler i die Vorschrift befolgen, so kann
auch Spieler i bzgl. seiner Auszahlung nichts Besseres tun, als
sich ebenfalls nach dieser Vorschrift zu richten. Solche Verhaltensvorschriften führen also zu einem "stabilen" Verhalten
der Spielergesamtheit insbesondere für den Fall, daß Verhandlungen mit dem Ziel, andere Spieler zur gleichzeitigen
Änderung ihrer Strategie zu bewegen (Koalitionsbildungen)
nicht möglich oder nicht erlaubt sind (Kartellverbote). Als
erstes "Lösungskonzept" für n-Personenspiele führen wir daher
ein:

(2.2) *Definition:*

> $\Gamma = (X_1, \ldots, X_n, a)$ *sei ein n-Personenspiel in Normalform.*
> *Ein Vektor* $(x_1^*, \ldots, x_n^*) \in X_1 \times \ldots \times X_n$ *heißt* Gleichgewichts-
> punkt *von* Γ, *wenn für alle* $i \in \{1, \ldots, n\}$ *und alle* $x_i \in X_i$
> *gilt*
>
> $$a_i(x_1^*, \ldots, x_{i-1}^*, x_i, x_{i+1}^*, \ldots, x_n^*) \le a_i(x_1^*, \ldots, x_n^*).$$
>
> *Die Komponente* x_i^* *eines Gleichgewichtspunktes* $(x_1^*, \ldots, x_n^*)$
> *heißt eine Gleichgewichtsstrategie des Spielers i.*

Es stellt sich nun sofort die Frage nach der Existenz (und
gegebenenfalls der Eindeutigkeit) von Gleichgewichtspunkten.
Dazu sehen wir uns zunächst das folgende Beispiel an:

(2.3) *Beispiel* *("Zwei-Finger-Morra")(vgl. (1.11)c)):*

Zwei Spieler heben einen oder zwei Finger in die Höhe. Stimmen
die beiden Anzahlen überein, so gewinnt Spieler 1 soviele Geldeinheiten, wie die Summe der gezeigten Finger angibt, andernfalls gewinnt Spieler 2 diese Summe. Für uns von Interesse

sind die beiden Fälle

a) Spiel mit vollständiger Information, wobei (o.B.d.A.)
    Spieler 2 sieht, welche Fingerzahl Spieler 1 zeigt;

b) Spiel mit unvollständiger Information, wobei beide
    Spieler gleichzeitig die Finger heben.

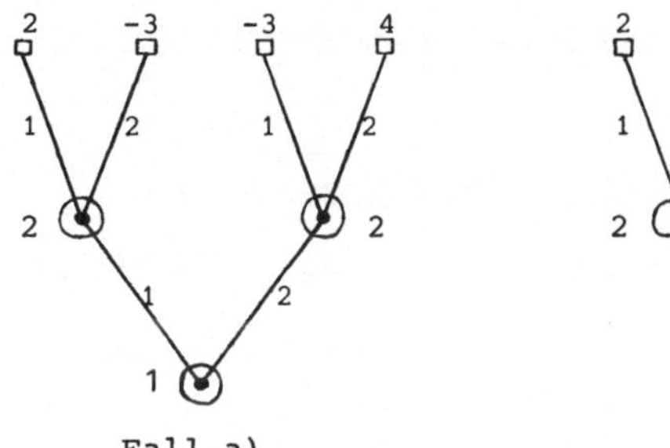

Fall a)   Fall b)

Im ersten Fall hat man an (reinen) Strategien

$$X_1 = \{1,2\}, \quad X_2 = \{((1,1),(2,1)),((1,1),(2,2)),((1,2),(2,1)),((1,2),(2,2))\}$$

im zweiten Fall

$$\hat{X}_1 = \hat{X}_2 = \{1,2\}.$$

Dabei ist im Fall a) $x \in X_1$ die Anzahl der von Spieler 1 gezeigten Finger und $y = ((1,i),(2,j)) \in X_2$ diejenige Vorschrift
für Spieler 2, die besagt, daß er i Finger zeigt, wenn Spieler
1 einen Finger gezeigt hat und j Finger, falls Spieler 1 zwei
Finger gezeigt hat. Im Fall b) geben $x \in \hat{X}_1$ und $y \in \hat{X}_2$ die Anzahl
der von den beiden Spielern jeweils gezeigten Finger an.

Stellt man die Auszahlungen an den Spieler 1 in Form einer
Matrix dar, so ergibt sich
im Fall a)

X_1 \ X_2	$((1,1),(2,1))$	$((1,1),(2,2))$	$((1,2),(2,1))$	$((1,2),(2,2))$
1	2	2	-3	-3
2	-3	4	-3	4

und im Fall b)

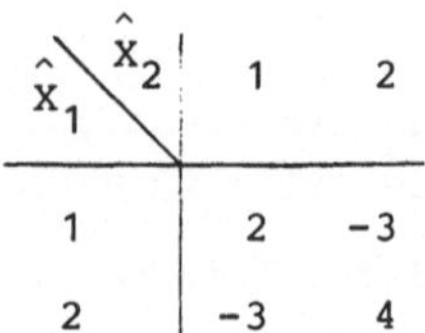

Die Auszahlung an Spieler 2 ist stets das Negative der Auszahlung an Spieler 1.

Im Fall a) sind offensichtlich die beiden Punkte

$$(x_1, y_1) = (1, ((1,2),(2,1))), \quad (x_2, y_2) = (2, ((1,2),(2,1)))$$

Gleichgewichtspunkte, da einerseits ein Strategienwechsel des
ersten Spielers (von 1 auf 2 bzw. von 2 auf 1) bei fester
Strategie $((1,2),(2,1))$ des zweiten Spielers keine Erhöhung
der Auszahlung für den ersten Spieler bringt, und andererseits
Spieler 2 bereits die für ihn maximale Auszahlung erhält, wenn
er $((1,2),(2,1))$ spielt, er sich also durch einen Strategienwechsel sicherlich nicht verbessern kann. Spieler 1 besitzt
hier zwei Gleichgewichtsstrategien, Spieler 2 nur eine solche
Strategie; die Gleichgewichtsstrategie von Spieler 2 ist außerdem gerade seine (einzige) Gewinnstrategie.

Im Fall b), d.h. im Spiel $(\hat{X}_1, \hat{X}_2, \hat{a})$ mit der durch die obige
2×2-Matrix gegebenen Auszahlungsfunktion $\hat{a}$, existiert dagegen
kein Gleichgewichtspunkt, da sich bei den Punkten $(1,1)$ und
$(2,2)$ der zweite Spieler, bei den Punkten $(1,2)$ und $(2,1)$ der
erste Spieler verbessern kann (bei jeweils fester Strategie
des anderen Spielers). $\qquad\qquad\square$

Bereits dieses Beispiel zeigt also, daß durchaus nicht alle
Spiele Gleichgewichtspunkte besitzen. In Fällen, wo kein
Gleichgewichtspunkt existiert, ist kaum damit zu rechnen, daß
sich ein "stabiler Zustand" des Spiels einstellt, bei dem die
einzelnen Spieler die Strategien der Gegner kennen (können) und
dennoch keine Veranlassung sehen, von ihrer Strategie

abzuweichen. Vielmehr werden in Spielen ohne Gleichgewichtspunkt die Spieler versuchen, ihre eigenen Strategien geheim zu halten (beispielsweise dadurch, daß sie ihre Strategienwahl vom Ausgang eines Zufallsexperiments abhängig machen) und ihre Gegner zu überlisten.

Man wird sich daher für Bedingungen interessieren, unter denen ein Spiel tatsächlich (mindestens) einen Gleichgewichtspunkt besitzt.

§ 2 Existenzsätze für Gleichgewichtspunkte

In diesem Paragraphen werden hinreichende Bedingungen dafür
angegeben, daß ein n-Personenspiel in Normalform wenigstens
einen Gleichgewichtspunkt besitzt. Eine wichtige Rolle spielt
dabei der folgende Satz von Nikaido-Isoda, aus dem sich etliche bereits seit längerem bekannte Aussagen als Korollare
gewinnen lassen:

(2.4) *Satz* *(Nikaido-Isoda [47]):*

> $\Gamma = (X_1, \ldots, X_n, (a_1, \ldots, a_n))$ *sei ein n-Personenspiel in
> Normalform, welches die folgenden Bedingungen erfüllt:*
>
> *(i)* X_i *ist eine kompakte und konvexe Teilmenge
> eines* $\mathbb{R}^{n_i}$, $1 \leq i \leq n$.
>
> *(ii)* $a_i: X_1 \times \ldots \times X_n \longrightarrow \mathbb{R}^1$ *ist stetig,* $1 \leq i \leq n$.
>
> *(iii)*   *Für jedes* $i \in \{1, \ldots, n\}$ *und fest gewählte
> Strategien* $x_j \in X_j$, $j \in \{1, \ldots, n\} - \{i\}$, *ist*
> $a_i(x_1, \ldots, x_{i-1}, \cdot, x_{i+1}, \ldots, x_n): X_i \longrightarrow \mathbb{R}^1$ *konkav,*
> *d.h. es gilt*
> $$a_i(x_1, \ldots, x_{i-1}, \alpha x_i + (1-\alpha) y_i, x_{i+1}, \ldots, x_n)$$
> $$\geq \alpha a_i(x_1, \ldots, x_n) + (1-\alpha) a_i(x_1, \ldots, x_{i-1}, y_i, x_{i+1}, \ldots, x_n)$$
> *für alle* $x_i, y_i \in X_i$ *und alle* $\alpha \in [0;1]$.

Dann besitzt Γ *mindestens einen Gleichgewichtspunkt.*

Beweis: Der folgende (indirekte) Beweis wird mit Hilfe des
Brouwerschen Fixpunktsatzes (vgl. z.B.[33]) geführt:

Zu jeder stetigen Funktion $\varphi: K \longrightarrow K$, *die auf einer konvexen
und kompakten Menge* K, $\emptyset \neq K \subset \mathbb{R}^m$, *definiert ist, gibt es einen
Punkt* $k \in K$ *mit* $\varphi(k) = k$.

Wir nehmen an, daß im Spiel Γ kein Gleichgewichtspunkt existiert. Die nicht-leere Menge $K := X_1 \times \ldots \times X_n$ ist wegen (i) eine

konvexe und kompakte Teilmenge des $\mathbb{R}^m$ mit $m = \sum\limits_{i=1}^{n} n_i$.

Um eine Charakterisierung von Gleichgewichtspunkten mit Hilfe *einer* Funktion zu erhalten, setzen wir für $x = (x_1,\ldots,x_n)$, $y = (y_1,\ldots,y_n) \in K$

$$G(x,y) := \sum_{i=1}^{n} a_i(x_1,\ldots,x_{i-1},y_i,x_{i+1},\ldots,x_n).$$

Dann gilt nämlich:

$x^* = (x_1^*,\ldots,x_n^*)$ ist Gleichgewichtspunkt von Γ

$\leftrightarrow a_i(x_1^*,\ldots,x_n^*) = \max\limits_{y_i \in X_i} a_i(x_1^*,\ldots,x_{i-1}^*,y_i,x_{i+1}^*,\ldots,x_n^*)$ für

alle $1 \leq i \leq n$

$\leftrightarrow G(x^*,x^*) = \sum\limits_{i=1}^{n} \max\limits_{y_i \in X_i} a_i(x_1^*,\ldots,x_{i-1}^*,y_i,x_{i+1}^*,\ldots,x_n^*)$

$$= \max_{y \in K} G(x^*,y).$$

Nach der Voraussetzung (ii) ist die Funktion $G:K \times K \longrightarrow \mathbb{R}^1$ stetig.

Da nach unserer Annahme kein Gleichgewichtspunkt existiert, gibt es zu jedem $x \in K$ ein $y \in K$ mit $G(x,x) < G(x,y)$. Hieraus folgt, daß die Mengen

$$U_y := \{x \in K;\ G(x,x) < G(x,y)\} \subset K,\quad y \in K,$$

die wegen der Stetigkeit von G offen sind, eine offene Überdeckung

$$K = \bigcup_{y \in K} U_y$$

von K bilden. Aus der Kompaktheit von K erhält man dann nach dem Satz von Heine-Borel die Existenz von endlich vielen Punkten $y^{(1)},\ldots,y^{(k)} \in K$ mit

$$K = \bigcup_{j=1}^{k} U_{y^{(j)}}.$$

Vermöge dieser endlichen Teilüberdeckung konstruieren wir eine Abbildung $\varphi : K \longrightarrow K$ auf folgende Weise:

Für $x \in K$ seien

$$d_j(x) := \max\{0, G(x, y^{(j)}) - G(x,x)\}, \quad g_j(x) := \frac{d_j(x)}{\sum\limits_{i=1}^{k} d_i(x)} \ , \quad 1 \le j \le k,$$

sowie $\varphi(x) := \sum\limits_{j=1}^{k} g_j(x) \cdot y^{(j)}.$

Nach Definition ist $d_j(x) \ge 0$ für alle $1 \le j \le k$; wegen $K = \bigcup\limits_{j=1}^{k} U_{y^{(j)}}$ gilt sogar, daß für kein $x \in K$ alle $d_j(x)$, $1 \le j \le k$, gleichzeitig Null sein können, d.h. $g_j(x)$ ist stets wohldefiniert. Da $\sum\limits_{j=1}^{k} g_j(x) = 1$ gilt, ist $\varphi(x)$ ein Element der konvexen Hülle von $y^{(1)}, \ldots, y^{(k)}$, die wegen der Konvexität von K enthalten ist in K. $\varphi: K \longrightarrow K$ ist demnach eine Abbildung von K in sich, die wegen der Stetigkeit von G, d_j und g_j, $1 \le j \le k$, ebenfalls stetig ist.

K und φ erfüllen somit die Voraussetzungen des Brouwerschen Fixpunktsatzes, so daß ein $x^* \in K$ existiert mit

$$x^* = \varphi(x^*) = \sum\limits_{j=1}^{k} g_j(x^*) \cdot y^{(j)}.$$

Wegen der vorausgesetzten Konkavität der Funktionen
$$a_i(x_1, \ldots, x_{i-1}, x_{i+1}, \ldots, x_n)$$
bei festen $x_1 \in X_1, \ldots, x_{i-1} \in X_{i-1}$, $x_{i+1} \in X_{i+1}, \ldots, x_n \in X_n$ gilt

$$
\begin{aligned}
G(x^*, x^*) &= \sum_{i=1}^{n} a_i(x_1^*, \ldots, x_n^*) \\
&= \sum_{i=1}^{n} a_i\Big(x_1^*, \ldots, x_{i-1}^*, \ \sum_{j=1}^{k} g_j(x^*) \cdot y_i^{(j)}, x_{i+1}^*, \ldots, x_n^*\Big) \\
&\ge \sum_{i=1}^{n} \sum_{j=1}^{k} g_j(x^*) \, a_i(x_1^*, \ldots, x_{i-1}^*, y_i^{(j)}, x_{i+1}^*, \ldots, x_n^*) \\
&= \sum_{j=1}^{k} g_j(x^*) \, G(x^*, y^{(j)})
\end{aligned}
$$

$$> \sum_{j=1}^{k} g_j(x^*) \, G(x^*,x^*) \qquad (\text{da } g_j(x^*)>0 \leftrightarrow G(x^*,y^{(j)})>G(x^*,x^*))$$

$$= G(x^*,x^*).$$

Mit Hilfe des Fixpunktes x^* erhalten wir also den gewünschten Widerspruch $G(x^*,x^*)>G(x^*,x^*)$ zu unserer Annahme, daß im Spiel Γ kein Gleichgewichtspunkt existiert. $\qquad\square$

Mit Hilfe dieses Satzes kann man nun sofort für jedes *endliche* Spiel die Existenz eines Gleichgewichtspunktes in der gemischten Erweiterung (vgl. (1.3o)a)) nachweisen:

(2.5) <u>*Satz*</u> *(Nash [43]):*

> $\Gamma = (X_1, \ldots, X_n, a)$ *sei ein endliches n-Personenspiel in Normalform. Dann besitzt die gemischte Erweiterung* $\Gamma_m = (P_1, \ldots, P_n, A)$ *von Γ mindestens einen Gleichgewichtspunkt.*

Beweis: Wir identifizieren jedes Wahrscheinlichkeitsmaß

$$P_i = \sum_{x_i \in X_i} p_i(\{x_i\}) \varepsilon_{x_i} \in P_i \text{ mit dem Vektor}$$

$$(p_i(\{x_{i1}\}), \ldots, p_i(\{x_{in_i}\})) \in \mathbb{R}^{n_i}, \quad n_i = |X_i|; \text{ dann sind}$$

$$P_i = \{(\pi_1^{(i)}, \ldots, \pi_{n_i}^{(i)}); \ \pi_j^{(i)} \geq 0, \ \sum_{j=1}^{n_i} \pi_j^{(i)} = 1\} \subset \mathbb{R}^{n_i}, \quad 1 \leq i \leq n,$$

kompakte und konvexe Mengen. Da A ein Vektor von Auszahlungserwartungen ist, sind die Funktionen A_i in jeder Komponente $\pi^{(j)} \in P_j$ linear und somit insbesondere konkav. Als multilineare Funktionen sind die $A_i: P_1 \times \ldots \times P_n \longrightarrow \mathbb{R}^1$, $1 \leq i \leq n$, natürlich auch stetig, so daß alle Voraussetzungen des Satzes von Nikaido-Isoda erfüllt sind; Γ_m besitzt also mindestens einen Gleichgewichtspunkt. $\qquad\square$

Der Satz von Nash läßt sich beispielsweise auf das Spiel
"Zwei-Finger-Morra" aus Beispiel (2.3)b) anwenden. Dieses
extensive 2-Personenspiel mit endlichem Baum und unvollständiger Information hatten wir in (2.3) auf Normalformgestalt gebracht und gezeigt, daß in reinen Strategien kein
Gleichgewichtspunkt existiert. Der Satz von Nash stellt jedoch sicher, daß es in der gemischten Erweiterung dieses
Spiels mindestens einen Gleichgewichtspunkt gibt, so daß
sich hier noch einmal zeigt, daß es für die Spieler häufig
von Vorteil sein kann, nicht nur reine, sondern auch gemischte Strategien als mögliche Verhaltensweisen in Betracht
zu ziehen. Außerdem sei noch darauf hingewiesen, daß der
Satz von Nash nur eine Existenzaussage für Gleichgewichtspunkte beinhaltet; zu deren Berechnung in konkreten Situationen müssen i.a. gesonderte Überlegungen durchgeführt werden.
Es sei bereits angegeben, daß im Beispiel (2.3)b) der Vektor

$$(p_1^*,p_2^*) = ((\tfrac{7}{12} , \tfrac{5}{12}) , (\tfrac{7}{12} , \tfrac{5}{12}))$$

mit den Auszahlungen

$$a_1(p_1^*,p_2^*) = - \tfrac{1}{12} = - a_2(p_1^*,p_2^*)$$

der einzige Gleichgewichtspunkt ist (vgl. Abschnitt III).

Daß man im Satz von Nash nicht ohne weiteres auf die Voraussetzung der Endlichkeit des Spiels Γ verzichten kann, zeigt
das folgende Beispiel:

(2.6) **Beispiel** *(Mexikanisches Gaunerspiel):*

Bei diesem Zweipersonenspiel wählt jeder der beiden beteiligten Gauner eine natürliche Zahl, d.h. es ist $X_1 = X_2 = \mathbb{N}$; derjenige, der die größere Zahl gewählt hat, ist Sieger. Als
Auszahlung wählt man

$$a_1(x_1,x_2) = \begin{cases} 1 & \text{falls} \quad x_1 > x_2 \\ 0 & \text{falls} \quad x_1 = x_2 \\ -1 & \text{falls} \quad x_1 < x_2 \end{cases}$$

$$= -a_2(x_1,x_2) .$$

Das Spiel $(X_1,X_2,(a_1,a_2))$ besitzt in reinen Strategien keinen
Gleichgewichtspunkt (x_1^*,x_2^*), da für $x_1^* \leq x_2^*$ Spieler 1, sonst
Spieler 2 seine Auszahlung durch einen Strategienwechsel vergrößern kann. Aber auch die diskrete gemischte Erweiterung
$(P_1,\ldots,P_n,A)$ (vgl. (1.3o)d)) besitzt keinen Gleichgewichtspunkt.

Beweis: Seien $\varepsilon > 0$ und $p_1 \in P_1$ beliebig vorgegeben. Wegen der
Konvergenz der Reihe $\sum\limits_{j=1}^{\infty} p_1(\{j\})$ gibt es ein $m \in \mathbb{N}$ mit
$\sum\limits_{j=m}^{\infty} p_1(\{j\}) < \frac{\varepsilon}{2}$. Dann gilt

$$A_2(p_1,m) = \sum_{j=1}^{m-1} p_1(\{j\}) - \sum_{j=m+1}^{\infty} p_1(\{j\})$$

$$= 1 - \sum_{j=m}^{\infty} p_1(\{j\}) - \sum_{j=m+1}^{\infty} p_1(\{j\}) > 1 - \varepsilon.$$

Wäre (p_1^*,p_2^*) ein Gleichgewichtspunkt, so müßte demnach
$A_2(p_1^*,p_2^*) > 1-\varepsilon$ gelten; wegen der völligen Symmetrie des Spiels
müßte dann aber auch $A_1(p_1^*,p_2^*) > 1-\varepsilon$ sein, was wegen $a_1 = -a_2$
unmöglich ist. Folglich besitzt $(P_1,\ldots,P_n,A)$ keinen Gleichgewichtspunkt. $\qquad\qquad\square$

Im Anschluß an den Beweis von (2.5) hatten wir am Beispiel
des "Zwei-Finger-Morra" bereits gesehen, daß der Satz von
Nash insbesondere auf Normalformen von extensiven
n-Personenspielen mit endlichem Baum angewendet werden kann.
Speziell am Beispiel (2.3) fällt jedoch auch noch auf, daß
es bei der Variante (2.3)a) (Spiel mit vollständiger Information) Gleichgewichtspunkte schon in reinen Strategien gibt,
wohingegen bei (2.3)b) (Spiel mit unvollständiger Information)
ein Gleichgewichtspunkt erst in der gemischten Erweiterung
existiert. Wir werden allgemein zeigen, daß man bei extensiven Spielen mit endlichem Baum und vollständiger Information
Gleichgewichtspunkte *stets* schon in reinen Strategien finden
kann.

Tatsächlich beweisen wir sogar eine noch stärkere Aussage:
Bei der speziellen Darstellung $(X,\mathcal{U},W_o,a)$ eines Spiels in
extensiver Form mit endlichem Baum wird man zusätzlich noch
berücksichtigen wollen, daß eine Partie, die sich zu irgend-
einem Zeitpunkt im Knoten x des Spielbaums befindet, nur noch
in Endknoten $y\in E$ mit $x\le y$ enden kann, und es für die Spieler
dann lediglich noch wichtig ist zu wissen, wie sie sich in
dem von x ausgehenden Teilbaum, d.h. in den Knoten $z\in X$ mit
$x\le z$, verhalten sollen. Deshalb wird zunächst die Definition
(2.2) eines Gleichgewichtspunktes auf extensive Spiele mit
endlichem Baum übertragen; dadurch wird es dann möglich,
Gleichgewichtsstrategien auf *Teilbäume* eines Spielbaums einzu-
schränken, und man kann sich dafür interessieren, wann diese
Einschränkungen wieder Gleichgewichtspunkte in dem durch den
betreffenden Teilbaum gegebenen *"Teilspiel"* sind.

(2.7) *Definition:*

*Es seien $\Gamma = (X,\mathcal{U},W_o,a)$ ein extensives n-Personenspiel
mit endlichem Baum, $(S_1,\ldots,S_n,(\Omega,\mathcal{F},P))$ die zu
$(X,\mathcal{U},W_o)$ gehörende (und gemäß der Anmerkung im Anschluß an (1.15) gebildete) Strategien-Normalform,
$(S_1,\ldots,S_n,(\Omega,\mathcal{F},P),u)$ dasjenige n-Personenspiel in
expliziter Normalform, bei dem der Vektor $u=(u_1,\ldots,u_n)$
der Auszahlungsfunktionen die Eigenschaft*

$$u_i(\sigma_1,\ldots,\sigma_n,\omega) = a_i(x_{(\sigma_1,\ldots,\sigma_n,\omega)})^{1)}, \quad 1\le i\le n,$$

*besitzt, und $\Gamma' = (S_1,\ldots,S_n,a')$ das zu
$(S_1,\ldots,S_n,(\Omega,\mathcal{F},P),u)$ gehörende n-Personenspiel in
Normalform.*
*Dann heißt ein Vektor $(\sigma_1^*,\ldots,\sigma_n^*)\in S_1\times\ldots\times S_n$ ein Gleich-
gewichtspunkt von Γ, wenn $(\sigma_1^*,\ldots,\sigma_n^*)$ ein Gleichgewichtspunkt von Γ' ist, d.h. wenn für alle $i\in\{1,\ldots,n\}$*

---

[1] $x_{(\sigma_1,\ldots,\sigma_n,\omega)}$ bezeichne den durch die reinen Strategien
$\sigma_1,\ldots,\sigma_n$ und den Zufallszug ω eindeutig bestimmten Endknoten der durch $(\sigma_1,\ldots,\sigma_n,\omega)$ festgelegten Partie im
Spielbaum X.

und alle $\sigma_i \in S_i$ *gilt*[1]

$$\sum_{x \in E} r_{(\sigma_1^*, \ldots, \sigma_{i-1}^*, \sigma_i, \sigma_{i+1}^*, \ldots, \sigma_n^*)}(x) \cdot a_i(x) \leq \sum_{x \in E} r_{(\sigma_1^*, \ldots, \sigma_n^*)}(x) a_i(x).$$

Um Gleichgewichtspunkte, die auch in Teilbäumen des Spielbaums X Gleichgewichtspunkte sind, besonders kennzeichnen zu können, definieren wir:

<u>*(2.8)*</u>   *Definition:*

>   *Ein extensives m-Personenspiel* $(X', \mathcal{U}', W_o', a')$ *heißt*
>   *Teilspiel des extensiven n-Personenspiels* $(X, \mathcal{U}, W_o, a)$
>   *mit endlichem Baum, wenn folgendes gilt:*
>
>   *(i)* $X' \subset X$, $\forall x', y' \in X'$: $(x' \leq' y' \leftrightarrow x' \leq y')$,
> $x' \in X' \Rightarrow \{y \in X; \; x' \leq y\} \subset X'$;
>
>   *(ii)* $\forall i \in \{0, \ldots, m\}$: $(\mathcal{U}_i' = \{U_i \cap X'; \; U_i \in \mathcal{U}_i\} - \{\emptyset\} \wedge \mathcal{U}_i' \subset \mathcal{U}_i)$;[2]
>
>   *(iii)* $W_o' = \{w_o^{\{x\}}; \; x \in \mathcal{U}_o'\}$;
>
>   *(iv)* $a' = (a_1, \ldots, a_n)|_{E'}$.

Man erhält also ein Teilspiel eines extensiven n-Personenspiels $(X, \mathcal{U}, W_o, a)$ mit endlichem Baum dadurch, daß man einen "neuen", im Sinne von (ii) geeigneten Anfangsknoten $x^{o'} \in X$ wählt und alle Punkte $z \in X$ mit $x^{o'} \leq z$ zu einem Teilbaum X' zusammenfaßt.

---

[1] $r_{(\sigma_1, \ldots, \sigma_n)}$ bezeichne die in (1.33) definierten Realisierungswahrscheinlichkeiten unter $(\varepsilon_{\sigma_1}, \ldots, \varepsilon_{\sigma_n})$.

[2] Im Spiel $(X, \mathcal{U}, W_o, a)$ seien die Spieler o.B.d.A. so numeriert, daß für $1 \leq i \leq m$ Mengen $U_i \in \mathcal{U}_i$ existieren mit $U_i \cap X' \neq \emptyset$ und für $m < j \leq n$ und alle $U_j \in \mathcal{U}_j$ gilt $U_j \cap X' = \emptyset$.

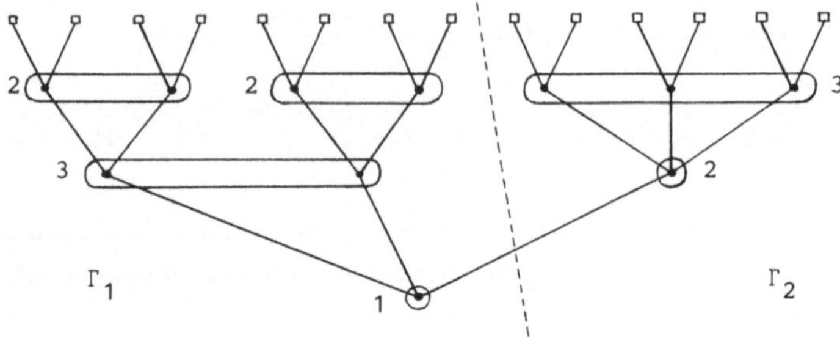

Durch die Trennlinie wird das ursprüngliche Spiel
in zwei Teilspiele Γ_1 und Γ_2 zerlegt.

Die teilweise Ordnung $\leq$ sowie das Informationssystem $\mathcal{U}$, das
Bewegungsgesetz W_o und der Auszahlungsvektor a werden gemäß
(2.8)(i)-(iv) auf X' eingeschränkt. Dazu muß der "neue" Anfangsknoten $x^{o'} \in X$ die Eigenschaft haben, daß für die "neuen"
Informationsmengen $U_i' = U_i \cap X'$ der Spieler gilt $\mathcal{U}_i' \subset \mathcal{U}_i$, so daß
die "Informationsstruktur" des ursprünglichen Spiels nicht
verändert wird. Die Spieler j=m+1,...,n, die zwar im Baum X
aber nicht im Teilbaum X' am Zug sind, werden im Teilspiel
$(X',\mathcal{U}',W_o',a')$ nicht als Spieler mitgezählt.

Aus jeder reinen Strategie $\sigma_j \in S_j$ des Spielers j im Spiel
$(X,\mathcal{U},W_o,a)$ erhält man durch Einschränkung von σ_j auf das
Teilspiel Γ', d.h. durch

$$\tau_j^{U_j \cap X'} := \sigma_j^{U_j} \quad , \quad U_j \in \mathcal{U}_j \quad , \quad 1 \leq j \leq m,$$

eine reine Strategie $\tau_j \in S_j'$ des Spielers j im Spiel Γ'.
Bei der Suche nach Gleichgewichtsstrategien in extensiven
Spielen wird man sich dann aus folgendem Grund insbesondere
für solche Strategien interessieren, deren Einschränkung auf
jedes Teilspiel dort wiederum eine Gleichgewichtsstrategie
ist: Wenn einer der Spieler im Verlauf einer Partie Fehler
macht in dem Sinne, daß er von einer Gleichgewichtsstrategie
abweicht, dann können die anderen Spieler durch Verwendung

einer auch in Teilspielen die Gleichgewichtseigenschaft
aufweisenden Strategie sicherstellen, daß sie auf solche
Fehler "optimal" reagieren.

(2.9) *Definition:*

> *Ein Gleichgewichtspunkt $(\sigma_1^*, \ldots, \sigma_n^*)$ in einem extensiven n-Personenspiel $\Gamma = (X, \mathcal{U}, W_o, a)$ heißt*
> *teilspiel-perfekt[1], wenn für jedes Teilspiel*
> $\Gamma' = (X', \mathcal{U}', W_o', a)$ *von Γ (mit n' Spielern $n' \leq n$)*
> *die Einschränkungen τ_j^* von σ_j^* auf Γ', $1 \leq j \leq n'$, einen*
> *Gleichgewichtspunkt $(\tau_1^*, \ldots, \tau_{n'}^*)$ von Γ' bilden.*

Wie schon vorhin im Zusammenhang mit der Definition eines
Gleichgewichtspunktes in extensiven Spielen angedeutet
worden ist, kann jetzt die Existenz von teilspiel-perfekten
Gleichgewichtspunkten in reinen Strategien für alle endlichen
Spiele mit vollständiger Information bewiesen werden.

(2.1o) *Satz* (Kuhn [34]):

> *Jedes extensive n-Personenspiel $\Gamma = (X, \mathcal{U}, W_o, a)$ mit*
> *endlichem Baum und vollständiger Information besitzt*
> *mindestens einen teilspiel-perfekten Gleichgewichts-*
> *punkt (in reinen Strategien).*

Beweis: Die Existenz eines teilspiel-perfekten Gleichgewichts-
punkts wird durch vollständige Induktion über das Maximum

---

[1] Anstelle der Bezeichnung "teilspiel-perfekt" war von
Selten (vgl. [62], [63]) zunächst die Bezeichnung "perfekt"
gewählt worden, die jedoch später (vgl. [64]) wieder fallen-
gelassen und für eine Verschärfung des Begriffs der
Teilspiel-Perfektheit verwendet wurde.

$$M(\Gamma) := \max \{t(x); \; x \in X, \; x^o < \ldots < x^{t(x)} = x \quad \text{ist maximale}$$
$$\text{Kette von } x^o \text{ nach } x\}$$

der Ränge der Knoten im Spielbaum X bewiesen. (Dieses Maximum kann offensichtlich interpretiert werden als Länge der längsten Partie(n) von Γ.)

Die *Beweisidee* ist dabei
die folgende: Es werden
die Teilspiele betrachtet,
die in den Nachfolgeknoten
des Anfangsknotens x^o beginnen. Auf diese Teilspiele
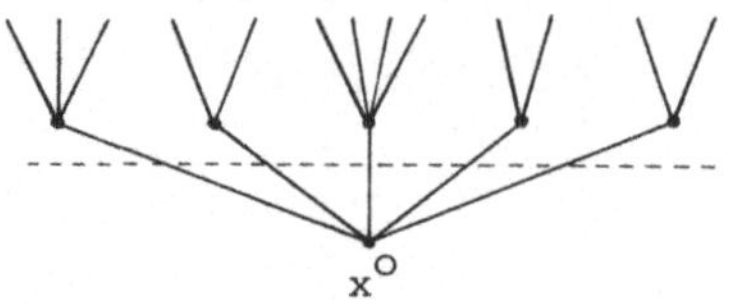

läßt sich dann jeweils die Induktionsvoraussetzung anwenden,
d.h. ein teilspiel-perfekter Gleichgewichtspunkt finden.
Die zugehörigen Strategien werden zu (Gesamt-) Strategien
in dem Ausgangsspiel "zusammengesetzt", und es wird nachgewiesen, daß so ein teilspiel-perfekter Gleichgewichtspunkt
entsteht.

$M(\Gamma) = 1$. In diesem Fall sind alle von x^o verschiedenen Knoten des Spielbaums Endknoten, so daß Γ ein Einpersonenspiel ist, in dem jede Alternative
$j \in \{1, \ldots, m_{\{x^o\}}\}$ mit $a(j) = \max\{a(i); \; 1 \le i \le m_{\{x^o\}}\}$ trivialerweise eine Gleichgewichtsstrategie für diesen einen Spieler definiert; diese bildet dann
natürlich einen teilspiel-perfekten Gleichgewichtspunkt.

$M \to M+1$. Die Behauptung des Satzes von Kuhn gelte für alle extensiven
Spiele mit vollständiger Information und endlichem Baum sowie $M(\Gamma) \le M$.
$\Gamma = (X, \mathcal{U}, W_o, a)$ sei ein Spiel mit $M(\Gamma) = M+1$. Nach dem ersten Zug des im
Knoten x^o anziehenden Spielers befindet sich das Spiel in einem der
Nachfolgepunkte $g_{\{x^o\}}(x^o, j)$, $1 \le j \le m_{\{x^o\}} =: m$. Wir betrachten nun die Teil-
spiele $\Gamma_1, \ldots, \Gamma_m$ von Γ, welche die Knoten $g_{\{x^o\}}(x^o, 1), \ldots, g_{\{x^o\}}(x^o, m)$ als
Anfangsknoten besitzen. Jedes dieser Teilspiele Γ_j ist ein extensives
n_j-Personenspiel ($n_j \le n$) mit endlichem Baum und vollständiger Information
sowie $M(\Gamma_j) \le M$, $1 \le j \le m$. (Wegen der vollständigen Information im Spiel Γ ist
die Bedingung (2.8)(ii) für Teilspiele trivialerweise erfüllt.)

Die Numerierung der in den Spielen $\Gamma_1,\ldots,\Gamma_m$ jeweils beteiligten Spieler werde wie folgt vorgenommen: Sind von den am ursprünglichen Spiel Γ beteiligten Spielern $1,\ldots,n$ im Spiel Γ_j noch die Spieler $i_1,\ldots,i_{n_j}\in\{1,\ldots,n\}$ beteiligt, $i_1<\ldots<i_{n_j}$, so erhalten diese Spieler im Spiel Γ_j die (neuen) Nummern $1,\ldots,n_j$, d.h. der Spieler i_k, $1\leq k\leq n_j$, im Spiel Γ erhält im Spiel Γ_j die Nummer $Nr(i_k,j):=k$.

Nach Induktionsvoraussetzung gibt es nun für jedes der Teilspiele Γ_j einen teilspiel-perfekten Gleichgewichtspunkt $(\sigma_1^{*(j)},\ldots,\sigma_{n_j}^{*(j)})$, d.h. es gilt für die Auszahlungsvektoren $a^{(j)}$ der Spiele Γ_j:

$$\sum_{x\in E^{(j)}} r_{(\sigma_1^{*(j)},\ldots,\sigma_{i-1}^{*(j)},\sigma_i^{(j)},\sigma_{i+1}^{*(j)},\ldots,\sigma_{n_j}^{*(j)})}(x)\cdot a_i^{(j)}(x)$$

$$\leq \sum_{x\in E^{(j)}} r_{(\sigma_1^{*(j)},\ldots,\sigma_{n_j}^{*(j)})}(x)\cdot a_i^{(j)}(x) \quad\text{für alle}\quad \sigma_i^{(j)}\in S_i^{(j)}, \qquad {}^{1)}$$

$$1\leq i\leq n_j, \quad 1\leq j\leq m.$$

Im weiteren Verlauf des Beweises wird jetzt unterschieden, ob der erste Zug im Spiel Γ ein Zufallszug ist oder nicht.

Fall 1: $\{x^o\}\in\mathcal{U}_o$.

Für $1\leq i\leq n$ sei dann σ_i^* die wie folgt definierte reine Strategie des Spielers i: Ist $U\in\mathcal{U}_i$ eine (aufgrund der Voraussetzungen einelementige) Informationsmenge des Spielers i, welche im Spielbaum $X^{(j)}$ des Teilspiels Γ_j liegt, so sei

$$\sigma_i^{*U} := \sigma_{Nr(i,j)}^{*(j)U};$$

σ_i^* wählt also in jedem Teilspiel Γ_j genau dieselben Alternativen wie die Gleichgewichtsstrategie $\sigma_{Nr(i,j)}^{*(j)}$. Es wird nun gezeigt, daß $(\sigma_1^*,\ldots,\sigma_n^*)$

---

1) $E^{(j)}$ bezeichne die Menge der Endknoten des Teilspiels Γ_j und $S_i^{(j)}$ die Menge der reinen Strategien des Spielers i im Spiel Γ_j.

ein teilspiel-perfekter Gleichgewichtspunkt von Γ ist. Dazu seien $\sigma_i \in S_i$ beliebige reine Strategien im Spiel Γ und $\sigma_{Nr(i,j)}^{(j)}$ die Einschränkung von σ_i auf das Teilspiel Γ_j, sofern der Spieler i (im Spiel Γ) auch am Teilspiel Γ_j beteiligt ist. Dann gilt für die Knoten $x \in X^{(j)}$

$$r_{(\sigma_1,\ldots,\sigma_n)}(x) = r_{(\sigma_1^{(j)},\ldots,\sigma_{n_j}^{(j)})}(x) \cdot w_o^{\{x^o\}}(\{j\}), \qquad 1 \leq j \leq m,$$

d.h. die Realisierungswahrscheinlichkeit von $x \in X^{(j)}$ unter $(\sigma_1,\ldots,\sigma_n)$ ist das Produkt aus der Wahrscheinlichkeit $w_o^{\{x^o\}}(\{j\})$, mit welcher der Spieler O im ersten Zug die Alternative j wählt und der Realisierungswahrscheinlichkeit von x im Teilspiel Γ_j unter $(\sigma_1^{(j)},\ldots,\sigma_{n_j}^{(j)})$. Hieraus folgt für $i \in \{1,\ldots,n\}$

$$\sum_{x \in E} r_{(\sigma_1^*,\ldots,\sigma_{i-1}^*,\sigma_i,\sigma_{i+1}^*,\ldots,\sigma_n^*)}(x) \cdot a_i(x)$$

$$= \sum_{j=1}^{m} \sum_{x \in E^{(j)}} r_{(\sigma_1^{*(j)}|\sigma_{Nr(i,j)}^{(j)})}(x) \cdot w_o^{\{x^o\}}(\{j\}) \cdot a_i(x) \qquad {}^{1)}$$

$$\leq \sum_{j=1}^{m} \sum_{x \in E^{(j)}} r_{(\sigma_1^{*(j)},\ldots,\sigma_{n_j}^{*(j)})}(x) \cdot w_o^{\{x^o\}}(\{j\}) \cdot a_i(x)$$

$$= \sum_{x \in E} r_{(\sigma_1^*,\ldots,\sigma_n^*)}(x) \cdot a_i(x),$$

d.h. $(\sigma_1^*,\ldots,\sigma_n^*)$ ist ein Gleichgewichtspunkt von Γ. $(\sigma_1^*,\ldots,\sigma_n^*)$ ist überdies teilspiel-perfekt, denn jedes von Γ verschiedene Teilspiel Γ' von Γ ist Teilspiel eines der Spiele Γ_j, $1 \leq j \leq m$, und die Einschränkungen der Strategien $\sigma_1^*,\ldots,\sigma_n^*$ auf Γ' stimmen überein mit den Einschränkungen von $\sigma_1^{*(j)},\ldots,\sigma_{n_j}^{*(j)}$ auf Γ' ($j \leq m$ sei so gewählt, daß Γ' Teilspiel von Γ_j ist), die wegen der Teilspiel-Perfektheit von $(\sigma_1^{*(j)},\ldots,\sigma_{n_j}^{*(j)})$ einen Gleichgewichtspunkt von Γ' bilden.

${}^{1)}$ $(\sigma^{*(j)}|\sigma_{Nr(i,j)}^{(j)})$ bezeichne dasjenige Strategientupel $(\tau_1,\ldots,\tau_{n_j})$ im Spiel Γ_j, für das $\tau_k = \sigma_k^{*(j)}$, $1 \leq k \leq n_j$, gilt, falls der Spieler i (im Spiel Γ) *nicht* am Spiel Γ_j beteiligt ist; andernfalls sei $\tau_k = \sigma_k^{*(j)}$ für $k \in \{1,\ldots,n_j\}-\{Nr(i,j)\}$ und $\tau_{Nr(i,j)} = \sigma_{Nr(i,j)}^{(j)}$.

Fall 2: $\{x^o\} \notin \mathcal{U}_o$.

Ohne Beschränkung der Allgemeinheit seien die Spieler im Spiel Γ so numeriert, daß $\{x^o\} \in \mathcal{U}_1$ gilt. Für die Spieler $i \in \{2, \ldots, n\}$ sei σ_i^* die wie in Fall 1 definierte reine Strategie, die in einer Informationsmenge $U \in \mathcal{U}_i$, welche im Spielbaum $X^{(j)}$ des Teilspiels Γ_j liegt, die Alternative

$$\sigma^{*U} := \sigma_{Nr(i,j)}^{*(j)U}$$

wählt. Für den Spieler 1 sei σ_1^* diejenige reine Strategie, die in den Informationsmengen $U \in \mathcal{U}_1$, $U \neq \{x^o\}$, die Alternative

$$\sigma_1^{*U} := \sigma_1^{*(j)U}$$

wählt, falls $U \subset X^{(j)}$ gilt, und die im Knoten x^o

$$\sigma_1^{*\{x^o\}} := j_o \in \{1, \ldots, m\}$$

wählt, wobei j_o eine fest gewählte Alternative in $\{x^o\}$ ist mit

$$\sum_{x \in E^{(j_o)}} r_{(\sigma_1^{*(j_o)}, \ldots, \sigma_{n_{j_o}}^{*(j_o)})}(x) \cdot a_1(x) \geq \sum_{x \in E^{(j)}} r_{(\sigma_1^{*(j)}, \ldots, \sigma_{n_j}^{*(j)})}(x) \cdot a_1(x)$$

für alle $1 \leq j \leq n$. Spieler 1 führt den ersten Zug demnach so aus, daß sich die Partie nach dem ersten Zug in dem Teilspiel Γ_{j_o} befindet, in dem Spieler 1 die größte Auszahlung zu erwarten hat.

Das Strategientupel $(\sigma_1^*, \ldots, \sigma_n^*)$ bildet dann einen Gleichgewichtspunkt von Γ. Für beliebige reine Strategien $\sigma_i \in S_i$, $1 \leq i \leq n$, und alle Spieler $i \neq 1$ gilt nämlich

$$\sum_{x \in E} r_{(\sigma_1^*, \ldots, \sigma_{i-1}^*, \sigma_i, \sigma_{i+1}^*, \ldots, \sigma_n^*)}(x) \cdot a_i(x)$$

$$= \sum_{x \in E^{(j_o)}} r_{(\sigma^{*(j_o)} \mid \sigma_{Nr(i,j_o)}^{(j_o)})}(x) \cdot a_i(x)$$

$$\leq \sum_{x \in E^{(j_o)}} r_{(\sigma_1^{*(j_o)}, \ldots, \sigma_{n_{j_o}}^{*(j_o)})}(x) \cdot a_i(x)$$

$$= \sum_{x \in E} r_{(\sigma_1^*, \ldots, \sigma_n^*)}(x) \cdot a_i(x);$$

für den Spieler 1 erhält man (mit $k = \sigma_1^{\{x^o\}}$)

$$\sum_{x \in E} r_{(\sigma_1, \sigma_2^*, \ldots, \sigma_n^*)}(x) \cdot a_1(x) = \sum_{x \in E^{(k)}} r_{(\sigma^{*(k)} | \sigma_{Nr(1,k)}^{(k)})}(x) \cdot a_1(x)$$

$$\leq \sum_{x \in E^{(k)}} r_{(\sigma_1^{*(k)}, \ldots, \sigma_{n_k}^{*(k)})}(x) \cdot a_1(x)$$

$$\leq \sum_{x \in E^{(j_o)}} r_{(\sigma_1^{*(j_o)}, \ldots, \sigma_{n_{j_o}}^{*(j_o)})}(x) \cdot a_1(x) = \sum_{x \in E} r_{(\sigma_1^*, \ldots, \sigma_n^*)}(x) \cdot a_1(x).$$

Der Nachweis, daß $(\sigma_1^*, \ldots, \sigma_n^*)$ überdies teilspiel-perfekt ist, wird mit der gleichen Argumentation wie in Fall 1 geführt. $\qquad\square$

§ 3 Anwendungen des Lösungskonzepts der Gleichgewichtspunkte

In diesem Abschnitt soll anhand von zwei Beispielen gezeigt
werden, daß man in etlichen Konfliktsituationen mit Hilfe
des Konzepts der Gleichgewichtspunkte tatsächlich zu einem
stabilen "vernünftigen" Verhalten und somit zu einem brauch-
baren Lösungsbegriff gelangt.

Im ersten Beispiel betrachten wir dabei eine Situation, bei
der die Strategienmengen der beteiligten "Spieler" endlich
sind.

(2.11) Beispiel (vgl. [72], S.52-61):
Aus der Verhaltensforschung ist bekannt, daß bei Tierarten
die Waffen-Organe um so seltener im Kampf mit *Artgenossen*
eingesetzt werden, je gefährlicher diese Waffen sind. Anstelle
von (Beschädigungs-)Kämpfen unter Einsatz aller Kampfmittel
kommt es vielmehr häufig zu sogenannten *Komment-* oder *Turnier-*
kämpfen, bei denen die beteiligten Tiere nach einem art-
typischen Ritual so kämpfen, daß ernsthafte Verletzungen
(oder gar Tod) des Artgenossen vermieden werden.

Zur evolutionstheoretischen Erklärung zieht man häufig ein
abstraktes "Interesse der Art" heran, das eine Vernichtung
von Artgenossen wegen der Schwächung der Art verhindere. Da
jedoch der Evolutionsprozeß über die Individuen verläuft, ist
nicht recht klar, wieso sich nicht Mutanten durchsetzen
sollen, welche die Hemmungen beim Einsatz ihrer Waffen-Organe
nicht besitzen und somit gegenüber ihren Konkurrenten ent-
scheidend im Vorteil sind.

Die folgende ganz grobe spieltheoretische Analyse zeigt, daß
die Ausführung von Kommentkämpfen anstelle von Beschädigungs-
kämpfen durchaus auch "individuell rational" sein kann - d.h.

daß man auch ohne ein "Interesse der Art" eine qualitative
Begründung des Kampfverhaltens geben kann:

Dazu nehmen wir an[1], daß in einer Population n nahezu
gleich-starke Individuen leben, die untereinander auftretende Streitigkeiten um Futter, Reviere, Weibchen usw.
durch Kämpfe entscheiden. Kommt es zwischen zwei Individuen
zu einem solchen Kampf, dann gibt es für die Beteiligten
jeweils zwei verschiedene Möglichkeiten (Strategien) der
Ausführung:

Strategie B (Beschädigungskampf): Das Individuum kämpft
    unter vollem Einsatz seiner Mittel und gibt erst auf,
    wenn es schwer verwundet oder tot ist.

Strategie K (Kommentkampf): Das Individuum kämpft lediglich
    nach festen Regeln ohne den Einsatz seiner Waffen-Organe;
    im Konflikt mit einem ebenfalls so kämpfenden Individuum
    gibt es dann auf, wenn etwas anderes als dieser Konflikt
    für ihn wichtiger wird.

Es kann nun zu folgenden Kampf-Kombinationen kommen:

1.) Beide Kontrahenten setzen die Strategie B ein. Der Kampf
     dauert solange, bis einer schwer verwundet oder tot ist
     (dabei wird der Einfachheit halber angenommen, daß beide
     jeweils mit Wahrscheinlichkeit $\frac{1}{2}$ den Kampf gewinnen).

2.) Die Kämpfer setzen verschiedene Strategien ein. Bei
     dieser Kombination läuft der Kommentkämpfer beim ersten
     Angriff des Beschädigungskämpfers davon und gibt auf;
     es wird niemand verletzt.

------

[1] Es sei betont, daß es im folgenden nur um eine grobe
     qualitative Analyse geht; für ein realistisches Modell
     wären wesentlich kompliziertere Annahmen erforderlich.

3.) Beide Kämpfer setzen ihre Strategie K ein. Es hat der-
     jenige verloren, der zuerst aufgibt (es wird wieder der
     Einfachheit halber angenommen, daß für jeden der beiden
     die Wahrscheinlichkeit $\frac{1}{2}$ ist, daß er zuerst aufgibt);
     beide bleiben unverletzt.

Da in einer Population Rivalenkämpfe insbesondere über die
Fortpflanzungs-Chance der einzelnen Individuen entscheiden
(z.B. beim Kampf um Weibchen), werden die möglichen Ausgänge
eines Kampfes durch Punkte bewertet, die als Maßzahlen für
diese Fortpflanzungs-Chance angesehen werden sollen. Der
Sieger eines Kampfes erhält[1] 50 Punkte, während der Ver-
lierer O Punkte bekommt. Wer im Kampf ernsthaft verwundet
oder getötet wurde, erhält -100 Punkte und wer durch das
Kommentkämpfen viel Zeit und Energie verbraucht hat, -10
Punkte.

Als mathematisches Modell für das Zusammenleben in einer
derartigen Population verwenden wir ein n-Personenspiel
$(X_1,\ldots,X_n,(a_1,\ldots,a_n))$ in Normalform, bei dem die einzelnen
Individuen die Mengen von reinen Strategien

$$X_1 = \ldots = X_n = \{K,B\}$$

besitzen: Kommt zwischen den Individuen i und j ein Kampf
zustande, so ergibt sich bei Einsatz der reinen Strategien
σ_i, σ_j von i bzw. j als erwartete Punktzahl für das i-te
Individuum

$$\pi_i(\sigma_i,\sigma_j) := \begin{cases} \frac{1}{2} \cdot 50 - 1o = 15 & \text{falls } \sigma_i = \sigma_j = K \\[2ex] \frac{1}{2} \cdot 5o - \frac{1}{2} \cdot 100 = -25 & \text{falls } \sigma_i = \sigma_j = B \\[2ex] 1 \cdot O = O & \text{falls } \sigma_i = K,\ \sigma_j = B \\[2ex] 1 \cdot 50 = 50 & \text{falls } \sigma_i = B,\ \sigma_j = K \end{cases}$$

---

[1] Die Daten dienen ausschließlich zur Illustration.

Wenn nun die in der Population zusammenlebenden n Individuen die reinen Strategien $\sigma_1,\ldots,\sigma_n$ zum Einsatz bringen und man weiterhin annimmt, daß zwischen den Individuen keine speziellen Feindschaften bestehen und somit alle Kampfpaarungen gleich wahrscheinlich sind, dann ergibt sich als Auszahlung (in Punkten) an das Individuum i der Wert

$$a_i(\sigma_1,\ldots,\sigma_n) := \frac{1}{n-1} \sum_{\substack{j=1 \\ j\neq i}}^{n} \pi_i(\sigma_i,\sigma_j), \qquad 1\le i\le n.$$

Setzt das Individuum i als *einziges* in der Population die Strategie K ein, dann erhält es als Auszahlung

$$a_i(B,\ldots,B,\underset{\underset{i}{\uparrow}}{K},B,\ldots,B) = 0,$$

während jedes der anderen Individuen $j\in\{1,\ldots,n\}-\{i\}$ die Auszahlung

$$a_j(B,\ldots,B,\underset{\underset{i}{\uparrow}}{K},B,\ldots,B) = -25\cdot\frac{n-2}{n-1} + \frac{50}{n-1} = \frac{100 - 25n}{n-1}$$

erhält, die für $n>4$ negativ ist.

Im umgekehrten Fall, wo das Individuum i als *einziges* in der Population die Strategie B einsetzt, erhält es als Auszahlung

$$a_i(K,\ldots,K,\underset{\underset{i}{\uparrow}}{B},K,\ldots,K) = 50,$$

wohingegen die anderen Individuen $j\in\{1,\ldots,n\}-\{i\}$ die Auszahlung

$$a_j(K,\ldots,K,\underset{\underset{i}{\uparrow}}{B},K,\ldots,K) = 15\cdot\frac{n-2}{n-1} < 50$$

erhalten. Insofern ist zu erwarten, daß es für die Individuen günstiger sein wird, anstelle von reinen Strategien gemischte Strategien einzusetzen. Es ergibt sich dann beim Einsatz von Wahrscheinlichkeitsverteilungen $p_1,\ldots,p_n$ über $\{K,B\}$ für das i-te Individuum die Auszahlungserwartung

$$A_i(p_1, \ldots, p_n) = \frac{1}{n-1} \sum_{\sigma_i \in X_i} p_i(\{\sigma_i\}) \cdot \sum_{\substack{j=1 \\ j \neq i}}^{n} \sum_{\sigma_j \in X_j} \pi_i(\sigma_i, \sigma_j) p_j^*(\{\sigma_j\})$$

Um einen Hinweis für die Berechnung eines Gleichgewichtspunktes in der gemischten Erweiterung $(P_1, \ldots, P_n, (A_1, \ldots, A_n))$ von $(X_1, \ldots, X_n, (a_1, \ldots, a_n))$ zu erhalten, liegt es in der hier gegebenen speziellen Situation nahe, zunächst einen Gleichgewichtspunkt in der gemischten Erweiterung eines der Zweipersonenspiele $(X_i, X_j, (\pi_i, \pi_j))$ zu suchen und diesen dann auf das ursprüngliche Spiel $(P_1, \ldots, P_n, (A_1, \ldots, A_n))$ zu "übertragen":

Beim Einsatz von gemischten Strategien $p_i = \alpha \varepsilon_K + (1-\alpha)\varepsilon_B$, $p_j = \beta \varepsilon_K + (1-\beta)\varepsilon_B$ ergibt sich im Kampf zwischen i und j für das Individuum i die erwartete Punktzahl

$$\alpha\beta\pi_i(K,K) + \alpha(1-\beta)\pi_i(K,B) + (1-\alpha)\beta\pi_i(B,K) + (1-\alpha)(1-\beta)\pi_i(B,B)$$
$$= 15\alpha\beta - 25(1-\alpha)(1-\beta) + 50(1-\alpha)\beta = -60\alpha\beta + 25\alpha + 75\beta - 25$$

und für das Individuum j die erwartete Punktzahl

$$\alpha\beta\pi_j(K,K) + \alpha(1-\beta)\pi_j(B,K) + (1-\alpha)\beta\pi_j(K,B) + (1-\alpha)(1-\beta)\pi_j(B,B)$$
$$= 15\alpha\beta + 50\alpha(1-\beta) - 25(1-\alpha)(1-\beta) = -60\alpha\beta + 75\alpha + 25\beta - 25.$$

Hieraus ergibt sich, daß für Gleichgewichtsstrategien $p_i^* = \alpha^* \varepsilon_K + (1-\alpha^*)\varepsilon_B$, $p_j^* = \beta^* \varepsilon_K + (1-\beta^*)\varepsilon_B$ im Kampf zwischen i und j gelten muß

$$-60\alpha^*\beta^* + 25\alpha^* + 75\beta^* - 25 = \max_{\alpha \in [0;1]} (-60\alpha\beta^* + 25\alpha + 75\beta^* - 25),$$

$$-60\alpha^*\beta^* + 75\alpha^* + 25\beta^* - 25 = \max_{\beta \in [0;1]} (-60\alpha^*\beta + 75\alpha^* + 25\beta - 25).$$

Wie man sofort durch Einsetzen verifiziert, erfüllen $\alpha^* = \beta^* = \frac{5}{12}$ diese beiden Gleichungen, d.h. daß im Kampf zwischen zwei Individuen i und j beide Individuen dieselbe (gemischte) Gleichgewichtsstrategie besitzen, die vorschreibt, mit

Wahrscheinlichkeit $\frac{5}{12}$ die Strategie K und mit Wahrscheinlichkeit $\frac{7}{12}$ die Strategie B einzusetzen. Da diese Gleichgewichtsstrategie weder von i noch von j abhängt, liegt die
Vermutung nahe, daß das durch

$$p_1^* = \ldots = p_n^* = \frac{5}{12}\,\varepsilon_K + \frac{7}{12}\,\varepsilon_B$$

definierte Strategientupel $(p_1^*,\ldots,p_n^*)$ ein Gleichgewichtspunkt in der gemischten Erweiterung $(P_1,\ldots,P_n,(A_1,\ldots,A_n))$
von $(X_1,\ldots,X_n)(a_1,\ldots,a_n))$ ist. Dies läßt sich auch tatsächlich zeigen: Für eine beliebige gemischte Strategie
$p_i = \alpha\varepsilon_K + (1-\alpha)\varepsilon_B$ des Individuums i erhält man nämlich

$$A_i(p_1^*,\ldots,p_{i-1}^*,p_i,p_{i+1}^*,\ldots,p_n^*)$$

$$= \frac{1}{n-1} \sum_{\sigma_i \in X_i} p_i(\{\sigma_i\}) \sum_{\substack{j=1 \\ j\neq i}}^{n} \sum_{\sigma_j \in X_j} \pi_i(\sigma_i,\sigma_j)\, p_j^*(\{\sigma_j\})$$

$$\leq \frac{1}{n-1} \sum_{\sigma_i \in X_i} p_i^*(\{\sigma_i\}) \sum_{\substack{j=1 \\ j\neq i}}^{n} \sum_{\sigma_j \in X_j} \pi_i(\sigma_i,\sigma_j)\, p_j^*(\{\sigma_j\})$$

$$= A_i(p_1^*,\ldots,p_n^*).$$

Dieses Resultat läßt sich biologisch so interpretieren, daß
die gemischten Strategien $p_1^*,\ldots,p_n^*$ der Individuen durch die
natürliche Selektion stabilisiert werden. Wenn nämlich ein
Individuum i die Strategie B mit größerer Wahrscheinlichkeit
als $\frac{7}{12}$ einsetzt, nehmen die Beschädigungskämpfe zu und i erhält öfter die Punktzahl -25, was indirekt den anderen
Individuen nützt. Setzt i hingegen mit größerer Wahrscheinlichkeit als $\frac{5}{12}$ die Strategie K ein, so wird i häufiger von
den anderen Individuen besiegt, was den jeweiligen Gegnern
dann jeweils 50 Punkte einbringt. Bei dem durch p_i gegebenen
"Mischungsverhältnis" zwischen den Strategien K und B wiegen
sich die Vor- und Nachteile beider Strategien gegenseitig
auf, so daß von der natürlichen Selektion keine der beiden

Kampfarten bevorzugt werden kann, weswegen die Strategien
$p_1^*,\ldots,p_n^*$ auch als evolutionsstabile Strategien (evolutionarily
stabilized strategies) bezeichnet werden. □

In einem etwas differenzierteren Modell dieser Art wurden
von Maynard Smith [41] fünf verschiedene Strategien zugelassen (*Taube:* Kommentkampf; zurückziehen, wenn der Gegner
gefährlich wird; *Falke:* Beschädigungskampf; *Einschüchterer:*
Beschädigungskampf, aber zurückziehen, wenn der Gegner heim-
zahlt; *Vergelter:* Kommentkampf, aber zu Beschädigungskampf
übergehen, wenn der Gegner so kämpft; *Sondierer:* Kommentkampf, aber zu Beschädigungskampf übergehen, wenn der Gegner
auch Kommentkämpfer ist); für eine spezielle Auszahlungsmatrix wurde das zugehörige Spiel dann wiederum auf Gleichgewichtsstrategien hin untersucht.

In dem nun folgenden zweiten Beispiel für die Anwendung des
Lösungskonzepts der Gleichgewichtspunkte werden wir eine
ökonomische Wettbewerbssituation betrachten, bei der im Gegensatz zum vorangegangenen Beispiel die Strategienmengen der
beteiligten "Spieler" unendlich sind.

(2.12) *Beispiel* (vgl. [14], S. 21-22, S. 48-50):

In der Ökonomie bezeichnet man als *Oligopol* eine Wettbewerbssituation, bei der n Produzenten ($n \geq 2$) versuchen, in einem
Markt ein bestimmtes Produkt abzusetzen[1].

Als Modell für die Konkurrenz unter den n Oligopolisten soll
im folgenden ein strategisches n-Personenspiel in Normalform

---

[1] Sind speziell n=2 Produzenten vorhanden, verwendet man für
diese Situation die genauere Bezeichnung *Duopol*.

verwendet werden, bei dem zwar einige vereinfachende Annahmen gemacht werden, das sich aber dennoch gut zur
exemplarischen Beschreibung der Anwendungsmöglichkeiten
der Spieltheorie in den Wirtschaftswissenschaften eignet.
Es wird vorausgesetzt, daß die n Produzenten ein beliebig
teilbares Produkt herstellen (z.B. Benzin, Heizöl, Bier usw.);
dabei möge der Produzent i über eine Produktionskapazität K_i
verfügen, $1 \le i \le n$. Seine reinen Strategien bestehen dann darin,
eine bestimmte Menge $x_i \in [0; K_i]$ seines Produktes herzustellen
und auf dem Markt anzubieten, so daß von den n Produzenten
zusammengenommen die Menge $\sum_{i=1}^{n} x_i$ angeboten wird. Der Preis
pro Einheit richtet sich nach der insgesamt angebotenen
Menge und wird mit

$$p = f(\sum_{i=1}^{n} x_i)$$

bezeichnet. Die dadurch gegebene Funktion $f: [0; \sum_{i=1}^{n} K_i] \to \mathbb{R}^1$

gibt also zu einer angebotenen Menge denjenigen Preis pro
Einheit an, bei dem gerade das Angebot mit der Nachfrage
übereinstimmt. Deshalb wird f auch als *Nachfragefunktion*
bezeichnet. Es sei in diesem Beispiel vorausgesetzt, daß

(i)   f eine stetige, in einem Intervall $[0;s] \subset [0; \min_{1 \le i \le n} K_i]$
        streng monoton fallende, zweimal differenzier-
        bare Funktion ist mit

(ii) $f(0) > 0$, $f(x) = 0$ für alle $x \ge s$ sowie

(iii) $f''(x) \le 0$ für alle $x \in [0;s]$.

Man nimmt also an, daß der Preis pro Einheit mit zunehmendem
Angebot bis zu einer Sättigungsgrenze s streng monoton fällt,
und zwar umso stärker, je größer die angebotene Menge ist, daß
er ferner bei der Angebotsmenge 0 positiv ist und daß er
oberhalb von s gleich Null ist.

Wenn der Produzent i dann x_i Einheiten seines Produktes an-
bietet, kann er dafür am Markt einen Gesamtbetrag von

$$x_i \cdot f(\sum_{j=1}^{n} x_j)$$

erlösen. Um seinen unternehmerischen Gewinn zu errechnen, sind
von diesem Erlös noch die Kosten $k_i(x_i)$ für die Herstellung
der x_i Einheiten abzuziehen. Dabei wird hier die Annahme gemacht, daß die n Oligopolisten die gleichen Kostenfunktionen

(iv) $\quad k_1 = \ldots = k_n = k: [O; \max_{1 \le i \le n} K_i] \longrightarrow \mathbb{R}_+^1 \cup \{O\}$

besitzen mögen, wobei

(v) $\quad$ k eine streng monoton wachsende, zweimal differenzier-
$\quad$ bare Funktion ist mit $k''(x) \ge O$ für alle $x \in [O; \max_{1 \le i \le n} K_i]$.[1]

Wenn die Produzenten nun die Mengen $x_1, \ldots, x_n$ ihres Produktes
herstellen, macht der i-te Hersteller einen Gewinn von

$$g_i(x_1, \ldots, x_n) := x_i \cdot f(\sum_{j=1}^{n} x_j) - k(x_i), \quad 1 \le i \le n.$$

Die ökonomische Entscheidungssituation, welche Mengen
$x_i \in [O; K_i]$, $1 \le i \le n$, die einzelnen Produzenten gleichzeitig
und unabhängig voneinander auf dem Markt anbieten sollen
(strikte Absprachen können ebenfalls noch durch Reduktion
der Anzahl der Oligopolisten erfaßt werden), kann man analysieren durch Untersuchung des n-Personenspiels in Normalform

$$\Gamma := ([O; K_1], \ldots, [O; K_n], (g_1, \ldots, g_n)),$$

---

[1] Damit sind also insbesondere die linearen Kostenfunktionen
zugelassen.

welches auch als Oligopolspiel bezeichnet wird. Die Frage,
wie sich die Oligopolisten rational verhalten sollen, ist
dabei eine klassische Fragestellung aus der Ökonomie. Für
den Spezialfall n=2 des Duopols ist der Begriff des Gleichgewichtspunktes seit langem als *Cournotscher Duopolpunkt*
bekannt. Hier soll jedoch im Rahmen einer allgemeineren
Betrachtungsweise $n \in \mathbb{N}$ beliebig sein.

Im folgenden soll nun die nachstehende Aussage bewiesen
werden, die eine Verallgemeinerung eines Satzes von A. Wald
darstellt:

<u>*(2.12.1) Satz:*</u>

> *Das Oligopolspiel $\Gamma = ([0;K_1],\ldots,[0;K_n],\ (g,\ldots,g_n))$
> besitzt unter den oben genannten Voraussetzungen
> (i)-(v) genau einen Gleichgewichtspunkt $(x_1^*,\ldots,x_n^*)$.
> Für diesen ist*
>
> $$x_1^* = \ldots = x_n^* =: x^*,$$
>
> *wobei im Fall $k'(0) \geq f(0)$ gilt $x^*=0$; falls dagegen
> $k'(0)<f(0)$ ist, so ist x^* die einzige Lösung der
> Gleichung*
>
> $$f(nx) + x \cdot f'(nx) - k'(x) = 0,$$
>
> *die im Intervall $[0; \frac{s}{n}]$ liegt.*

Beweis: Ein Strategientupel $(x_1^*,\ldots,x_n^*)$ ist genau dann ein
Gleichgewichtspunkt von Γ, wenn für alle $1 \leq i \leq n$ gilt

$$g_i(x_1^*,\ldots,x_n^*) = \max_{0 \leq x_i \leq K_i} g_i(x_1^*,\ldots,x_{i-1}^*,x_i,x_{i+1}^*,\ldots,x_n^*).$$

Daraufhin kann kein Punkt $(x_1',\ldots,x_n')$ mit $\sum_{j=1}^{n} x_j' > s$ ein Gleichgewichtspunkt sein, da für solch einen Punkt wegen (ii) gilt

$$g_i(x_1',\ldots,x_n') = -k(x_i') \quad \text{für alle } 1 \leq i \leq n$$

und jeder Spieler $i\in\{1,\ldots,n\}$ wegen $k'>0$ diese Auszahlung
vergrößern kann, wenn er anstelle von x_i' eine Strategie
$x_i<x_i'$ einsetzt. Für jeden Gleichgewichtspunkt $(x_1^*,\ldots,x_n^*)$
(falls ein solcher überhaupt existiert) muß also notwendig
gelten

$$\sum_{i=1}^{n} x_i^* \leq s.$$

Sei nun $(x_1^*,\ldots,x_n^*)$ ein solches Strategientupel mit $\sum_{i=1}^{n} x_i^* \leq s$.

Wegen (i) und (v) sind dann für jedes $i\in\{1,\ldots,n\}$ die Funktionen

$$h_i(x_i) := g_i(x_1^*,\ldots,x_{i-1}^*,x_i,x_{i+1}^*,\ldots,x_n^*)$$

im Intervall $I_i := [0;\ s - \sum_{\substack{j=1\\j\neq i}}^{n} x_j^*]$ zweimal differenzierbar

und besitzen dort die Ableitungen

$$h_i'(x_i) = f(x_i + \sum_{\substack{j=1\\j\neq i}}^{n} x_j^*) + x_i\cdot f'(x_i + \sum_{\substack{j=1\\j\neq i}}^{n} x_j^*) - k'(x_i),$$

$$h_i''(x_i) = 2\cdot f'(x_i + \sum_{\substack{j=1\\j\neq i}}^{n} x_j^*) + x_i\cdot f''(x_i + \sum_{\substack{j=1\\j\neq i}}^{n} x_j^*) - k''(x_i).$$

Da nach (i) und (iii) gilt $f'<0$, $f''\leq 0$ und nach (v) die Ableitung $k''\geq 0$ ist, folgt $h_i''<0$. Demzufolge ist h_i' im Intervall
I_i streng monoton fallend von

$$h_i'(0) = f(\sum_{\substack{j=1\\j\neq i}}^{n} x_j^*) - k'(0)$$

auf

$$h_i'(s - \sum_{\substack{j=1\\j\neq i}}^{n} x_j^*) = (s - \sum_{\substack{j=1\\j\neq i}}^{n} x_j^*)\, f'(s) - k'(s - \sum_{\substack{j=1\\j\neq i}}^{n} x_j)<0.$$

Da außerdem für $x_i \in [s - \sum_{\substack{j=1 \\ j \neq i}}^{n} x_j^* ; K_i]$ gilt $h_i(x_i) = -k(x_i)$, ist h_i

streng monoton fallend im Intervall $[s - \sum_{\substack{j=1 \\ j \neq i}}^{n} x_j ; K_i]$, $\quad 1 \leq i \leq n$.

Fall 1: $k'(O) \geq f(O)$.

In diesem Fall ist

$$h_i'(O) = f(\sum_{\substack{j=1 \\ j \neq i}}^{n} x_j^*) - k'(O) \overset{(i)}{\leq} f(O) - k'(O) \leq O.$$

Nach dem soeben Gezeigten ist dann aber h_i streng monoton
fallend im gesamten Intervall $[O;K_i]$ und nimmt somit sein
Maximum im Nullpunkt an. Hieraus ergibt sich, daß
$(x_1^*, \ldots, x_n^*) = (O, \ldots, O)$ der einzige Gleichgewichtspunkt
des Oligopolspiels Γ ist.

Fall 2: $k'(O) < f(O)$.

In diesem Fall kann $(x_1^*, \ldots, x_n^*) = (O, \ldots, O)$ kein Gleichgewichtspunkt von Γ sein, da für jedes $i \in \{1, \ldots, n\}$ gilt

$$h_i'(O) = f(O) - k'(O) > O$$

$$h_i'(s) < O$$

und somit h_i sein Maximum im Inneren des Intervalles $[O;s]$
annimmt. Wenn also $(x_1^*, \ldots, x_n^*)$ ein Gleichgewichtspunkt von Γ
sein soll, muß notwendig für einen Spieler $i_o \in \{1, \ldots, n\}$
die Strategie $x_{i_o}^* > O$ sein. Da aber nach dem vorhin Gezeigten
$h_{i_o}'(s - \sum_{\substack{j=1 \\ j \neq i_o}}^{n} x_j^*) < O$ ist und h_{i_o} streng monoton fallend ist

im Intervall $[s - \sum_{\substack{j=1 \\ j \neq i_o}}^{n} x_j^* ; K_{i_o}]$, muß wegen

$$h_{i_o}(x_{i_o}^*) = \max \{h_{i_o}(x_{i_o}) ; \quad O \leq x_{i_o} \leq K_{i_o}\}$$

$$x_{i_0}^* \in (0; \; s - \sum_{\substack{j=1 \\ j \neq i_0}}^{n} x_j^*) \text{ gelten und somit}$$

$$0 = h_{i_0}'(x_{i_0}^*) = f(\sum_{j=1}^{n} x_j^*) + x_{i_0}^* \cdot f'(\sum_{j=1}^{n} x_j^*) - k'(x_{i_0}^*)$$

sein. Hieraus folgt für alle $i \in \{1, \ldots, n\}$ wegen (i), (v) und $x_i^* \geq 0$ die Abschätzung

$$h_i'(0) = f(\sum_{\substack{j=1 \\ j \neq i}}^{n} x_j) - k'(0) \geq f(\sum_{j=1}^{n} x_j^*) - k'(x_{i_0}^*) = -x_{i_0}^* \cdot f'(\sum_{j=1}^{n} x_j^*) > 0,$$

so daß für alle Komponenten eines Gleichgewichtspunktes $(x_1^*, \ldots, x_n^*)$ gelten muß

$$x_i^* > 0, \quad 1 \leq i \leq n,$$

woraus man für die Ableitungen genauso wie bei i_0 erhält

$$0 = h_i'(x_i^*) = f(\sum_{j=1}^{n} x_j^*) + x_i^* f'(\sum_{j=1}^{n} x_j^*) - k'(x_i^*), \quad 1 \leq i \leq n.$$

Aus diesen Gleichungen ergibt sich durch Subtraktion für $j, k \in \{1, \ldots, n\}$:

$$0 = h_j'(x_j^*) - h_k'(x_k^*) = (x_j^* - x_k^*) \, f'(\sum_{i=1}^{n} x_i^*) - (k'(x_j^*) - k'(x_k^*)).$$

Nach (i) ist $f'(\sum_{i=1}^{n} x_i^*) < 0$. Wäre also $x_j^* < x_k^*$, so müßte $k'(x_j^*) - k'(x_k^*) > 0$ sein und umgekehrt müßte für $x_j^* > x_k^*$ die Differenz $k'(x_j^*) - k'(x_k^*) < 0$ sein. Dies steht jedoch im Widerspruch zur Voraussetzung (v), wonach wegen $k'' \geq 0$ die Ableitung k' monoton nicht fallend ist, also im Fall $x_j^* < x_k^*$ gelten muß $k'(x_j^*) - k'(x_k^*) \leq 0$ und im Fall $x_j^* > x_k^*$ die umgekehrte Ungleichung $k'(x_j^*) - k'(x_k^*) \geq 0$. Folglich muß für die einzelnen Komponenten eines Gleichgewichtspunktes $(x_1^*, \ldots, x_n^*)$ von Γ die Gleichungskette

$$x_1^* = \ldots = x_n^* =: x^*$$

bestehen, womit die Gleichung $h_i'(x_i^*) = 0$ übergeht in

110

$$f(nx^*) + x^* \cdot f'(nx^*) - k'(x^*) = 0,$$

wobei wegen $nx^* = \sum_{i=1}^{n} x_i^* \leq s$ die Strategie $x^* \leq \frac{s}{n}$ sein muß. Die Funktion $\varphi : [0; \frac{s}{n}] \longrightarrow \mathbb{R}^1$, die durch

$$\varphi(x) := f(nx) + x \cdot f'(nx) - k'(x)$$

definiert ist, besitzt tatsächlich genau eine Nullstelle x^*, für die zudem $0 < x^* < \frac{s}{n}$ gilt; es ist nämlich

$$\varphi(0) = f(0) - k'(0) > 0 \qquad \text{nach Voraussetzung von Fall 2,}$$

$$\varphi(\tfrac{s}{n}) = \tfrac{s}{n} \cdot f'(s) - k'(\tfrac{s}{n}) < 0, \quad \text{da } f \text{ im Intervall } [0;s] \text{ streng}$$
$$\text{monoton fallend und } k \text{ streng}$$
$$\text{monoton wachsend ist,}$$

und für die Ableitung gilt

$$\varphi'(x) = (n+1) \cdot f'(x) + nx \cdot f''(nx) - k''(x) < 0 \quad \text{für alle } x \in [0; \tfrac{s}{n}],$$

da wegen (i), (iii) und (v) $f'(x) < 0$, $f''(x) \leq 0$ sowie $k''(x) \geq 0$ gelten. Folglich ist φ eine stetige, im Intervall $[0; \frac{s}{n}]$ streng monoton fallende Funktion von $\varphi(0) > 0$ auf $\varphi(\frac{s}{n}) < 0$, so daß genau ein $x^* \in (0; \frac{s}{n})$ mit $\varphi(x^*) = 0$ existiert.

Es bleibt nun lediglich noch zu zeigen, daß die durch $\varphi(x^*) = 0$ eindeutig bestimmte Strategie x^* für jeden der Spieler eine Gleichgewichtsstrategie liefert, d.h. daß $(x_1^*, \ldots, x_n^*) := (x^*, \ldots, x^*)$ ein Gleichgewichtspunkt von Γ ist:

Da nach Konstruktion gilt $\sum_{i=1}^{n} x_i^* < s$, folgt aus dem vorhin Gezeigten, daß für $i \in \{1, \ldots, n\}$ die Funktion $h_i(x_i)$ ihr Maximum $h_i(x_i')$ in einem Punkt $x_i' \in [0; s - (n-1)x^*]$ annimmt. Wegen

$$h_i'(0) = f((n-1)x^*) - k'(0) > f(nx^*) + x^* \cdot f'(nx^*) - k'(x^*) = 0$$

kann dieses Maximum nicht im Nullpunkt angenommen werden,

sondern es muß $x_i' \in (0; s-(n-1)x^*)$ und somit $h_i'(x_i') = 0$ gelten. Weil aber h_i' in $[0; s-(n-1)x^*]$ streng monoton fallend ist, gibt es dort nur *einen* Punkt x_i' mit

$$0 = h_i'(x_i') = f(x_i'+(n-1)x^*) + x_i' \cdot f'(x_i'+(n-1)x^*) - k'(x_i').$$

Andererseits gilt aber bereits für x^* die Gleichheit $h_i'(x^*)=0$, so daß $x_i' = x^*$ folgt. Die Funktion h_i besitzt demzufolge ihr Maximum in x^*, womit auch gezeigt ist, daß $(x_1^*,\dots,x_n^*)=(x^*,\dots,x^*)$ ein Gleichgewichtspunkt von Γ ist. $\qquad\qquad\square$

Betrachtet man den Spezialfall $n=2$ des Duopols im Beispiel (2.12), so kann man leicht erkennen, daß für den Fall $k'(0)<f(0)$ die vorliegende Wettbewerbssituation nicht von der Art ist, daß jeder der beiden Spieler für sich selbst den größten Nutzen dadurch erreicht, daß er dem anderen am meisten schadet.

Setzt nämlich der erste Spieler z.B. eine Strategie x_1' ein und ist x_2^* eine Strategie des zweiten Spielers mit

$$g_2(x_1',x_2^*) = \max_{x_2 \in [0;K_2]} g_2(x_1',x_2) = \max \{x_2 \cdot f(x_1'+x_2)-k(x_2); \ 0 \le x_2 \le K_2\},$$

so impliziert dies *nicht*[1]

$$g_1(x_1',x_2^*) = \min_{x_2 \in [0;K_2]} g_1(x_1',x_2);$$

wegen (i), (ii) und (v) wird vielmehr das Minimum

$$\min_{x_2 \in [0;K_2]} g_1(x_1',x_2) = \min \{x_1' \cdot f(x_1'+x_2)-k(x_1'); \ 0 \le x_2 \le K_2\}$$

stets in einem Punkt $\hat{x}_2 \ge s-x_1'$ angenommen.

---

[1] Spiele, bei denen dieses und eine entsprechende Implikation für den anderen Spieler gilt, sind die sogenannten Konkurrenzspiele (vgl. (4.6)).

Zum Abschluß wollen wir uns schließlich noch damit beschäftigen, was die n Oligopolisten in Beispiel (2.12) durch kartellmäßige Absprachen erreichen können. Dazu überlegen wir uns, welchen Gewinn ein aus den n Oligopolisten bestehendes Monopol maximal erreichen kann. Bei einer Produktion von $x_1, \ldots, x_n$ Einheiten der einzelnen Hersteller ergibt sich ein Gesamtgewinn

$$g(x_1, \ldots, x_n) := \sum_{i=1}^{n} g_i(x_1, \ldots, x_n) = \sum_{i=1}^{n} x_i \cdot f\left(\sum_{j=1}^{n} x_j\right) - \sum_{i=1}^{n} k(x_i).$$

Es soll zunächst gezeigt werden, daß man sich bei der Maximierung dieses Gesamtgewinns auf Produktionen mit $x_1 = \ldots = x_n$ beschränken kann, d.h. daß gilt

$$\max\{g(x_1, \ldots, x_n); \, x_1 \in [0; K_1], \ldots, x_n \in [0; K_n]\} = \max\{g(x, \ldots, x); \, x \in [0; \tfrac{S}{n}]\}.$$

Dazu sei angemerkt, daß der Term $\sum_{i=1}^{n} x_i \cdot f\left(\sum_{j=1}^{n} x_j\right)$ nur abhängig ist von $x := \sum_{i=1}^{n} x_i$ und sich beim Übergang von $(x_1, \ldots, x_n)$ zu $(\tfrac{x}{n}, \ldots, \tfrac{x}{n})$ nicht ändert. Darüberhinaus ist wegen $k'' \geq 0$ die Ableitung k' monoton nicht fallend, so daß für je zwei Punkte x', x'' die Ungleichung

$$k\left(\frac{x'+x''}{2}\right) \leq \frac{k(x')+k(x'')}{2}$$

gilt und somit auch $\sum_{i=1}^{n} k(x_i) \geq n \cdot k\left(\frac{1}{n} \sum_{i=1}^{n} x_i\right) = n \cdot k(\tfrac{x}{n})$ folgt.

Hieraus erhält man schließlich

$$g(x_1, \ldots, x_n) = \sum_{i=1}^{n} x_i \cdot f\left(\sum_{j=1}^{n} x_j\right) - \sum_{i=1}^{n} k(x_i) \leq x \cdot f(x) - n \cdot k(\tfrac{x}{n}) = g(\tfrac{x}{n}, \ldots, \tfrac{x}{n}),$$

so daß man sich in der Tat bei der Maximierung des Gesamtgewinns der Produzenten auf den Fall beschränken kann, daß alle die gleiche Menge ihres Produktes herstellen. In diesem Fall wird der Gesamt-Maximalgewinn bei genau einer Produktionsmenge erreicht, d.h. die durch

113

$$\psi(x) := x \cdot f(x) - n \cdot k\left(\frac{x}{n}\right)$$

definierte Funktion $\psi : [0; \sum_{i=1}^{n} K_i] \longrightarrow \mathbb{R}^1$ besitzt genau eine Maximalstelle $x' \in [0;s]$.

Zum Beweis dieser Aussage ist zunächst wieder zu bemerken, daß wegen (i), (ii) und (v) als Maximalstelle von ψ nur ein Punkt $x'<s$ in Frage kommt. Ähnlich wie in (2.12) unterscheidet man dann die beiden Fälle $k'(0) \geq f(0)$ sowie $k'(0)<f(0)$:

<u>Fall 1:</u> $k'(0) \geq f(0)$.

Aus $\psi'(0) = f(0) - k'(0) \leq 0$ und $\psi''(x) = 2 \cdot f'(x) + x \cdot f''(x) - \frac{1}{n} \cdot k''\left(\frac{x}{n}\right) < 0$ für alle $x \in [0;s]$ folgt $\psi(0) > \psi(x)$ für alle $x \in (0;s)$.

<u>Fall 2:</u> $k'(0)<f(0)$.

In diesem Fall erhält man aus

$$\psi'(0) = f(0) - k'(0) > 0,$$

$$\psi'(s) = s \cdot f'(s) - k'\left(\frac{s}{n}\right) < 0$$

sowie aus $\psi''(x) < 0$ für alle $x \in [0;s]$,
daß ψ' genau eine Nullstelle $x' \in (0;s)$ besitzt, in welcher die Funktion ψ ihre eindeutig bestimmte Maximalstelle hat.

Im Fall $k'(0)<f(0)$ ergibt sich bei einem Vergleich der Gleichgewichtsproduktion x^* aus Beispiel (2.12) und der Produktion $\frac{x'}{n}$ folgendes:

Da für alle $x \in (0;s]$ gilt

$$f(x) + \frac{x}{n} \cdot f'(x) - k'\left(\frac{x}{n}\right) = \psi'(x) - \frac{n-1}{n} \cdot x \cdot f'(x) > \psi'(x),$$

erhält man, daß die im Intervall $(0;s)$ gelegene Nullstelle von ψ' kleiner ist als nx^*, wobei x^* die im Intervall $(0;\frac{s}{n})$ gelegene Nullstelle von $f(nx)+x \cdot f'(nx)-k'(x)$ ist. Dies bedeutet aber gerade, daß die Produktionsmenge $\frac{x'}{n}$ der einzelnen Hersteller, bei welcher der Gesamt-Maximalgewinn erzielt wird, kleiner ist als die in (2.12) berechnete

Gleichgewichtsproduktion x^*, d.h. bei Drosselung der Gleichgewichtsproduktion x^* auf $\frac{x'}{n}$ mit daraufhin steigenden Preisen
und gleichmäßiger Aufteilung des erzielten Mehrgewinns können
alle Produzenten einen größeren Gewinn erzielen als bei der
Gleichgewichtsproduktion. Zwar ist eine solche Absprache
unter den Produzenten sehr anfällig gegen ein Ausbrechen
einzelner Hersteller aus dieser Abmachung; die Erfahrung
liefert aber auch genügend Beispiele dafür, daß Kartelle
bis zum Eingriff staatlicher Behörden durchaus "stabile Ge-
bilde" sein können.

Bei einem aus drei Produzenten bestehenden Oligopol mit
der Nachfragefunktion

$$f(x) := (124-x)\ I_{[0;124]}(x)$$

und der Kostenfunktion

$$k(x) := 4x$$

erhält man z.B. als Gleichgewichtsproduktion x^* aus Beispiel
(2.12) die Lösung von

$$(124-3x^*) + x^* \cdot (-1) - 4 = 0,$$

d.h. $x^*=30$; bei dieser Gleichgewichtsproduktion erzielt jeder
der drei Produzenten einen Gewinn von

$$g_i(30,30,30) = 30 \cdot (124-9o) - 4 \cdot 30 = 900, \quad 1 \leq i \leq 3.$$

Bilden dagegen die Produzenten ein Kartell, so erzielen sie
einen Gesamt-Maximalgewinn bei einer (Gesamt-) Produktion
von x' Einheiten, wobei x' Lösung von

$$(124-x') + x' \cdot (-1) - 4 = 0$$

ist, d.h. $x'=60$. Stellt nun jeder ein Drittel dieser Gesamtmenge her, so liefert das Strategientupel (20,20,20) den
Gesamt-Maximalgewinn und jeder Hersteller bekommt

$$g_i(20,20,20) = 20 \cdot (124-60) - 4 \cdot 20 = 1200,$$

d.h. jeder erzielt eine Steigerung des Gewinns um mehr als

33 % gegenüber der Gleichgewichtsproduktion. Die Oligopolisten
sind allerdings bei einem solchen Kartell in der Situation,
daß jeder einzelne Hersteller durch Produktionsverdoppelung
versucht sein könnte, seinen Gewinn auf Kosten der anderen
noch weiter zu steigern; es gilt nämlich z.B.

$$g_1(40,20,20) = 40\cdot(124-80) - 4\cdot40 = 1600 = \max_x g_1(x,20,20)$$

sowie

$$g_i(40,20,20) = 20\cdot(124-80) - 4\cdot20 = 800 < g_i(30,30,30)$$

für i = 2,3. □

§ 4   Diskussion des Lösungskonzepts der Gleichgewichtspunkte

Durch die ausführliche Motivation in § 1, durch die recht weit-
reichenden Existenzaussagen aus § 2 und durch die illustrie-
renden Beispiele in § 3 mag der Eindruck entstanden sein, mit
dem Begriff des Gleichgewichtspunktes stehe ein völlig zufrie-
denstellendes Lösungskonzept für n-Personenspiele zur Verfügung.
Die folgenden kritischen Anmerkungen sollen dazu dienen, diesen
Eindruck zu korrigieren.[1]

Als ersten Einwand gegen das Lösungskonzept der Gleichgewichtspunkte notieren wir:

(2.13)   Anmerkung:

> *Es seien $\Gamma=(X_1,\ldots,X_n,a)$ ein n-Personenspiel in Normal-
> form und $x_i^* \in X_i$ für $i \in \{1,\ldots,n\}$ eine Gleichgewichtsstra-
> tegie von Spieler i. Dann kann man i.a. **nicht** folgern,
> daß*
>
> $$(x_1^*,\ldots,x_n^*)$$
>
> *ein Gleichgewichtspunkt von Γ ist.*

Das Aufeinandertreffen von Gleichgewichtsstrategien liefert
also nicht notwendig einen Gleichgewichtspunkt; die folgende
Situation gibt ein einfaches Beispiel für diesen Sachverhalt:

(2.14)   Beispiel:

Das Zweipersonenspiel $\Gamma=(X_1,X_2,(a_1,a_2))$ sei gegeben durch die
Strategienmengen $X_1=\{x_1,x_2\}$, $X_2=\{y_1,y_2\}$ und die beiden Auszahlungsfunktionen a_1,a_2, die durch die beiden Matrizen

$X_1 \diagdown X_2$	y_1	y_2
x_1	3	O
x_2	1	2

bzw.

$X_1 \diagdown X_2$	y_1	y_2
x_1	2	O
x_2	1	6

[1] Einen engagierten Angriff auf das dem Konzept der Gleichgewichtspunkte zugrundeliegende Modell führt J. Kornai in dem
Buch *Anti-Equilibrium* [31].

für Spieler 1 bzw. Spieler 2 definiert sind. Dann sind sowohl (x_1,y_1) mit dem Auszahlungsvektor

$$a(x_1,y_1) = (a_1(x_1,y_1),a_2(x_1,y_1)) = (3,2)$$

als auch (x_2,y_2) mit dem Auszahlungsvektor

$$a(x_2,y_2) = (2,6)$$

Gleichgewichtspunkte, da sich in beiden Fällen jeder Spieler bei einseitigem Abweichen nur verschlechtert. Es sind also sowohl die beiden Strategien des ersten Spielers als auch die beiden Strategien des zweiten Spielers Gleichgewichtsstrategien. Das Strategienpaar (x_1,y_2) liefert aber keinen Gleichgewichtspunkt – sondern vielmehr die für beide Spieler geringstmögliche Auszahlung. $\square$

Man hat daher den Eindruck, daß man mit dem Begriff des Gleichgewichtspunktes i.a. nur dann zu einem vernünftigen Lösungskonzept gelangt, wenn gewisse "Mindestkontaktmöglichkeiten" zwischen den Spielern bestehen, die wenigstens einen aufeinander abgestimmten Einsatz von Gleichgewichtsstrategien erlauben, der auch tatsächlich zu einem Gleichgewichtspunkt führt.

Hier ergeben sich jedoch sofort neue Schwierigkeiten: Das Beispiel (2.14) zeigt, daß die beiden Gleichgewichtspunkte (x_1,y_1) und (x_2,y_2) zu völlig verschiedenartigen Auszahlungsvektoren führen – Spieler 1 wird den Gleichgewichtspunkt (x_1,y_1), Spieler 2 den Punkt (x_2,y_2) bevorzugen, so daß statt einer einfachen Absprache "Kooperationsverhandlungen" erforderlich werden. Als zweiten Einwand gegen das Lösungskozept der Gleichgewichtspunkte halten wir also fest:

(2.15) _Anmerkung:_

> $(x_1^*,\ldots,x_n^*)$ _und_ $(\tilde{x}_1,\ldots,\tilde{x}_n)$ _seien Gleichgewichtspunkte in dem n-Personenspiel_ $\Gamma=(X_1,\ldots,X_n,a)$. _Dann kann man i.a._ _nicht_ _folgern, daß für alle_ $i\in\{1,\ldots,n\}$
>
> $$a_i(x_1^*,\ldots,x_n^*) = a_i(\tilde{x}_1,\ldots,\tilde{x}_n)$$
>
> _gilt._

Ganz abgesehen davon, daß mit dem Konzept der Gleichgewichtspunkte nichts darüber ausgesagt wird, wie "rationale" Verhandlungen zu führen sind (dieser Frage werden wir erst in den Kapiteln IV und V nachgehen), so gibt es überdies Spiele, in denen (zumindest) einem der Spieler überhaupt nicht daran gelegen
ist, daß Verhandlungen geführt werden können:

<u>(2.16)</u> *Beispiel:*

Das Zweipersonenspiel $\Gamma=(X_1,X_2,a)$ sei wie in Beispiel (2.14)
gegeben durch die Auszahlungsmatrizen

X_1 \\ X_2	y_1	y_2
x_1	1	5
x_2	0	4

und

X_1 \\ X_2	y_1	y_2
x_1	2	1
x_2	-200	-100

Man überprüft sofort, daß (x_1,y_1) mit dem Auszahlungsvektor

$$a(x_1,y_1) = (1,2)$$

der einzige Gleichgewichtspunkt ist. Wenn keinerlei Kontakt-
möglichkeiten gegeben sind, wird dieser Punkt auch sicherlich
von besonderem Interesse sein. Der Spieler 2 kann hierbei aber
auch gar nicht an Absprachemöglichkeiten interessiert sein, da
er befürchten muß, von Spieler 1 unter Hinweis auf die großen
Verluste bei der Strategie x_2 zu einer Strategienänderung
(oder zu Seitenzahlungen) gezwungen zu werden.

Als dritten Einwand notieren wir also:

<u>(2.17)</u> *Anmerkung:*

> *Bei dem Konzept der Gleichgewichtspunkte werden Mög-*
> *lichkeiten von Absprachen und Koalitionsbildungen*
> *nicht berücksichtigt.*

Schließlich seien anhand von zwei Beispielen noch "psychologische" Einwände gegen das Lösungskonzept der Gleichgewichtspunkte aufgezeigt:

(2.18) Beispiele:

a) In dem wie in Beispiel (2.14) durch die Auszahlungsmatrizen

X_1 \ X_2	y_1	y_2
x_1	1	-10
x_2	0	0

und

X_1 \ X_2	y_1	y_2
x_1	0	0
x_2	0	1

gegebenen Zweipersonenspiel $\Gamma=(X_1,X_2,a)$ ist (x_1,y_1) zwar
ein Gleichgewichtspunkt (mit dem Auszahlungsvektor
$a(x_1,y_1) = (1,0)$), dennoch wird man von diesem Punkt _kei-
nerlei Stabilität_ erwarten können: Einerseits verliert der
Spieler 2 durch den Übergang zu y_2 nichts, andererseits
kann er sogar die berechtigte Hoffnung haben, daß sich
Spieler 1 durch den drohenden hohen Verlust zu einem Übergang von x_1 auf x_2 veranlaßt sieht, wodurch Spieler 2 im
Endeffekt sogar gewinnt. Daher ist zu erwarten, daß Spieler 2 sicherlich zur Strategie y_2 übergehen wird, obwohl
er sich bei (x_1,y_1) in einem Gleichgewichtspunkt befindet.

b) Das Zweipersonenspiel $\Gamma=(X_1,X_2,a)$ sei wie in (2.14) gegeben
durch die Auszahlungsmatrizen

X_1 \ X_2	y_1	y_2
x_1	2	6
x_2	10	3

und

X_1 \ X_2	y_1	y_2
x_1	-1000	5
x_2	8	4

.

Dann ist (x_2,y_1) ein Gleichgewichtspunkt, an dem beide
Spieler simultan die größtmögliche Auszahlung erhalten:

$$a(x_2,y_1) = (10,8).$$

Dennoch erscheint dieser Punkt aus psychologischen Gründen
instabil: Wenn Spieler 2 angesichts des riesigen Verlustes
bei (x_1,y_1) daran zweifelt, ob Spieler 1 wirklich x_2 wählt,
so wird er sich vielleicht mit y_2 absichern wollen. Dann
ist es aber für Spieler 1 optimal, x_1 zu wählen - damit
erweist sich der Zweifel, ob Spieler 1 wirklich x_2 wählt,
als durchaus berechtigt und der "Druck", zu y_2 überzugehen,

verstärkt sich noch.   □

Wir notieren daher als weiteren Einwand:

(2.19) Anmerkung:

>*"Psychologische" Gründe können dazu führen, daß die
>Spieler bei der Wahl ihrer Strategien andere Gesichts-
>punkte stärker berücksichtigen als die Stabilitäts-
>eigenschaft, welche in der Definition von Gleichge-
>wichtspunkten ausgedrückt wird.*

Diese Einwände und Anmerkungen zeigen also, daß man mit dem Begriff des Gleichgewichtspunktes noch kein *allgemein* zufrieden-
stellendes Lösungskonzept gefunden hat. Im folgenden werden wir
zunächst *spezielle* Klassen von Spielen betrachten, bei denen
die oben genannten Einwände nicht zutreffen - für diese Klassen wird man dann bereit sein, das Lösungskonzept der Gleichgewichtspunkte als "vernünftig" zu akzeptieren.

AUFGABEN

1. n Personen können unabhängig voneinander eine der Zahlen 1 und 2
wählen. Wählen alle n Personen dieselbe Zahl, gewinnt jede Person eine Einheit, andernfalls zahlt jede Person eine Einheit in eine Kasse. Bestimmen
Sie die Anzahl der Gleichgewichtspunkte.

2. Frank hat Dolly zum Essen eingeladen; leider können sich die beiden
bei der Wahl des Lokals nicht einigen. Dolly möchte in ein Lokal mit vielen
Bewertungspunkten im lukullischen Führer, Frank fürchtet die Bewertungspunkte wegen der daraus resultierenden Kosten. So beschließen sie, auf
folgende Weise eines von jeweils fünf Lokalen aufzusuchen, die an jeder von
vier Ausflugsstraßen liegen: Dolly wählt eine der Straßen; unabhängig davon
legt Frank fest, im wievielten an ihrem Weg gelegenen Lokal sie speisen
werden. Die vorliegende Konfliktsituation wird als ein Zweipersonenspiel
$(X_1, X_2, (a_1, a_2))$ in Normalform behandelt mit $X_1 = \{1,2,3,4\}$, $X_2 = \{1,2,3,4,5\}$
und $a_2 = -a_1$. Dolly's Auszahlungsfunktion $a_1 : X_1 \times X_2 \longrightarrow \mathbb{R}^1$ sei definiert

als die Anzahl der Bewertungspunkte des durch die Wahl von $(x_1,x_2)\in X_1\times X_2$ bestimmten Lokals und werde durch die folgende Auszahlungsmatrix gegeben:

Straße \ Lokal	1	2	3	4	5
1	10	7	7	9	8
2	10	4	6	9	5
3	7	7	7	8	10
4	2	6	4	3	9

Prüfen Sie, ob in diesem Spiel Gleichgewichtspunkte existieren und geben Sie gegebenenfalls alle diese Punkte an.

<u>3.</u> Es sei $\Gamma = (X_1,X_2,(a_1,a_2))$ ein endliches Zweipersonenspiel in Normalform mit $a_1(x_1,x_2) + a_2(x_1,x_2) = c$ für alle $(x_1,x_2)\in X_1\times X_2$. Zeigen Sie, daß die Menge der Gleichgewichtsstrategien für Spieler i in der gemischten Erweiterung $\Gamma_m = (P_1,P_2,(A_1,A_2))$ von Γ (bei der in (2.5) vorgenommenen Einbettung von P_i in den $\mathbb{R}^{|X_i|}$) eine kompakte und konvexe Teilmenge des $\mathbb{R}^{|X_i|}$ ist (i=1,2).

<u>4.</u> Geben Sie jeweils ein Beispiel dafür an, daß die Implikation des Satzes von Nikaido-Isoda nicht mehr gilt, falls - bei Erfüllung aller sonstigen Voraussetzungen -
   a) eine der Strategienmengen nicht beschränkt ist,
   b) eine der Strategienmengen nicht abgeschlossen ist,
   c) eine der Auszahlungsfunktionen nicht stetig ist,
   d) eine der Auszahlungsfunktionen nicht die Konkavitätsbedingung erfüllt.

<u>5.</u> Sam und Joe, zwei Whiskeybrenner aus Kentucky, versorgen in einer Kleinstadt des Wilden Westens alle dort befindlichen Bars und Saloons mit ihren Spirituosen. Zu Beginn eines jeden Monats fahren sie mit ihren Pferdewagen in die Stadt und verkaufen ihre Ladung an die Bar- und Saloon-

besitzer, die den beiden zwar immer den gesamten mitgebrachten Whiskey abkaufen, jedoch pro Gallone nur einen Preis zahlen, der von der Gesamtmenge des von Sam und Joe jeweils angebotenen Whiskeys abhängt; genauer gesagt zahlen die Bar- und Saloonbesitzer pro Gallone Whiskey einen Preis von

$$d(y) := (3 \cdot \sqrt{2500-y} - 111) \cdot I_{[0\,;\,1131]}(y) \quad \text{Dollar}$$

falls Sam und Joe zusammen $y \geq 0$ Gallonen mitbringen. Den beiden Whiskeybrennern verursacht die Herstellung einer Gallone ihres Whiskeys jeweils Kosten in Höhe von 9 Dollar.

Welche Whiskeymenge würden Sie als Unternehmensberater Sam (bzw. Joe) empfehlen, am nächsten Monatsersten mit in die Stadt zu bringen, wenn keiner von beiden weiß, wieviel der andere anbieten wird, jeder das Ziel hat, möglichst viel zu verdienen und die geschilderte Konkurrenzsituation als Zweipersonenspiel $(X_1, X_2, (a_1, a_2))$ aufgefaßt wird?

<u>6.</u> Für die unmittelbar im Anschluß an das Beispiel (2.11) angegebenen fünf Strategien (Taube $\simeq$ T, Falke $\simeq$ F, Einschüchterer $\simeq$ E, Vergelter $\simeq$ V, Sondierer $\simeq$ S) werde die erwartete Auszahlung durch die folgende Tabelle beschrieben (vgl. [15]):

eingesetzte Strategie \ Strategie des Gegners	T	F	E	V	S
T	1	0	0	1	0
F	2	-10	2	-10	2
E	2	0	1	0	2
V	1	-10	2	1	-10
S	2	0	0	-10	-10

a) Bestimmen Sie für Populationen vom Umfang n=2 und n=3 die Menge der Gleichgewichtspunkte in reinen Strategien.

b) Zeigen Sie, daß für jedes $n \in \mathbb{N}$ ein Gleichgewichtspunkt in reinen Strategien existiert.

III. ZWEIPERSONEN-NULLSUMMENSPIELE

Die Motivation für die Suche nach Gleichgewichtspunkten war,
daß jeder einzelne Spieler nichts Besseres tun kann, als sich
an seine Gleichgewichtsstrategien zu halten, falls er nicht
andere Spieler dazu überreden kann, ebenfalls vom jeweiligen
Gleichgewichtspunkt abzuweichen. Der wichtigste Fall, in dem
derartige Koalitionsbildungen nicht vorkommen, sind die Zweipersonen-Nullsummenspiele, bei denen stets der eine Spieler das
zu zahlen hat, was der andere gewinnt. In diesem Fall sind
nämlich Absprachen und Koalitionen sinnlos.

(3.1) *Definition:*

> *Ein Zweipersonenspiel* $\Gamma=(X_1,X_2,(a_1,a_2))$ *in Normalform*
> *heißt* Zweipersonen-Nullsummenspiel, *wenn für alle* $x\in X_1$,
> $y\in X_2$ *gilt*
>
> $$a_1(x,y) + a_2(x,y) = 0.$$

Zur Beschreibung eines solchen Spiels reicht es also aus,
$a_1: X_1{\times}X_2 \longrightarrow \mathrm{I\!R}^1$ anzugeben und anstelle von $(X_1,X_2,(a_1,a_2))$
einfach (X_1,X_2,a) zu schreiben, wobei $a:= a_1$ die Auszahlung
an den ersten Spieler bedeutet.

Zweipersonen-Nullsummenspiele werden häufig als Modelle benutzt
für Situationen, in denen ein extrem starker Interessenkonflikt
zwischen zwei Parteien vorliegt. Diese Parteien brauchen nicht
unbedingt natürliche Personen zu sein, es kann auch eine (gemeinsam handelnde) Gruppe von Personen, eine Firma oder ein
ganzer Staat als "Spieler" auftreten. So wird man etwa als Modelle für viele Gesellschaftsspiele Zweipersonen-Nullsummenspiele verwenden können; beim *Bridge* bilden beispielsweise von
den vier beteiligten Personen jeweils zwei eine "Spieler-Partei".
Aber auch für Duopolsituationen (vgl. Beispiel (2.12)) auf einem Markt mit gesättigter Nachfrage, wo also jede der beiden
konkurrierenden Firmen nur noch solche Kunden neu hinzugewinnen
kann, die bisher Kunden der Konkurrenz waren, sind Zweipersonen-

Nullsummenspiele geeignete mathematische Modelle. Man muß sich allerdings davor hüten, *jede* Konfliktsituation, die einen starken Interessengegensatz beinhaltet, durch ein Zweipersonen-Nullsummenspiel beschreiben zu wollen. Die Nullsummeneigenschaft besagt nämlich, daß es für keinen der beteiligten Spieler von Vorteil ist, wenn er mit dem Gegner verhandelt, so daß etwa Tarifstreits oder militärische Konflikte in den meisten Fällen nicht adäquat durch Zweipersonen-Nullsummenspiele beschrieben werden können, weil dort Verhandlungen i.a. beiden "Teilnehmern" Vorteile bringen.

Andererseits ist es aber häufig auch zweckmäßig, Zweipersonen-Nullsummenspiele als Modelle für Situationen heranzuziehen, in denen gar kein "echter" Interessengegensatz zwischen den Spielern besteht. So werden vielfach statistische Entscheidungsprobleme interpretiert als Zweipersonen-Nullsummenspiele zwischen dem "Statistiker" und der "Natur", wobei natürlich nicht behauptet werden soll, daß die "Natur" nur das gewinnt, was der "Statistiker" verliert und umgekehrt. Dennoch ist oftmals auch in diesen Fällen ein Zweipersonen-Nullsummenspiel zumindest approximativ als Modell geeignet.

Wir interessieren uns zunächst für Gleichgewichtspunkte in Zweipersonen-Nullsummenspielen. Die Bedingungen für einen Gleichgewichtspunkt (x^*,y^*) in einem Zweipersonenspiel $\Gamma=(X_1,X_2,(a_1,a_2))$, nämlich

$$a_1(x,y^*) \leq a_1(x^*,y^*) \qquad \text{für alle } x \in X_1,$$

$$a_2(x^*,y) \leq a_2(x^*,y^*) \qquad \text{für alle } y \in X_2,$$

lassen sich für ein Zweipersonen-Nullsummenspiel $\Gamma=(X_1,X_2,a)$ wegen $a_1=a$, $a_2=-a$ auch formulieren als

$$a(x,y^*) \leq a(x^*,y^*) \leq a(x^*,y) \qquad \text{für alle } x \in X_1, \; y \in X_2.$$

Man definiert daher:

(3.2) Definition:

   Ein Strategientupel $(x^*,y^*) \in X_1 \times X_2$ heißt Sattelpunkt *des*

Zweipersonen-Nullsummenspiels $\Gamma=(X_1,X_2,a)$, *falls gilt:*

$$a(x^*,y^*) = max\ \{a(x,y^*);\ x\in X_1\} = min\ \{a(x^*,y);\ y\in X_2\}.$$

Der Name "Sattelpunkt" erklärt sich aus der geometrischen Veranschaulichung, daß a(x,y) an der Stelle (x^*,y^*) gerade ein
Minimum bzgl. y (bei festgehaltener erster Komponente) und ein
Maximum bzgl. x (bei festgehaltener zweiter Komponente) besitzt. Bei Zweipersonen-Nullsummenspielen sind also "Gleichgewichtspunkt" und "Sattelpunkt" synonyme Begriffe.

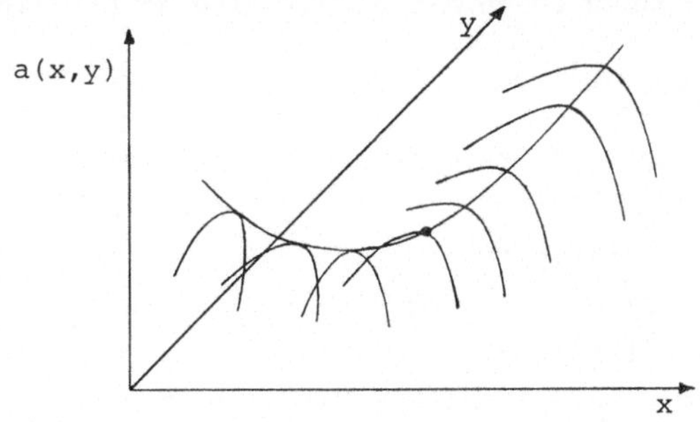

§ 1   Reduktion von Zweipersonen-Nullsummenspielen

Im Hinblick auf das Lösungskonzept der Gleichgewichtspunkte
(vgl. Kapitel II) wird es im folgenden zunächst um die Maximierung bzw. Minimierung von $a(x,y)$ oder auch der Auszahlungserwartung $A(p,q)$ von a in den einzelnen Variablen gehen. Dabei
stellt sich sofort die Frage, ob man stets alle Strategien bei
der Extremumsbildung zu berücksichtigen hat. Hier liegt es
sicherlich nahe, von zwei Strategien, die in "allen" Situationen dieselben Konsequenzen haben, nur eine zu berücksichtigen.

_(3.3)_ _Definition:_

> $\Gamma_m=(P_1,P_2,A)$ _sei eine gemischte Erweiterung eines Zwei-_
> _personen-Nullsummenspieles_ $\Gamma=(X_1,X_2,a)$. $U\neq\emptyset$, $V\neq\emptyset$ _seien_
> _Mengen mit_ $U\subset P_1$, $V\subset P_2$.
>
> a) _Zwei Elemente u und u' aus U heißen_ _strategisch_
> _äquivalent bzgl. V (in Zeichen: $u\underset{(V)}{\sim}u'$) genau dann,_
> _wenn_ $A(u,v)=A(u',v)$ _für alle_ $v\in V$ _gilt._
>
> b) _Zwei Elemente v und v' aus V heißen_ _strategisch_
> _äquivalent bzgl. U (in Zeichen: $v\underset{(U)}{\sim}v'$) genau dann,_
> _wenn_ $A(u,v)=A(u,v')$ _für alle_ $u\in U$ _gilt._

Man prüft leicht nach, daß es sich bei $\underset{(V)}{\sim}$ und $\underset{(U)}{\sim}$ tatsächlich um Äquivalenzrelationen auf U bzw. V handelt.
Bei der Optimierung der Auszahlungserwartung $A(u,v)$ im Sinne
der Sattelpunkteigenschaft ist kein Unterschied zwischen zwei
Vertretern derselben Äquivalenzklasse festzustellen; es genügt
demnach, einen Vertreter zu betrachten.

_(3.4)_ _Vereinbarung:_

> _Strategien, die bzgl._ $U=X_1$ _bzw._ $V=X_2$ _strategisch äqui-_
> _valent sind, werden identifiziert._

Für den Spezialfall der reinen Strategien $x_i\in X_i$ und der gemischten Strategien $\varepsilon_{x_i}\in P_i$ war diese Vereinbarung bereits auf

Seite 52 getroffen worden.

Daß zwei Entscheidungsvorschriften (Strategien) in allen in Betracht gezogenen Situationen die gleichen Konsequenzen haben, ist sehr selten; durch die "Reduktion" auf Äquivalenzklassen wird man daher das Problem i.a. nicht wesentlich vereinfachen. Mehr Möglichkeiten zur Vereinfachung wird man dagegen erwarten, wenn man "offensichtlich schlechte" Strategien eliminiert; dazu muß man aber noch präzisieren, was "offensichtlich schlecht" bedeutet. Man wird sicherlich solche Strategien weglassen wollen, zu denen - von der Auszahlung her gesehen - gleichmäßig bessere existieren; wir definieren daher:

(3.5)   *Definition:*

$\Gamma_m = (P_1, P_2, A)$ sei eine gemischte Erweiterung eines Zweipersonen-Nullsummenspieles Γ; U, V seien Mengen mit
$\emptyset \neq U \subset P_1$, $\emptyset \neq V \subset P_2$.

a)   *$u \in U$ dominiert $u' \in U$ bzgl. V (Bezeichnung: $u \mathbin{\underset{(V)}{\succeq}} u'$) genau dann, wenn $A(u,v) \geq A(u',v)$ für alle $v \in V$ gilt.*

b)   *$v \in V$ dominiert $v' \in V$ bzgl. U (Bezeichnung: $v \mathbin{\underset{(U)}{\succeq}} v'$) genau dann, wenn $A(u,v) \leq A(u,v')$ für alle $u \in U$ gilt.*

c)   *$u \in U$ dominiert $u' \in U$ streng bzgl. V (Bezeichnung: $u \mathbin{\underset{(V)}{\succ}} u'$) genau dann, wenn $u \mathbin{\underset{(V)}{\succeq}} u'$ und nicht $u \mathbin{\underset{(V)}{\sim}} u'$ gilt.*

d)   *$v \in V$ dominiert $v' \in V$ streng bzgl. U (Bezeichnung: $v \mathbin{\underset{(U)}{\succ}} v'$) genau dann, wenn $v \mathbin{\underset{(U)}{\succeq}} v'$ und nicht $v \mathbin{\underset{(U)}{\sim}} v'$ gilt.*

In c) und d) braucht das ">"-Zeichen bzw. das "<"-Zeichen also nur für *ein* $v \in V$ bzw. *ein* $u \in U$ zu gelten.

Die folgenden Aussagen zeigen, daß man sich im Fall $X_1 \subset U$, $X_2 \subset V$ bei der Untersuchung von strategischer Äquivalenz bzw. Dominanz auf die reinen Strategien des Gegners beschränken kann.

(3.6) *Lemma:*

$\Gamma_m = (P_1, P_2, A)$ *sei eine gemischte Erweiterung des Zweipersonen-Nullsummenspieles* $\Gamma = (X_1, X_2, a)$, *und es seien* $X_1 \subset U \subset P_1$, $X_2 \subset V \subset P_2$. *Dann gilt:*

a) $\forall u, u' \in U: \quad (u \underset{(X_2)}{\widetilde{\quad}} u' \iff u \underset{(V)}{\widetilde{\quad}} u')$,

   $\forall v, v' \in V: \quad (v \underset{(X_1)}{\widetilde{\quad}} v' \iff v \underset{(U)}{\widetilde{\quad}} v')$;

b) $\forall u, u' \in U: \quad (u \underset{(X_2)}{\unrhd} u' \iff u \underset{(V)}{\unrhd} u')$,

   $\forall v, v' \in V: \quad (v \underset{(X_1)}{\unrhd} v' \iff v \underset{(U)}{\unrhd} v')$;

c) $\forall u, u' \in U: \quad (u \underset{(X_2)}{\rhd} u' \iff u \underset{(V)}{\rhd} u')$,

   $\forall v, v' \in V: \quad (v \underset{(X_1)}{\rhd} v' \iff v \underset{(U)}{\rhd} v')$.

Beweis: Es wird jeweils nur die erste der beiden Äquivalenzen aus a)-c) gezeigt.

a) und b): "$\Rightarrow$": Aus $A(u,y) \; \{\overset{=}{\geq}\} \; A(u',y)$ für alle $y \in X_2$ [1]

folgt $A(u,v) = \int a(u,y) dv(y) \; \{\overset{=}{\geq}\} \; \int a(u',y) dv(y) = A(u',v)$ für

alle $v \in V$ und damit $u \underset{(V)}{\widetilde{\quad}} u'$ bzw. $u \underset{(V)}{\unrhd} u'$.

"$\Leftarrow$": Wegen $X_2 \subset V$ gilt speziell für alle $y \in X_2$

$$A(u,y) \; \{\overset{=}{\geq}\} \; A(u',y),$$

falls für alle $v \in V$ die Beziehung $A(u,v) \; \{\overset{=}{\geq}\} \; A(u',v)$ gilt.

c): Die Behauptung c) ergibt sich unmittelbar aus der Definition der strengen Dominanz und den Äquivalenzen aus a) und b). □

Es liegt nun nahe, dominierte Strategien bei der Suche nach möglichst guten Verhaltensplänen außer Acht zu lassen:

(3.7) *Definition:*

$\Gamma_m = (P_1, P_2, A)$ *sei eine gemischte Erweiterung des Zweipersonen-Nullsummenspieles* Γ.
Eine Strategienmenge $U_1 \subset P_1$ *läßt sich bzgl.* $V \subset P_2$ *auf* $U_2 \subset P_1$

---

[1] Wegen der Identifikation von y und ε_y wird statt $A(u, \varepsilon_y)$ die einfachere Schreibweise $A(u,y)$ verwendet.

reduzieren (Bezeichnung: $U_1 \;\overset{\supset\supset}{(V)}\; U_2$) genau dann, wenn

$$U_1 \supset U_2 \quad und \quad \forall u' \in U_1 - U_2: \;\exists u \in U_2: \; u \overset{\geqq}{(V)} u'$$

gelten.

Entsprechend definiert man, daß sich eine Strategien-menge $V_1 \subset P_2$ bzgl. $U \subset P_1$ genau dann auf $V_2 \subset P_2$ reduzieren läßt, wenn gilt:

$$V_1 \supset V_2 \quad und \quad \forall v' \in V_1 - V_2: \;\exists v \in V_2: \; v \overset{\geqq}{(U)} v'.$$

In der Statistik bezeichnet man eine Strategienmenge U_2 mit $U_1 \;\overset{\supset\supset}{(V)}\; U_2$ auch als *vollständige Teilklasse* von U_1 bzgl. V.

Die Reduktion durch Dominanz wird also so durchgeführt, daß nur solche Strategien weggelassen werden, zu denen in der verbleibenden Menge jeweils eine mindestens ebenso gute (d.h. gleich-mäßig nicht schlechtere) Strategie verbleibt.
In endlichen Zweipersonen-Nullsummenspielen läßt sich eine der-artige Reduktion sehr einfach darstellen, weil man die Auszah-lungsfunktion in Form einer Matrix angeben kann.

(3.8) *Definition:*

> *Ein endliches Zweipersonen-Nullsummenspiel $\Gamma = (X_1, X_2, a)$ heißt* <u>*Matrixspiel*</u>*. Sind $X_1 = \{x_1, \ldots, x_m\}$, $X_2 = \{y_1, \ldots, y_n\}$ die Strategienmengen der beiden Spieler, so heißt die Matrix*

$$\mathcal{O}\!:= \begin{pmatrix} a(x_1, y_1) & \cdots & a(x_1, y_n) \\ \cdot & & \cdot \\ \cdot & & \cdot \\ \cdot & & \cdot \\ a(x_m, y_1) & \cdots & a(x_m, y_n) \end{pmatrix} =: \begin{pmatrix} a_{11} & \cdots & a_{1n} \\ \cdot & & \cdot \\ \cdot & & \cdot \\ \cdot & & \cdot \\ a_{m1} & \cdots & a_{mn} \end{pmatrix}$$

> *die* <u>*Spielmatrix*</u> *von Γ.*

Die "Spielregeln" zur Durchführung eines Matrixspiels sind sehr einfach: Eine Partie besteht darin, daß Spieler 1 eine Zeile, etwa die i-te, und Spieler 2 eine Spalte, etwa die j-te, auswählt, woraufhin Spieler 1 die Auszahlung a_{ij} erhält und Spieler 2 das Negative davon.

Die Untersuchung der Dominanz von Strategien läuft bei diesen Spielen darauf hinaus, Zeilen bzw. Spalten der Spielmatrix zu vergleichen.

(3.9) *Beispiele:*

a) Ein Zweipersonen-Nullsummenspiel Γ sei gegeben durch die Spielmatrix

$$\mathcal{A} = \begin{pmatrix} 2 & -1 & -1 & -1 \\ -2 & 1 & 3 & 3 \\ -2 & 1 & 0 & 3 \end{pmatrix},$$

also $X_1=\{x_1,x_2,x_3\}=:X$, $X_2=\{y_1,y_2,y_3,y_4\}=:Y$.
Es gilt dann $x_2 \; \overrightarrow{(Y)} \; x_3$, so daß mit $X':=\{x_1,x_2\}$ folgt $X \; \overset{\supset\supset}{(Y)} \; X'$. Die Spielmatrix $\mathcal{A}$ reduziert sich damit durch Streichen der dritten Zeile zu

$$\mathcal{A}' = \begin{pmatrix} 2 & -1 & -1 & -1 \\ -2 & 1 & 3 & 3 \end{pmatrix}.$$

Hierbei ist $y_3' \; \widetilde{(X')} \; y_4'$ (während z.B. *nicht* $y_3 \; \widetilde{(X)} \; y_4$ gilt). Außerdem gilt $y_2' \; \overrightarrow{(X')} \; y_3'$ (wobei ebenfalls *nicht* $y_2 \; \overrightarrow{(X)} \; y_3$ gilt), so daß die Reduktion

$$Y \; \overset{\supset\supset}{(X')} \; Y' := \{y_1',y_2'\}$$

vorgenommen werden kann. Die Auszahlungsmatrix $\mathcal{A}'$ reduziert sich nun durch Streichen der dritten und vierten Spalte zu

$$\mathcal{A}'' = \begin{pmatrix} 2 & -1 \\ -2 & 1 \end{pmatrix}.$$

Man sieht jetzt, daß das Zweipersonen-Nullsummenspiel Γ'', welches durch die Spielmatrix $\mathcal{A}''$ gegeben ist, sich nicht weiter reduzieren läßt; es besitzt keinen Sattelpunkt. Die Reduktion durch Dominanz führt also im allgemeinen *nicht* zu einem "Lösungspunkt".

b) Γ sei das Zweipersonen-Nullsummenspiel, das durch die
Spielmatrix

$$\mathcal{A} = \begin{pmatrix} 4 & -6 & 2 & 4 \\ 0 & -2 & 1 & 5 \\ -3 & 2 & 1 & 4 \end{pmatrix}$$

gegeben ist. $\Gamma_m = (P_1, P_2, A)$ sei die gemischte Erweiterung
von Γ. Da die Maxima der Spalten der Spielmatrix auf alle
drei Zeilen verteilt sind, kann P_1 bzgl. X_2 nicht reduziert
werden. Dagegen gilt $y_3 \overset{\textstyle\frown}{(X_1)} y_4$, was nach Lemma (3.6)
gleichbedeutend ist mit $y_3 \overset{\textstyle\frown}{(P_1)} y_4$.

Wenn man mit $P[y_{i_1}, \ldots, y_{i_m}]$ die Menge derjenigen gemischten
Strategien bezeichnet, die höchstens den reinen Strategien
$y_{i_1}, \ldots, y_{i_m} \in X_2$ positive Wahrscheinlichkeiten zuordnen, dann
läßt sich die folgende Reduktion durchführen:

$$P_2 \overset{\textstyle\sqsupset\sqsupset}{(X_1)} P[y_1, y_2, y_3] = P_2'.$$

Man gelangt auf diese Weise zu dem Spiel $\Gamma_m' = (P_1, P_2', A')$ mit
der Auszahlungsmatrix

$$\mathcal{A}' = \begin{pmatrix} 4 & -6 & 2 \\ 0 & -2 & 1 \\ -3 & 2 & 1 \end{pmatrix} \, .$$

In reinen Strategien ist eine weitere Reduzierung nicht
möglich, jedoch gilt

$$P_1 := \tfrac{1}{2}\varepsilon_{x_1'} + \tfrac{1}{2}\varepsilon_{x_3'} \overset{\textstyle\frown}{(P_2')} x_2 \, ;$$

so daß eine Reduzierung $P_1 \overset{\textstyle\sqsupset\sqsupset}{(P_2')} P[x_1', x_3'] = P_1'$ möglich ist.
Diese Reduzierung führt auf das Spiel $\Gamma_m'' = (P_1', P_2', A'')$ mit der
Spielmatrix

$$\mathcal{A}'' = \begin{pmatrix} 4 & -6 & 2 \\ -3 & 2 & 1 \end{pmatrix} \, .$$

Analog folgt jetzt $P_2' \underset{(P_1')}{\supseteq\supseteq} P[y_1'',y_2''] = P_2'$, da

$$q_1 := \tfrac{1}{2}\varepsilon_{y_1''} + \tfrac{1}{2}\varepsilon_{y_2''} \quad \overrightarrow{(P_1')} \quad y_3''$$

gilt. Das sich aus dieser Reduktion ergebende Spiel $\Gamma_m''' = (P_1', P_2'', A''')$ mit der Spielmatrix

$$\alpha''' = \begin{pmatrix} 4 & -6 \\ -3 & 2 \end{pmatrix}$$

läßt sich nicht weiter reduzieren.

Ohne weitere Information kann man bei einem - stets unterstellten - rationalen Verhalten nicht angeben, welche Partie etwa in Γ_m''' gespielt wird. Weiß jedoch beispielsweise Spieler 1, daß Spieler 2 seine Strategie y_2''' einsetzt, dann wird er im Spiel Γ_m''' selbst x_2''' einsetzen. (Im Spiel Γ_m war diese Strategie mit x_3 bezeichnet worden.) Entsprechend wird Spieler 1 die Strategie x_1''' spielen, wenn Spieler 2 seine Strategie y_1''' spielt. Hier gibt es also zu jeder (reinen) Strategie des Gegners eine optimale (reine) Gegenstrategie. □

Daß das Durchführen von Reduktionen spieltheoretisch gerechtfertigt ist, wird später in (3.18) gezeigt werden.

§ 2   Bayes- und Minimaxstrategien

(3.10)   Definition:

> $\Gamma_m = (P_1, P_2, A)$ *sei eine gemischte Erweiterung eines Zwei-*
> *personen-Nullsummenspieles* $\Gamma = (X_1, X_2, a)$; *es gelte* $U \subset P_1$,
> $V \subset P_2$.
>
> a) $u' \in U$ *heißt* <u>Bayes-Strategie in U gegen $v \in V$</u> *genau*
>   *dann, wenn* $A(u, v) \leq A(u', v)$ *für alle* $u \in U$ *gilt.*
>   *Mit* $U(v)$ *wird die Menge der Bayes-Strategien in U*
>   *gegen v bezeichnet.*
>
> b) $v' \in V$ *heißt* <u>Bayes-Strategie in V gegen $u \in U$</u> *genau*
>   *dann, wenn* $A(u, v') \leq A(u, v)$ *für alle* $v \in V$ *gilt.*
>   *Mit* $V(u)$ *wird die Menge der Bayes-Strategien in V*
>   *gegen u bezeichnet.*

Bayes-Strategien sind also optimale Gegenstrategien in U bzw. V für den Fall, daß die Strategie $v \in V$ bzw. $u \in U$ des Gegners bekannt ist. Für sie gilt:

(3.11)   Satz:

> *Es sei* $\Gamma_m = (P_1, P_2, A)$ *eine gemischte Erweiterung eines*
> *Zweipersonen-Nullsummenspieles* $\Gamma = (X_1, X_2, a)$. *U und V*
> *seien Strategienmengen mit* $X_1 \subset U \subset P_1$, $X_2 \subset V \subset P_2$. *Dann gilt*
> *für alle* $u \in U$, $v \in V$:
>
> a) $X_1(v) \subset U(v)$, $\qquad X_2(u) \subset V(u)$;
>
> b) $\displaystyle \sup_{x \in X_1} A(x, v) = \sup_{u' \in U} A(u', v)$,
>
> $\displaystyle \inf_{y \in X_2} A(u, y) = \inf_{v' \in V} A(u, v')$;
>
> c) $X_1(v) \neq \emptyset \leftrightarrow U(v) \neq \emptyset$, $\qquad X_2(u) \neq \emptyset \leftrightarrow V(u) \neq \emptyset$.

Beweis: Beim Beweis genügt es offensichtlich, jeweils nur den ersten Teil der Behauptungen zu zeigen; die Beweise für die zweiten Teile verlaufen analog.

Zunächst gilt wegen $X_1 \subset U \subset P_1$:

$$\sup_{x \in X_1} A(x,v) = \sup_{u \in U} \int_{X_1} \sup_{x \in X_1} A(x,v)\,du(x') \geq \sup_{u \in U} \int_{X_1} A(x,v)\,du(x)$$

$$= \sup_{u \in U} A(u,v) \geq \sup_{x \in X_1} A(x,v).$$

Folglich gilt überall das Gleichheitszeichen, womit b) bewiesen ist. Ist $x^* \in X_1(v)$, d.h.

$$A_1(x^*,v) = \max_{x \in X_1} A(x,v),$$

dann folgt ebenfalls aus der obigen Gleichungskette $x^* \in U(v)$ und damit $X_1(v) \subset U(v)$. Damit ist die Aussage a) bewiesen sowie die Richtung "$\rightarrow$" in c).

Daß $U(v) \neq \emptyset$ auch $X_1(v) \neq \emptyset$ impliziert, sieht man folgendermaßen: Für $u^* \in U(v)$ gilt

$$A(u^*,v) = \max_{u \in U} A(u,v) = \max_{u \in U} \int_{X_1} A(x,v)\,du(x);$$

somit existiert $\max_{x \in X_1} A(x,v)$ wegen $X_1 \subset U$, und es ist

$$u^*(\{x' \in X_1;\ A(x',v) = \max_{x \in X_1} A(x,v)\}) = 1,$$

woraus die Behauptung unmittelbar folgt. $\qquad\qquad\square$

Der soeben bewiesene Satz läßt sich in folgender Weise interpretieren: Kennt man die Strategie des Gegners, dann besteht keine Notwendigkeit, dagegen eine gemischte Strategie einzusetzen, da durch den Übergang zu gemischten Strategien die maximale Auszahlung nicht vergrößert wird. Falls überhaupt eine optimale Gegenstrategie existiert, kann eine solche bereits unter den reinen Strategien gefunden werden.

(3.12) Beispiel:

$\Gamma = (X_1, X_2, a)$ sei das Zweipersonen-Nullsummenspiel, welches durch die Spielmatrix

$$\alpha = \begin{pmatrix} 1 & 3 & 1 \\ 3 & 0 & 2 \\ 1 & 2 & 4 \end{pmatrix}$$

gegeben ist. In diesem Spiel gilt

$$x_2 \in X_1(y_1), \quad y_1, y_3 \in X_2(x_1);$$
$$x_1 \in X_1(y_2), \quad y_2 \in X_2(x_2);$$
$$x_3 \in X_1(y_3), \quad y_1 \in X_2(x_3).$$

Da mit $u, u' \in U(v)$ auch $\alpha u + (1-\alpha)u' \in U(v)$ gilt für alle $\alpha \in [0;1]$, folgt für Spieler 2:

$$P_2(x_1) = \{\alpha \varepsilon_{y_1} + (1-\alpha)\varepsilon_{y_3} ; \ 0 \leq \alpha \leq 1\}, \quad P_2(x_2) = \{y_2\}, \quad P_2(x_3) = \{y_1\}.$$

Wenn Spieler 1 die gemischte Strategie $p = \frac{1}{3}\varepsilon_{x_1} + \frac{2}{3}\varepsilon_{x_2}$ spielt, ergeben sich die Auszahlungen

$$A(p, y_1) = \frac{7}{3}, \quad A(p, y_2) = 1, \quad A(p, y_3) = \frac{5}{3}.$$

Nach Satz (3.11) folgt somit $P_2(p) = \{y_2\}$. $\qquad\qquad\qquad\square$

Damit ein Spieler tatsächlich eine Bayes-Strategie *einsetzen* kann, muß ihm die Strategie des Gegners bekannt sein. Da dies im allgemeinen nicht der Fall ist, werden sich die Spieler fragen, was ihnen "schlimmstenfalls" passieren kann: Schlimmstenfalls setzt der Gegner eine optimale Gegenstrategie gegen die eigene Strategie ein. Setzt also Spieler 1 die Strategie $p \in P_1$ ein, dann ist der geringste (garantierte) Gewinn, den er dabei erzielen kann, gleich

$$\inf_{q \in P_2} A(p,q) = \inf_{y \in X_2} A(p,y).$$

(3.13)   *Definition:*

> $\Gamma_m = (P_1, P_2, A)$ *sei eine gemischte Erweiterung des Zwei-personen-Nullsummenspieles* $\Gamma = (X_1, X_2, a)$. *Dann heißt*
>
> $g_1(p) := \inf\limits_{y \in X_2} A(p,y)$ *Garantieschranke für* $p \in P_1$ *und*
>
> $g_2(q) := \sup\limits_{x \in X_1} A(x,q)$ *Garantieschranke für* $q \in P_2$.

Setzt also Spieler 1 die Strategie $p \in P_1$ ein, so kann sein Gewinn den Wert $g_1(p)$ nicht unterschreiten, während, falls

Spieler 2 die Strategie $q \in P_2$ einsetzt, dessen Verlust den Wert
$g_2(q)$ nicht überschreiten kann. Ein "vernünftiges" Vorgehen
- zumindest für vorsichtige Spieler - besteht jetzt darin,
Strategien derart zu wählen, daß die zugehörigen Garantieschranken möglichst "gut" werden, d.h. für Spieler 1 möglichst
groß und für Spieler 2 möglichst klein.

(3.14) *Definition:*

> *Es sei $\Gamma_m = (P_1, P_2, A)$ eine gemischte Erweiterung des
> Zweipersonen-Nullsummenspieles $\Gamma = (X_1, X_2, a)$. U und V
> seien Strategienmengen mit $\emptyset \neq U \subset P_1$, $\emptyset \neq V \subset P_2$.*
>
> *a) $u^* \in U$ heißt <u>Minimax-Strategie in U</u> genau dann, wenn*
> $$g_1(u^*) = \sup_{u \in U} g_1(u).$$
>
> *b) $v^* \in V$ heißt <u>Minimax-Strategie in V</u> genau dann, wenn*
> $$g_2(v^*) = \inf_{v \in V} g_2(v).$$
>
> *Die Menge der Minimax-Strategien in U bzw. V wird mit
> U^* bzw. V^* bezeichnet.*

Wenn die Suprema und Infima in (3.14) angenommen werden und
zusätzlich $X_1 \subset U$, $X_2 \subset V$ gilt, dann folgt

$$u^* \in U^* \leftrightarrow \inf_{y \in X_2} A(u^*, y) = \max_{u \in U} \inf_{y \in X_2} A(u, y),$$
$$v^* \in V^* \leftrightarrow \sup_{x \in X_1} A(x, v^*) = \min_{v \in V} \sup_{x \in X_1} A(x, v);$$

ist das Spiel Γ in (3.14) sogar ein Matrixspiel, so lassen sich
diese Äquivalenzen auch schreiben als

$$u^* \in U^* \leftrightarrow \min_{y \in X_2} A(u^*, y) = \max_{u \in U} \min_{y \in X_2} A(u, y),$$
$$v^* \in V^* \leftrightarrow \max_{x \in X_1} A(x, v^*) = \min_{v \in V} \max_{x \in X_1} A(x, v).$$

Aus den Gleichungen auf der rechten Seite dieser Äquivalenzen
erklärt sich insbesondere auch der Name "Minimax-Strategie".

<u>*(3.15) Beispiel:*</u>

Das bereits in Beispiel (2.3)b) behandelte Zwei-Finger-Morra
(mit unvollständiger Information) ist ein Zweipersonen-Nullsummenspiel mit der Spielmatrix

$$\mathcal{O}\!l = \begin{pmatrix} 2 & -3 \\ -3 & 4 \end{pmatrix}.$$

In diesem Spiel sind die Garantieschranken für die reinen Strategien der beiden Spieler

$$g_1(x_1) = \min_{y\in X_2} a(x_1,y) = -3, \quad g_1(x_2) = -3,$$

$$g_2(y_1) = \max_{x\in X_1} a(x,y_1) = 2, \quad g_2(y_2) = 4.$$

Also folgt $X_1^* = \{x_1,x_2\}$ und $X_2^* = \{y_1\}$. Durch den Einsatz seiner
reinen Strategien x_1 oder x_2, die beide Minimax-Strategien sind,
kann sich Spieler 1 lediglich gegen Verluste, die größer als
3 Einheiten sind, absichern, während sich Spieler 2 durch den
Einsatz seiner Minimax-Strategie y_1 gegen Verluste, die größer
als 2 Einheiten sind, absichern kann. Hier fällt auf, daß die
beiden Garantieschranken für die Minimax-Strategien ein Intervall $[g_1(x_1);g_2(y_1)]$ bilden und sich für $c\in(g_1(x_1);g_2(y_1))$
weder Spieler 1 eine Auszahlung von mindestens c Einheiten
sichern kann noch Spieler 2 eine Auszahlung von mindestens -c.
Dies ändert sich jedoch, wenn man die gemischte Erweiterung
$\Gamma_m = (P_1,P_2,A)$ von Γ betrachtet. Setzt z.B. Spieler 1 die ge-
mischte Strategie $p' = \frac{7}{12}\varepsilon_{x_1} + \frac{5}{12}\varepsilon_{x_2} \in P_1$ ein, dann ergibt sich

$$g_1(p') = \min_{y\in X_2} A(p',y) = \min(-\tfrac{1}{12}, -\tfrac{1}{12}) = -\tfrac{1}{12} > g_1(x_1),$$

und für die gemischte Strategie $q' = \frac{7}{12}\varepsilon_{y_1} + \frac{5}{12}\varepsilon_{y_2} \in P_2$ erhält
man

$$g_2(q') = \max_{x\in X_1} A(x,q') = \max(-\tfrac{1}{12}, -\tfrac{1}{12}) = -\tfrac{1}{12} < g_2(y_1).$$

Während also bei Bayes-Strategien der Übergang von reinen zu
gemischten Strategien keine Verbesserung für die Spieler ergab,
kann das bei Minimax-Strategien durchaus der Fall sein, d.h.

die minimale Garantieschranke für Spieler 1 wird im allgemeinen
angehoben und die maximale Garantieschranke für Spieler 2 ge-
senkt werden.

In unserem Beispiel enthält das Intervall $[g_1(p');g_2(q')]$ nur
noch den Punkt $-\frac{1}{12}$, d.h. Spieler 2 kann sich für jedes $c \le \frac{1}{12}$
mindestens den Betrag c sichern, während Spieler 1 sich für
jedes $c \ge \frac{1}{12}$ gegen Verluste, die größer oder gleich c sind,
absichern kann. Außerdem gilt für das Strategientupel (p',q'):

$$-\frac{1}{12} = A(p',q') = \min_{y \in X_2} A(p',y) = \min_{q \in P_2} A(p',q)$$

$$= \max_{x \in X_1} A(x,q') = \max_{p \in P_1} A(p,q').$$

(p',q') ist somit ein Sattelpunkt in der gemischten Erweiterung
Γ_m. Dieses Ergebnis besagt, daß der Spieler 2 beim Zwei-Finger-
Morra gegenüber dem Spieler 1 im Vorteil ist, was man zunächst
- von den Spielregeln her gesehen - nicht unbedingt erwartet
hätte.   □

(3.16) *Definition:*

> $\Gamma_m = (P_1, P_2, A)$ *sei eine gemischte Erweiterung eines Zwei-*
> *personen-Nullsummenspieles* $\Gamma = (X_1, X_2, a)$*; U und V seien*
> *Strategienmengen mit* $\emptyset \ne U \subset P_1$*,* $\emptyset \ne V \subset P_2$*. Dann heißt*
>
> $$W_*(U,V) := \sup_{u \in U} \inf_{v \in V} A(u,v)$$
>
> *unterer Spielwert von* $\Gamma' = (U, V, A|_{U \times V})$ *und*
>
> $$W^*(U,V) := \inf_{v \in V} \sup_{u \in U} A(u,v)$$
>
> *oberer Spielwert von* Γ'*.*

Besitzen beide Spieler Minimax-Strategien, dann kann Spieler 1
durch Einsatz einer derartigen Strategie erreichen, daß seine
Auszahlung den unteren Spielwert nicht unterschreitet, während
für Spieler 2 bei Einsatz einer Minimax-Strategie der Verlust
den oberen Spielwert nicht übersteigen kann.

Der folgende Satz beinhaltet unter anderem eine Motivation für die Wahl der Bezeichnungen "oberer" und "unterer" Spielwert.

(3.17) <u>*Satz:*</u>

> *Ist $\Gamma_m = (P_1, P_2, A)$ eine gemischte Erweiterung eines Zwei-personen-Nullsummenspieles $\Gamma = (X_1, X_2, a)$ und sind U, V Strategienmengen mit $\emptyset \neq U \subset P_1$, $\emptyset \neq V \subset P_2$, dann gilt:*
>
> *a)* $W_*(U, V) \leq W^*(U, V)$.
>
> *b) Gilt zusätzlich $X_1 \subset U$, $X_2 \subset V$, dann folgt*
> $$W_*(U, X_2) = W_*(U, V) = W_*(U, P_2), \quad W^*(X_1, V) = W^*(U, V) = W^*(P_1, V),$$
> $$W_*(X_1, X_2) \leq W_*(U, X_2) \leq W_*(P_1, X_2),$$
> $$W^*(X_1, X_2) \geq W^*(X_1, V) \geq W^*(X_1, P_2).$$
>
> *c) Für Strategien $x^* \in X_1^*$, $p^* \in P_1^*$, $y^* \in X_2^*$, $q^* \in P_2^*$ ist*
> $$g_1(x^*) \leq g_1(p^*) \leq g_2(q^*) \leq g_2(y^*).$$

Beweis: a) Für alle $u' \in U$, $v' \in V$ gilt $\inf_{v \in V} A(u', v) \leq A(u', v')$.

Daraus folgt $\sup_{u \in U} \inf_{v \in V} A(u, v) \leq \sup_{u \in U} A(u, v')$, woraus man

$\sup_{u \in U} \inf_{v \in V} A(u, v) \leq \inf_{v \in V} \sup_{u \in U} A(u, v)$ erhält.

b) Es ist

$$W_*(U, V) = \sup_{u \in U} \inf_{v \in V} A(u, v) = \sup_{u \in U} \inf_{y \in X_2} A(u, y) = W_*(U, X_2)$$

$$= \sup_{u \in U} \inf_{q \in P_2} A(u, q) = W_*(U, P_2).$$

Analog wird die zweite Gleichungskette für die oberen Spielwerte gezeigt. Die dritte Behauptung in b) erhält man folgendermaßen:

$$W_*(X_1, X_2) = \sup_{x \in X_1} \inf_{y \in X_2} a(x, y) \leq \sup_{u \in U} \inf_{y \in X_2} A(u, y) = W_*(U, X_2)$$

$$\leq \sup_{p \in P_1} \inf_{y \in X_2} A(p, y) = W_*(P_1, X_2).$$

Die Ungleichungskette für die oberen Spielwerte erhält man wiederum analog.

c) $\quad g_1(x^*) = \sup_{x\in X_1} g_1(x) = \sup_{x\in X_1} \inf_{y\in X_2} a(x,y) \leq \sup_{p\in P_1} \inf_{y\in X_2} A(p,y)$

$\quad = \sup_{p\in P_1} g_1(p) = g_1(p^*) \leq \inf_{q\in P_2} \sup_{p\in P_1} A(p,q) = g_2(q^*)$

$\quad \leq \inf_{y\in X_2} \sup_{p\in P_1} A(p,y) = \inf_{y\in X_2} \sup_{x\in X_1} a(x,y) = g_2(y^*).$ $\qquad \square$

Aus Satz (3.17) erhält man insbesondere die folgende Ungleichungskette:

$$W_*(X_1,X_2) = W_*(X_1,V) = W_*(X_1,P_2)$$

$$\leq W_*(U,X_2) = W_*(U,V) = W_*(U,P_2)$$

$$\leq W_*(P_1,X_2) = W_*(P_1,V) = W_*(P_1,P_2)$$

$$\leq W^*(P_1,P_2) = W^*(U,P_2) = W^*(X_1,P_2)$$

$$\leq W^*(P_1,V) = W^*(U,V) = W^*(X_1,V)$$

$$\leq W^*(P_1,X_2) = W^*(U,X_2) = W^*(X_1,X_2).$$

In (3.7) war durch Weglassen "offensichtlich schlechter" Strategien eine Reduktion von Strategienmengen definiert worden, um eine Vereinfachung eines vorgegebenen Spiels zu erreichen. Der folgende Satz zeigt, daß durch solche Reduktionen die Spielwerte eines Spiels nicht verändert werden.

(3.18) $\quad$ *Satz:*

$\quad$ *$\Gamma_m=(P_1,P_2,A)$ sei eine gemischte Erweiterung eines Zweipersonen-Nullsummenspieles $\Gamma=(X_1,X_2,a)$. Ist dann*

$$U_1 \overset{\supset\supset}{(V_1)} U_2, \quad V_1 \overset{\supset\supset}{(U_2)} V_2, \quad U_2 \overset{\supset\supset}{(V_2)} U_3, \quad \ldots, V_{n-1} \overset{\supset\supset}{(U_n)} V_n$$

eine Folge von Reduktionen, so gilt:

$$W_*(U_1,V_1) = W_*(U_n,V_n), \quad W^*(U_1,V_1) = W^*(U_n,V_n).$$

Beweis: Der Beweis des Satzes braucht nur für einen Reduktionsschritt ausgeführt zu werden; durch vollständige Induktion erhält man die Behauptung dann auf die übliche Weise. Außerdem genügt es, für eine Reduktion $U_i \overset{\supset\supset}{(V_i)} U_{i+1}$, $1\leq i\leq n$, die Gleichheiten $W_*(U_i,V_i) = W_*(U_{i+1},V_i)$, $W^*(U_i,V_i) = W^*(U_{i+1},V_i)$ zu zeigen, da für Reduktionen der Form $V_i \underset{(U_{i+1})}{\supset\supset} V_{i+1}$ die entsprechenden Gleichheiten für die Spielwerte völlig analog folgen.

Wegen $U_{i+1} \subset U_i$ gilt:

$$W_*(U_i,V_i) = \sup_{u\in U_i}\; \inf_{v\in V_i}\; A(u,v) \geq \sup_{u\in U_{i+1}}\; \inf_{v\in V_i}\; A(u,v) = W_*(U_{i+1},V_i),$$

$$W^*(U_i,V_i) = \inf_{v\in V_i}\; \sup_{u\in U_i}\; A(u,v) \geq \inf_{v\in V_i}\; \sup_{u\in U_{i+1}}\; A(u,v) = W^*(U_{i+1},V_i).$$

Zu beliebig vorgegebenem $\varepsilon>0$ existiert eine gemischte Strategie $u_\varepsilon\in U_i$ derart, daß

$$\inf_{v\in V_i}\; A(u_\varepsilon,v) \geq W_*(U_i,V_i) - \varepsilon.$$

Aus $U_i \underset{(V_i)}{\supset\supset} U_{i+1}$ folgt, daß zu $u_\varepsilon\in U_i$ eine Strategie $u'\in U_{i+1}$ existiert mit $u' \underset{(V_i)}{\Longrightarrow} u_\varepsilon$, d.h.

$$W_*(U_{i+1},V_i) \geq \inf_{v\in V_i}\; A(u',v) \geq \inf_{v\in V_i}\; A(u_\varepsilon,v) \geq W_*(U_i,V_i) - \varepsilon,$$

woraus $W_*(U_{i+1},V_i) \geq W_*(U_i,V_i)$ und damit $W_*(U_{i+1},V_i) = W_*(U_i,V_i)$ folgt.

Ebenso gibt es zu beliebig vorgegebenem $\varepsilon>0$ und $v\in V_i$ ein $u'_\varepsilon\in U_i$ mit

$$A(u'_\varepsilon,v) \geq \sup_{u\in U_i}\; A(u,v) - \varepsilon,$$

und wegen $U_i \underset{(V_i)}{\supset\supset} U_{i+1}$ existiert ein $u''\in U_{i+1}$ mit $u'' \underset{(V_i)}{\Longrightarrow} u'_\varepsilon$, so daß

$$\sup_{u\in U_{i+1}}\; A(u,v) \geq A(u'',v) \geq A(u'_\varepsilon,v) \geq \sup_{u\in U_i}\; A(u,v) - \varepsilon$$

gilt, woraus man

$$W^*(U_{i+1},V_i) = \inf_{v\in V_i}\; \sup_{u\in U_{i+1}}\; A(u,v) \geq \inf_{v\in V_i}\; \sup_{u\in U_i}\; A(u,v) - \varepsilon$$

$$= W^*(U_i,V_i) - \varepsilon$$

erhält und damit auch die Gleichheit für die oberen Spielwerte. $\qquad\square$

Satz (3.18) besagt also insbesondere, daß, falls Minimax-Stra-
tegien für die Spieler existieren, zwar einige von diesen durch
Reduktion verlorengehen können, daß aber auf jeden Fall
Minimax-Strategien erhalten bleiben.

Im Beispiel (3.15) hatten wir das Zweipersonen-Nullsummenspiel
"Zwei-Finger-Morra" betrachtet, zu dem die Spielmatrix

$$\mathcal{O}\!\mathcal{L} = \begin{pmatrix} 2 & -3 \\ -3 & 4 \end{pmatrix}$$

gehörte. Die Mengen der (reinen) Minimax-Strategien in diesem
Spiel waren $X_1^* = \{x_1, x_2\}$, $X_2^* = \{y_1\}$ mit $g_1(x_1) = g_1(x_2) = -3$, $g_2(y_1) = 2$.
Setzen nun beide Spieler reine Minimax-Strategien ein, dann er-
gibt sich entweder die Auszahlung $a(x_1, y_1) = 2$ oder $a(x_2, y_1) = -3$.
Wie in (3.15) gezeigt wurde, konnte sich jedoch Spieler 1 durch
Einsatz seiner gemischten Strategie $p' = \frac{7}{12}\varepsilon_{x_1} + \frac{5}{12}\varepsilon_{x_2} \in P_1$
gegen einen höheren Verlust als $\frac{1}{12}$ absichern, während sich
Spieler 2 durch Einsatz seiner gemischten Strategie
$q' = \frac{7}{12}\varepsilon_{y_1} + \frac{5}{12}\varepsilon_{y_2} \in P_2$ einen Gewinn von $\frac{1}{12}$ sichern konnte. Es
ergab sich dabei die Gleichheit

$$W_*(P_1, P_2) = -\frac{1}{12} = W^*(P_1, P_2),$$

die wegen der Aussage (3.17)a) offenbar einen Sonderfall darstellt.

(3.19) *Definition:*

> *Ein Zweipersonen-Nullsummenspiel $\Gamma = (U, V, A)$ heißt*
> *definit (oder streng determiniert), wenn*
>
> $$W_*(U, V) = W^*(U, V)$$
>
> *gilt. Ist Γ definit, dann heißt $W(\Gamma) := W_*(U, V)$ der*
> *Wert des Spiels.*

Besitzen in einem definiten Zweipersonen-Nullsummenspiel beide
Spieler Minimax-Strategien u^* bzw. v^*, dann beträgt bei Einsatz
dieser Strategien die Auszahlung $A(u^*, v^*) = W(\Gamma)$. Spielt dagegen
nur Spieler 1 eine Minimax-Strategie u^*, dann folgt

$A(u^*,v) \geq W(\Gamma)$, während im Fall, wo nur Spieler 2 eine Minimax-Strategie v^* einsetzt, $A(u,v^*) \leq W(\Gamma)$ gilt. Wenn also einer der Spieler keine Minimax-Strategie wählt, dann läuft er Gefahr, seine im Spiel Γ erreichbare Auszahlung zu verschlechtern. Darüberhinaus ist es in einem definiten Spiel gleichgültig, ob der Gegner weiß, daß man eine bestimmte Minimax-Strategie einsetzt; ein derartiges Wissen kann er nicht zu seinem Vorteil verwenden. (Anders verhält es sich natürlich, wenn einer der Spieler die Strategie des Gegners kennt und diese keine Minimax-Strategie ist. Dann wird er statt einer eigenen Minimax-Strategie eine Bayes-Strategie gegen die bekannte Strategie des Gegners einsetzen, was ihm möglicherweise eine höhere Auszahlung als $W(\Gamma)$ einbringt.)
Aus den oben genannten Gründen wird man in einem definiten Zweipersonen-Nullsummenspiel Minimax-Strategien als *optimale* Strategien für die Spieler bezeichnen.

Man sieht, daß in einem definiten Zweipersonen-Nullsummenspiel ein Paar (u^*,v^*) von Minimax-Strategien Eigenschaften wie ein Gleichgewichtspunkt (Sattelpunkt) besitzt: Weicht einer der Spieler von seiner Minimax-Strategie ab, dann kann er sich höchstens verschlechtern, wenn der Gegner seine Minimax-Strategie beibehält. Diesen Zusammenhang erklärt der folgende Satz:

(3.20) <u>*Satz*</u> *(Sattelpunktkriterium):*

    $\Gamma=(U,V,A)$ sei ein Zweipersonen-Nullsummenspiel.

    a) (u^*,v^*) ist ein Sattelpunkt von Γ genau dann, wenn gilt:

        (i) Γ ist definit,
        (ii) $u^* \in U^*$, $v^* \in V^*$.

    b) Für einen Sattelpunkt (u^*,v^*) ist $A(u^*,v^*)=W(\Gamma)$.

Beweis: Es sei (u^*,v^*) ein Sattelpunkt von Γ. Dann folgt:

$$W_*(U,V) = \sup_{u \in U} \inf_{v \in V} A(u,v) \geq \inf_{v \in V} A(u^*,v) = A(u^*,v^*) = \sup_{u \in U} A(u,v^*)$$

$$\geq \inf_{v \in V} \sup_{u \in U} A(u,v) = W^*(U,V) \geq W_*(U,V).$$

Es gilt also überall das Gleichheitszeichen, woraus die Aussage b) folgt sowie die Richtung "$\rightarrow$" der Aussage a).

Sei nun Γ definit, und es gelte $u^*\in U^*$, $v^*\in V^*$. Dann erhält man für beliebig gewählte Strategien $u'\in U$, $v'\in V$:

$$A(u',v^*) \leq \sup_{u\in U} A(u,v^*) = \inf_{v\in V} \sup_{u\in U} A(u,v) = W^*(U,V) = A(u^*,v^*)$$
$$= W_*(U,V) = \sup_{u\in U} \inf_{v\in V} A(u,v) = \inf_{v\in V} A(u^*,v) \leq A(u^*,v').$$

Folglich ist (u^*,v^*) ein Sattelpunkt von Γ. $\qquad\qquad\square$

(3.21) *Anmerkung:*

> *Aus dem ersten Teil des Beweises von (3.20) folgt insbesondere, daß für ein beliebiges Zweipersonen-Nullsummenspiel $\Gamma=(U,V,A)$, in dem beide Spieler Minimax-Strategien u^* bzw. v^* besitzen, gilt:*
>
> $$W_*(U,V) \leq A(u^*,v^*) \leq W^*(U,V).$$
>
> *Somit gilt insbesondere in den Fällen, wo das Spiel definit ist, für jedes Paar $(u^*,v^*)\in U^*\times V^*$ von Minimax-Strategien die Gleichheit*
>
> $$A(u^*,v^*) = W(\Gamma).$$
>
> *Diese Eigenschaft wird als <u>Vertauschbarkeit der Sattelpunkte</u> bezeichnet.*

Zusammen mit der Aussage aus Satz (3.20)b) sieht man also, daß die in den Anmerkungen (2.13) und (2.15) vorgebrachten Einwände gegen das Lösungskonzept der Gleichgewichtspunkte bei Zweipersonen-Nullsummenspielen nicht zur Geltung kommen können.
Eine Ergänzung zum Sattelpunktkriterium liefert die nachfolgende Aussage:

(3.22) *Satz:*

> *$\Gamma=(U,V,A)$ sei ein Zweipersonen-Nullsummenspiel.*
>
> *a) (u^*,v^*) ist ein Sattelpunkt von Γ genau dann, wenn $u^*\in U(v^*)$ und $v^*\in V(u^*)$ gelten.*

b)   Ist Γ definit, dann gilt:

$$(i)\;\; U^* \neq \emptyset \rightarrow V^* \subset \bigcap_{u \in U^*} V(u), \quad (ii)\;\; V^* \neq \emptyset \rightarrow U^* \subset \bigcap_{v \in V^*} U(v).$$

Beweis: a) (u^*, v^*) ist genau dann Sattelpunkt von Γ, wenn gilt

$$\max_{u \in U} A(u, v^*) = A(u^*, v^*) = \min_{v \in V} A(u^*, v).$$

Diese Gleichungen sind aber genau dann erfüllt, wenn $u^* \in U(v^*)$ und $v^* \in V(u^*)$ gelten.

b) Das Spiel Γ sei definit, und es gelte $u^* \in U^*$, $v^* \in V^*$. Nach dem Sattelpunktkriterium ist (u^*, v^*) ein Sattelpunkt, woraus nach Teil a) dieses Satzes folgt $u^* \in U(v^*)$ und $v^* \in V(u^*)$. Da $u^* \in U^*$ und $v^* \in V^*$ beliebige Minimax-Strategien der beiden Spieler waren, folgt daraus die Behauptung b).   □

In Kapitel II waren Aussagen über die Existenz von Gleichgewichtspunkten gemacht worden, d.h. im Fall von Zweipersonen-Nullsummenspielen über die Existenz von Sattelpunkten. Mit Hilfe des Sattelpunktkriteriums können diese Sätze jetzt dazu benutzt werden, um Aussagen über die Definitheit von Zweipersonen-Nullsummenspielen und über die Existenz von Minimax-Strategien zu erhalten.
Aus dem Satz von Kuhn (vgl. (2.10)) ergibt sich sofort:

(3.23)   *Satz:*

> *$(X, \mathfrak{U}, W_o, a)$ sei ein extensives Zweipersonenspiel mit*
> *endlichem Baum und vollständiger Information. Die zu*
> *$(X, \mathfrak{U}, W_o, a)$ gehörige Normalform Γ sei ein Zweipersonen-*
> *Nullsummenspiel. Dann ist Γ definit, und jeder der*
> *beiden Spieler besitzt Minimax-Strategien.*

Eine direkte Folgerung aus dem Satz von Nikaido-Isoda (vgl. (2.4)) und dem Sattelpunktkriterium ist:

_(3.24)_ _Satz_ (Bohnenblust, Karlin, Shapley [12]):

$\Gamma=(X_1,X_2,a)$ sei ein Zweipersonen-Nullsummenspiel mit den Eigenschaften:

(i) $X_1 \subset \mathbb{R}^{n_1}$, $X_2 \subset \mathbb{R}^{n_2}$, X_1 und X_2 sind konvex und kompakt;

(ii) $a: X_1 \times X_2 \longrightarrow \mathbb{R}^1$ ist stetig, konkav in $x \in X_1$ bei festem $y \in X_2$ sowie konvex in $y \in X_2$ bei festem $x \in X_1$.

Dann ist Γ definit und beide Spieler besitzen Minimax-Strategien.

Die Forderung der Konvexität von a(x,.) ergibt sich aus der Nullsummeneigenschaft und aus der im Satz (2.4) von Nikaido-Isoda verlangten Konkavität der Funktion $a_2(x,.) = -a(x,.)$.

Schließlich erhält man noch aus dem Satz von Nash (vgl. (2.5)) die erste in der Spieltheorie bewiesene Definitheitsaussage:

_(3.25)_ _Satz_ (von Neumann [45]):

$\Gamma_m=(P_1,P_2,A)$ sei die gemischte Erweiterung eines endlichen Zweipersonen-Nullsummenspieles $\Gamma=(X_1,X_2,a)$. Dann ist Γ_m definit und beide Spieler besitzen Minimax-Strategien.

Satz (3.25) besagt also, daß es in jedem Matrixspiel für die Spieler optimale (gemischte) Strategien gibt.

Wir haben uns bis jetzt vor allem dafür interessiert, ob ein Zweipersonen-Nullsummenspiel definit ist und Minimax-Strategien existieren. Das hatte seinen Grund darin, daß in definiten Zweipersonen-Nullsummenspielen Minimax-Strategien als optimale Strategien angesehen werden können. Bei nicht definiten Spielen verlieren sie allerdings diese Eigenschaft, wie das Beispiel (2.9) des Mexikanischen Gaunerspiels zeigt. Dieses Spiel $\Gamma=(\mathbb{N}, \mathbb{N}, a)$ war definiert worden durch

$$a(k,n) = \begin{cases} 1 & \text{falls} \quad k>n \\ 0 & \text{falls} \quad k=n \\ -1 & \text{falls} \quad k<n \end{cases},$$

und es war gezeigt worden, daß sowohl Γ als auch die diskrete gemischte Erweiterung $\Gamma_{dm}=(P_1,P_2,A)$ indefinit sind mit $g_1(p)=-1$, $g_2(q)=1$ für alle $p\in P_1$, $q\in P_2$. Folglich ist *jede* Strategie jedes Spielers eine Minimax-Strategie, wobei allerdings die Garantieschranken dieser Minimax-Strategien nicht größer sind als die ungünstigste Auszahlung.

Erheblich besser sieht die Situation aus, wenn ein Spiel zwar definit ist, aber keine Minimax-Strategien existieren. (Das ist z.B. häufig der Fall, wenn die Strategienmengen gewisse Kompaktheitseigenschaften nicht besitzen.) Wegen der Definitheit gibt es dann nämlich immer Strategien, deren Garantieschranken dem Spielwert beliebig nahe kommen.

(3.26) *Beispiel* *(Kleines Mexikanisches Gaunerspiel):*

Zwei Gauner, denen das Risiko beim Mexikanischen Gaunerspiel (vgl. (2.6)) zu hoch ist, ziehen es vor, am Kleinen Mexikanischen Gaunerspiel $\Gamma=(\,\mathbb{N},\mathbb{N},a\,)$ mit der Auszahlungsfunktion

$$a(k,n):= \frac{1}{n} - \frac{1}{k}$$

teilzunehmen. In diesem Spiel gilt für $k\in\mathbb{N}$

$$g_1(k) = \inf_{n\in\mathbb{N}} a(k,n) = -\frac{1}{k} \text{ , also}$$

$$W_*(\,\mathbb{N},\mathbb{N}) = \sup_{k\in\mathbb{N}} (-\frac{1}{k}) = 0.$$

Auf die gleiche Weise folgt für $n\in\mathbb{N}$

$$g_2(n) = \sup_{k\in\mathbb{N}} a(k,n) = \frac{1}{n} \text{ , d.h.}$$

$$W^*(\,\mathbb{N},\mathbb{N}) = \inf_{n\in\mathbb{N}} (\frac{1}{n}) = 0.$$

Somit ist das Spiel Γ definit und damit auch die diskrete gemischte Erweiterung $\Gamma_{dm}=(P_1,P_2,A)$ von Γ. Es gilt aber für jede gemischte Strategie $p \in P_1$:

$$g_1(p) = \inf_{n \in \mathbb{N}} A(p,n) = \inf_{n \in \mathbb{N}} \sum_{k=1}^{\infty} \left(\frac{1}{n} - \frac{1}{k} \right) \cdot p(\{k\})$$

$$= - \sum_{k=1}^{\infty} \frac{1}{k} \, p(\{k\}) < 0,$$

d.h. es gibt keine Minimax-Strategie in P_1 für Spieler 1.   □

(3.27) *Definition:*

$\Gamma=(U,V,A)$ sei ein Zweipersonen-Nullsummenspiel; es sei $\varepsilon>0$. Dann heißt u_ε^* bzw. v_ε^* eine ε-Minimax-Strategie in U bzw. V genau dann, wenn

$$g_1(u_\varepsilon^*) \geq \sup_{u \in U} g_1(u) - \varepsilon \quad bzw. \quad g_2(v_\varepsilon^*) \leq \inf_{v \in V} g_2(v) + \varepsilon$$

gilt.

In einem definiten Spiel, in dem keine Minimax-Strategien existieren, können also ε-Minimax-Strategien als "vernünftige" Verhaltensweisen an ihre Stelle treten. Der folgende Satz zeigt, daß dies insbesondere bei Spielen mit beschränkter Auszahlungsfunktion immer möglich ist.

(3.28) *Satz:*

Es sei $\Gamma=(U,V,A)$ ein Zweipersonen-Nullsummenspiel mit beschränkter Auszahlungsfunktion A. Dann gilt: Γ ist genau dann definit mit dem Spielwert $W(\Gamma)$, wenn beide Spieler zu jedem $\varepsilon>0$ ε-Minimax-Strategien u_ε^* bzw. v_ε^* besitzen mit $g_1(u_\varepsilon^*) \geq W(\Gamma)-\varepsilon$ und $g_2(v_\varepsilon^*) \leq W(\Gamma)+\varepsilon$.

Beweis: Daß aus der Definitheit von Γ die Existenz derartiger ε-Minimax-Strategien für jedes $\varepsilon>0$ folgt, ergibt sich aus der Definition des Supremums.

Es existiere umgekehrt zu jedem $\varepsilon>0$ ein $u_\varepsilon^* \in U$ mit

$$A(u_\varepsilon^*,v) \geq W(\Gamma) - \varepsilon \quad \text{für alle } v \in V.$$

Daraus folgt $\inf_{v \in V} A(u_\varepsilon^*,v) \geq W(\Gamma)-\varepsilon$ und weiter

$$\sup_{u \in U} \inf_{v \in V} A(u,v) \geq W(\Gamma) - \varepsilon, \quad \text{d.h.} \quad \sup_{u \in U} \inf_{v \in V} A(u,v) \geq W(\Gamma).$$

Auf analoge Weise erhält man $\inf_{v \in V} \sup_{u \in U} A(u,v) \leq W(\Gamma)$, woraus wegen $W_*(U,V) \leq W^*(U,V)$ die Definitheit von Γ folgt.   □

Bei definiten Spielen hat man also in den Minimax-Strategien bzw. ε-Minimax-Strategien ein annehmbares Konzept für ein "rationales" Verhalten der Spieler gefunden. Ist dagegen ein Zweipersonen-Nullsummenspiel (U,V,A) indefinit, dann gibt man durch Einsatz von Minimax-Strategien das gesamte *Indefinitheitsintervall*

$$(\; W_*(U,V) \; ; \; W^*(U,V) \;)$$

"kampflos" auf und überläßt es unter Umständen dem Gegner, seine Garantieschranke (etwa durch Einsatz eines Bayes-Strategie gegen die eigene Minimax-Strategie) zu verbessern. Man wird deshalb prüfen, ob man aus einem vorgegebenen indefiniten Spiel (U,V,A) durch Hinzunahme weiterer (gemischter) Strategien ein definites Spiel (U',V',A') erhalten kann.

Wenn man die oben erwähnten Lösungskonzepte für Zweipersonen-Nullsummenspiele akzeptiert und anwenden will, muß man im wesentlichen folgende Aufgaben lösen:

(i)   Erarbeitung von Kriterien für die Definitheit von Zweipersonen-Nullsummenspielen;

(ii)   Aufstellen von Existenzaussagen für Minimax-Strategien und Suche nach konstruktiven Verfahren zu deren Berechnung in definiten Zweipersonen-Nullsummenspielen.

Die dazu nötigen Überlegungen werden in den folgenden Paragraphen dieses Kapitels ausgeführt.

§ 3   Definitheitskriterien

Für einige Klassen von Zweipersonen-Nullsummenspielen sind
im vorigen Paragraphen bereits Kriterien zur Überprüfung der
Definitheit angegeben worden; diese beruhen auf allgemeinen
Sätzen über die Existenz von Gleichgewichtspunkten in
n-Personenspielen und dem Sattelpunktkriterium. Man wird jedoch erwarten, daß durch Ausnutzung spezieller Strukturen von
Zweipersonen-Nullsummenspielen weitergehende Aussagen über
die Definitheit möglich sind.

Zunächst sollen Zweipersonen-Nullsummenspiele betrachtet werden,
bei denen ein Spieler - o.B.d.A. Spieler 1 - nur endlich oder
abzählbar viele reine Strategien zur Verfügung hat.

(3.29) *Definition:*

> *Es sei $\Gamma_m = (P_1, P_2, A)$ eine gemischte Erweiterung des*
> *Zweipersonen-Nullsummenspieles $\Gamma = (X_1, X_2, a)$ mit*
> *$|X_1| = k \in I\!N \cup \{\infty\}$; ferner sei $X_1 \subset U \subset P_1$, $X_2 \subset V \subset P_2$ und*
> *es gelte $W^*(U,V) > - \infty$. Für $v \in V$ heißt dann*
>
> $$r(v) := (A(x_1, v), \dots, A(x_k, v)) \in I\!R^k$$
>
> *der __Risikovektor__ von v und*
>
> $$R(V) := \{ r(v); \ v \in V \}$$
>
> *der __Risikobereich__ des Spielers 2.*

Da nach der Vereinbarung (3.4) strategisch äquivalente
Strategien in Γ_m identifiziert werden, entspricht jedem Punkt
aus dem Risikobereich genau eine Strategie aus V.

In diesem Kapitel wollen wir die gemischten Strategien $p \in P_1$
darstellen als Vektoren (bzw. für k = ∞ als Folgen)

$$(p_1, \dots, p_k) := (p(\{x_1\}), \dots, p(\{x_k\})) \in I\!R^k$$

und die Tatsache, daß zu einem solchen Vektor $z \in I\!R^k$ genau eine
gemischte Strategie p' mit $z = (p'(\{x_1\}), \dots, p'(\{x_k\}))$ existiert,

ausdrücken durch die Schreibweise $z \leftrightarrow p'$. Bei Verwendung dieser Darstellungsweise läßt sich P_1 identifizieren mit der Menge

$$P = \{(z_1,\ldots,z_k) \in \mathbb{R}^k;\ z_i \geq 0,\ \sum_{i=1}^{k} z_i = 1\}$$

und U mit der Menge

$$P(U) = \{(z_1,\ldots,z_k) \in P;\ \exists u \in U:\ (z_1,\ldots,z_k) \leftrightarrow u\}.$$

Dann gilt für die Auszahlung an Spieler 1 bei Einsatz der Strategien $u \in U$, $v \in V$:

$$A(u,v) = \sum_{i=1}^{k} u(\{x_i\}) \cdot A(x_i,v) = (u_1,\ldots,u_k) \cdot r(v),$$

d.h. $A(u,v)$ läßt sich schreiben als Skalarprodukt der Vektoren $(u_1,\ldots,u_k)$ und $r(v)$, so daß man das Zweipersonen-Nullsummenspiel $(U,V,A_{|U \times V})$ auch in der Form

$$\Gamma' = (P(U), R(V), s) \text{ mit } s((u_1,\ldots,u_k), r(v)) := (u_1,\ldots,u_k) \cdot r(v)$$

darstellen kann.

Aus der Einbettung der Strategienmengen U und V in den $\mathbb{R}^k$ sowie aus topologischen Eigenschaften von $P(U)$ und $R(V)$ (die jeweils mit der Relativtopologie des $\mathbb{R}^k$ versehen sein mögen) werden wir im folgenden in mehrfacher Hinsicht Nutzen ziehen.

Für den Fall $|X_1| = k < \infty$ kann man z.B. ohne weitere Voraussetzungen über X_2 bereits die Existenz von Minimax-Strategien für den ersten Spieler sichern:

<u>(3.3o)</u> <u>Satz:</u>

>$\Gamma_m = (P_1, P_2, A)$ *sei eine gemischte Erweiterung des Zweipersonen-Nullsummenspieles* $\Gamma = (X_1, X_2, a)$ *mit* $|X_1| = k < \infty$; *ferner sei* $X_2 \subseteq V \subseteq P_2$. *Dann besitzt der Spieler 1 im Spiel* $(P_1, V, A_{|P_1 \times V})$ *Minimax-Strategien, d.h. es gilt* $P_1^* \neq \emptyset$.

152

Beweis: Falls $W_*(P_1,V) = -\infty$ gilt, folgt $P_1^* = P_1$. Somit bleibt nur noch der Fall $W_*(P_1,V) > -\infty$ zu untersuchen:

Es sei $p^{(j)}$, $j \in \mathbb{N}$, eine Folge in P_1 mit

$$W_*(P_1,V) = \sup_{p \in P_1} g_1(p) = \lim_{j \to \infty} g_1(p^{(j)}).$$

Dann ist $(p_1^{(j)},\ldots,p_k^{(j)})$, $j \in \mathbb{N}$, eine Folge in P, wobei P wegen $k < \infty$ eine kompakte Teilmenge des $\mathbb{R}^k$ ist. Daher existiert eine konvergente Teilfolge $(p_1^{(j_\nu)},\ldots,p_k^{(j_\nu)})$, $\nu \in \mathbb{N}$, von $(p_1^{(j)},\ldots,p_k^{(j)})$, $j \in \mathbb{N}$, d.h.

$$\exists\,(p_1^{(0)},\ldots,p_k^{(0)}) \in P: \lim_{\nu \to \infty} (p_1^{(j_\nu)},\ldots,p_k^{(j_\nu)}) = (p_1^{(0)},\ldots,p_k^{(0)}).$$

Wir wollen nun zeigen, daß $p^{(0)}$ eine Minimax-Strategie für Spieler 1 ist, d.h. daß $g_1(p^{(0)}) = W_*(P_1,V)$ gilt.

Da die Funktion $s(.,r(v))$ für jeden Risikovektor $r(v) \in R(V)$ stetig in $(u_1,\ldots,u_k)$ ist, folgt, daß

$$\{(p_1,\ldots,p_k) \in P;\ (p_1,\ldots,p_k) \cdot r(v) < t\}$$

für alle $t \in \mathbb{R}^1$ und alle $r(v) \in R(V)$ eine offene Teilmenge von P ist. Folglich ist auch

$$B(t) := \{(p_1,\ldots,p_k) \in P;\ \inf_{v \in V} (p_1,\ldots,p_k) \cdot r(v) < t\}$$

$$= \bigcup_{v \in V} \{(p_1,\ldots,p_k) \in P;\ (p_1,\ldots,p_k) \cdot r(v) < t\}$$

als Vereinigung offener Mengen wieder offen, und für beliebig vorgegebenes $\varepsilon > 0$ und $t_\varepsilon := \inf_{v \in V} (p_1^{(0)},\ldots,p_k^{(0)}) \cdot r(v) + \varepsilon > -\infty$ gilt

$$(p_1^{(0)},\ldots,p_k^{(0)}) \in B(t_\varepsilon).$$

$B(t_\varepsilon)$ ist also eine Umgebung von $(p_1^{(0)},\ldots,p_k^{(0)})$ derart, daß für alle $(p_1,\ldots,p_k) \in B(t_\varepsilon)$ gilt

$$g_1(p^{(0)}) = \inf_{v\in V}\ (p_1^{(0)},\ldots,p_k^{(0)})\cdot r(v) > \inf_{v\in V}\ (p_1,\ldots,p_k)\cdot r(v) - \varepsilon\,,$$

woraus wegen $\displaystyle\lim_{\nu\to\infty}(p_1^{(j_\nu)},\ldots,p_k^{(j_\nu)}) = (p_1^{(0)},\ldots,p_k^{(0)})$ folgt:

$$W_*(P_1,V) \geq g_1(p^{(0)}) \geq \lim_{\nu\to\infty}\ \inf_{v\in V}\ (p_1^{(j_\nu)},\ldots,p_k^{(j_\nu)})\cdot r(v) - \varepsilon$$

$$= \lim_{\nu\to\infty} g_1(p^{(j_\nu)}) - \varepsilon = W_*(P_1,V) - \varepsilon.$$

Da $\varepsilon > 0$ beliebig gewählt war, erhält man hieraus

$$g_1(p^{(0)}) = W_*(P_1,V). \qquad\qquad\qquad\square$$

Die Voraussetzung der Endlichkeit von X_1 ist für die Aussage des Satzes (3.3o) wesentlich. Bereits für abzählbare Strategienmengen X_1 kann P_1^* leer sein, wie das Beispiel (3.28) des Kleinen Mexikanischen Gaunerspiels zeigt.

Wir wollen nun als nächstes eine geometrische Charakterisierung der Spielwerte von (U,V,A) für den Fall $X_1 \subset U \subset P_1$, $X_2 \subset V \subset P_2$ angeben. Dazu werden die folgenden (aus der linearen Algebra bekannten) Bezeichnungen benötigt:

(3.31) *Bezeichnungen:*

> Für $k\in\mathbb{N}$ seien $(p_1,\ldots,p_k)\in P$ und $t\in\mathbb{R}^1$. Dann heißt
>
> $h((p_1,\ldots,p_k),t) := \{z\in\mathbb{R}^k;\ (p_1,\ldots,p_k)\cdot z = t\}$ *Hyperebene*
> $\qquad\qquad$ *im $\mathbb{R}^k$ mit $(p_1,\ldots,p_k)$ als Lotvektor,*
>
> $H((p_1,\ldots,p_k),t) := \{z\in\mathbb{R}^k;\ (p_1,\ldots,p_k)\cdot z \leq t\}$ *Halbraum*
> $\qquad\qquad$ *im $\mathbb{R}^k$,*
>
> $K(P(U),t) := \{z\in\mathbb{R}^k;\ \sup\{(u_1,\ldots,u_k)\cdot z;\ (u_1,\ldots,u_k)\in P(U)\}\leq t\}$
> $\qquad\qquad$ *Kegel im $\mathbb{R}^k$*
>
> $d := (1,\ldots,1)$ *Diagonalvektor im $\mathbb{R}^k$,*
>
> $D := \{td;\ t\in\mathbb{R}^1\}$ *Hauptdiagonale des $\mathbb{R}^k$.*

Eine Hyperebene $h((p_1', \ldots, p_k'), t')$ mit

$$t' = \inf_{v \in V} (p_1', \ldots, p_k') \cdot r(v) \; \text{heißt Stützhyperebene}$$

von unten an $R(V)$.

Ohne große Mühe lassen sich sofort die nachfolgenden Hilfs-
aussagen zeigen:

<u>(3.32)</u> <u>Lemma:</u>

Für alle $(p_1, \ldots, p_k) \in P$ und alle $t, t_1, t_2 \in \mathbb{R}^1$ gilt:

a) $t_1 < t_2 \Rightarrow H((p_1, \ldots, p_k), t_1) \subset H((p_1, \ldots, p_k), t_2),$

    $t_1 < t_2 \Rightarrow K(P(U), t_1)) \subset K(P(U), t_2);$

b) $H((p_1, \ldots, p_k), t) \cap D = \{\lambda d; \; \lambda \leq t\} = K(P(U), t) \cap D,$

    $h((p_1, \ldots, p_k), t) \cap D = \{td\};$

c) $K(P(U), t) = \{(z_1, \ldots, z_k) \in \mathbb{R}^k; \; \sup_{1 \leq i \leq k} z_i \leq t\} = K(P, t).$

Beweis: Die Aussage a) folgt direkt aus der Definition eines
Halbraumes bzw. Kegels.

b) $\{z \in \mathbb{R}^k; \; (p_1, \ldots, p_k) \cdot z \leq t\} \cap \{\lambda d; \; \lambda \in \mathbb{R}^1\} = \{\lambda d; (p_1, \ldots, p_k) \cdot \lambda d \leq t\}$

$$= \{\lambda d; \; \lambda \sum_{i=1}^{k} p_i \leq t\} = \{\lambda d; \; \lambda \leq t\}$$

$$= \{\lambda d; \; \sup\{(u_1, \ldots, u_k) \cdot \lambda d; \; (u_1, \ldots, u_k) \in P(U)\} \leq t\}$$

$$= K(P(U), t) \cap D.$$

c) Wegen $X_1 \subset U$ folgt $(0, \ldots, 0, \underset{\underset{i}{\uparrow}}{1}, 0, \ldots, 0) \in P(U)$ für alle $1 \leq i \leq k$
und damit

$$K(P(U), t) \subset \bigcap_{i=1}^{k} \{(z_1, \ldots, z_k) \in \mathbb{R}^k; \; z_i \leq t\} = \{(z_1, \ldots, z_k) \in \mathbb{R}^k; \; \sup_{1 \leq i \leq k} z_i \leq t\}$$

$$\subset \{(z_1, \ldots, z_k) \in \mathbb{R}^k; \; \sup\{\sum_{i=1}^{k} p_i z_i; \; (p_1, \ldots, p_k) \in P\} \leq t\}$$

$$= K(P, t) \subset K(P(U), t). \qquad \square$$

Die bereits angekündigte geometrische Charakterisierung der
Spielwerte kann man jetzt folgendermaßen formulieren:

<u>(3.33)</u> <u>Satz:</u>

$\Gamma_m = (P_1, P_2, A)$ *sei eine gemischte Erweiterung des*
Zweipersonen-Nullsummenspiels $\Gamma = (X_1, X_2, a)$ *mit*
$|X_1| = k \in \mathbb{N}$; *außerdem sei* $X_1 \subset U \subset P_1$, $X_2 \subset V \subset P_2$.

Dann gilt für die Spielwerte von $(U, V, A|_{U \times V})$:

a) $W_*(U, V) = sup\{t \in \mathbb{R}^1; \ \exists (u_1, \ldots, u_k) \in P(U):$
$$R(V) \cap H((u_1, \ldots, u_k), t) = \emptyset\}$$
$$= inf\{t \in \mathbb{R}^1; \ \forall (u_1, \ldots, u_k) \in P(U):$$
$$R(V) \cap H((u_1, \ldots, u_k), t) \neq \emptyset\};$$

b) $W^*(U, V) = sup\{t \in \mathbb{R}^1; \ R(V) \cap K(P(U), t) = \emptyset\}$
$$= inf\{t \in \mathbb{R}^1; \ R(V) \cap K(P(U), t) \neq \emptyset\}.$$

Beweis: a) $s_1 := sup\{t \in \mathbb{R}^1; \ \exists (u_1, \ldots, u_k) \in P(U):$
$$R(V) \cap H((u_1, \ldots, u_k), t) = \emptyset\}$$

$$t < s_1 \quad \overset{(3.32)a)}{\Rightarrow} \quad \exists (u_1', \ldots, u_k') \in P(U): \ R(V) \cap H((u_1', \ldots, u_k'), t) = \emptyset$$

$$\Rightarrow \ (u_1', \ldots, u_k') \cdot r(v) > t \quad \text{für alle } v \in V$$

$$\Rightarrow \ W_*(U, V) \geq \inf_{v \in V} (u_1', \ldots, u_k') \cdot r(v) \geq t.$$

Somit gilt $W_*(U, V) \geq s_1$.

$$t > s_1 \ \Rightarrow \ R(V) \cap H((u_1, \ldots, u_k), t) \neq \emptyset \quad \text{für alle } (u_1, \ldots, u_k) \in P(U)$$

$$\Rightarrow \ \inf_{v \in V} (u_1, \ldots, u_k) \cdot r(v) \leq t \quad \text{für alle } (u_1, \ldots, u_k) \in P(U)$$

$$\Rightarrow \ W_*(U, V) \leq t.$$

Folglich gilt auch $W_*(U, V) \leq s_1$ und damit insgesamt $W_*(U, V) = s_1$.
Gilt für ein $t_1 \in \mathbb{R}^1$ und $(u_1, \ldots, u_k) \in P(U)$

$$R(V) \cap H((u_1, \ldots, u_k), t_1) \neq \emptyset,$$

156

so ist nach Lemma (3.32)a) für jedes $t_2 > t_1$

$$R(V) \cap H((u_1,\ldots,u_k),t_2) \neq \emptyset;$$

deshalb folgt $s_1 = \inf\{t \in \mathbb{R}^1; \forall (u_1,\ldots,u_k) \in P(U):$

$$R(V) \cap H((u_1,\ldots,u_k),t) \neq \emptyset\}.$$

b) $s_2 := \sup\{t \in \mathbb{R}^1; R(V) \cap K(P(U),t) = \emptyset\}$

$\quad t < s_2 \;\Rightarrow\; R(V) \cap K(P(U),t) = \emptyset$

$\qquad\quad \Rightarrow\; \sup\{(u_1,\ldots,u_k) \cdot r(v); (u_1,\ldots,u_k) \in P(U)\} > t$ für alle $v \in V$

$\qquad\quad \Rightarrow\; W^*(U,V) \geq t.$

Hieraus erhält man $W^*(U,V) \geq s_2$, während man aus

$\quad t > s_2 \;\Rightarrow\; R(V) \cap K(P(U),t) \neq \emptyset$

$\qquad\quad \Rightarrow\; \exists v \in V: \sup\{(u_1,\ldots,u_k) \cdot r(v); (u_1,\ldots,u_k) \in P(U)\} \leq t$

$\qquad\quad \Rightarrow\; W^*(U,V) \leq t$

die umgekehrte Ungleichung $W^*(U,V) \leq s_2$ und damit $W^*(U,V) = s_2$
erhält. Schließlich folgt $s_2 = \inf\{t \in \mathbb{R}^1; R(V) \cap K(P(U),t) \neq \emptyset\}$
genauso wie die entsprechende Gleichheit für s_1 in Teil a)
mit Hilfe von Lemma (3.32)a). $\qquad\qquad\qquad\qquad\qquad\qquad\Box$

Die soeben bewiesene Charakterisierung der Spielwerte eines
Zweipersonen-Nullsummenspiels $(U,V,A|_{U \times V})$ für den Fall
$|X_1| = k < \infty$ läßt sich recht anschaulich interpretieren: $W_*(U,V)$
ist der "maximale" Punkt auf der Hauptdiagonalen D, der sich
durch eine *Stützhyperebene*

$$h \in H(U) := \{h((u_1,\ldots,u_k),t); (u_1,\ldots,u_k) \in P(U), t \in \mathbb{R}^1\}$$

von unten an $R(V)$ erreichen läßt, während $W^*(U,V)$ der
"maximale" Punkt auf D ist, der durch einen *"Stützkegel"*

$$K \in K(U) := \{K(P(U),t); t \in \mathbb{R}^1\} \text{ mit } K \cap R(V) = \emptyset$$

erreichbar ist. Für den Fall $|X_1| = k = 2$ kann man sich diese

Charakterisierung der Spielwerte überdies sehr einfach anhand
von Abbildungen klarmachen:

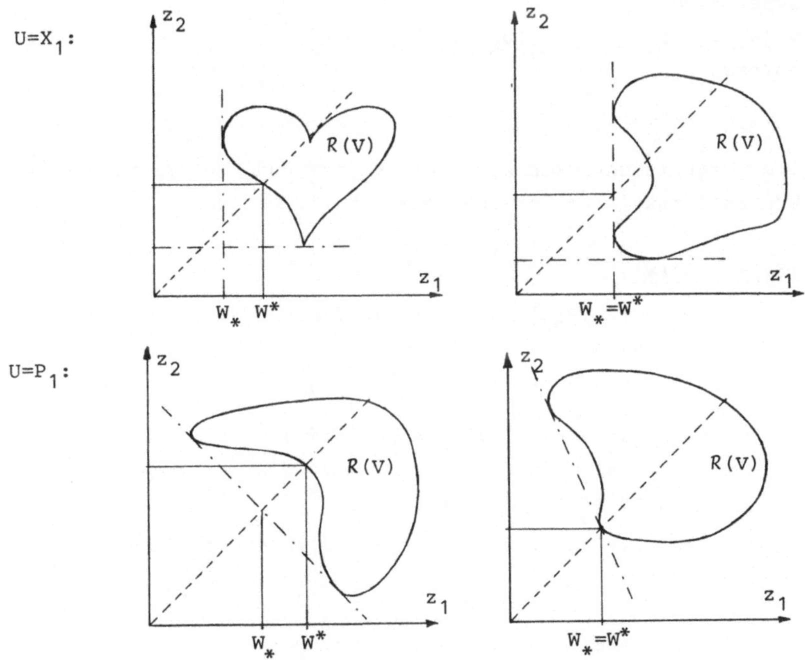

Ebenso wie man sich die Spielwerte eines Zweipersonen-Nullsummenspiels geometrisch veranschaulichen kann, gibt es auch
für die Bayes- und Minimax-Strategien eine geometrische Interpretation. Dazu sehen wir uns zunächst einmal an, wie sich in
dem Spiel $(P(U), R(V), s)$, welches das ursprünglich gegebene
Spiel $(U, V, A|_{U \times V})$ "beschreibt", die Auszahlungen geometrisch
deuten lassen. Wenn Spieler 1 als Strategie einen Lotvektor
$(u_1, \ldots, u_k) \in P(U)$ wählt und Spieler 2 einen Punkt $r(v) \in R(V)$,
dann resultiert aus diesen Strategienwahlen eine Hyperebene
$h((u_1, \ldots, u_k), (u_1, \ldots, u_k) \cdot r(v))$ durch $r(v)$ mit $(u_1, \ldots, u_k)$ als
Lotvektor. Die zugehörige Auszahlung an Spieler 1 kann man
also wegen

$$h((u_1, \ldots, u_k), t) \cap D = \{td\}$$

(vgl. (3.32)b)) im Schnittpunkt
der Hauptdiagonalen mit der
Hyperebene
$h((u_1,\ldots,u_k),(u_1,\ldots,u_k)\cdot r(v))$
ablesen.

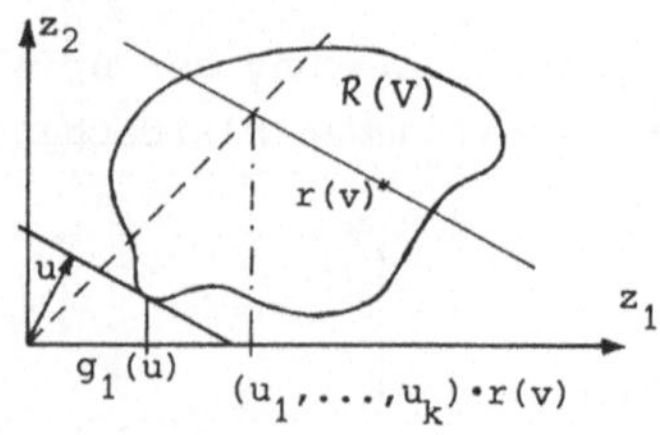

Die Garantieschranken sowie die Bayes- und Minimax-Strategien
können jetzt folgendermaßen charakterisiert werden:

(3.34) *Satz:*

> $\Gamma_m = (P_1, P_2, A)$ *sei eine gemischte Erweiterung des*
> *Zweipersonen-Nullsummenspiels* $\Gamma = (X_1, X_2, a)$ *mit*
> $|X_1| = k < \infty$; *es gelte* $X_1 \subset U \subset P_1$, $X_2 \subset V \subset P_2$.
>
> a) *Für eine Strategie* $p \in P_1$ *gilt* $g_1(p) = t$ *genau dann,*
> *wenn* $h((p_1,\ldots,p_k),t)$ *eine Stützhyperebene von*
> *unten an* $R(V)$ *ist.*
>
> b) *Ist* $p \in P_1$, *so gilt* $v_o \in V(p)$ *genau dann, wenn*
> $$r(v_o) \in R(V) \cap h((p_1,\ldots,p_k),g_1(p)).$$
>
> c) *Es gilt* $u^* \in U^*$ *genau dann, wenn*
> $h((u_1^*,\ldots,u_k^*),W_*(U,V))$ *eine Stützhyperebene*
> *von unten an* $R(V)$ *ist.*
>
> d) *Es gilt* $v^* \in V^*$ *genau dann, wenn*
> $r(v^*) \in R(V) \cap K(P(U),W^*(U,V))$.

Beweis: a) Wegen $g_1(p) = t \Longleftrightarrow t = \inf_{v \in V} A(p,v) = \inf_{v \in V}(p_1,\ldots,p_k)\cdot r(v)$

erhält man die Behauptung sofort aus der Definition einer
Stützhyperebene von unten (vgl. (3.31)).

b) $v_o \in V(p) \Longleftrightarrow A(p,v_o) = \min_{v \in V} A(p,v) = g_1(p)$

$\Longleftrightarrow (p_1,\ldots,p_k)\cdot r(v_o) = g_1(p)$

$\Longleftrightarrow r(v_o) \in R(V) \cap h((p_1,\ldots,p_k),g_1(p)).$

c) $u^* \in U^* \longleftrightarrow g_1(u^*) = W_*(U,V)$

$\longleftrightarrow h((u_1^*,\ldots,u_k^*),W_*(U,V))$ ist Stützhyperebene von unten an $R(V)$.

d) $v^* \in V^* \longleftrightarrow (u_1,\ldots,u_k)\cdot r(v^*) \leq W^*(U,V)$ für alle $(u_1,\ldots,u_k)\in P(U)$

$\longleftrightarrow r(v^*) \in R(V) \cap K(P(U),W^*(U,V))$. $\qquad\qquad$ □

Nachdem durch die Sätze (3.33) und (3.34) eine geometrische Interpretation der Spielwerte, der Garantieschranken sowie der Bayes- und Minimax-Strategien gelungen ist, wollen wir uns nun damit beschäftigen, eine geometrische Charakterisierung der Definitheit eines Zweipersonen-Nullsummenspiels anzugeben.

(3.35) *Satz:*

Es sei $\Gamma_m = (P_1,P_2,A)$ eine gemischte Erweiterung des Zweipersonen-Nullsummenspieles $\Gamma = (X_1,X_2,a)$ mit $|X_1| = k < \infty$; U und V seien Strategienmengen mit $X_1 \subset U \subset P_1, X_2 \subset V \subset P_2$. Dann gilt:

Das Zweipersonen-Nullsummenspiel $(U,V,A|_{U\times V})$ ist genau dann definit, wenn zu jedem $c < W^*(U,V)$ eine Strategie $u^{(c)} \in U$ und eine Zahl $t_c \in \mathbb{R}^1$ existieren mit

$$(u_1^{(c)},\ldots,u_k^{(c)})\cdot z \leq t_c \quad \text{für alle} \quad z \in K(P(U),c) \quad \text{und}$$

$$(u_1^{(c)},\ldots,u_k^{(c)})\cdot z \geq t_c \quad \text{für alle} \quad z \in R(V).$$

Beweis: " $\Rightarrow$ " Ist $(U,V,A|_{U\times V})$ definit, so gilt

$$W^*(U,V) = W_*(U,V) = \sup_{u \in U} g_1(u).$$

Also gibt es zu vorgegebenem $c < W^*(U,V)$ eine Strategie $u^{(c)} \in U$ mit $g_1(u^{(c)}) > c$. Sei $t_c \in (c; g_1(u^{(c)}))$. Dann folgt für alle $z \in K(P(U),c)$

$$(u_1^{(c)},\ldots,u_k^{(c)})\cdot z \leq c < t_c$$

und für alle $z \in R(V)$ erhält man

$$(u_1^{(c)}, \ldots, u_k^{(c)}) \cdot z \geq g_1(u^{(c)}) > t_c.$$

" $\leftarrow$ " Umgekehrt gebe es nun zu jedem $c < W^*(U,V)$ eine Strategie $u^{(c)} \in U$ und eine Zahl $t_c \in \mathbb{R}^1$ mit

$$(u_1^{(c)}, \ldots, u_k^{(c)}) \cdot z \leq t_c \quad \text{für alle } z \in K(P(U),c) \text{ und}$$

$$(u_1^{(c)}, \ldots, u_k^{(c)}) \cdot z \geq t_c \quad \text{für alle } z \in R(V).$$

Dann folgt für beliebig vorgegebenes $\varepsilon > 0$ und $c := W^*(U,V) - \varepsilon$ wegen $cd \in K(P(U),c)$

$$W_*(U,V) = \sup_{u \in U} g_1(u) \geq g_1(u^{(c)}) = \inf_{z \in R(V)} (u_1^{(c)}, \ldots, u_k^{(c)}) \cdot z$$

$$\geq t_c \geq (u_1^{(c)}, \ldots, u_k^{(c)}) \cdot (cd) = c = W^*(U,V) - \varepsilon$$

und somit $W_*(U,V) \geq W^*(U,V)$, woraus man mit Hilfe von (3.17)a) die Definitheit von Γ_m erhält. $\qquad\qquad\square$

Der soeben bewiesene Satz (3.35) besagt also, daß ein Zweipersonen-Nullsummenspiel $(U,V,A|_{U \times V})$ genau dann definit ist, wenn es zu jedem $c < W^*(U,V)$ eine Trennhyperebene zwischen $R(V)$ und $K(P(U),c)$ gibt, die einen Lotvektor $(u_1^{(c)}, \ldots, u_k^{(c)}) \in P(U)$ besitzt.

Diesen Satz wollen wir im folgenden anwenden, um die Definitheit von Zweipersonen-Nullsummenspielen $(P_1,V,A|_{P_1 \times V})$ zu zeigen, bei denen der Risikobereich konvex ist.

_(3.36)_ _Satz:_

> $\Gamma = (X_1, X_2, a)$ _sei ein Zweipersonen-Nullsummenspiel mit_ $|X_1| = k < \infty$, _es sei außerdem_ $X_2 \subset V \subset P_2$ _derart, daß_ $R(V)$ _konvex ist. Dann ist_ $\Gamma' = (P_1, V, A|_{P_1 \times V})$ _definit._

Beweis: Nach Satz (3.35) genügt es zu zeigen, daß zu jedem $c < W^*(P_1,V)$ eine Strategie $p^{(c)} \in P_1$ und eine Zahl $t_c \in \mathbb{R}^1$ existieren derart, daß

$$(p_1^{(c)}, \ldots, p_k^{(c)}) \cdot z \leq t_c \qquad \text{für alle } z \in K(P,c) \qquad \text{und}$$

$$(p_1^{(c)}, \ldots, p_k^{(c)}) \cdot z \geq t_c \qquad \text{für alle } z \in R(V) \qquad \text{gelten.}$$

Es sei zunächst $R \subset R(V)$ eine konvexe und kompakte Menge von Risikovektoren. Wegen $k<\infty$ ist auch $P \subset \mathbb{R}^k$ konvex und kompakt; ferner ist das Skalarprodukt $s((p_1,\ldots,p_k),r)$ linear in $(p_1,\ldots,p_k)$ für festes $r \in R$ und linear in r für festes $(p_1,\ldots,p_k) \in P$. Das Spiel $(P,R,s|_{P \times R})$ erfüllt somit alle Voraussetzungen des Satzes (3.24) (Bohnenblust, Karlin, Shapley) und ist deshalb definit.
Der Risikobereich $R(V)$ soll nun durch derartige konvexe und kompakte Mengen "ausgeschöpft" werden.

Gilt $R(V) = \{w^*(P_1,V)d\}$, so ist nichts mehr zu zeigen; es sei also

$$R(V) \neq \{w^*(P_1,V)d\} \quad \text{und} \quad z' \in R(V) - \{w^*(P_1,V)d\}.$$

Dann ist $\delta := |z' - w^*(P_1,V)d| > 0$, und für $i \in \mathbb{N}$ sind

$$R_i := \{z \in R(V); \ |z - w^*(P_1,V)d| \leq i\delta\}$$

konvexe und kompakte Mengen, die wegen $z' \in R_i$ für alle $i \in \mathbb{N}$ nicht leer sind und isoton gegen $R(V)$ konvergieren. Dabei sind die Spiele $(P,R_i,s|_{P \times R_i})$ nach dem oben Gezeigten definit, und wegen $R_i \subset R(V)$ folgt nach (3.17)b):

$$w^*(P,R(V)) \leq w^*(P,R_i) \qquad \text{für alle } i \in \mathbb{N}.$$

Folglich existieren nach Satz (3.35) zu beliebigem $c < w^*(P,R(V)) \leq w^*(P,R_i)$ Strategien $p^{(i)} \in P_1$ und Zahlen $t_i \in \mathbb{R}^1$, $i \in \mathbb{N}$, so daß

$$(p_1^{(i)}, \ldots, p_k^{(i)}) \cdot z \geq t_i \qquad \text{für alle } z \in R_i \text{ und}$$

$$(p_1^{(i)}, \ldots, p_k^{(i)}) \cdot z \leq t_i \qquad \text{für alle } z \in K(P,c)$$

für alle $i \in \mathbb{N}$ erfüllt sind. Da P kompakt ist, gibt es ein

$p' \in P_1$ und eine Teilfolge $(p^{(i_j)})$ von $(p^{(i)})$ mit

$$\lim_{j \to \infty} (p_1^{(i_j)}, \ldots, p_k^{(i_j)}) = (p_1', \ldots, p_k').$$

Mit der Strategie $p' \in P_1$ und $t' := g_1(p')$ kann nun die Bedingung aus Satz (3.35) erfüllt werden: Zu $z'' \in R(V) - \{W^*(P_1,V)d\}$ gibt es nämlich ein $i_o \in \mathbb{N}$ mit $z'' \in R_i$ für alle $i \geq i_o$, d.h.

$$(p_1^{(i)}, \ldots, p_k^{(i)}) \cdot z'' \geq t_i \geq (p_1^{(i)}, \ldots, p_k^{(i)}) \cdot z$$

für alle $z \in K(P,c)$ und alle $i \geq i_o$. Somit folgt für alle

$z'' \in R(V) - \{W^*(P_1,V)d\}$ und alle $z \in K(P,c)$:

$$(p_1', \ldots, p_k') \cdot z'' = \lim_{j \to \infty} (p_1^{(i_j)}, \ldots, p_k^{(i_j)}) \cdot z''$$

$$\geq \lim_{j \to \infty} (p_1^{(i_j)}, \ldots, p_k^{(i_j)}) \cdot z = (p_1', \ldots, p_k') \cdot z,$$

also

$$(p_1', \ldots, p_k') \cdot z'' \geq g_1(p') = \inf_{w \in R(V)} (p_1', \ldots, p_k') \cdot w$$

$$\geq \sup_{w \in K(P,c)} (p_1', \ldots, p_k') \cdot w \geq (p_1', \ldots, p_k') \cdot z.$$

Falls $W^*(P_1,V)d \in R(V)$ ist, dann folgt

$$(p_1', \ldots, p_k') \cdot (W^*(P_1,V)d) = W^*(P_1,V) \geq g_1(p') \geq (p_1', \ldots, p_k') \cdot z$$

für alle $z \in K(P,c)$, womit der Satz vollständig bewiesen ist. $\square$

Mit dem Satz (3.36) haben wir eine Definitheitsaussage erhalten für alle Zweipersonen-Nullsummenspiele, bei denen ein Spieler nur endlich viele reine Strategien zur Verfügung hat und beiden Spielern "beliebiges Mischen" (mit den in Kapitel I genannten Einschränkungen für die jeweiligen σ-Algebren) erlaubt ist:

(3.37) <u>*Korollar:*</u>

$\Gamma_m = (P_1, P_2, A)$ *sei eine gemischte Erweiterung eines Zweipersonen-Nullsummenspieles* $\Gamma = (X_1, X_2, a)$, *bei dem* X_1 *oder* X_2 *endlich ist. Dann ist* Γ_m *definit.*

(3.38) <u>*Anmerkung:*</u>

Wie das Beispiel (2.9) des Mexikanischen Gaunerspiels zeigt, ist die Aussage von (3.36) i.a. nicht mehr richtig, wenn X_1 *abzählbar unendlich ist. Bezeichnet* P_2 *die Menge aller diskreten Wahrscheinlichkeitsmaße über* $(\mathbb{N}, \mathfrak{P}(\mathbb{N}))$, *dann ist der zugehörige Risikobereich* $R(P_2)$ *wegen*

$$\lambda r(q_1) + (1-\lambda)r(q_2) = r(\lambda q_1 + (1-\lambda)q_2), \qquad \lambda \in [0;1],$$

konvex, so daß außer der Endlichkeit von X_1 *alle Voraussetzungen von (3.36) erfüllt sind. Das Mexikanische Gaunerspiel ist jedoch indefinit mit* $W_*(P_1, P_2) = -1$, $W^*(P_1, P_2) = 1$.

Im allgemeinen ist auf den Strategienmengen X_1 und X_2 eines Zweipersonen-Nullsummenspieles keine topologische Struktur gegeben. Nach einer Idee von A. Wald [71] ist es jedoch möglich, diese Mengen unter Verwendung der Auszahlungsfunktion a zu metrisieren:

(3.39) <u>*Definition:*</u>

$\Gamma_m = (P_1, P_2, A)$ *sei eine gemischte Erweiterung des Zweipersonen-Nullsummenspieles* $\Gamma = (X_1, X_2, a)$, *bei dem die Auszahlungsfunktion a beschränkt ist. Es sei* $X_1 \subset U \subset P_1$, $X_2 \subset V \subset P_2$. *Dann heißen*

$$\delta_1(u_1, u_2) := \delta_{V,a}(u_1, u_2) := \sup_{v \in V} |A(u_1, v) - A(u_2, v)|, \quad u_1, u_2 \in U \quad bzw.$$

$$\delta_2(v_1, v_2) := \delta_{U,a}(v_1, v_2) := \sup_{u \in U} |A(u, v_1) - A(u, v_2)|, \quad v_1, v_2 \in V$$

<u>*innere (intrinsic)*</u> <u>*Metriken*</u> *auf U bzw. V.*

(3.40) Anmerkung:

a) *Es ist leicht nachzurechnen, daß δ_1 und δ_2 tatsächlich Metriken auf U bzw. V sind. Dabei wird von der früheren Vereinbarung (3.4) Gebrauch gemacht, die besagt, daß strategisch äquivalente Strategien identifiziert werden.*

b) *Versieht man U bzw. V mit der von δ_1 bzw. δ_2 erzeugten Topologie, dann ist A auf U×V gleichmäßig stetig bzgl. der Produkttopologie, da für alle $(u_1,v_1),(u_2,v_2)$ mit*
$$max(\delta_1(u_1,u_2),\delta_2(v_1,v_2)) < \frac{\varepsilon}{2} \quad gilt$$

$$|A(u_1,v_1)-A(u_2,v_2)| \le |A(u_1,v_1)-A(u_1,v_2)|$$
$$+|A(u_1,v_2)-A(u_2,v_2))| < \frac{\varepsilon}{2} + \frac{\varepsilon}{2} = \varepsilon.$$

Daß die in (3.39) definierten inneren Metriken nicht von der speziellen gemischten Erweiterung (P_1,P_2,A) abhängen, zeigt das folgende Lemma:

(3.41) Lemma:

Es sei $\Gamma_m = (P_1,P_2,A)$ eine gemischte Erweiterung des Zweipersonen-Nullsummenspieles $\Gamma = (X_1,X_2,a)$ mit beschränkter Auszahlungsfunktion a. Ferner sei $X_1 \subset U \subset P_1$, $X_2 \subset V \subset P_2$. Dann gilt

$$\delta_{V,a}(u_1,u_2) = \delta_{X_2,a}(u_1,u_2) \quad \text{für alle } u_1,u_2 \in U,$$

$$\delta_{U,a}(v_1,v_2) = \delta_{X_1,a}(v_1,v_2) \quad \text{für alle } v_1,v_2 \in V.$$

Beweis: Es wird nur die erste Gleichheit bewiesen, die zweite erhält man auf völlig analoge Weise.
Für $u_1,u_2 \in U$ ist

$$\delta_{X_2,a}(u_1,u_2) = \sup_{y \in X_2} |A(u_1,y)-A(u_2,y)| \le \sup_{v \in V} |A(u_1,v)-A(u_2,v)|$$

$$= \delta_{V,a}(u_1,u_2).$$

Andererseits gilt

$$\delta_{V,a}(u_1,u_2) = \sup_{v\in V} \left| \int_{X_2} (A(u_1,y)-A(u_2,y))\,dv(y) \right|$$

$$\leq \sup_{v\in V} \int_{X_2} (\sup_{y\in X_2} |A(u_1,y)-A(u_2,y)|)\,dv(y')$$

$$= \sup_{y\in X_2} |A(u_1,y)-A(u_2,y)| = \delta_{X_2,a}(u_1,u_2),$$

also die behauptete Gleichheit. □

Bei einigen Existenzsätzen für Gleichgewichtspunkte (z.B. Satz von Nikaido-Isoda, (2.7); Satz von Bohnenblust, Karlin, Shapley, (3.24)) war die Kompaktheit der Strategienmengen vorausgesetzt worden. Diese Bedingung soll im folgenden abgeschwächt werden.

(3.42) Definition:

> *Ein metrischer Raum (Z,δ) heißt <u>bedingt kompakt</u>, wenn jede Folge $(z_n)_{n\in \mathbb{N}}$ in Z eine Teilfolge besitzt, die Cauchy-Folge ist.*

(3.43) Anmerkung:

> a) *Ist ein metrischer Raum (Z,δ) kompakt ($\Longleftrightarrow$ folgenkompakt), dann ist er auch bedingt kompakt.*
>
> b) *Ist (Z,δ) bedingt kompakt und vollständig, so ist (Z,δ) auch kompakt.*

Beweis: a) Ist (Z,δ) kompakt, so existiert zu jeder Folge $(z_n)_{n\in \mathbb{N}}$ in Z eine konvergente Teilfolge $(z_{n_i})_{i\in \mathbb{N}}$, die natürlich insbesondere Cauchy-Folge ist.

b) Wenn (Z,δ) bedingt kompakt und vollständig ist, so gibt es zu jeder Folge $(z_n)_{n\in \mathbb{N}}$ in Z eine Teilfolge $(z_{n_i})_{i\in \mathbb{N}}$, die Cauchy-Folge ist und die wegen der Vollständigkeit von Z konvergent ist. Folglich ist (Z,δ) folgenkompakt und somit kompakt.   □

Bedingt kompakte metrische Räume lassen sich nun folgendermaßen charakterisieren:

(3.44)   *Satz:*

> *Ein metrischer Raum (Z,δ) ist genau dann bedingt*
> *kompakt, wenn zu jedem $\varepsilon>0$ eine disjunkte Zerlegung*
>
> $$Z = \sum_{i=1}^{k} Z_i, \quad k\in I\!N,$$
>
> *existiert mit*
>
> $$\delta(Z_i) := \sup_{z,z'\in Z_i} \delta(z,z')\leq\varepsilon \quad \text{für alle} \quad 1\leq i\leq k.$$

Beweis: "$\rightarrow$" Es sei zunächst (Z,δ) als bedingt kompakt vorausgesetzt; $\varepsilon>0$ sei vorgegeben. Da im Fall $Z=\emptyset$ nichts zu zeigen
ist, sei $z_1\in Z$. Wir bezeichnen mit

$$U(z',\lambda) := \{z\in Z; \ \delta(z',z)\leq\lambda\}$$

die Kugel um den Punkt $z'\in Z$ mit dem Radius λ und setzen
$Z_1 := U(z_1, \frac{\varepsilon}{2})$. Ist $Z_1 = Z$, dann ist der Beweis bereits beendet, andernfalls wählen wir ein $z_2 \in Z-Z_1$ und setzen
$Z_2 := U(z_2, \frac{\varepsilon}{2}) \cap Z_1^c$.
Sind $Z_1,\ldots,Z_j$ bereits definiert und gilt $Z \neq \sum_{i=1}^{j} Z_i$, so
wählen wir $z_{j+1}\in Z - \sum_{i=1}^{j} Z_i$ und setzen

$$Z_{j+1} := U(z_{j+1}, \frac{\varepsilon}{2}) \cap \bigcap_{i=1}^{j} Z_i^c.$$

Nach Konstruktion gilt dann für alle $\mu \neq \nu$:

$$(*) \qquad\qquad \delta(z_\mu,z_\nu) \geq \frac{\varepsilon}{2}\ .$$

Wenn nun $Z - \sum_{i=1}^{j} Z_i \neq \emptyset$ gelten würde für alle $j\in I\!N$, dann
existierte eine unendliche Folge $(z_n)_{n\in I\!N}$, die wegen $(*)$
keine Cauchy-Folge als Teilfolge enthält, was im Widerspruch

steht zur bedingten Kompaktheit von (Z,δ). Folglich muß ein $j_o \in \mathbb{N}$ existieren mit

$$Z = \sum_{i=1}^{j_o} Z_i \; ;$$

dies ist dann nach Konstruktion eine Zerlegung von Z mit der verlangten Eigenschaft.

"$\leftarrow$" Umgekehrt existiere nun zu jedem $\varepsilon > 0$ eine Zerlegung $Z = \sum_{i=1}^{k} Z_i$ mit $\delta(Z_i) \leq \varepsilon$ für alle $1 \leq i \leq k$. Sei $(z_n)_{n \in \mathbb{N}}$ eine Folge in Z. Dann gibt es zu $\varepsilon_n := \frac{1}{n}$, $n \in \mathbb{N}$, eine Zerlegung $Z = \sum_{i=1}^{k(n)} Z_i^{(n)}$ mit $\delta(Z_i^{(n)}) \leq \varepsilon_n$ für alle $1 \leq i \leq k(n)$. Da $Z_1^{(1)}, \ldots, Z_{k(1)}^{(1)}$ eine endliche Zerlegung von Z ist, gibt es ein $i_1 \leq k(1)$ derart, daß unendlich viele Folgenglieder in $Z_{i_1}^{(1)}$ liegen. Diese bilden eine Teilfolge $(z_n^{(1)})_{n \in \mathbb{N}}$ von $(z_n)_{n \in \mathbb{N}}$. Ebenso gibt es ein $i_2 \leq k(2)$, so daß unendlich viele Folgenglieder von $(z_n^{(1)})_{n \in \mathbb{N}}$ in $Z_{i_2}^{(2)}$ liegen. Aus diesen Folgengliedern erhält man eine Teilfolge $(z_n^{(2)})_{n \in \mathbb{N}}$ von $(z_n^{(1)})_{n \in \mathbb{N}}$. Auf diese Weise erhält man nacheinander Teilfolgen $(z_n^{(j)})_{n \in \mathbb{N}}$, $j \in \mathbb{N}$, derart, daß $(z_n^{(j+1)})_{n \in \mathbb{N}}$ eine Teilfolge von $(z_n^{(j)})_{n \in \mathbb{N}}$ ist und $z_n^{(j)} \in Z_{i_j}^{(n)}$ gilt für alle $n \in \mathbb{N}$. Die sich aus diesen Teilfolgen ergebende Diagonalfolge $(z_n^{(n)})_{n \in \mathbb{N}}$ ist dann eine Cauchy-Folge: Zu vorgegebenem $\varepsilon > 0$ gibt es ein $n_o \in \mathbb{N}$ mit $\varepsilon_n \leq \varepsilon$ für alle $n \geq n_o$, so daß für alle m,n mit $m \geq n \geq n_o$ folgt $z_m^{(m)}, z_n^{(n)} \in Z_{i_n}^{(n)}$ und damit $|z_m^{(m)} - z_n^{(n)}| \leq \varepsilon$. □

Nach diesen Vorbereitungen läßt sich jetzt das nachfolgende Definitheitskriterium beweisen:

(3.45) <u>Satz</u> *(Bierlein [6]):*

> $\Gamma = (X_1, X_2, a)$ *sei ein Zweipersonen-Nullsummenspiel, bei dem X_1 bedingt kompakt bzgl. $\delta_{X_2, a}$ ist. Dann ist die endlich diskrete gemischte Erweiterung $\Gamma_{fdm} = (P_1, P_2, A)$ definit.*

Beweis: Es sei $\varepsilon > 0$ beliebig vorgegeben. Dann existiert nach

(3.44) eine Zerlegung $X_1 = \sum_{i=1}^{k} Z_i$ von X_1 mit $\delta_{X_2,a}(Z_i) \leq \varepsilon$ für alle $1 \leq i \leq k$. Die Punkte $z_i \in Z_i$, $1 \leq i \leq k$, seien beliebig aber fest gewählt, und es wird $X_1(\varepsilon) := \{z_1, \ldots, z_k\}$ gesetzt. Auf diese Weise wird das Spiel Γ durch das Spiel $\Gamma(\varepsilon) := (X_1(\varepsilon), X_2, a|_{X_1(\varepsilon) \times X_2})$ "approximiert". Für jedes $i \in \{1, \ldots, k\}$ und jedes diskrete Wahrscheinlichkeitsmaß $q' \in P_2$ auf $(X_2, \mathcal{P}(X_2))$ gilt nämlich

$$0 \leq \sup_{x \in Z_i} A(x,q') - A(z_i,q') = \sup_{x \in Z_i} (A(x,q') - A(z_i,q'))$$

$$\leq \sup_{x \in Z_i} \sup_{q \in P_2} |A(x,q) - A(z_i,q)| = \sup_{x \in Z_i} \delta_{P_2,a}(x,z_i) \leq \delta_{P_2,a}(Z_i) \overset{(3.41)}{\leq} \varepsilon.$$

Hieraus folgt $\sup_{x \in Z_i} A(x,q') \leq A(z_i,q') + \varepsilon$ für alle $q' \in P_2$ und weiter $\sup_{x \in X_1} A(x,q) = \max_{1 \leq i \leq k} \sup_{x \in Z_i} A(x,q) \leq \max_{1 \leq i \leq k} A(z_i,q) + \varepsilon$, woraus man $W^*(X_1,P_2) \leq W^*(X_1(\varepsilon),P_2) + \varepsilon$ erhält.

Es bezeichne $P_1(\varepsilon)$ die Menge aller Wahrscheinlichkeitsmaße über $(X_1(\varepsilon), \mathcal{P}(X_1(\varepsilon)))$; dann gilt:

$$W_*(P_1,P_2) = \sup_{p \in P_1} \inf_{q \in P_2} A(p,q) \geq \sup_{p \in P_1(\varepsilon)} \inf_{q \in P_2} A(p,q) = W_*(P_1(\varepsilon),P_2).$$

Da nach Satz (3.36) das Spiel $\Gamma_m(\varepsilon) = (P_1(\varepsilon), P_2, A|_{P_1(\varepsilon) \times P_2})$ definit ist, erhält man aus dem bisher Gezeigten

$$W_*(P_1,P_2) \geq W_*(P_1(\varepsilon),P_2) = W^*(P_1(\varepsilon),P_2) = W^*(X_1(\varepsilon),P_2)$$

$$\geq W^*(X_1,P_2) - \varepsilon = W^*(P_1,P_2) - \varepsilon,$$

d.h. $W_*(P_1,P_2) \geq W^*(P_1,P_2)$ und damit nach (3.17)a) die Definitheit der endlich diskreten gemischten Erweiterung (P_1,P_2,A). $\quad\square$

Aus diesem Satz ergibt sich unmittelbar:

(3.46) *Korollar* *(Wald [71]):*

> *Ist $\Gamma = (X_1, X_2, a)$ ein Zweipersonen-Nullsummenspiel, bei dem X_1 bedingt kompakt bzgl. $\delta_{X_2,a}$ ist, so ist jede gemischte Erweiterung (P_1, P_2, A) von Γ definit.*

Beweis: Nach Definition (1.31)b) enthalten die Strategienmengen jeder gemischten Erweiterung (P_1,P_2,A) von Γ die endlich diskreten Wahrscheinlichkeitsmaße, so daß die Behauptung des Korollars aus Satz (3.45) sowie aus (3.17)b) folgt. □

An dem folgenden Beispiel sieht man, daß der Satz von Bierlein eine stärkere Aussage als der (ursprüngliche) Satz von Wald beinhaltet. Wald hatte nämlich unter den angegebenen Voraussetzungen die Definitheit der gemischten Erweiterung (P_1,P_2,A) gezeigt, bei der die Strategienmengen P_i, $i=1,2$, alle Wahrscheinlichkeitsmaße über $(X_i,\mathcal{Y}_i)$ enthalten und $\mathcal{Y}_i$ diejenige σ-Algebra über X_i ist, die von der durch die innere Metrik δ_i induzierten Topologie auf X_i erzeugt wird.

(3.47) Beispiel:

$\Gamma = (X_1,X_2,a)$ sei das Zweipersonen-Nullsummenspiel mit den Strategienmengen $X_1=[0;1]$, $X_2=\{T;\ T\subset[0;1],\ T\text{ höchstens abzählbar}\}$ sowie der Auszahlungsfunktion

$$a(x,y) = 1 - I_y(x) = \begin{cases} 1 & \text{falls } x\in y^c \\ \\ 0 & \text{falls } x\in y \end{cases}.$$

Es sei P_1 bzw. P_2 die Menge aller diskreten Wahrscheinlichkeitsmaße auf X_1 bzw. X_2. Dann gilt:

$$W_*(P_1,P_2) = W_*(P_1,X_2) = \sup_{p\in P_1}\ \inf_{y\in X_2}\ \int_{X_1} (1-I_y(x))\,dp(x)$$

$$= \sup_{p\in P_1}\ \inf_{y\in X_2}\ (1-p(y)) = \sup_{p\in P_1}\ (1-p(T_p)) = 0,$$

wobei T_p den Träger des Wahrscheinlichkeitsmaßes p bezeichnen möge, der, da p diskret ist, höchstens abzählbar ist und somit in X_2 liegt.

Sei nun P_1' die Menge aller auf $([0;1],\mathcal{B}^1|_{[0;1]})$ definierten

Wahrscheinlichkeitsmaße und λ^1 das Lebesgue-Borelsche Maß auf [0;1]. Dann erhält man für den unteren Spielwert

$$W_*(P_1',X_2) = \sup_{p\in P_1'} \quad \inf_{y\in X_2} \ A(p,y) \geq \inf_{y\in X_2} \ A(\lambda^1,y) = \inf_{y\in X_2} \ (1-\lambda^1(y)) = 1.$$

Andererseits gilt wegen $a(x,y)\leq 1$ für alle $x\in X_1$, $y\in X_2$ natürlich $W^*(X_1,X_2)\leq 1$, so daß

$$W^*(P_1',X_2) = W^*(X_1,X_2) \leq 1 \leq W_*(P_1',X_2)$$

und damit $W_*(P_1',X_2) = W^*(P_1',X_2) = 1$ folgt. $\Gamma' = (P_1',P_2,A)$ ist folglich definit mit dem Spielwert 1.

Für den oberen Spielwert der diskreten gemischten Erweiterung gilt jedoch

$$W^*(P_1,P_2) = W^*(P_1',P_2) = 1,$$

so daß wegen $W_*(P_1,P_2) = 0$ folgt, daß die diskrete gemischte Erweiterung von Γ indefinit ist mit dem Indefinitheitsintervall $[W_*(P_1,P_2);W^*(P_1,P_2)] = [0;1] = [W_*(X_1,X_2);W^*(X_1,X_2)]$, d.h. daß die Spieler durch den Einsatz von lediglich diskreten Wahrscheinlichkeitsmaßen keine Verbesserung ihrer Spielwerte erreichen können gegenüber dem Spiel in reinen Strategien. Wenn jedoch nur Spieler 1 seine Strategienmenge P_1 von diskreten Wahrscheinlichkeitsmaßen "erweitert" zur Menge P_1' aller Borelschen Wahrscheinlichkeitsmaße, so wird die daraus resultierende gemischte Erweiterung $\Gamma' = (P_1',P_2,A)$ definit und besitzt den Spielwert 1. $\qquad\qquad$ □

Das vorangegangene Beispiel zeigte, daß es Spiele gibt, deren endlich diskrete gemischte Erweiterung indefinit ist, für die jedoch eine weitergehende gemischte Erweiterung existiert, die definit ist. Insofern wurde demonstriert, daß, falls ein Spiel eine definite gemischte Erweiterung besitzt, durchaus noch nicht jede gemischte Erweiterung definit sein muß. Die Verstärkung der Aussage des ursprünglichen Satzes von Wald durch den Satz von Bierlein besteht also darin, daß der Satz von Bierlein für bedingt kompakte Strategienmengen

X_1 bereits die Definitheit der "kleinstmöglichen" gemischten Erweiterung Γ_{fdm} sicherstellt. Darüberhinaus kann man den Satz (3.45) aber auch anwenden, um weitere Definitheitsaussagen für Zweipersonen-Nullsummenspiele zu erhalten.

_(3.48)_ _Satz:_

> $\Gamma = (X_1, X_2, a)$ _sei ein Zweipersonen-Nullsummenspiel,_
> _bei dem_ (X_1, d_1) _und_ (X_2, d_2) _kompakte metrische Räume_
> _sind. Die Auszahlungsfunktion_ $a: X_1 \times X_2 \longrightarrow \mathbb{R}^1$ _sei_
> _stetig bzgl. der von den Metriken_ d_1 _und_ d_2 _erzeugten_
> _Produkttopologie auf_ $X_1 \times X_2$. _Dann ist die endlich dis-_
> _krete gemischte Erweiterung_ $\Gamma_{fdm} = (P_1, P_2, A)$ _von_ Γ
> _definit._

Beweis: Nach der Anmerkung (3.43)a) sowie Satz (3.45) genügt es zu zeigen, daß X_1 folgenkompakt bzgl. $\delta_{X_2, a}$ ist.

Sei dazu $(x_n)_{n \in \mathbb{N}}$ eine Folge in X_1. Da (X_1, d_1) kompakt ist, existiert eine Teilfolge $(x_{n_i})_{i \in \mathbb{N}}$ von $(x_n)_{n \in \mathbb{N}}$ und ein $x_o \in X_1$ mit

$$\lim_{i \to \infty} d_1(x_{n_i}, x_o) = 0,$$

d.h. $\lim_{i \to \infty} (x_{n_i}, y) = (x_o, y)$ für alle $y \in X_2$. Aus der Kompaktheit von X_2 sowie der daraus resultierenden gleichmäßigen Stetigkeit von a erhält man hieraus

$$\lim_{i \to \infty} \sup_{y \in X_2} |a(x_{n_i}, y) - a(x_o, y)| = 0$$

und somit

$$\lim_{i \to \infty} \delta_{X_2, a}(x_{n_i}, x_o) = 0.$$

Die Teilfolge $(x_{n_i})_{i \in \mathbb{N}}$ konvergiert also auch bzgl. $\delta_{X_2, a}$ gegen x_o, womit die Folgenkompaktheit von X_1 bzgl. $\delta_{X_2, a}$ bewiesen ist. □

Im Satz (3.45) war die bedingte Kompaktheit von X_1 bzgl. der inneren Metrik $\delta_{X_2, a}$ vorausgesetzt worden. Daß man diese

Voraussetzung ohne Einschränkung der Allgemeinheit durch die der bedingten Kompaktheit von X_2 bzgl. $\delta_{X_1,a}$ ersetzen kann, besagt der folgende Satz:

(3.49) *Satz:*

> *Es sei $\Gamma = (X_1, X_2, a)$ ein Zweipersonen-Nullsummenspiel mit beschränkter Auszahlungsfunktion a. Dann ist X_1 bzgl. δ_1 genau dann bedingt kompakt, wenn X_2 bzgl. δ_2 bedingt kompakt ist.*

Beweis: Es wird nur gezeigt, daß aus der bedingten Kompaktheit von X_1 die bedingte Kompaktheit von X_2 folgt. Der Beweis der umgekehrten Aussage verläuft dann völlig analog.
Sei also X_1 bedingt kompakt bzgl. δ_1; $\varepsilon > 0$ sei beliebig vorgegeben. Dann kann man nach Satz (3.44), wie im Beweis des Satzes (3.45) ausgeführt, eine Menge

$$X_1(\varepsilon) = \{w_1, \ldots, w_k\} \subset X_1$$

finden derart, daß zu jedem $x \in X_1$ ein $w_i \in X_1(\varepsilon)$ existiert mit $\delta_1(x, w_i) \leq \varepsilon$. Sei nun

$$\delta'(y_1, y_2) := \max_{1 \leq i \leq k} |a(w_i, y_1) - a(w_i, y_2)| \ , \quad y_1, y_2 \in X_2,$$

die von $X_1(\varepsilon)$ induzierte innere Metrik auf X_2. Für ein beliebig aber fest gewähltes Element $y_1 \in X_2$ definiert man

$$X_2(1, \varepsilon) := \{y \in X_2; \ \delta'(y, y_1) \leq \tfrac{\varepsilon}{3}\}$$

und induktiv für $y_{n+1} \in X_2 - \sum_{i=1}^{n} X_2(i, \varepsilon)$, $n \in \mathbb{N}$,

$$X_2(n+1, \varepsilon) := \{y \in X_2; \ \delta'(y, y_{n+1}) \leq \tfrac{\varepsilon}{3}\} \cap \left(\sum_{i=1}^{n} X_2(i, \varepsilon)\right)^c.$$

Annahme: Für alle $n \in \mathbb{N}$ gilt $X_2 - \sum_{i=1}^{n} X_2(i, \varepsilon) \neq \emptyset$.

Dann gibt es eine Folge $(y_n)_{n \in \mathbb{N}}$ in X_2 mit der Eigenschaft

$$\delta'(y_m,y_n) = \max_{1 \leq i \leq k} |a(w_i,y_m) - a(w_i,y_n)| > \frac{\varepsilon}{3} \quad \text{für alle } m,n \in \mathbb{N},\ m \neq n.$$

Sei für $n \in \mathbb{N}$ ein Index $j(n) \in \{1,\ldots,k\}$ jeweils so gewählt, daß

$$|a(w_{j(n)},y_n) - a(w_{j(n)},y_{n+1})| = \max_{1 \leq i \leq k} |a(w_i,y_n) - a(w_i,y_{n+1})|$$

gilt. Dann gibt es eine Teilfolge $(y_{n_i})_{i \in \mathbb{N}}$ mit $j(n_i) = j_o \in \{1,\ldots,k\}$ für alle $i \in \mathbb{N}$. Die durch $a_i := a(w_{j_o},y_{n_i})$, $i \in \mathbb{N}$, definierte Folge $(a_i)_{i \in \mathbb{N}}$ ist wegen der Beschränktheit der Auszahlungsfunktion a ebenfalls beschränkt und besitzt somit einen Häufungspunkt α, woraus folgt, daß eine Teilfolge $(y_{n_{i_\nu}})_{\nu \in \mathbb{N}}$ von $(y_{n_i})_{i \in \mathbb{N}}$ existiert mit $\lim_{\nu \to \infty} a_{i_\nu} = \alpha$. Hieraus erhält man

$$\exists \nu_o(\varepsilon) : \forall \nu,\mu \geq \nu_o : |a(w_{j_o},y_{n_{i_\nu}}) - a(w_{j_o},y_{n_{i_\mu}})| \leq \frac{\varepsilon}{3}$$

d.h. $\delta'(y_{n_{i_\nu}},y_{n_{i_\mu}}) \leq \frac{\varepsilon}{3}$ für alle $\nu,\mu \geq \nu_o(\varepsilon)$. Da diese Ungleichung im Widerspruch steht zu der aus der obigen Annahme gefolgerten Ungleichung

$$\delta'(y_m,y_n) > \frac{\varepsilon}{3} \quad \text{für alle } m,n \in \mathbb{N},\ m \neq n,$$

gibt es ein $n_o \in \mathbb{N}$ mit

$$X_2 = \sum_{i=1}^{n_o} X_2(i,\varepsilon).$$

Sind nun $x \in X_1$, $y \in X_2$, dann gibt es ein $k^* \in \{1,\ldots,k\}$ mit $\delta_1(x,w_{k^*}) \leq \frac{\varepsilon}{3}$ sowie ein $n^* \in \{1,\ldots,n_o\}$ mit $y \in X_2(n^*,\varepsilon)$, und man erhält die folgende Abschätzung:

$$|a(x,y) - a(x,y_{n^*})| \leq |a(x,y) - a(w_{k^*},y)| + |a(w_{k^*},y) - a(w_{k^*},y_{n^*})|$$
$$+ |a(w_{k^*},y_{n^*}) - a(x,y_{n^*})| \leq \frac{\varepsilon}{3} + \frac{\varepsilon}{3} + \frac{\varepsilon}{3} = \varepsilon.$$

Folglich gilt auch

$$\sup_{x \in X_1} |a(x,y) - a(x,y_{n^*})| \leq \varepsilon \quad \text{für alle } y \in X_2(n^*,\varepsilon)$$

und somit $\displaystyle\sup_{y,y'\in X_2(i,\varepsilon)} \delta_2(y,y') \leq 2\varepsilon$ für alle $i\in\{1,\ldots,n_o\}$,

so daß die Bedingung aus Satz (3.44) für die bedingte Kompaktheit von X_2 erfüllt ist.   □

(3.5o) _Anmerkung:_

> *Auf die Voraussetzung der Beschränktheit von a kann in Satz (3.49) i.a. nicht verzichtet werden, wie man an dem folgenden Beispiel sieht:*
>
> *Es sei $X_1 = [0;1]$, $X_2 = [0;\infty)$ und $a(x,y) := x+y$, $x\in X_1, y\in X_2$. Dann ist X_1 bzgl. δ_1 bedingt kompakt, nicht jedoch X_2 bzgl. δ_2.*

Die von den inneren Metriken δ_1 und δ_2 erzeugten Topologien, die schon einmal kurz in Anmerkung (3.4o)b) erwähnt worden waren, werden innere Topologien genannt. Man kann nun noch versuchen, die Voraussetzungen, beispielsweise in den Sätzen von Wald und Bierlein, abzuschwächen, indem man auf den Strategienmengen gröbere Topologien als die inneren Topologien betrachtet. Wir wollen uns hier speziell mit den von Teh Tjoe-Tie in [67] eingeführten semi-inneren Topologien beschäftigen:

(3.51) _Definition:_

> *Es sei $\Gamma = (X_1, X_2, a)$ ein Zweipersonen-Nullsummenspiel und*
>
> $$S_1(x_o, \varepsilon) := \{x\in X_1;\ \sup_{y\in X_2} (a(x,y)-a(x_o,y)) < \varepsilon\},\quad x_o\in X_1, \varepsilon > 0,$$
>
> $$S_2(y_o, \varepsilon) := \{y\in X_2;\ \sup_{x\in X_1} (a(x,y_o)-a(x,y)) < \varepsilon\},\quad y_o\in X_2, \varepsilon > 0.$$
>
> *Dann heißen die Topologien T_1 bzw. T_2 mit den Basen*
>
> $$B_1 := \{S_1(x,\varepsilon);\ x\in X_1, \varepsilon > 0\}\ \text{bzw.}\ B_2 := \{S_2(y,\varepsilon);\ y\in X_2, \varepsilon > 0\}$$
>
> *die semi-inneren Topologien auf X_1 bzw. X_2.[1]*

---

[1] Semi-innere Topologien sind i.a. nicht metrisierbar.

Es ist leicht einzusehen, daß die semi-inneren Topologien
Vergröberungen der inneren Topologien sind:

(3.52) _Lemma:_

> *Ist $\Gamma = (X_1, X_2, a)$ ein Zweipersonen-Nullsummenspiel,
> so sind die inneren Topologien auf X_1 bzw. X_2 feiner
> als die semi-inneren Topologien auf X_1 bzw. X_2.*

Beweis: Es sei $S_1(x_o, \varepsilon)$, $x_o \in X_1$, $\varepsilon > 0$, eine Basismenge der
semi-inneren Topologie auf X_1. Ist dann $x' \in S_1(x_o, \varepsilon)$, so gilt

$$\sup_{y \in X_2} \; (a(x', y) - a(x_o, y)) =: s(x') < \varepsilon$$

und für alle $x'' \in X_1$ mit $\delta_1(x'', x') < \varepsilon' := \varepsilon - s(x')$ folgt

$$\sup_{y \in X_2} (a(x'', y) - a(x_o, y)) \leq \sup_{y \in X_2} (a(x'', y) - a(x', y))$$

$$+ \sup_{y \in X_2} (a(x', y) - a(x_o, y))$$

$$< \varepsilon' + s(x') = \varepsilon$$

d.h. es gilt $\{x \in X_1; \; \delta_1(x, x') < \varepsilon'\} \subset S_1(x_o, \varepsilon)$, womit gezeigt ist,
daß $S_1(x_o, \varepsilon)$ offen bzgl. der inneren Topologie auf X_1 ist.
Folglich ist die innere Topologie auf X_1 feiner als die semi-
innere Topologie.
Die entsprechende Aussage für die Topologien auf X_2 zeigt man
analog. □

(3.53) _Definition:_

> *Eine Strategienmenge X_i eines Zweipersonen-Nullsummen-
> spieles $\Gamma = (X_1, X_2, a)$ heißt _semi-bedingt kompakt_ genau
> dann, wenn zu jedem $\varepsilon > 0$ eine endliche Menge
> $Z_i = \{z_1^{(i)}, \dots, z_{n_i}^{(i)}\} \subset X_i$ existiert mit*

$$X_i = \bigcup_{j=1}^{n_i} S_i(z_j^{(i)}, \varepsilon), \quad i \in \{1, 2\}.$$

176

Aus Satz (3.44) sowie Lemma (3.52) erhält man:

<u>*(3.54)*</u> *Lemma:*

> *Ist X_i eine Strategienmenge eines Zweipersonen-*
> *Nullsummenspieles $\Gamma = (X_1, X_2, a)$, die bzgl. δ_i bedingt*
> *kompakt ist, dann ist X_i auch semi-bedingt kompakt, $i \in \{1, 2\}$.*

Beweis: Wegen Satz (3.44) gibt es zu vorgegebenem $\varepsilon > 0$ eine
endliche Teilmenge $X_i(\varepsilon) = \{z_1, \ldots, z_n\} \subset X_i$ mit

$$\forall x \in X_i: \ \exists z_j \in X_i(\varepsilon): \ \delta_i(x, z_j) \leq \frac{\varepsilon}{2} \ ,$$

so daß $X_i = \bigcup_{j=1}^{n} S_i(z_j, \varepsilon)$ gilt. $\qquad\qquad\qquad$ □

Es sei noch angemerkt, daß die Umkehrung von (3.54) i.a.
falsch ist, wie man an dem Beispiel mit $X_1 = \mathbb{N}$, $X_2 = \mathcal{P}(\mathbb{N})$ und
$a(x, y) = 1 - I_y(x)$ sieht. Die Strategienmenge X_2 ist nämlich wegen

$$S_2(\mathbb{N}, \varepsilon) = \{y \subset \mathbb{N}; \ \sup_{x \in X_1} (a(x, \mathbb{N}) - a(x, y)) < \varepsilon\}$$

$$= \{y \subset \mathbb{N}; \ I_y(x) - 1 < \varepsilon\} = \mathcal{P}(\mathbb{N}) = X_2$$

semi-bedingt kompakt, jedoch nicht bedingt kompakt:
Sind $y_1, y_2 \subset \mathbb{N}$, $y_1 \neq y_2$, dann gilt

$$\delta_2(y_1, y_2) = \sup_{x \in X_1} |I_{y_1}(x) - I_{y_2}(x)| = 1 ,$$

so daß $\delta_2(Z) < \frac{1}{2}$, $Z \subset X_2$, nur gelten kann, falls $|Z| = 1$ ist.
Folglich gibt es keine *endliche* disjunkte Zerlegung $Z_1, \ldots, Z_n$
von X_2 mit $\delta_2(Z_j) < \frac{1}{2}$ für $1 \leq j \leq n$.

Auf den Strategienmengen X_1 und X_2 eines Zweipersonen-
Nullsummenspieles (X_1, X_2, a) seien $\mathcal{Y}_1$ und $\mathcal{Y}_2$ diejenigen
σ-Algebren, die von den semi-inneren Topologien T_1 und T_2
erzeugt werden. Ferner seien

$$P_1^{(s)} := \{p;\ p \text{ ist Wahrscheinlichkeitsmaß über } (X_1, \mathfrak{G}_1)\},$$

$$P_2^{(s)} := \{q;\ q \text{ ist Wahrscheinlichkeitsmaß über } (X_2, \mathfrak{G}_2)\}.$$

Dann gilt:

<u>*(3.55)*</u> <u>*Satz*</u> *(Parthasarathy [52]):*

> $\Gamma = (X_1, X_2, a)$ *sei ein Zweipersonen-Nullsummenspiel,*
> *bei dem* $a(x,.): X_2 \longrightarrow \mathbb{R}^1$ *beschränkt ist für alle*
> $x \in X_1$ *und* X_1 *semi-bedingt kompakt ist. Falls dann*
>
> $$-\infty < \int\int a(x,y)\,dp(x)\,dq(y) = \int\int a(x,y)\,dq(y)\,dp(x) < \infty$$
>
> *gilt für alle* $p \in P_1^{(s)}$, $q \in P_2^{(s)}$, *so ist die gemischte*
> *Erweiterung* $\Gamma_m^{(s)} = (P_1^{(s)},\ P_2^{(s)}, A)$ *von* Γ *definit.*

Beweis: Zunächst folgt aus der vorausgesetzten Vertauschbarkeitsbedingung für die Integrationsreihenfolge, daß $\Gamma_m^{(s)}$ tatsächlich eine gemischte Erweiterung von Γ ist. Da X_1 semi-bedingt kompakt ist, existiert zu vorgegebenem $\varepsilon > 0$ eine Menge $X_1(\varepsilon) = \{z_1, \ldots, z_n\} \subset X_1$ mit

$$X_1 = \bigcup_{j=1}^{n} S_1(z_j, \varepsilon),$$

d.h. zu jedem $x \in X_1$ existiert ein $z_j \in X_1(\varepsilon)$ mit

$$a(x,y) < a(z_j, y) + \varepsilon \qquad \text{für alle } y \in X_2.$$

Da die durch

$$Z_1 := S_1(z_1, \varepsilon), \quad Z_{i+1} := S_1(z_{i+1}, \varepsilon) \cap \bigcap_{j=1}^{i} Z_j^c, \quad 1 \le i < n,$$

definierte disjunkte Überdeckung von X_1 aus $\mathfrak{G}_1$-meßbaren Teilmengen $Z_1, \ldots, Z_n$ besteht, gilt für $p \in P_1^{(s)}$, $q \in P_2^{(s)}$:

178

$$A(p,q) = \int A(x,q)\,dp(x) = \sum_{i=1}^{n} \int_{Z_i} A(x,q)\,dp(x)$$

$$< \sum_{i=1}^{n} (A(z_i,q)+\varepsilon)\cdot p(Z_i) \le \max_{1\le i\le n} A(z_i,q)+\varepsilon$$

und deshalb

$$W^*(P_1^{(s)},P_2^{(s)}) = \inf_{q\in P_2^{(s)}} \sup_{p\in P_1^{(s)}} A(p,q) \le \inf_{q\in P_2^{(s)}} \max_{1\le i\le n} A(z_i,q)+\varepsilon$$

$$= W^*(X_1(\varepsilon),P_2^{(s)})+\varepsilon.$$

Da $a(x,.):X_2 \longrightarrow \mathbb{R}^1$ beschränkt ist für alle $x\in X_1$, gilt $W^*(X_1(\varepsilon),P_2^{(s)}) > -\infty$, $W_*(X_1(\varepsilon),P_2^{(s)}) < \infty$, so daß nach Satz (3.36) das Spiel $(P_1(\varepsilon),P_2^{(s)},A|_{P_1(\varepsilon)\times P_2^{(s)}})$ definit ist und nach Satz (3.3o) der Spieler 1 Minimax-Strategien in $P_1(\varepsilon)$ besitzt. Es existiert also ein $p'\in P_1(\varepsilon)$ derart, daß für alle $q'\in P_2^{(s)}$ gilt

$$A(p',q')\ge g_1(p') = \sup_{p\in P_1(\varepsilon)} \inf_{q\in P_2^{(s)}} A(p,q) = \inf_{q\in P_2^{(s)}} \sup_{p\in P_1(\varepsilon)} A(p,q)$$

$$= W^*(P_1(\varepsilon),\,P_2^{(s)}).$$

Hieraus erhält man

$$\inf_{q\in P_2^{(s)}} A(p',q) \ge W^*(P_1(\varepsilon),P_2^{(s)}) = W^*(X_1(\varepsilon),P_2^{(s)})$$

und somit

$$W_*(P_1^{(s)},P_2^{(s)}) \ge W^*(X_1(\varepsilon),P_2^{(s)}) \ge W^*(P_1^{(s)},P_2^{(s)}) - \varepsilon.$$

Da $\varepsilon > 0$ beliebig gewählt war, folgt $W_*(P_1^{(s)},P_2^{(s)})=W^*(P_1^{(s)},P_2^{(s)})$ und damit die Behauptung des Satzes. $\square$

Die im Satz von Parthasarathy vorausgesetzte Vertauschbarkeitsbedingung für die Integrationsreihenfolge läßt sich in vielen
Fällen aus topologischen Eigenschaften der Strategienmenge X_1
herleiten und hat deshalb oftmals keine einschränkende Aus-
wirkung. So kann man unter recht allgemeinen Bedingungen die
$\mathcal{Y}_1 \otimes \mathcal{Y}_2$-Meßbarkeit der Auszahlungsfunktion a zeigen (vgl.[67]).

(3.56) *Lemma* (Teh Tjoe-Tie):

$\Gamma = (X_1, X_2, a)$ *sei ein Zweipersonen-Nullsummenspiel mit*
$\delta_1(x_1, x_2) = \sup\limits_{y \in X_2} |a(x_1, y) - a(x_2, y)| < \infty$ *für alle* $x_1, x_2 \in X_1$.
Wenn dann X_1 *separabel ist bzgl. der inneren Topologie*
auf X_1, *d.h. wenn eine abzählbare dichte Teilmenge*
von X_1 *existiert, so ist a* $\mathcal{Y}_1 \otimes \mathcal{Y}_2$-*meßbar.*

Beweis: Es soll gezeigt werden, daß für beliebig vorgegebenes
$\alpha \in \mathbb{R}^1$ die Menge

$$Z := \{(x, y) \in X_1 \times X_2;\ a(x, y) > \alpha\}$$

$\mathcal{Y}_1 \otimes \mathcal{Y}_2$-meßbar ist. Dazu sei für $0 < r \in \mathbb{Q}$ sowie $x_1 \in X_1$

$$U_1(x_1, r) := \{x \in X_1;\ \delta_1(x_1, x) < r\}.$$

Ist nun D eine abzählbare dichte Teilmenge von X_1 und
$(x_0, y_1) \in Z$, so gibt es ein $r_1 \in \mathbb{Q}$, $r_1 > 0$ mit

$$a(x_0, y_1) > \alpha + r_1$$

und wegen der (gleichmäßigen) Stetigkeit von $a(., y_1)$ ist

$$\{x \in X_1;\ a(x, y_1) > \alpha + r_1\}$$

eine bzgl. der inneren Topologie offene Teilmenge von X_1, so
daß ein $r_2 \in \mathbb{Q}$, $r_2 > 0$, existiert mit

$$U_1(x_0, r_2) \subset \{x \in X_1;\ a(x, y_1) > \alpha + r_1\}.$$

Für $r := \min(r_1, r_2)$ und $x_1 \in U_1(x_0, r)$ gilt dann

$$\delta_1(x_0, x_1) < r \quad \text{sowie} \quad r < a(x_1, y_1) - \alpha.$$

$\varepsilon > 0$ sei so gewählt, daß $0 < r+\varepsilon < a(x_1,y_1)-\alpha$ gilt. Dann erhält man für $(x,y) \in U_1(x_1,r) \times S_2(y_1,\varepsilon)$

$$a(x_1,y_1) - a(x,y) \leq |a(x_1,y_1)-a(x,y_1)| + a(x,y_1)-a(x,y)$$

$$< r+\varepsilon < a(x_1,y_1)-\alpha \; ,$$

so daß $a(x,y) > \alpha$ und damit $U_1(x_1,r) \times S_2(y_1,\varepsilon) \subset Z$ folgt. Definiert man

$$Y(x_1,\varepsilon,r) := \{y \in X_2; \quad 0 < r+\varepsilon < a(x_1,y)-\alpha\}$$

und

$$W(x_1,r) := \bigcup_{\varepsilon > 0} \underbrace{}_{y \in Y(x_1,\varepsilon,r)} S_2(y,\varepsilon) \in T_2 \, ,$$

dann ist bisher gezeigt worden, daß zu jedem $(x_0,y_1) \in Z$ ein $x_1 \in D$ und ein $r \in \mathbb{Q}$, $r > 0$, existiert mit

$$(x_0,y_1) \in U_1(x_1,r) \times W(x_1,r) \subset Z.$$

Da $U_1(x_1,r) \in \mathcal{T}_1$, $W(x_1,r) \in \mathcal{T}_2$ ist, folgt

$$Z = \bigcup_{x_1 \in D} \bigcup_{\substack{r \in \mathbb{Q} \\ r > 0}} (U_1(x_1,r) \times W(x_1,r)) \in \mathcal{T}_1 \otimes \mathcal{T}_2. \qquad \square$$

Lemma (3.56) besagt also, daß man die Vertauschbarkeitsbedingung für die Integrationsreihenfolge in Satz (3.55) aus dem Satz von Fubini folgern kann, sofern a überhaupt integrabel und X_1 separabel bzgl. der inneren Topologie auf X_1 ist. Da die Vertauschbarkeitsbedingung für die Integrationsreihenfolge eine wesentliche Eigenschaft einer gemischten Erweiterung eines Spiels ist, besitzt dieses Lemma eine Vielzahl von Anwendungsmöglichkeiten, beispielsweise die folgende Definitheitsaussage:

(3.57) *Satz* *(Teh Tjoe-Tie):*

Es sei $\Gamma = (X_1,X_2,a)$ *ein Zweipersonen-Nullsummenspiel, bei dem* X_1 *und* X_2 *semi-bedingt kompakt bzgl. a sind und*

$$\iint a(x,y)\,dp(x)\,dq(y) = \iint a(x,y)\,dq(y)\,dp(x)$$

für alle $p \in P_1^{(s)}$, $q \in P_2^{(s)}$ gilt. Dann ist

$$\Gamma_m^{(s)} = (P_1^{(s)}, P_2^{(s)}, A) \ \textit{definit.}$$

Beweis: Genauso wie im ersten Teil des Beweises des Satzes von Parthasarathy folgt, daß $\Gamma_m^{(s)}$ eine gemischte Erweiterung von Γ ist und daß zu vorgegebenem $\varepsilon > 0$ eine Menge $X_1(\varepsilon) = \{z_1, \ldots, z_n\} \subset X_1$ existiert mit
$$W^*(P_1^{(s)}, P_2^{(s)}) \leq W^*(X_1(\varepsilon), P_2^{(s)}) + \varepsilon.$$

Da auch X_2 semi-bedingt kompakt ist, gibt es darüberhinaus eine Menge $X_2(\varepsilon) = \{w_1, \ldots, w_m\} \subset X_2$ mit

$$X_2 = \bigcup_{j=1}^{m} S_2(w_j, \varepsilon),$$

so daß zu jedem $y \in X_2$ ein $w_j \in X_2(\varepsilon)$ existiert mit

$$a(x,y) > a(x,w_j) - \varepsilon \quad \text{für alle } x \in X_1.$$

Durch
$$W_1 := S_2(w_1, \varepsilon), \quad W_{i+1} := S_2(w_{i+1}, \varepsilon) \cap \bigcap_{j=1}^{i} W_j^c, \quad 1 \leq i < m,$$

wird dann eine disjunkte Zerlegung von X_2 definiert, die aus $\mathcal{Y}_2$-meßbaren Teilmengen $W_1, \ldots, W_m$ besteht, so daß gilt

$$A(p,q) = \int A(p,y) dq(y) = \sum_{i=1}^{m} \int_{W_i} A(p,y) dq(y)$$

$$> \sum_{i=1}^{m} (A(p,w_i) - \varepsilon) \cdot q(W_i) \geq \min_{1 \leq i \leq m} A(p,w_i) - \varepsilon .$$

Hieraus folgt

$$W_*(P_1^{(s)}, P_2^{(s)}) = \sup_{p \in P_1^{(s)}} \inf_{q \in P_2^{(s)}} A(p,q) \geq \sup_{p \in P_1^{(s)}} \min_{1 \leq i \leq m} A(p,w_i) - \varepsilon$$

$$= W_*(P_1^{(s)}, X_2(\varepsilon)) - \varepsilon ;$$

insgesamt erhält man somit

$$W^{*}(P_1^{(s)},P_2^{(s)}) \leq W^{*}(X_1(\varepsilon),P_2^{(s)})+\varepsilon \leq W^{*}(X_1(\varepsilon),P_2(\varepsilon))+\varepsilon$$

$$= W^{*}(P_1(\varepsilon),P_2(\varepsilon))+\varepsilon = W_{*}(P_1(\varepsilon),P_2(\varepsilon))+\varepsilon$$

$$\leq W_{*}(P_1^{(s)},P_2(\varepsilon))+\varepsilon \leq W_{*}(P_1^{(s)},P_2^{(s)})+2\varepsilon.$$

Da $\varepsilon>0$ beliebig gewählt war, impliziert das
$W^{*}(P_1^{(s)},P_2^{(s)}) \leq W_{*}(P_1^{(s)},P_2^{(s)})$ und damit
$W_{*}(P_1^{(s)},P_2^{(s)}) = W^{*}(P_1^{(s)},P_2^{(s)}).$ □

Die Aussage von Satz (3.57) ähnelt in gewisser Weise der Aussage des Satzes (3.45). Dort war unter der Voraussetzung der bedingten Kompaktheit einer Strategienmenge (was nach (3.49) äquivalent ist zur bedingten Kompaktheit beider Strategienmengen) die Definitheit der endlich diskreten gemischten Erweiterung gezeigt worden. Diese Voraussetzung wird im Satz von Teh Tjoe-Tie abgeschwächt, und es wird nur noch die semi-bedingte Kompaktheit beider Strategienmengen gefordert. Dafür erhält man i.a. aber nicht mehr die Definitheit der "kleinstmöglichen", nämlich der endlich diskreten gemischten Erweiterung, sondern nur noch die Definitheit von
$\Gamma_m^{(s)} = (P_1^{(s)},P_2^{(s)},A).$

Vergleicht man andererseits die Voraussetzungen des Satzes (3.55) mit denen des Satzes (3.57), so stellt man fest, daß diese sich lediglich darin unterscheiden, daß in (3.57) die Strategienmenge X_2 als semi-bedingt kompakt vorausgesetzt wird, während im Satz von Parthasarathy stattdessen $a(x,.)$ für alle $x \in X_1$ als beschränkte Funktion vorausgesetzt wird. Beide Sätze enthalten jedoch insofern voneinander unabhängige Definitheitsaussagen, als es Beispiele dafür gibt, in denen die Voraussetzungen des Satzes von Parthasarathy, nicht aber die Voraussetzungen des Satzes von Teh Tjoe-Tie erfüllt sind:

(3.58) *Beispiel:*

Bereits im Anschluß an Lemma (3.54) hatten wir das "Suchspiel"
$\Gamma = (X_1, X_2, a)$ mit den Strategienmengen $X_1 = \mathbb{N}$, $X_2 = \mathcal{P}(\mathbb{N})$ und
der Auszahlungsfunktion $a(x,y) = 1 - I_y(x)$ betrachtet. Es war
gezeigt worden, daß X_2 semi-bedingt kompakt bzgl. a ist. Demzufolge ist in dem Spiel $\Gamma' = (X_1', X_2', a')$ mit $X_1' = X_2$, $X_2' = X_1$
und $a'(x',y') = -a(y',x')$ die Strategienmenge X_1' semi-bedingt
kompakt bzgl. a'. Da im Spiel Γ die Strategienmenge $X_1 = \mathbb{N}$
abzählbar ist, ist sie insbesondere auch separabel bzgl. der
inneren Topologie, so daß nach Lemma (3.56) a meßbar ist bzgl.
$\mathcal{J}_1 \otimes \mathcal{J}_2$, d.h. daß a' meßbar ist bzgl. $\mathcal{J}_1' \otimes \mathcal{J}_2' = \mathcal{J}_2 \otimes \mathcal{J}_1$.
Wegen des Satzes von Fubini ist damit auch die im Satz von
Parthasarathy noch vorausgesetzte Vertauschbarkeitsbedingung
für die Integrationsreihenfolge erfüllt, woraus die Definitheit von $\Gamma_m'^{(s)}$ folgt.

Im Gegensatz zum Satz von Parthasarathy kann der Satz von
Teh Tjoe-Tie auf dieses Beispiel nicht angewendet werden,
weil $X_2' = \mathbb{N}$ nicht semi-bedingt kompakt bzgl. a' ist. Es gilt
nämlich für alle $n \in \mathbb{N}$:

$$S_2'(n, \tfrac{1}{2}) = \{i \in \mathbb{N}; \quad \sup_{T \subseteq \mathbb{N}} (a'(n,T) - a'(i,T)) < \tfrac{1}{2}\}$$

$$= \{i \in \mathbb{N}; \quad \sup_{T \subseteq \mathbb{N}} (I_T(n) - I_T(i)) < \tfrac{1}{2}\} = \{n\},$$

so daß es zu $\varepsilon = \tfrac{1}{2}$ keine endliche Überdeckung der Form

$$X_2' = \bigcup_{i=1}^{k} S_2'(i, \tfrac{1}{2})$$

gibt.
Schließlich läßt sich in diesem Beispiel der Spielwert von
$\Gamma_m'^{(s)}$ noch sehr einfach berechnen:

$$W(\Gamma_m'^{(s)}) = \sup_{T \subseteq \mathbb{N}} \inf_{i \in \mathbb{N}} (I_T(i) - 1) = 0. \qquad \square$$

§ 4   Spiele über dem Einheitsquadrat

Eine besonders wichtige Klasse von Zweipersonen-Nullsummenspielen mit unendlichen Mengen von reinen Strategien bilden diejenigen Spiele, bei denen jeder Spieler ein kompaktes Intervall
$I_i \subset \mathbb{R}^1$, i=1,2, als Strategienmenge zur Verfügung hat; solche
Spiele ergeben sich beispielsweise, wenn beide Spieler innerhalb eines gewissen Zeitintervalls einen Zeitpunkt zu wählen
haben. Ohne weitere Einschränkung kann man dabei die Intervalle
I_i als auf [0;1] normiert voraussetzen.

(3.59)   Definition:

> *Ein Zweipersonen-Nullsummenspiel $\Gamma = (X_1, X_2, a)$ mit*
> *$X_1 = X_2 = [0;1]$ heißt Spiel über dem Einheitsquadrat.*

Ist Γ ein Spiel über dem Einheitsquadrat mit stetiger Auszahlungsfunktion a, so liefert der Satz (3.48) bereits, daß die
endlich diskrete gemischte Erweiterung Γ_{fdm} von Γ definit ist.
Der folgende Satz zeigt nun, daß man darüberhinaus auch noch
die Existenz von Minimax-Strategien in einer geeigneten "größeren" gemischten Erweiterung nachweisen kann.

(3.60)   Satz:

> *Es sei $\Gamma = (X_1, X_2, a)$ ein Spiel über dem Einheitsquadrat*
> *mit stetiger Auszahlungsfunktion a. Dann ist die ge-*
> *mischte Erweiterung $\Gamma_m = (P_1, P_2, A)$ von Γ, bei der die*
> *Strategienmengen P_i, i=1,2, alle Borelschen Wahr-*
> *scheinlichkeitsmaße über [0;1] enthalten, definit und*
> *beide Spieler besitzen Minimax-Strategien in P_1 bzw. P_2.*

Beweis: Da nach (3.48) bereits die endlich diskrete gemischte
Erweiterung Γ_{fdm} von Γ definit ist, muß nur noch die Existenz
von Minimax-Strategien nachgewiesen werden.
Aus der Stetigkeit von a erhält man, daß für $p \in P_1$ auch

$$A(p,y) = \int_0^1 a(x,y)\, dp(x)$$

stetig ist in y (vgl. [11]), so daß wegen der Kompaktheit von X_2 statt $\inf\limits_{y \in X_2} A(p,y)$ auch $\min\limits_{y \in X_2} A(p,y)$ geschrieben werden kann.

Da die endlich diskrete gemischte Erweiterung Γ_{fdm} von Γ definit ist, gibt es zu jedem $n \in \mathbb{N}$ ein endlich diskretes Wahrscheinlichkeitsmaß $p_n \in P_1$ mit

$$\min\limits_{y \in X_2} A(p_n,y) > \sup\limits_{p \in P_1} \min\limits_{y \in X_2} A(p,y) - \frac{1}{n} = W_*(P_1,P_2) - \frac{1}{n} \ .$$

Betrachtet man nun die zu den Wahrscheinlichkeitsmaßen p_n, $n \in \mathbb{N}$, gehörigen Verteilungsfunktionen F_n, $n \in \mathbb{N}$, so besagt der Satz von Helly (vgl. [68], S. 83), daß es eine Teilfolge $(F_{n_k})_{k \in \mathbb{N}}$ von $(F_n)_{n \in \mathbb{N}}$ gibt und eine Verteilungsfunktion F^* eines endlichen Borel-Maßes über $[0;1]$, so daß

$$(*) \qquad \lim\limits_{k \to \infty} F_{n_k}(x) = F^*(x)$$

gilt für alle $x \in \mathbb{R}^1$, in denen F^* stetig ist. Als Verteilungsfunktion ist F^* insbesondere monoton nicht fallend und besitzt somit höchstens abzählbar viele Unstetigkeisstellen; es gibt also eine dichte Menge $D \subset \mathbb{R}^1$, so daß

$$\lim\limits_{k \to \infty} F_{n_k}(x) = F^*(x) \qquad \text{für alle } x \in D$$

gilt. Daraus folgt sofort

$$F^*(1+) = 1, \qquad F^*(0-) = 0$$

und damit wegen der rechtsseitigen Stetigkeit $F^*(1)=1$. Folglich ist F^* die Verteilungsfunktion eines Borelschen Wahrscheinlichkeitsmaßes p^* über $[0;1]$.

Aus $(*)$ erhält man

$$\lim\limits_{k \to \infty} \int f \, dp_{n_k} = \int f \, dp^*$$

für alle stetigen und beschränkten Funktionen $f \colon \mathbb{R}^1 \longrightarrow \mathbb{R}^1$, also insbesondere

$$\lim\limits_{k \to \infty} \int_0^1 a(x,y) \, dp_{n_k}(x) = \int_0^1 a(x,y) \, dp^*(x) \qquad \text{für alle } y \in X_2,$$

d.h. $\lim\limits_{k \to \infty} A(p_{n_k},y) = A(p^*,y)$ für alle $y \in X_2$. Hieraus folgt

$$\min_{y\in X_2} A(p^*,y) = \min_{y\in X_2} \lim_{k\to\infty} A(p_{n_k},y)$$

$$\geq \lim_{k\to\infty} (W_*(P_1,P_2) - \frac{1}{n_k}) = W_*(P_1,P_2),$$

woraus man unmittelbar ersieht, daß p^* eine Minimax-Strategie des Spielers 1 ist. Die Existenz einer Minimax-Strategie $q^*\in P_2$ für Spieler 2 beweist man analog. □

Der soeben bewiesene Satz sichert zwar die Existenz von (gemischten) Minimax-Strategien für Spiele über dem Einheitsquadrat mit stetiger Auszahlungsfunktion, der Beweis, der wesentlich auf dem Satz von Helly basiert, ist jedoch ein reiner Existenzbeweis und enthält keine Aussage darüber, wie man im konkreten Fall Minimax-Strategien tatsächlich berechnen kann. Näherungsweise kann man sich jedoch vielfach folgendermaßen behelfen: Man "approximiert" das vorliegende Spiel $\Gamma=([0;1],[0;1],a)$ mit stetiger Auszahlungsfunktion a durch Matrixspiele

$$\Gamma^{(n)} = (\{0,\frac{1}{n},\ldots,\frac{n-1}{n},1\},\{0,\frac{1}{n},\ldots,\frac{n-1}{n},1\}, a^{(n)}), \quad n\in\mathbb{N},$$

mit $a^{(n)}(\frac{i}{n},\frac{j}{n}):= a(\frac{i}{n},\frac{j}{n})$. Deren gemischte Erweiterungen $\Gamma_m^{(n)}$, $n\in\mathbb{N}$, sind nach Satz (3.25) definit und besitzen Minimax-Strategien $p^*_{(n)}$ bzw. $q^*_{(n)}$ für Spieler 1 bzw. Spieler 2, für die sich

$$a^{(n)}(p^*_{(n)},q^*_{(n)}) = W(\Gamma_m^{(n)})$$

als Auszahlung ergibt. Da man außerdem für die in Satz (3.60) betrachtete gemischte Erweiterung Γ_m von Γ die Konvergenzaussage

$$\lim_{n\to\infty} W(\Gamma_m^{(n)}) = W(\Gamma_m)$$

zeigen kann, wird man für "genügend große" $n\in\mathbb{N}$ die endlich diskreten gemischten Strategien $p^*_{(n)}$ und $q^*_{(n)}$ als "hinreichend gute" Verhaltensweisen akzeptieren.

Mit dem Satz (3.60) ist die wichtige Klasse von Zweipersonen-Nullsummenspielen noch nicht erfaßt, bei denen - wie etwa in Beispiel (1.14)b) - die Spieler als (reine) Strategien Zeit-

punkte für eine bestimmte Aktion wählen können und es für beide
Spieler vorteilhaft ist, diese Aktion so spät wie möglich auszuführen, vorausgesetzt nur, daß es gelingt, dem Gegner zuvor-
zukommen.

(3.61) *Definition:*

Ein Spiel $\Gamma=(X_1,X_2,a)$ *über dem Einheitsquadrat mit*

$$a(x,y) = \begin{cases} K(x,y) & falls \quad x<y \\ \varphi(x) & falls \quad x=y \ , \\ L(x,y) & falls \quad x>y \end{cases}$$

bei dem K *auf* $\{(x,y)\in[0;1]^2; \ x\le y\}$, L *auf*
$\{(x,y)\in[0;1]^2; \ y\le x\}$ *und* φ *auf* $[0;1]$ *stetig sind, heißt*
Zeitspiel.

Bei Zeitspielen ist die Auszahlungsfunktion a also im allgemeinen unstetig in der Diagonalen des Einheitsquadrates, so daß
der zuvor bewiesene Satz (3.60) nicht mehr anwendbar ist.
Über die Definitheit von Zeitspielen bzw. über die Existenz
von Minimax-Strategien für die Spieler gibt es kaum allgemeine
Aussagen; solche Resultate hängen vielmehr sehr stark von der
Form der Funktionen K, φ und L ab. Unter gewissen Differenzier-
barkeitsvoraussetzungen lassen sich jedoch Bedingungen angeben,
die bei definiten Zeitspielen Minimax-Strategien bestimmen.

(3.62) *Satz:*

Es seien $\Gamma=(X_1,X_2,a)$ *ein Zeitspiel und* p^* *bzw.* q^*
Borelsche Wahrscheinlichkeitsmaße über $[0;1]$ *mit*
λ^1-*Dichten* f^* *bzw.* g^*. *Außerdem gebe es* $b,c,d,e\in[0;1]$
mit $b<c, \ d<e$ *sowie*

$$f^*(x) \begin{cases} > 0 & falls \quad x\in(b;c) \\ = 0 & falls \quad x\notin(b;c) \end{cases} ,$$

$$g^*(y) \begin{cases} > 0 & falls \quad y\in(d;e) \\ = 0 & falls \quad y\notin(d;e) \end{cases} .$$

Dann sind die beiden folgenden Aussagen äquivalent:

(i) Die gemischte Erweiterung $\Gamma_m=(P_1,P_2,A)$ von Γ, bei der die Strategienmengen P_i, $i=1,2$, alle Borel- schen Wahrscheinlichkeitsmaße über $[0;1]$ enthalten, ist definit mit dem Spielwert $W(\Gamma_m)=v$, und p^* bzw. q^* sind Minimax-Strategien für die beiden Spieler in P_1 bzw. P_2.

(ii) $A(p^*,y) \geq v \quad$ *für alle* $y\in[0;1]$ *und*
$A(p^*,y) = v \quad$ *für alle* $y\in(d;e)$;
$A(x,q^*) \leq v \quad$ *für alle* $x\in[0;1]$ *und*
$A(x,q^*) = v \quad$ *für alle* $x\in(b;c)$.

Beweis: "(i) $\Rightarrow$ (ii)": Sei Γ_m definit mit dem Spielwert $W(\Gamma_m)=v$, und p^* bzw. q^* seien Minimax-Strategien für die beiden Spieler in P_1 bzw. P_2. Nach dem Sattelpunktkriterium ist dann (p^*,q^*) ein Gleichgewichtspunkt von Γ_m, woraus

$$A(p^*,y) \geq v \quad \text{und} \quad A(x,q^*) \leq v \quad \text{für alle } x,y\in[0;1]$$

folgt. Um auch $A(p^*,y)=v$ für alle $y\in(d;e)$ und $A(x,q^*)=v$ für alle $x\in(b;c)$ zeigen zu können, benötigt man die beiden folgen- den Hilfsbehauptungen:

Behauptung 1: Die durch $y \longmapsto \int_b^y K(x,y)\,dp^*(x) \quad$ für $y\in[b;1]$ er- klärte Funktion ist stetig.

Behauptung 2: Die durch $y \longmapsto \int_y^c L(x,y)\,dp^*(x) \quad$ für $y\in[0;c]$ er- klärte Funktion ist stetig.

Es wird nur die erste dieser beiden Behauptungen gezeigt, da man beim Beweis der zweiten völlig analog vorgeht.

Beweis 1: Sei $\varepsilon>0$ vorgegeben. Da K auf der kompakten Menge $\{(x,y)\in[0;1]^2;\ x\leq y\}$ stetig ist, erhält man, daß K dort sogar gleichmäßig stetig ist. Somit gibt es ein $\delta_1>0$ derart, daß für alle $y_1,y_2 \geq b$ mit $|y_1-y_2|<\delta_1$ folgt $|K(x,y_1)-K(x,y_2)|< \frac{\varepsilon}{2}$.
Außerdem kann man, da p^* eine λ^1-Dichte besitzt, folgern (vgl. [5], S. 74), daß ein $\delta_2>0$ existiert derart, daß für

alle $A \in \mathscr{L}^1$ mit $\lambda^1(A) \leq \delta_2$ folgt $p^*(A) \leq \frac{\varepsilon}{2K^*}$; dabei sei

$K^* := \max\{|K(x,y)|; (x,y) \in [0;1]^2, x \leq y\}$ [1] .

Sind nun $y_1, y_2 \in [b;1]$ mit $|y_1 - y_2| < \min(\delta_1, \delta_2)$, dann gilt, wenn man o.B.d.A. $y_1 \leq y_2$ voraussetzt,

$$\left| \int_b^{y_1} K(x,y_1) dp^*(x) - \int_b^{y_2} K(x,y_2) dp^*(x) \right|$$

$$= \left| \int_b^{y_1} (K(x,y_1) - K(x,y_2)) dp^*(x) - \int_{y_1}^{y_2} K(x,y_2) dp^*(x) \right|$$

$$\leq \int_b^{y_1} |K(x,y_1) - K(x,y_2)| dp^*(x) + \int_{y_1}^{y_2} |K(x,y_2)| dp^*(x)$$

$$\frac{\varepsilon}{2} + K^* \cdot p^*([y_1;y_2]) \leq \frac{\varepsilon}{2} + K^* \cdot \frac{\varepsilon}{2K^*} = \varepsilon ,$$

womit die Stetigkeit von $\int_b^y K(x,y) dp^*(x)$ in $y \in [b;1]$ bewiesen ist. $\quad\square$

Für $y \in [0;1]$ ergibt sich nun

$$A(p^*, y) = \int_b^c a(x,y) dp^*(x)$$

$$= I_{[b;1]}(y) \cdot \int_b^y K(x,y) dp^*(x) + I_{[0;c]}(y) \cdot \int_y^c L(x,y) dp^*(x).$$

Unter Verwendung der Behauptungen 1 und 2 und wegen der Tatsache, daß aus der Stetigkeit von

$$y \longmapsto \int_b^y K(x,y) dp^*(x), \ y \in [b;1] \quad \text{und} \quad y \longmapsto \int_y^c L(x,y) dp^*(x), \ y \in [0;c]$$

auch die Stetigkeit von

$$y \longmapsto I_{[b;1]}(y) \cdot \int_b^y K(x,y) dp^*(x) \quad \text{und}$$

$$y \longmapsto I_{[0;c]}(y) \cdot \int_y^c L(x,y) dp^*(x)$$

folgt, ergibt sich, daß $A(p^*,.)$ eine stetige Funktion auf $[0;1]$ ist. Wäre also für ein $y_0 \in (d;e)$ die Ungleichung $A(p^*, y_0) > v$

---

[1] Es sei o.B.d.A. $K^* > 0$. Für $K^* = 0$ ist die Behauptung 1 trivial.

190

erfüllt, so gäbe es ein offenes Intervall $U \subset (d;e)$ mit $y_o \in U$ und $A(p^*,y) > v$ für alle $y \in U$. Daraus erhielte man

$$A(p^*,q^*) = \int A(p^*,y)dq^*(y) = \int_U A(p^*,y)dq^*(y) + \int_{[0;1]-U} A(p^*,y)dq^*(y)$$

$$= \int_U A(p^*,y)g^*(y)d\lambda^1(y) + \int_{[0;1]-U} A(p^*,y)g^*(y)d\lambda^1(y)$$

$$> v \cdot q^*(U) + v \cdot q^*([0;1]-U) = v,$$

was im Widerspruch steht zu $A(p^*,q^*)=v$. Folglich muß für alle $y \in (d;e)$ die Gleichheit $A(p^*,y)=v$ gelten. Daß für alle $x \in (b;c)$ die Gleichheit $A(x,q^*)=v$ erfüllt ist, zeigt man analog.

"(ii) $\Rightarrow$ (i)": Aus (ii) folgt

$$v \leq \inf_{y \in X_2} A(p^*,y) \leq \sup_{p \in P_1} \inf_{y \in X_2} A(p,y) = \sup_{p \in P_1} \inf_{q \in P_2} A(p,q)$$

$$\leq \inf_{q \in P_2} \sup_{p \in P_1} A(p,q) = \inf_{q \in P_2} \sup_{x \in X_1} A(x,q) \leq \sup_{x \in X_1} A(x,q^*) \leq v,$$

so daß Γ_m definit ist mit dem Spielwert $W(\Gamma_m)=v$.

Da außerdem für alle $p \in P_1$, $q \in P_2$ gilt

$$v \leq \inf_{y \in X_2} A(p^*,y) \leq \int A(p^*,y)dq(y) = A(p^*,q),$$

$$v \geq \sup_{x \in X_1} A(x,q^*) \geq \int A(x,q^*)dp(x) = A(p,q^*),$$

ist (p^*,q^*) ein Sattelpunkt von Γ_m; nach dem Sattelpunktkriterium bedeutet dies aber gerade, daß p^* und q^* Minimax-Strategien in P_1 bzw. P_2 sind. $\qquad\square$

Wenn in der (Borelschen) gemischten Erweiterung eines Zeitspiels Minimax-Strategien p^* und q^* existieren, welche die in Satz (3.62)(ii) genannten Eigenschaften besitzen, und wenn darüberhinaus die Funktionen K und L stetig partiell differenzierbar sind, dann kann man durch Differentiation der Auszahlungsfunktion Bestimmungsgleichungen für die zu p^* und q^* gehörigen Wahrscheinlichkeitsdichten f^* bzw. g^* erhalten:

Für $x \in X_1$, $y \in X_2$ gilt dann nämlich

$$A(x,q^*) = \int_0^x L(x,y)dq^*(y) + \varphi(x)q^*(\{x\}) + \int_x^1 K(x,y)dq^*(y)$$

$$= \int_0^x L(x,y)g^*(y)d\lambda^1(y) + \int_x^1 K(x,y)g^*(y)d\lambda^1(y),$$

$$A(p^*,y) = \int_0^y K(x,y)dp^*(x) + \varphi(y)p^*(\{y\}) + \int_y^1 L(x,y)dp^*(x)$$

$$= \int_0^y K(x,y)f^*(x)d\lambda^1(x) + \int_y^1 L(x,y)f^*(x)d\lambda^1(x).$$

Wegen $A(x,q^*) = A(p^*,y) = v$ für alle $x \in (b;c)$, $y \in (d;e)$ erhält man daraus [1]

$$0 = \frac{dA(x,q^*)}{dx} = L(x,x)g^*(x) + \int_0^x L_1(x,y)g^*(y)d\lambda^1(y) - K(x,x)g^*(x)$$

$$+ \int_x^1 K_1(x,y)g^*(y)d\lambda^1(y) \quad \text{für alle } x \in (b;c),$$

$$0 = \frac{dA(p^*,y)}{dy} = K(y,y)f^*(y) + \int_0^y K_2(x,y)f^*(x)d\lambda^1(x) - L(y,y)f^*(y)$$

$$+ \int_y^1 L_2(x,y)f^*(x)d\lambda^1(x) \quad \text{für alle } y \in (d;e).$$

Es ergeben sich auf diese Weise die beiden folgenden Gleichungen:

$$(*) \quad (K(x,x)-L(x,x))g^*(x) = \int_0^x L_1(x,y)g^*(y)d\lambda^1(y)$$

$$+ \int_x^1 K_1(x,y)g^*(y)d\lambda^1(y) \quad \text{für } x \in (b;c),$$

$$(**) \quad (L(y,y)-K(y,y))f^*(y) = \int_0^y K_2(x,y)f^*(x)d\lambda^1(x)$$

$$+ \int_y^1 L_2(x,y)f^*(x)d\lambda^1(x) \quad \text{für } y \in (d;e).$$

Wenn man Lösungen dieser Gleichungen erhält, welche die übrigen Nebenbedingungen aus Satz (3.62) erfüllen, dann hat man Minimax-Strategien für die (Borelsche) gemischte Erweiterung des

---

[1] K_i bzw. L_i bezeichne die i-te partielle Ableitung von K bzw. L.

ursprünglichen Spiels Γ gefunden, aus denen man durch Integration auch den Spielwert berechnen kann. Erhält man jedoch keine derartigen Lösungen, dann heißt das noch nicht, daß die (Borelsche) gemischte Erweiterung nicht definit ist oder daß keine Minimax-Strategien existieren. Es bedeutet vielmehr nur, daß keine Minimax-Strategien der in Satz (3.62) betrachteten Form existieren.

Ist die Auszahlungsfunktion eines Zeitspiels schiefsymmetrisch, d.h. gilt

$$L(x,y) = -K(y,x), \quad \varphi(x) = 0 \quad \text{für alle } x,y \in [0;1],$$

dann folgt unter den obigen Voraussetzungen aus Symmetriegründen

$$W(\Gamma_m) = 0, \quad f^* = g^*, \quad b = d, \quad c = e$$

und die beiden Bestimmungsgleichungen (*), (**) reduzieren sich zu

$$(\text{***}) \qquad (L(y,y)-K(y,y))f^*(y) = \int_0^y K_2(x,y)f^*(x)\,d\lambda^1(x)$$
$$+ \int_y^1 L_2(x,y)f^*(x)\,d\lambda^1(x) \quad \text{für } y \in (b;c).$$

In speziellen Fällen kann man also bei Zeitspielen durch das Lösen von Differentialgleichungen die Definitheit und die Existenz von Minimax-Strategien nachweisen und solche optimalen Strategien auch explizit berechnen. Wir führen dies an einem einfachen Beispiel aus (ein weiteres Beispiel wird in der Aufgabe   behandelt):

(3.63) *Beispiel* (vgl. *Beispiel* (1.14)b)):

Zwei Männer treffen sich zu einem Duell. Sie stellen sich in einer Entfernung von 1 km auf und gehen langsam aufeinander zu. Jeder der beiden ist mit einer Pistole bewaffnet, die mit genau einem Schuß geladen ist, der irgendwann abgefeuert werden kann. Wenn einer den anderen trifft, ist das Duell beendet; der Getroffene hat dann verloren (Nutzen -1) und sein Gegner gewonnen (Nutzen +1). Für den Fall, daß beide mit ihrem Schuß den Gegner verfehlen oder daß beide gleichzeitig schießen und tref-

fen wird das Duell als unentschieden angesehen (Nutzen O für
jeden).

Es werde außerdem angenommen, daß beide Duellanten gleich gut
schießen, und zwar möge für beide die Trefferwahrscheinlich-
keit 1-x sein, wenn der Schuß aus einer Entfernung von x km,
$x \in [O;1]$, abgefeuert wird. Schließlich wird noch vorausgesetzt,
daß die Pistolen mit Schalldämpfer ausgerüstet sind, so daß
keiner der beiden weiß, ob der andere schon geschossen hat und
dabei sein Ziel verfehlt hat.

Diese·Konfliktsituation läßt sich spieltheoretisch als ein
Spiel über dem Einheitsquadrat darstellen. Die beiden Spieler
verfügen über die Mengen $X_1 = X_2 = [O;1]$ von reinen Strategien,
wobei $x \in [O;1]$ als diejenige Vorschrift interpretiert wird, die
besagt, den Schuß aus einer Entfernung von 1-x km abzugeben.
Als Auszahlungsfunktion des ersten Spielers ergibt sich dann

$$a(x,y) = \begin{cases} x - (1-x)y & \text{falls} \quad x < y \\ O & \text{falls} \quad x = y \\ -y + (1-y)x & \text{falls} \quad x > y \end{cases}$$

$$= \begin{cases} x - y + xy & \text{falls} \quad x < y \\ O & \text{falls} \quad x = y \\ x - y - xy & \text{falls} \quad x > y \end{cases} \quad .$$

Es liegt also ein Zeitspiel $\Gamma = (X_1, X_2, a)$ vor, bei dem

$$K(x,y) = x - y + xy, \quad L(x,y) = x - y - xy \quad \text{und} \quad \varphi(x) = O$$

ist. Wenn man jetzt annimmt, daß die (Borelsche) gemischte Erweiterung Γ_m von Γ definit ist und daß Minimax-Strategien p^*,
q^* für die Spieler existieren, welche die Voraussetzungen aus
Satz (3.62) erfüllen, dann kann man versuchen, die Bestimmungsgleichung (***) zu lösen:
Wegen

$$L(y,y)-K(y,y) = 2L(y,y) = -2y^2, \quad K_2(x,y) = -1+x, \quad L_2(x,y) = -1-x$$

erhält man aus (***)

$$-2y^2 \cdot f^*(y) = \int_O^y (-1+x) f^*(x) d\lambda^1(x) + \int_y^1 (-1-x) f^*(x) d\lambda^1(x).$$

Nimmt man ferner an, daß f^* auf $(b;c)$ differenzierbar ist, ergibt sich hieraus durch Differentiation

$$-4y \cdot f^*(y) - 2y^2 \cdot f^{*\prime}(y) = (-1+y) \cdot f^*(y) + (1+y) \cdot f^*(y)$$

und somit

$$y \cdot f^{*\prime}(y) = -3f^*(y).$$

Lösungen dieser Differentialgleichung sind die Funktionen
$f^*(y) = \alpha y^{-3}$, $\alpha \in \mathbb{R}^1$, so daß noch die Konstante α und das Teil-
intervall $(b;c) \subset [0;1]$ zu bestimmen sind.
Aus (3.62)(ii) folgt $A(p^*,y)=0$ für alle $y \in (b;c)$, was wegen der
Stetigkeit von $A(p^*,.)$ die Gleichheit $A(p^*,c)=0$ impliziert, d.h.

$$0 = \int_b^c a(x,c)dp^*(x) = \int_b^c (x-c+xc)dp^*(x).$$

Wäre nun $c<1$, so folgte $x-c(1-x) > x-1+x$, d.h.

$$A(p^*,1) = \int_b^c (x-1+x)dp^*(x) < A(p^*,c) = 0.$$

Da wegen (3.62)(ii) aber $A(p^*,y) \geq 0$ gilt für alle $y \in [0;1]$, muß
somit $c=1$ sein. Die Gleichung $A(p^*,1)=0$ läßt sich dann schreiben als

$$0 = \int_b^1 (2x-1)dp^*(x) = \int_b^1 (2x-1)f^*(x)d\lambda^1(x) = \alpha \int_b^1 (2x-1)x^{-3}d\lambda^1(x).$$

$h(x) = -2x^{-1} + \frac{1}{2}x^{-2}$ ist Stammfunktion von $(2x-1)x^{-3}$, so daß
hieraus

$$0 = h(1)-h(b) = -2 + \frac{1}{2} + \frac{2}{b} - \frac{1}{2b^2} = \frac{-3b^2 + 4b - 1}{2b^2}$$

folgt.
Die quadratische Gleichung $b^2 - \frac{4}{3}b + \frac{1}{3} = 0$ besitzt die
Lösungen $b=1$ und $b = \frac{1}{3}$. Da f^* eine Wahrscheinlichkeitsdichte
sein soll, muß $b = \frac{1}{3}$ sein, so daß sich aus

$$1 = \int_b^c f^*(x)d\lambda^1(x) = \int_{\frac{1}{3}}^1 \alpha x^{-3}d\lambda^1(x) = -\frac{\alpha}{2} \cdot (1-9) = 4$$

ergibt $\alpha = \frac{1}{4}$. Als Dichte f^* des Wahrscheinlichkeitsmaßes p^*
erhält man also

$$f^*(x) = \frac{1}{4x^3} I_{[\frac{1}{3};1]}(x).$$

Man braucht jetzt nur noch zu zeigen, daß die durch f^* definierte Strategie p^* die Bedingung (ii) aus Satz (3.62) erfüllt.
Für $y \leq \frac{1}{3}$ ist

$$\int a(x,y)\,dp^*(x) = \int_{\frac{1}{3}}^{1} a(x,y)\,\frac{1}{4x^3}\,d\lambda^1(x) = \int_{\frac{1}{3}}^{1} (x-y-xy)\,\frac{1}{4x^3}\,d\lambda^1(x)$$

$$= -y+(1-y)\int_{\frac{1}{3}}^{1}\frac{1}{4x^2}\,d\lambda^1(x)$$

$$= -y+(1-y)\,(-\frac{1}{4}+\frac{3}{4}) = \frac{1}{2} - \frac{3}{2}y \geq 0;$$

für $y > \frac{1}{3}$ folgt

$$\int a(x,y)\,dp^*(x) = \int_{\frac{1}{3}}^{y} (x-y+xy)\,\frac{1}{4x^3}\,d\lambda^1(x) + \int_{y}^{1} (x-y-xy)\,\frac{1}{4x^3}\,d\lambda^1(x)$$

$$= -y + \int_{\frac{1}{3}}^{1}\frac{1}{4x^2}\,d\lambda^1(x) + y\int_{\frac{1}{3}}^{y}\frac{1}{4x^2}\,d\lambda^1(x) - y\int_{y}^{1}\frac{1}{4x^2}\,d\lambda^1(x)$$

$$= -y + (-\frac{1}{4}+\frac{3}{4}) + y(-\frac{1}{4y}+\frac{3}{4}) - y(-\frac{1}{4}+\frac{1}{4y}) = 0.$$

Auf analoge Weise zeigt man für $x \leq \frac{1}{3}$ die Ungleichung
$\int a(x,y)\,dp^*(y) \leq 0$ und für $x > \frac{1}{3}$ die Gleichheit $\int a(x,y)\,dp^*(y)=0$,
so daß (3.62)(ii) erfüllt ist und man folgern kann, daß die
oben gemachten Annahmen tatsächlich erfüllt sind und daß p^*
eine Minimax-Strategie für beide Spieler ist.   □

§ 5   Lösungsmethoden bei Matrixspielen

Die in den vorigen Paragraphen bewiesenen Definitheitsaussagen,
die z.T. auch Aussagen über Minimax-Strategien lieferten, waren
im wesentlichen nur Existenzsätze. Auf die Frage, wie man
Spielwerte oder Minimax-Strategien im konkreten Fall tatsächlich bestimmen kann, gaben sie keine Antwort. Bis auf einige
Spezialfälle ist dieses Problem für Zweipersonen-Nullsummenspiele auch noch offen.
Drei dieser Spezialfälle sollen im folgenden betrachtet werden.

a)   *$2 \times k$ Matrixspiele*

Besitzt in einem Matrixspiel einer der beiden Spieler (o.B.d.A.
der Spieler 1) nur zwei reine Strategien oder läßt sich das
ursprüngliche Matrixspiel auf eine solche Form reduzieren, dann
ist eine Ermittlung des Spielwertes und von Minimax-Strategien
auf "graphischem" Wege möglich:

Es seien $X_1 = \{x_1, x_2\}$, $X_2 = \{y_1, \ldots, y_k\}$ die Strategienmengen eines
Zweipersonen-Nullsummenspieles $\Gamma = (X_1, X_2, a)$ und

$$P_1 = \{p = \alpha \varepsilon_{x_1} + (1-\alpha) \varepsilon_{x_2}; \quad 0 \leq \alpha \leq 1\},$$

$$P_2 = \{q = \sum_{j=1}^{k} \beta_j \varepsilon_{y_j}; \quad \beta_j \geq 0, \quad \sum_{j=1}^{k} \beta_j = 1\}$$

die Mengen der gemischten Strategien beider Spieler. Dann
stellt die Auszahlungserwartung

$$A(p, y_j) = \alpha a(x_1, y_j) + (1-\alpha) \cdot a(x_2, y_j) =: u_j(\alpha)$$

für jedes $j \in \{1, \ldots, k\}$ die Gleichung einer Geraden dar, die
durch die Punkte

$$(0, a(x_2, y_j)), \quad (1, a(x_1, y_j))$$

geht. Man betrachtet nun in Abhängigkeit von $\alpha \in [0; 1]$ den Verlauf der Funktion

$$v(\alpha) := \min_{1 \leq j \leq m} u_j(\alpha) = \min_{y \in X_2} A(p, y),$$

die durch die jeweils untersten Geradenstücke dargestellt wird und die Garantieschranke $g_1(p)$ für Spieler 1 angibt. Das Maximum $W := \max\{v(\alpha);\ \alpha \in [0;1]\}$ dieser Funktion ist dann die Zahl

$$\max_{p \in P_1}\ \min_{y \in X_2}\ A(p,y)$$

die nach (3.17) und (3.25) den Spielwert $W(\Gamma_m)$ angibt. Jedes Urbild α von W repräsentiert eine gemischte Strategie

$$p = \alpha \varepsilon_{x_1} + (1-\alpha) \varepsilon_{x_2}$$

von Spieler 1 mit der Garantieschranke $g_1(p) = v(\alpha) = W$, die somit eine Minimax-Strategie für Spieler 1 ist. Sowohl der Spielwert als auch Minimax-Strategien für Spieler 1 sind also aus einer entsprechend angefertigten Zeichnung leicht "graphisch" zu ermitteln.

(3.64) Beispiel:

$\Gamma = (X_1, X_2, a)$ sei das Zweipersonen-Nullsummenspiel mit der Auszahlungsmatrix

$$\mathcal{A} = \begin{pmatrix} 3 & 4 & 2 & 6 \\ 4 & 2 & 5 & 0 \end{pmatrix}.$$

Dann gilt für die Geraden $u_j(\alpha)$, $1 \le j \le 4$:

$u_1(\alpha) = 3\alpha + 4(1-\alpha) = 4-\alpha$, $\qquad u_2(\alpha) = 4\alpha + 2(1-\alpha) = 2+2\alpha$,

$u_3(\alpha) = 2\alpha + 5(1-\alpha) = 5-3\alpha$, $\quad u_4(\alpha) = 6\alpha$.

Trägt man diese Geraden in eine Zeichnung ein, erhält man:

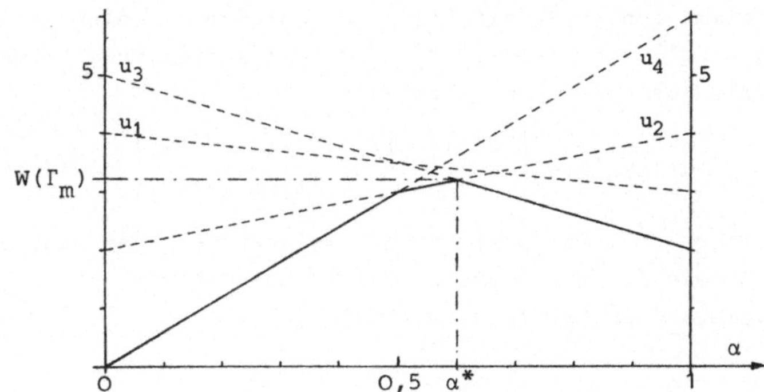

Dabei ist $v(\alpha) := \min_{1 \leq j \leq 4} u_j(\alpha)$ als durchgezogener Graph gezeichnet.

Entsprechend der Abbildung ergibt sich aus der zweiten und
dritten Geradengleichung $p^* = 0{,}6\varepsilon_{x_1} + 0{,}4\varepsilon_{x_2}$ als Minimax-
Strategie für den Spieler 1 und

$$W(\Gamma_m) = \min_{y \in X_2} A(p^*, y) = v(\alpha^*) = 3{,}2. \qquad \square$$

Will man außerdem auch noch eine Minimax-Strategie für Spieler 2 bestimmen, so kann man bei nicht-trivialen 2×k Matrixspielen mit Hilfe einer Zeichnung folgendermaßen vorgehen:

Man bestimmt aus der Zeichnung zwei Geraden u_i und u_j, deren
Produkt der Steigungen nicht positiv ist und die sich so schnei-
den, daß die Ordinate des Schnittpunktes gerade den Wert

$$W(\Gamma_m) = \sup_{0 \leq \alpha \leq 1} v(\alpha)$$

hat und berechnet aus der Gleichung $u_i(\alpha^*) = u_j(\alpha^*)$ den Abszis-
senwert α^* des Schnittpunktes sowie den Spielwert $W(\Gamma_m) = u_i(\alpha^*)$.
Sodann betrachtet man das 2×2 Matrixspiel Γ' mit den Strategienmengen $X_1' := X_1$, $X_2' := \{y_i, y_j\}$ und der Auszahlungsfunktion
$a\big|_{X_1' \times X_2'}$.

Nach Wahl von i und j gilt für den Spielwert der gemischten
Erweiterung von Γ':

$$W(\Gamma_m') = W(\Gamma_m).$$

Man bestimmt nun (z.B. mit Hilfe von Aufgabe   ) eine Minimax-
Strategie q'^* für Spieler 2 in der gemischten Erweiterung Γ_m'
und erhält aus q'^* eine Strategie

$$q^*(\{y_\nu\}) := \begin{cases} q'^*(\{y_\nu\}) & \text{falls } \nu \in \{i,j\} \\ 0 & \text{falls } \nu \notin \{i,j\} \end{cases} , \quad 1 \leq \nu \leq k,$$

des Spielers 2 in der gemischten Erweiterung Γ_m des ursprünglichen Spiels Γ. Diese Strategie ist eine Minimax-Strategie
des Spielers 2 in P_2. Es gilt nämlich:

$$g_2(q^*) = \sup_{p \in P_1} A(p,q^*) = \sup_{p \in P_1} A'(p,q'^*) = W(\Gamma'_m)$$

$$= W(\Gamma_m) = \inf_{q \in P_2} \sup_{p \in P_1} A(p,q).$$

Auf diese Weise hat man dann den Spielwert sowie Minimax-Strategien für die beiden Spieler bestimmt.

b)   *k×n Matrixspiele und Lineare Programme*

Nachdem im Abschnitt a) für den Spezialfall der 2×k Matrixspiele eine effektive Lösungsmethode angegeben worden ist, soll in diesem Abschnitt ein allgemeines Lösungsverfahren für k×n Matrixspiele angegeben werden.

Es sei Γ ein k×n Matrixpsiel mit den Strategienmengen $X_1 = \{x_1, \ldots, x_k\}$, $X_2 = \{y_1, \ldots, y_n\}$ und der Auszahlungsmatrix

$$\alpha = (a_{ij}), \qquad 1 \le i \le k, \quad 1 \le j \le n.$$

Sind dann $p = \sum_{i=1}^{k} p_i \varepsilon_{x_i}$ und $q = \sum_{j=1}^{n} q_j \varepsilon_{y_j}$ gemischte Strategien der beiden Spieler, so erhält Spieler 1 in der gemischten Erweiterung von Γ die Auszahlung

$$A(p,q) = \sum_{i=1}^{k} \sum_{j=1}^{n} a_{ij} \cdot p_i \cdot q_j = (p_1, \ldots, p_k)\, \alpha \begin{pmatrix} q_1 \\ \cdot \\ \cdot \\ q_n \end{pmatrix}.$$

Nach dem Satz (3.25) von John von Neumann ist bekannt, daß die gemischte Erweiterung Γ_m von Γ definit ist mit dem Spielwert $w = W(\Gamma_m)$ und daß beide Spieler Minimax-Strategien besitzen. Bei der Bestimmung von Minimax-Strategien besteht für Spieler 1 das Problem darin, eine Lösung $p^* = (p_1^*, \ldots, p_k^*)$ des linearen Ungleichungssystems

$$(p_1, \ldots, p_k)\, \alpha \ge \underbrace{(w, \ldots, w)}_{n}$$

zu finden, wobei die p_i^* die Nebenbedingungen $p_i^* \ge 0$, $1 \le i \le k$, und $\sum_{i=1}^{k} p_i^* = 1$ erfüllen sollen. Formuliert man diese Nebenbedingungen ebenfalls als Ungleichungen, so erhält man das lineare

Ungleichungssystem

$$(U_1) \quad \begin{cases} (p_1,\ldots,p_k)\,\mathfrak{A} \geq \underbrace{(w,\ldots,w)}_{n} \\[2mm] p_i \geq 0 \qquad (1 \leq i \leq k) \\[2mm] \sum_{i=1}^{k} p_i \geq 1 \\[2mm] -\sum_{i=1}^{k} p_i \geq -1 \,, \end{cases}$$

zu dem eine Lösung $p^* = (p_1^*,\ldots,p_k^*)$ gesucht ist.
Entsprechend erhält Spieler 2 eine Minimax-Strategie
$q^* = (q_1^*,\ldots,q_n^*)$ als Lösung des linearen Ungleichungssystems

$$(U_2) \quad \begin{cases} \mathfrak{A}\begin{pmatrix} q_1 \\ \cdot \\ \cdot \\ q_n \end{pmatrix} \leq \left.\begin{pmatrix} w \\ \cdot \\ \cdot \\ w \end{pmatrix}\right\} k \\[4mm] -q_j \leq 0 \qquad (1 \leq j \leq n) \\[2mm] \sum_{j=1}^{n} q_j \leq 1 \\[2mm] -\sum_{j=1}^{n} q_j \leq -1 \,. \end{cases}$$

Allerdings ist der Spielwert $w=W(\Gamma_m)$ bei den meisten Spielen
(abgesehen von einigen Ausnahmen wie z.B. den *symmetrischen*
Spielen, bei denen $k=n$ und $a_{ij} = -a_{ji}$ für $1 \leq i,j \leq n$ und
$W(\Gamma_m)=0$ ist) nicht von vornherein bekannt. Ersetzt man aber
in den Ungleichungssystemen (U_ν), $\nu=1,2$, die konstante Größe
w durch eine Variable $t \in \mathbb{R}^1$, so erhält man neue Ungleichungs-
systeme

$$(U_1') \quad \begin{cases} (p_1,\ldots,p_k)\,\mathfrak{A} - (t,\ldots,t) \geq (0,\ldots,0) \\[2mm] p_i \geq 0 \qquad (1 \leq i \leq k) \\[2mm] \sum_{i=1}^{k} p_i \geq 1 \\[2mm] -\sum_{i=1}^{k} p_i \geq -1 \end{cases}$$

und

$$
(U_2')\quad\begin{cases}
\mathcal{A}\begin{pmatrix} q_1 \\ \cdot \\ \cdot \\ q_n \end{pmatrix} - \begin{pmatrix} t \\ \cdot \\ \cdot \\ t \end{pmatrix} \leqq \begin{pmatrix} 0 \\ \cdot \\ \cdot \\ 0 \end{pmatrix} \\[2em]
\qquad\qquad -q_j \leqq 0 \qquad\qquad (1\leqq j\leqq n) \\[1em]
\qquad\sum_{j=1}^{n} q_j \leqq 1 \\[1em]
\qquad -\sum_{j=1}^{n} q_j \leqq -1 \ ,
\end{cases}
$$

für deren Lösungsmengen $L(U_\nu')$, $\nu=1,2$, die folgenden Aussagen
gelten:

(3.65) *Satz:*

Es sei $\Gamma=(X_1,X_2,a)$ ein Matrixspiel mit der Spiel-
matrix $\mathcal{A}$. Dann gilt:

a) *Es gibt eine Lösung $(p_1^*,\ldots,p_k^*,v)$ von (U_1'), so daß*
    für jede andere Lösung $(p_1',\ldots,p_k',v')$ von (U_1')
    folgt: $v' \leqq v$.

b) *Für diese Lösung $(p_1^*,\ldots,p_k^*,v)$ ist $v=W(\Gamma_m)$.*

c) *Für $v=W(\Gamma_m)$ gilt: $(p_1',\ldots,p_k',v)\in L(U_1') \leftrightarrow \sum_{i=1}^{k} p_i'\cdot\varepsilon_{x_i} \in P_1^*.$*

(3.66) *Satz:*

Es sei $\Gamma=(X_1,X_2,a)$ ein Matrixspiel mit der Spiel-
matrix $\mathcal{A}$. Dann gilt:

a) *Es gibt eine Lösung $(q_1^*,\ldots,q_n^*,v)$ von (U_2'), so daß*
    für jede andere Lösung $(q_1',\ldots,q_n',v')$ von (U_2')
    folgt: $v \leqq v'$.

b) *Für diese Lösung $(q_1^*,\ldots,q_n^*,v)$ ist $v=W(\Gamma_m)$.*

c) *Für $v=W(\Gamma_m)$ gilt: $(q_1',\ldots,q_n',v)\in L(U_2') \leftrightarrow \sum_{j=1}^{n} q_j'\cdot\varepsilon_{y_j} \in P_2^*.$*

Da die Beweise zu (3.65) und (3.66) völlig analog verlaufen, genügt es, Satz (3.65) zu beweisen.

Beweis von Satz (3.65): a) Da durch $(p_1,\ldots,p_k) \longmapsto (p_1,\ldots,p_k)\mathcal{A}$ eine lineare Abbildung vom $\mathbb{R}^k$ in den $\mathbb{R}^n$ definiert wird, sind die "Komponentenfunktionen"

$$f_j(p_1,\ldots,p_k) := ((p_1,\ldots,p_k)\mathcal{A})_j \quad \text{(j-te Komponente)}, \ 1 \le j \le n,$$

stetig. Folglich ist auch

$$f := \min_{1 \le j \le n} f_j$$

stetig und nimmt auf der kompakten Menge

$$K := \{(p_1,\ldots,p_k) \in \mathbb{R}^k; \ p_i \ge 0, \ \sum_{i=1}^{k} p_i = 1\}$$

das Maximum an. Sei

$$v := \max \{f(p_1,\ldots,p_k); \ (p_1,\ldots,p_k) \in K\} = f(p_1^*,\ldots,p_k^*).$$

Wegen $v \le f_j(p_1^*,\ldots,p_k^*)$ für alle $1 \le j \le n$ ist dann $(p_1^*,\ldots,p_k^*,v)$ eine Lösung von (U_1'), und es gilt für jede andere Lösung $(p_1',\ldots,p_k',v')$ die Ungleichung $0 \le f_j(p_1',\ldots,p_k')-v'$ für alle $1 \le j \le n$, d.h.

$$0 \le f(p_1',\ldots,p_k')-v' \le f(p_1^*,\ldots,p_k^*)-v' = v-v'.$$

b) Sei $(p_1^*,\ldots,p_k^*,v)$ eine der nach Teil a) existierenden Lösungen von (U_1') mit maximaler $(k+1)$-ter Komponente v. Dann ist

$$(p_1^*,\ldots,p_k^*)\mathcal{A} \ge (v,\ldots,v), \quad \text{d.h.}$$

$$(p_1,\ldots,p_k)\mathcal{A} \begin{pmatrix} q_1 \\ \cdot \\ \cdot \\ q_n \end{pmatrix} \ge v \quad \text{für alle } q = \sum_{j=1}^{n} q_j \varepsilon_{y_j} \in P_2.$$

Folglich ist auch

$$\inf_{q \in P_2} (p_1,\ldots,p_k)\mathcal{A} \begin{pmatrix} q_1 \\ \cdot \\ \cdot \\ q_n \end{pmatrix} \ge v,$$

so daß man

$$W(\Gamma_m) = W_*(P_1,P_2) = \sup_{p\in P_1} \inf_{q\in P_2} (p_1,\ldots,p_k)\,\mathcal{O}\begin{pmatrix} q_1 \\ \cdot \\ \cdot \\ q_n \end{pmatrix} \geq v$$

erhält.

Nach dem Satz (3.25) von John von Neumann besitzt Spieler 1 eine Minimax-Strategie $(p_1^{**},\ldots,p_k^{**})$ in P_1, d.h. eine Strategie mit

$$\inf_{q\in P_2} (p_1^{**},\ldots,p_k^{**})\,\mathcal{O}\begin{pmatrix} q_1 \\ \cdot \\ \cdot \\ q_n \end{pmatrix} = W(\Gamma_m).$$

Hieraus folgt, daß $(p_1^{**},\ldots,p_k^{**},W(\Gamma_m)) \in L(U_1')$ ist, woraus man mit Hilfe von Teil a) $W(\Gamma_m) \leq v$ und damit $W(\Gamma_m)=v$ erhält.

c) Wie in Teil b) bezeichne v die maximale $(k+1)$-te Komponente der Lösungen von (U_1'). Dann gilt:

$$(p_1',\ldots,p_k',v)\in L(U_1') \iff (p_1',\ldots,p_k')\in L(U_1) \iff \sum_{i=1}^{k} p_i'\varepsilon_{x_i} \in P_1^* \,. \qquad \square$$

Satz (3.65) besagt also, daß Spieler 1 in der gemischten Erweiterung Γ_m von Γ eine Minimax-Strategie dadurch erhält, daß er unter den Lösungen von (U_1') nach einer solchen mit maximaler $(k+1)$-ter Komponente sucht. Diese Aufgabe kann auf folgende Weise auf ein *lineares Programm* (vgl. [66]) zurückgeführt werden:

Für $v>0$ und $p = \sum_{i=1}^{k} p_i\varepsilon_{x_i} \in P_1$ sei $s_i := \dfrac{p_i}{v}$, $1\leq i\leq k$. Wegen $\sum_{i=1}^{k} s_i = \dfrac{1}{v} \sum_{i=1}^{k} p_i = \dfrac{1}{v}$ ist dann die Linearform

$$(L_1) \quad \begin{cases} \displaystyle\sum_{i=1}^{k} s_i \quad \text{zu minimieren unter den Nebenbedingungen} \\[2ex] \displaystyle\sum_{i=1}^{k} a_{ij}\cdot s_i \geq 1 , \quad 1\leq j\leq n, \\[2ex] s_i \geq 0 , \quad 1\leq i\leq k. \end{cases}$$

Entsprechend muß Spieler 2, um eine Lösung von (U_2') mit minimaler $(k+1)$-ter Komponente zu erhalten, für $v>0$, $q = \sum_{j=1}^{n} q_j \varepsilon_{y_j} \in P_2$

und $t_j := \dfrac{q_j}{v}$ die Linearform

$$(L_2) \quad \begin{cases} \sum_{j=1}^{n} t_j \quad \text{maximieren unter den Nebenbedingungen} \\[2ex] \sum_{j=1}^{n} a_{ij} \cdot t_j \le 1, \quad 1 \le i \le k, \\[2ex] t_j \ge 0, \quad 1 \le j \le n. \end{cases}$$

(L_1) und (L_2) stellen in üblicher Weise lineare Programme dar, die man z.B. mit Hilfe der Simplex-Methode lösen kann (vgl. z.B. [20], [23], [66]), wobei die Existenz von (Optimal-) Lösungen wiederum aus dem Satz (3.25) von John von Neumann folgt. Hat man dann beispielsweise eine Lösung $s^* = (s_1^*, \ldots, s_k^*)$ von (L_1) gefunden, so erhält man den Spielwert des betreffenden Spiels aus

$$W(\Gamma_m) = \frac{1}{\sum_{i=1}^{k} s_i^*}$$

und eine Minimax-Strategie p^* für Spieler 1 durch

$$p^* = \frac{1}{\sum_{\nu=1}^{k} s_\nu^*} \sum_{i=1}^{k} s_i^* \varepsilon_{x_i} \, .$$

Entsprechend erhält man aus einer (Optimal-) Lösung $t^* = (t_1^*, \ldots, t_n^*)$ von (L_2) den Spielwert

$$W(\Gamma_m) = \frac{1}{\sum_{j=1}^{n} t_j^*}$$

sowie eine Minimax-Strategie q^* für Spieler 2 durch

$$q^* = \frac{1}{\sum_{\nu=1}^{n} t_\nu^*} \sum_{j=1}^{n} t_j^* \varepsilon_{y_j} \, .$$

Die Zurückführung des Problems der Bestimmung des Spielwertes
und von Minimax-Strategien auf die Lösung linearer Programme
war unter der Annahme $W(\Gamma_m)>0$ erfolgt. Diese Annahme stellt
jedoch keine Einschränkung der Allgemeinheit dar, wie man dem
folgenden Lemma entnehmen kann:

(3.67) Lemma:

*a) Ist $\alpha = (a_{ij})$, $1\leq i\leq k$, $1\leq j\leq n$, die Spielmatrix eines
Zweipersonen-Nullsummenspiels und gilt*
$$a_{ij} > 0 \quad \text{für alle } 1\leq i\leq k,\ 1\leq j\leq n,$$
dann ist auch $W(\Gamma_m) > 0$.

*b) Es seien $\Gamma=(X_1,X_2,a)$ und $\Gamma'=(X_1,X_2,a')$ Matrixspiele
mit*
$$a'(x,y) = a(x,y) + c \quad \text{für alle } x\in X_1,\ y\in X_2$$
*und ein $c \in \mathbb{R}^1$.
Dann ist $W(\Gamma_m')=W(\Gamma_m)+c$ und die Minimax-Strategien
für die beiden Spieler in der gemischten Erweite-
rung Γ_m von Γ sind genau die Minimax-Strategien der
beiden Spieler in der gemischten Erweiterung Γ_m'
von Γ'.*

Beweis: a) Aus (3.17) folgt

$$W(\Gamma_m) \geq W_*(X_1,X_2) = \sup_{1\leq i\leq k}\ \inf_{1\leq j\leq n}\ a_{ij} > 0.$$

b) $W(\Gamma_m') = \sup_{p\in P_1}\ \inf_{q\in P_2}\ A'(p,q) = \sup_{p\in P_1}\ \inf_{q\in P_2}\ \int\int a(x,y)\,dp(x)\,dq(y)+c$

$$= W(\Gamma_m) + c.$$

Ist p^* eine Minimax-Strategie des Spielers 1 in Γ_m', so gilt

$$\inf_{q\in P_2} A(p^*,q)+c = \inf_{q\in P_2} A'(p^*,q) = \sup_{p\in P_1}\ \inf_{q\in P_2}\ A'(p,q)$$

$$= \sup_{p\in P_1}\ \inf_{q\in P_2}\ A(p,q) + c,$$

d.h. $\inf_{q\in P_2} A(p^*,q) = \sup_{p\in P_1}\ \inf_{q\in P_2}\ A(p,q)$, woraus man erhält, daß

p^* eine Minimax-Strategie für Spieler 1 in der gemischten

Erweiterung von Γ ist. Analog zeigt man, daß jede Minimax-Strategie p^* des Spielers 1 in der gemischten Erweiterung von Γ auch eine Minimax-Strategie in der gemischten Erweiterung von Γ' ist.

Die Behauptung über die Minimax-Strategien des Spielers 2 in Γ_m und Γ'_m wird entsprechend bewiesen. □

Durch die Zurückführung des Problems der Bestimmung von Spielwert und Minimax-Strategien in $k\times n$ Matrixspielen auf die Lösung linearer Programme verfügt man zwar (etwa mit dem Simplex-Algorithmus) über effektive Berechnungsverfahren, jedoch steigt der Rechenaufwand mit wachsendem k und n so stark an, daß man schnell zu unvertretbar großen Rechenzeiten gelangt.

c) *Approximative Lösung durch fiktives Spielen*

Die dritte der "Lösungsmethoden" für Matrixspiele, die hier vorgestellt werden soll, kann recht anschaulich erläutert werden und geht auf Ideen von G.W. Brown [13] und J. Robinson [54] zurück.

Wenn man einmal annimmt, daß zwei Spieler viele Partien eines Matrixspiels hintereinander spielen und sich merken, wie oft der Gegner in der Vergangenheit seine unterschiedlichen reinen Strategien eingesetzt hat, dann liegt es für beide Spieler nahe, die sich aus diesen Daten ergebenden relativen Häufigkeiten für die einzelnen reinen Strategien zu berechnen und sodann gegen die daraus resultierende (fiktive) gemischte Strategie des Gegners eine Bayes-Strategie einzusetzen.

Formal läßt sich dieses Vorgehen folgendermaßen darstellen:

Es sei $\Gamma=(X_1,X_2,a)$ ein Matrixspiel mit $X_1=\{x_1,\ldots,x_k\}$ $X_2=\{y_1,\ldots,y_n\}$ und der Spielmatrix $\alpha=(a_{ij})$, $1\le i\le k$, $1\le j\le n$. Ferner bezeichne für $N\in\mathbb{N}$

$\lambda_{N,i}$ die Anzahl derjenigen Partien unter den ersten N, in denen Spieler 1 seine reine Strategie x_i, $1\le i\le k$, eingesetzt hat;

$\nu_{N,j}$ die Anzahl derjenigen Partien unter den ersten N, in denen Spieler 2 seine reine Strategie y_j, $1 \leq j \leq n$, eingesetzt hat.

In der (N+1)-ten Partie wählt dann Spieler 1 eine Strategie $x_{i*} \in X_1$ derart, daß für die gemischte Strategie

$$q_N = \frac{1}{N} (\nu_{N,1}, \ldots, \nu_{N,n}) \quad \text{von Spieler 2 gilt}$$

$$(3.68) \qquad A(x_{i*}, q_N) = \max_{1 \leq i \leq k} A(x_i, q_N).$$

Entsprechend wählt Spieler 2 in der (N+1)-ten Partie eine Strategie $y_{j*} \in X_2$, so daß für die gemischte Strategie

$$p_N = \frac{1}{N} (\lambda_{N,1}, \ldots, \lambda_{N,k}) \quad \text{von Spieler 1 gilt}$$

$$(3.69) \qquad A(p_N, y_{j*}) = \min_{1 \leq j \leq n} A(p_N, y_j).$$

Man erhält auf diese Weise Folgen $(p_N)_{N \in \mathbb{N}}$, $(q_N)_{N \in \mathbb{N}}$ von gemischten Strategien der Spieler 1 bzw. 2 und für jede dieser gemischten Strategien einen "Auszahlungsvektor"

$$\frac{1}{N} \left(\sum_{j=1}^{n} a_{1j} \cdot \nu_{N,j} , \ldots , \sum_{j=1}^{n} a_{kj} \cdot \nu_{N,j} \right) \quad \text{bzw.}$$

$$\frac{1}{N} \left(\sum_{i=1}^{k} a_{i1} \cdot \lambda_{N,i} , \ldots , \sum_{i=1}^{k} a_{in} \cdot \lambda_{N,i} \right) , \quad N \in \mathbb{N}.$$

Bezeichnet man

$$v_1(N) := \left(\sum_{j=1}^{n} a_{1j} \cdot \nu_{N,j} , \ldots , \sum_{j=1}^{n} a_{kj} \cdot \nu_{N,j} \right),$$

$$v_2(N) := \left(\sum_{i=1}^{k} a_{i1} \cdot \lambda_{N,i} , \ldots , \sum_{i=1}^{k} a_{in} \cdot \lambda_{N,i} \right) , \quad N \in \mathbb{N},$$

so erhält man für die Vektorenfolge $(v_1(N))_{N \in \mathbb{N}} \in \mathbb{R}^k$ die Rekursionsformel

$$(3.70) \quad \begin{cases} v_1(N+1) = v_1(N) + (a_{1j^*}, \ldots, a_{kj^*}), \\[2mm] \text{wobei } j^* \in \{1, \ldots, n\} \text{ so gewählt ist, daß die } j^*\text{-te} \\[2mm] \text{Komponente } (v_2(N))_{j^*} \text{ von } v_2(N) \text{ minimal ist:} \\[2mm] (v_2(N))_{j^*} = \min_{1 \le j \le n} (v_2(N))_j \end{cases}$$

und für die Vektorenfolge $(v_2(N))_{N \in \mathbb{N}} \in \mathbb{R}^n$ die Rekursionsformel

$$(3.71) \quad \begin{cases} v_2(N+1) = v_2(N) + (a_{i^*1}, \ldots, a_{i^*n}), \\[2mm] \text{wobei } i^* \in \{1, \ldots, k\} \text{ so gewählt ist, daß die } i^*\text{-te} \\[2mm] \text{Komponente } (v_1(N))_{i^*} \text{ von } v_1(N) \text{ maximal ist:} \\[2mm] (v_1(N))_{i^*} = \max_{1 \le i \le k} (v_1(N))_i . \end{cases}$$

Falls also "Anfangsvektoren" $v_1(0) \in \mathbb{R}^k$, $v_2(0) \in \mathbb{R}^n$ vorgegeben sind, können $v_1(N)$, $v_2(N)$, $N \in \mathbb{N}$, rekursiv berechnet werden.

Besonderes Interesse verdient sicherlich der Spezialfall

$$v_1(0) = (0, \ldots, 0), \quad v_2(0) = (0, \ldots, 0),$$

weil durch diese "Anfangsvektoren" nicht präjudiziert wird, welche Strategien die beiden Spieler in der ersten zu spielenden Partie einsetzen. Die Vektoren $\frac{1}{N} \cdot v_1(N)$, $N \in \mathbb{N}$, bestehen in diesem Fall komponentenweise aus gewichteten Mittelwerten der Zeilen und die Vektoren $\frac{1}{N} \cdot v_2(N)$, $N \in \mathbb{N}$, aus gewichteten Mittelwerten der Spalten der Auszahlungsmatrix $\mathcal{A} = (a_{ij})$, $1 \le i \le k$, $1 \le j \le n$.

J. Robinson [54] hat für derartige Folgen von Vektoren den nachfolgenden Satz bewiesen: [1]

---

[1] In der Arbeit [54] ist der Satz insofern etwas allgemeiner formuliert, als anstelle der "Normierung" $v_1(0)=(0, \ldots 0)$, $v_2(0)=(0, \ldots, 0)$ nur verlangt wird, daß gilt:

$$\max_{1 \le i \le k} (v_1(0))_i = \min_{1 \le j \le n} (v_2(0))_j .$$

<u>(3.72)</u> <u>*Satz:*</u>

Es sei $\alpha = (a_{ij})$, $1 \leq i \leq k$, $1 \leq j \leq n$, die Auszahlungsmatrix eines endlichen Zweipersonen-Nullsummenspieles Γ. Außerdem seien $(v_1(N))_{N \in \mathbb{N}_0} \in \mathbb{R}^k$ und $(v_2(N))_{N \in \mathbb{N}_0} \in \mathbb{R}^n$ zwei Folgen von Vektoren, welche die Bedingungen (3.70) und (3.71) sowie

$$v_1(0) = (0,\ldots,0) \in \mathbb{R}^k, \quad v_2(0) = (0,\ldots,0) \in \mathbb{R}^n,$$

erfüllen. Dann gilt:

$$\lim_{N \to \infty} \frac{\min\limits_{1 \leq j \leq n} (v_2(N))_j}{N} = \lim_{N \to \infty} \frac{\max\limits_{1 \leq i \leq k} (v_1(N))_i}{N} = W(\Gamma_m).$$

Beweis: Der Beweis des Satzes wird in fünf Schritten geführt. Im ersten Schritt wird gezeigt

$$\liminf_{N \to \infty} \frac{\max\limits_{1 \leq i \leq k} (v_1(N))_i - \min\limits_{1 \leq j \leq n} (v_2(N))_j}{N} \geq 0;$$

die nächsten drei Schritte dienen dem Nachweis, daß

$$\limsup_{N \to \infty} \frac{\max\limits_{1 \leq i \leq k} (v_1(N))_i - \min\limits_{1 \leq j \leq n} (v_2(N))_j}{N} \leq 0$$

gilt, und im letzten Schritt wird schließlich die Konvergenz der Einzelterme $\max\limits_{1 \leq i \leq k} (v_1(N))_i$ und $\min\limits_{1 \leq j \leq n} (v_2(N))_j$ gegen $W(\Gamma_m)$ bewiesen.

1. *Behauptung:* $\displaystyle \liminf_{N \to \infty} \frac{\max\limits_{1 \leq i \leq k} (v_1(N))_i - \min\limits_{1 \leq j \leq n} (v_2(N))_j}{N} \geq 0.$

Beweis: Nach den Rekursionsformeln (3.70) und (3.71) gibt es für jedes $N \in \mathbb{N}$ Vektoren $p_N = (p_{N,1}, \ldots, p_{N,k})$, $q_N = (q_{N,1}, \ldots, q_{N,n})$ mit $p_{N,i} \geq 0$, $q_{N,j} \geq 0$ für alle $1 \leq i \leq k$, $1 \leq j \leq n$ und $\sum\limits_{i=1}^{k} p_{N,i} = \sum\limits_{j=1}^{n} q_{N,j} = 1$, so daß

$$v_1(N) = v_1(0) + N \sum_{j=1}^{n} q_{N,j} \cdot (a_{1j}, \ldots, a_{kj}),$$

$$v_2(N) = v_2(0) + N \sum_{i=1}^{k} p_{N,i} \cdot (a_{i1}, \ldots, a_{in})$$

gelten. Daraus folgt

$$\max_{1\le i\le k} (v_1(N))_i \ge N\cdot \max_{1\le i\le k} (\sum_{j=1}^{n} q_{N,j}\cdot(a_{1j},\ldots,a_{kj}))_i \ge N\cdot W(\Gamma_m)\,,$$

$$\min_{1\le j\le n} (v_2(N))_j \le N\cdot \min_{1\le j\le n} (\sum_{i=1}^{k} p_{N,i}\cdot(a_{i1},\ldots,a_{in}))_j \le N\cdot W(\Gamma_m)$$

und somit $\quad\displaystyle\liminf_{N\to\infty}\ \frac{\max\limits_{1\le i\le k} (v_1(N))_i - \min\limits_{1\le j\le n} (v_2(N))_j}{N} \ge 0\,.$ □

Im folgenden geht es zunächst darum, für

$$\max_{1\le i\le k} (v_1(N))_i - \min_{1\le j\le n} (v_2(N))_j$$

eine Abschätzung nach oben zu gewinnen. Zur Formulierung der zweiten Hilfsaussage nennen wir dabei eine Zeile $(a_{i^*1},\ldots,a_{i^*n})$ der Spielmatrix $\mathcal{O}$ *zulässig* im Intervall $[N;N']$, falls ein $N_1 \in \mathbb{N}$ existiert mit $N\le N_1\le N'$ und

$$(v_1(N_1))_{i^*} = \max_{1\le i\le k} (v_1(N_1))_i\,.$$

Analog nennen wir eine Spalte $(a_{1j^*},\ldots,a_{kj^*})$ der Spielmatrix $\mathcal{O}$ *zulässig* im Intervall $[N;N']$, falls ein $N_2 \in \mathbb{N}$ existiert mit $N\le N_2\le N'$ und

$$(v_2(N_2))_{j^*} = \min_{1\le j\le n} (v_2(N_2))_j\,.$$

Für zulässige Zeilen und Spalten gilt:

2. Behauptung: Die Zeilen $(a_{i1},\ldots,a_{in})$, $1\le i\le k$, sowie die Spalten $(a_{1j},\ldots,a_{kj})$, $1\le j\le n$, der Spielmatrix $\mathcal{O}$ seien zulässig im Intervall $[N;N+M]$, $M\ge 1$, und es sei $\|\mathcal{O}\| := \max\{|a_{ij}|;\ 1\le i\le k,\ 1\le j\le n\}$. Dann gilt:

$$\max_{1\le j\le n} (v_2(N+M))_j - \min_{1\le j\le n} (v_2(N+M))_j \le 2M\cdot\|\mathcal{O}\|\,,$$

$$\max_{1\le i\le k} (v_1(N+M))_i - \min_{1\le i\le k} (v_1(N+M))_i \le 2M\cdot\|\mathcal{O}\|\,.$$

Beweis: Sei $j^*\in\{1,\ldots,n\}$ mit $(v_2(N+M))_{j^*} = \max\limits_{1\le j\le n} (v_2(N+M))_j$.

Da die j-te Spalte zulässig ist im Intervall $[N;N+M]$, existiert ein $N_2\in\mathbb{N}$,

$N \leq N_2 \leq N+M$, mit $(v_2(N_2))_{j^*} = \min\limits_{1 \leq j \leq n} (v_2(N+M))_j$, und es gilt wegen (3.71)

$$(v_2(N+M))_{j^*} \leq (v_2(N_2))_{j^*} + M \cdot \|\alpha\| = \min\limits_{1 \leq j \leq n} (v_2(N_2))_j + M \cdot \|\alpha\| .$$

Ist $h^* \in \{1, \ldots, n\}$ mit $(v_2(N+M))_{h^*} = \min\limits_{1 \leq j \leq n} (v_2(N+M))_j$, so folgt

$$(v_2(N+M))_{h^*} \geq (v_2(N_2))_{h^*} - M \cdot \|\alpha\| \geq \min\limits_{1 \leq j \leq n} (v_2(N_2))_j - M \cdot \|\alpha\|$$

und somit insgesamt die erste der Ungleichungen aus der Behauptung. Die Ungleichung für v_1 erhält man auf analoge Weise. $\square$

3. *Behauptung:* Unter denselben Voraussetzungen wie in der 2. Behauptung gilt:

$$\max\limits_{1 \leq i \leq k} (v_1(N+M))_i - \min\limits_{1 \leq j \leq n} (v_2(N+M))_j \leq 4M \cdot \|\alpha\| .$$

Beweis: Aus der eben bewiesenen zweiten Hilfsaussage erhält man

$$\max\limits_{1 \leq i \leq k} (v_1(N+M))_i - \min\limits_{1 \leq j \leq n} (v_2(N+M))_j \leq 4M \cdot \|\alpha\| + \min\limits_{1 \leq i \leq k} (v_1(N+M))_i - \max\limits_{1 \leq j \leq n} (v_2(N+M))_j ,$$

so daß es ausreicht zu zeigen

$$\min\limits_{1 \leq i \leq k} (v_1(N+M))_i \leq \max\limits_{1 \leq j \leq n} (v_2(N+M))_j .$$

Wie im Beweis zur ersten Hilfsaussage seien für $N' \in \mathbb{N}$ $\quad p_{N'} \in \mathbb{R}^k$, $q_{N'} \in \mathbb{R}^n$ Vektoren mit $p_{N',i} \geq 0$, $1 \leq i \leq k$, $q_{N',j} \geq 0$, $1 \leq j \leq n$, $\sum\limits_{i=1}^{k} p_{N',i} = \sum\limits_{j=1}^{n} q_{N',j} = 1$ und

$$v_1(N') = v_1(0) + N' \sum\limits_{j=1}^{n} q_{N',j} \cdot (a_{1j}, \ldots, a_{kj}) ,$$

$$v_2(N') = v_2(0) + N' \sum\limits_{i=1}^{k} p_{N',i} \cdot (a_{i1}, \ldots, a_{in}) .$$

Dann folgt

$$\min\limits_{1 \leq i \leq k} (v_1(N+M))_i \leq (N+M) \cdot \min\limits_{1 \leq i \leq k} \left(\sum\limits_{j=1}^{n} q_{N+M,j} \cdot (a_{1j}, \ldots, a_{kj}) \right)_i$$

$$\leq (N+M) \cdot \max\limits_{1 \leq j \leq n} \left(\sum\limits_{i=1}^{k} p_{N+M,i} \cdot (a_{i1}, \ldots, a_{in}) \right)_j$$

$$\leq \max\limits_{1 \leq j \leq n} (v_2(N+M))_j . \qquad \square$$

Damit läßt sich schließlich zeigen:

4. Behauptung: $\forall \varepsilon > 0$: $\exists N_o \in \mathbb{N}$: $\forall N \geq N_o$:

$$\max_{1 \leq i \leq k} (v_1(N))_i - \min_{1 \leq j \leq n} (v_2(N))_j < \varepsilon N .$$

Beweis: Induktion über k+n.

k+n=2: Aus (3.70) und (3.71) erhält man $v_1(N) = v_2(N) \in \mathbb{R}^1$ für alle $N \in \mathbb{N}$, woraus die Behauptung unmittelbar folgt.

Schritt von k+n=r auf k+n=r+1: Nach Induktionsvoraussetzung gilt die Behauptung für alle Untermatrizen von $\mathcal{O}$, d.h. für alle Zweipersonen-Null-summenspiele, die als Auszahlungsmatrix eine Untermatrix von $\mathcal{O}$ besitzen. Es wird nun gezeigt, daß die Behauptung dann auch für $\mathcal{O}$ gilt.

Gemäß der Induktionsvoraussetzung sei zu vorgegebenem $\varepsilon > 0$ ein $N' \in \mathbb{N}$ so gewählt, daß für alle Folgen von Vektoren $v_1'(N) \in \mathbb{R}^k$, $v_2'(N) \in \mathbb{R}^n$, $N \in \mathbb{N}$, welche zu einer beliebigen k'×n' Untermatrix von $\mathcal{O}$, k'+n' < k+n, die Voraussetzungen des Satzes (3.72) erfüllen, gilt

$$\max_{1 \leq i \leq k} (v_1'(N))_i - \min_{1 \leq j \leq n} (v_2'(N))_j < \frac{\varepsilon}{2} N \quad \text{für alle } N \geq N'.$$

(Eine derartige Wahl von N' ist möglich, da nur endlich viele Untermatrizen von $\mathcal{O}$ existieren.)

Wir zeigen nun zuerst:

$(*)$
$\left\{\begin{array}{l} \textit{Für } N \in \mathbb{N} \textit{ sei im Intervall } [N;N+N'] \textit{ wenigstens eine Zeile oder} \\ \textit{Spalte von } \mathcal{O} \textit{ nicht zulässig. Dann gilt:} \\[6pt] \displaystyle \max_{1 \leq i \leq k} (v_1(N+N'))_i - \min_{1 \leq j \leq n} (v_2(N+N'))_j \\[12pt] \displaystyle \qquad\qquad < \max_{1 \leq i \leq k} (v_1(N))_i - \min_{1 \leq j \leq n} (v_2(N))_j + \frac{\varepsilon}{2} N' . \end{array}\right.$

Beweis zu $(*)$: Sei z.B. die s-te Zeile von $\mathcal{O}$ nicht zulässig im Intervall $[N;N+N']$. (Falls eine Spalte von $\mathcal{O}$ nicht zulässig ist, verläuft der Beweis analog.)

$\mathcal{O}'$ sei diejenige Untermatrix von $\mathcal{O}$, die man erhält, wenn man die s-te Zeile von $\mathcal{O}$ streicht. Es werden Folgen von Vektoren definiert durch

$$v_1'(0) := (0,\ldots,0) \in \mathbb{R}^{k-1},$$
$$v_1'(M) := \pi_{1,\ldots,s-1,s+1,\ldots,k}(v_1(N+M) - v_1(N))\,^{1)}, \quad M \in \mathbb{N};$$

---

1) $\pi_{1,\ldots,s-1,s+1,\ldots,k}$ bezeichne wie üblich die Projektion vom $\mathbb{R}^k$ auf die Komponenten $1,\ldots,s-1,s+1,\ldots,k$.

$$v_2'(O) := (O,\ldots,O) \in \mathbb{R}^n,$$
$$v_2'(M) := v_2(N+M) - v_2(N), \qquad 1 \leq M \leq N';$$

für $M > N'$ werde $v_2'(M)$ (unter Heranziehung der Untermatrix $\mathcal{O}l'$) so definiert, daß (3.71) erfüllt ist.

Da für ein geeignetes $j^* \in \{1,\ldots,n\}$ gilt

$$v_1'(M+1) = \pi_{1,\ldots,s-1,s+1,\ldots,k}(v_1(N+M+1) - v_1(N))$$
$$= \pi_{1,\ldots,s-1,s+1,\ldots,k}(v_1(N+M) + (a_{1j^*},\ldots,a_{kj^*}) - v_1(N))$$
$$= v_1'(M) + \pi_{1,\ldots,s-1,s+1,\ldots k}(a_{1j^*},\ldots,a_{kj^*})$$

und weil für j^* genau dann $(v_2(N+M))_{j^*} = \min_{1 \leq j \leq n} (v_2(N+M))_j$ ist, wenn

$(v_2'(M))_{j^*} = \min_{1 \leq j \leq n} (v_2'(M))_j$ erfüllt ist, genügt die Vektorenfolge $v_1'(M)$,

$M \in \mathbb{N}_o$, der Bedingung (3.70).

Für $v_2'(M+1)$, $0 \leq M < N'$, erhält man entsprechend für ein geeignetes $i^* \in \{1,\ldots,k\}$

$$v_2'(M+1) = v_2(N+M+1) - v_2(N) = v_2(N+M) + (a_{i^*1},\ldots,a_{i^*n}) - v_2(N)$$
$$= v_2'(M) + (a_{i^*1},\ldots,a_{i^*n}),$$

und da die s-te Zeile von $\mathcal{O}l$ nicht zulässig ist, gilt

$$(v_1(N+M))_{i^*} = \max_{1 \leq i \leq k} (v_1(N+M))_i = \max\{(v_1(N+M))_i;\ i \in \{1,\ldots,k\}-\{s\}\}$$

genau dann, wenn $(v_1'(M))_i = \max_{1 \leq i \leq k-1} (v_1'(M))_i$ und $i^* < s$ oder

$(v_1'(M))_{i^*-1} = \max_{1 \leq i \leq k-1} (v_1'(M))_i$ und $i^* > s$ ist, so daß $v_2'(M)$, $M \in \mathbb{N}_o$, die

Bedingung (3.71) erfüllt.

Die Vektorenfolgen $v_1'(M)$, $v_2'(M)$, $M \in \mathbb{N}_o$, genügen also den Voraussetzungen des Satzes (3.72) bzgl. der Untermatrix $\mathcal{O}l'$, so daß nach der Induktionsvoraussetzung für das oben gewählte N' gilt

$$\max_{1 \leq i \leq k-1} (v_1'(N'))_i - \min_{1 \leq j \leq n} (v_2'(N'))_j < \frac{\varepsilon}{2} N'.$$

Hieraus erhält man wiederum wegen der Nicht-Zulässigkeit der s-ten Zeile

$$\max_{1 \leq i \leq k} (v_1(N+N'))_i - \min_{1 \leq j \leq n} (v_2(N+N'))_j$$
$$= \max_{1 \leq i \leq k-1} (\pi_{1,\ldots,s-1,s+1,\ldots,k}(v_1(N))+v_1'(N'))_i - \min_{1 \leq j \leq n} (v_2(N)+v_2'(N'))_j$$

$$\leq \max_{1\leq i\leq k-1} (\pi_{1,\ldots,s-1,s+1,\ldots,k}(v_1(N)))_i + \max_{1\leq i\leq k-1} (v_1'(N'))_i$$

$$- \min_{1\leq j\leq n} (v_2(N))_j - \min_{1\leq j\leq n} (v_2'(N'))_j$$

$$= \max_{1\leq i\leq k} (v_1(N))_i - \min_{1\leq j\leq n} (v_2(N))_j + \max_{1\leq i\leq k-1} (v_1'(N'))_i - \min_{1\leq j\leq n} (v_2'(N'))_j$$

$$< \max_{1\leq i\leq k} (v_1(N))_i - \min_{1\leq j\leq n} (v_2(N))_j + \frac{\varepsilon}{2} N' . \qquad \square$$

Nachdem (*) bewiesen ist, soll nun gezeigt werden, daß für

$$N > N_o := \max(\frac{8 \, \|\alpha\| \, N'}{\varepsilon} , N') \text{ gilt}$$

$$\max_{1\leq i\leq k} (v_1(N))_i - \min_{1\leq j\leq n} (v_2(N))_j < \varepsilon N .$$

Dazu sei $N > N_o$. Wir unterscheiden dann drei Fälle:

<u>Fall 1:</u> Im Intervall $[N-N';N]$ sind alle Zeilen und Spalten von α zulässig.

Aus der dritten Hilfsaussage erhält man in diesem Fall

$$\max_{1\leq i\leq k} (v_1(N))_i - \min_{1\leq j\leq n} (v_2(N))_j \leq 4 \, \|\alpha\| \, N' < \frac{\varepsilon}{2} N .$$

<u>Fall 2:</u> Im Intervall $[N-N';N]$ ist wenigstens eine Zeile oder Spalte von α nicht zulässig, und es gibt ein $L \leq \frac{N}{N'}$, $L \in \mathbb{N}$, derart, daß im Intervall $[N-L\cdot N';N-(L-1)N']$ alle Zeilen und Spalten von α zulässig sind.

Wenn dann K die kleinste dieser Zahlen L ist, so muß $K > 1$ sein. Aus (*) und (im letzten Schritt) aus der dritten Hilfsaussage folgt

$$\max_{1\leq i\leq k} (v_1(N))_i - \min_{1\leq j\leq n} (v_2(N))_j < \max_{1\leq i\leq k} (v_1(N-N'))_i - \min_{1\leq j\leq n} (v_2(N-N'))_j + \frac{\varepsilon}{2} N'$$

$$< \ldots < \max_{1\leq i\leq k} (v_1(N-(K-1)N'))_i - \min_{1\leq j\leq n} (v_2(N-(K-1)N'))_j + \frac{\varepsilon}{2} N'(K-1)$$

$$\leq 4 \, \|\alpha\| \, N' + \frac{\varepsilon}{2} N'(K-1) < \frac{\varepsilon}{2} N + \frac{\varepsilon}{2} N = \varepsilon N .$$

<u>Fall 3:</u> In den Intervallen $[N-L\cdot N';N-(L-1)N']$, $1\leq L \leq [\frac{N}{N'}]$, ist jeweils wenigstens eine Zeile oder Spalte von α nicht zulässig.

Dann folgt aus (*):

$$\max_{1\leq i\leq k} (v_1(N))_i - \min_{1\leq j\leq n} (v_2(N))_j$$

$$< \ldots < \max_{1\leq i\leq k} (v_1(N-[\tfrac{N}{N'}]N'))_i - \min_{1\leq j\leq n} (v_2(N-[\tfrac{N}{N'}]N'))_j + \tfrac{\varepsilon}{2} N' [\tfrac{N}{N'}]$$

$$< 2(N-[\tfrac{N}{N'}]N') \|\mathcal{O}\| + \tfrac{\varepsilon}{2} N' [\tfrac{N}{N'}] \; < \; 2N' \|\mathcal{O}\| + \tfrac{\varepsilon}{2} N \; < \; \tfrac{3}{4} \varepsilon N .$$

In allen drei Fällen erhält man also die Aussage von 4. ◻

5. Aus der ersten und vierten Hilfsaussage erhält man, daß

$$\lim_{N\to\infty} \frac{\max_{1\leq i\leq k} (v_1(N))_i - \min_{1\leq j\leq n} (v_2(N))_j}{N} \quad \text{existiert und gleich Null ist. Wie}$$

schon früher angemerkt wurde, bestehen die Vektoren $\dfrac{v_1(N)}{N}$, $N\in\mathbb{N}$, komponentenweise aus gewichteten Mittelwerten der Zeilen von $\mathcal{O}$, so daß für jedes $N\in\mathbb{N}$ $\max\limits_{1\leq i\leq k} \dfrac{(v_1(N))_i}{N}$ die Garantieschranke einer gemischten Strategie des Spielers 2 ist, woraus $\max\limits_{1\leq i\leq k} \dfrac{(v_1(N))_i}{N} \geq W(\Gamma_m)$ und somit

$$\limsup_{N\to\infty} \frac{\max_{1\leq i\leq k} (v_1(N))_i}{N} \geq \liminf_{N\to\infty} \frac{\max_{1\leq i\leq k} (v_1(N))_i}{N} \geq W(\Gamma_m)$$

folgt. Ebenso sieht man, daß für jedes $N\in\mathbb{N}$ $\min\limits_{1\leq j\leq n} \dfrac{(v_2(N))_j}{N}$ die Garantieschranke einer gemischten Strategie des Spielers 1 ist, was

$$\min_{1\leq j\leq n} \frac{(v_2(N))_j}{N} \leq W(\Gamma_m) \quad \text{und damit}$$

$$\liminf_{N\to\infty} \frac{\min_{1\leq j\leq n} (v_2(N))_j}{N} \leq \limsup_{N\to\infty} \frac{\min_{1\leq j\leq n} (v_2(N))_j}{N} \leq W(\Gamma_m)$$

impliziert. Hieraus erhält man zunächst

$$0 = \lim_{N\to\infty} \frac{\max_{1\leq i\leq k} (v_1(N))_i - \min_{1\leq j\leq n} (v_2(N))_j}{N}$$

$$\geq \liminf_{N\to\infty} \frac{\max_{1\leq i\leq k} (v_1(N))_i}{N} - \limsup_{N\to\infty} \frac{\min_{1\leq j\leq n} (v_2(N))_j}{N} \geq 0 \;,\; \text{d.h.}$$

$$\liminf_{N\to\infty} \frac{\max_{1\leq i\leq k} (v_1(N))_i}{N} = \limsup_{N\to\infty} \frac{\min_{1\leq j\leq n} (v_2(N))_j}{N} = W(\Gamma_m) .$$

Wäre
$$\limsup_{N\to\infty} \frac{\max\limits_{1\leq i\leq k} (v_1(N))_i}{N} = c > W(\Gamma_m)\ ,$$
so ließe sich eine Teilfolge

$(N_t)_{t\in\mathbb{N}}$ finden derart, daß
$$\lim_{t\to\infty} \frac{\max\limits_{1\leq i\leq k} (v_1(N_t))_i}{N_t} = c$$
gilt und

$$\lim_{t\to\infty} \frac{\min\limits_{1\leq j\leq n} (v_2(N_t))_j}{N_t} \leq W(\Gamma_m)$$
existiert. Damit erhielte man dann den Widerspruch

$$O = \lim_{N\to\infty} \frac{\max\limits_{1\leq i\leq k} (v_1(N))_i - \min\limits_{1\leq j\leq n} (v_2(N))_j}{N}$$

$$= \lim_{t\to\infty} \frac{\max\limits_{1\leq i\leq k} (v_1(N_t))_i - \min\limits_{1\leq j\leq n} (v_2(N_t))_j}{N_t} \geq c - W(\Gamma_m) > O.$$

Auf die gleiche Weise kann man die Annahme

$$\liminf_{N\to\infty} \frac{\min\limits_{1\leq j\leq n} (v_2(N))_j}{N} < W(\Gamma_m)$$
zum Widerspruch führen, so daß man

schließlich die Behauptung

$$\lim_{N\to\infty} \frac{\max\limits_{1\leq i\leq k} (v_1(N))_i}{N} = \lim_{N\to\infty} \frac{\min\limits_{1\leq j\leq n} (v_2(N))_j}{N} = W(\Gamma_m)$$

des Satzes (3.72) erhält. $\qquad\Box$

Der soeben bewiesene Satz besagt also insbesondere, daß für die zu Beginn dieses Abschnitts gemäß (3.68) und (3.69) definierten gemischten Strategien p_N und q_N , $N\in\mathbb{N}$, die Garantieschranken

$$g_1(p_N) = \min_{1\leq j\leq n} A(p_N,y_j) = \min_{1\leq j\leq n} \frac{1}{N}\Big(\sum_{i=1}^{k} a_{i1}\lambda_{N,i}, \ldots, \sum_{i=1}^{k} a_{in}\lambda_{N,i}\Big)$$

$$= \min_{1\leq j\leq n} \frac{(v_2(N))_j}{N}\ ,$$

$$g_2(q_N) = \max_{1\leq i\leq k} A(x_i,q_N) = \max_{1\leq i\leq k} \frac{1}{N}\Big(\sum_{j=1}^{n} a_{1j}\nu_{N,j}, \ldots, \sum_{j=1}^{n} a_{kj}\nu_{N,j}\Big)$$

$$= \max_{1\leq i\leq k} \frac{(v_1(N))_i}{N}$$

gegen den Spielwert $W(\Gamma_m)$ konvergieren.

Da die Strategienfolgen $(p_N)_{N \in \mathbb{N}}$, $(q_N)_{N \in \mathbb{N}}$ Folgen in den kompakten Mengen

$$K_1 = \{(\alpha_1, \ldots, \alpha_k); \; \alpha_i \geq 0, \; \sum_{i=1}^{k} \alpha_i = 1\} \quad \text{bzw.}$$

$$K_2 = \{(\beta_1, \ldots, \beta_n); \; \beta_j \geq 0, \; \sum_{j=1}^{n} \beta_j = 1\}$$

sind, existieren, obwohl diese Folgen i.a. selbst *nicht* konvergieren, konvergente Teilfolgen $(p_{N_i})_{i \in \mathbb{N}}$, $(q_{N_j})_{j \in \mathbb{N}}$.

Ist $p^* = \lim_{i \to \infty} p_{N_i}$, $q^* = \lim_{j \to \infty} q_{N_j}$, so besagt Satz (3.72), daß $g_1(p^*) = g_2(q^*) = W(\Gamma_m)$ ist, d.h. daß p^* und q^* Minimax-Strategien für die beiden Spieler in der gemischten Erweiterung Γ_m sind. Es gilt also:

(3.73) <u>*Korollar:*</u>

$\mathcal{A} = (a_{ij})$, $1 \leq i \leq k$, $1 \leq j \leq n$, sei die Auszahlungsmatrix eines endlichen Zweipersonen-Nullsummenspiels Γ.

Sind dann $(p_N)_{N \in \mathbb{N}}$, $(q_N)_{N \in \mathbb{N}}$ Folgen von gemischten Strategien für Spieler 1 bzw. Spieler 2, welche die in (3.68) und (3.69) angegebenen Konstruktionsprinzipien erfüllen, so existieren konvergente Teilfolgen $(p_{N_i})_{i \in \mathbb{N}}$ und $(q_{N_j})_{j \in \mathbb{N}}$ derart, daß die Limiten

$$p^* := \lim_{i \to \infty} p_{N_i} \quad und \quad q^* := \lim_{j \to \infty} q_{N_j}$$

Minimax-Strategien der beiden Spieler in Γ_m sind.

AUFGABEN

<u>**1.**</u> Γ sei ein (in reinen Strategien) indefinites Matrixspiel mit der Spielmatrix

$$\mathcal{A} = \begin{bmatrix} a_{11} & a_{12} \\ a_{21} & a_{22} \end{bmatrix}.$$

Berechnen Sie den Spielwert und die Minimax-Strategien der gemischten Erweiterung Γ_m von Γ.

2. Im Wilden Westen ergab sich einst folgende Situation: Eine Gruppe von sieben Indiandern bedroht ein mit sechs Weißen besetztes Lager, welches zwei Zugänge W_1 und W_2 besitzt. Durch einen weißen Späher wurde festgestellt, daß vor W_1 mindestens ein Indiander und vor W_2 mindestens zwei Indianer in Bereitschaft liegen.

Die sonstige Aufteilung ist unbekannt. Der Lagerkommandant kann sich und seine fünf Leute zur Verteidigung wahlweise auf W_1 und W_2 verteilen, wobei an jedem Zugang mindestens ein Mann stehen muß. Es wird angenommen, daß an jedem Zugang die dort zahlenmäßig überlegene Partei sämtliche Gegner (ohne eigene Verluste) gefangennimmt, während bei Gleichheit der Kräfte vor einem Zugang keine Verluste auftreten. Als Auszahlung gelte die Differenz der gemachten Gefangenen.

a) Bestimmen Sie alle reinen Strategien der beiden Gegner.

b) Bestimmen Sie die zugehörige Auszahlungsmatrix, wobei der Verteidiger die Rolle des Spielers 1 übernehme.

c) Reduzieren Sie das Spiel so weit wie möglich aus. Die Verwendung gemischter Strategien ist zugelassen.

d) Welche Strategie würden Sie dem Lagerkommandanten empfehlen?

3. $\Gamma^{(\lambda)} = (X_1, X_2, a^{(\lambda)})$ sei das Matrixspiel mit der Spielmatrix

$$\mathcal{A}^{(\lambda)} = \begin{pmatrix} 1 & -1 & \lambda \\ 2-\lambda & 2 & 3 \end{pmatrix}.$$

a) Bestimmen Sie in Abhängigkeit von $\lambda \in \mathbf{R}^1$ die Minimax-Strategien beider Spieler in $\Gamma^{(\lambda)}$.

b) Für welche $\lambda \in \mathbf{R}^1$ ist das Spiel $\Gamma^{(\lambda)}$ (in reinen Strategien) definit?

c) Berechnen Sie für alle $\lambda \in \mathbf{R}^1$ den Spielwert der gemischten Erweiterung $\Gamma_m^{(\lambda)}$ von $\Gamma^{(\lambda)}$.

__4.__ Ein Matrixspiel heißt symmetrisch, falls seine Spielmatrix $\mathfrak{A} = (a_{ij})$, $1 \leq i,j \leq n$, schiefsymmetrisch ist, d.h. falls $a_{ij} = -a_{ji}$ für alle i,j gilt. Zeigen Sie für ein solches Spiel:

a) Der Spielwert der gemischten Erweiterung ist gleich Null.

b) Jede Minimax-Strategie des ersten ist auch eine Minimax-Strategie des zweiten Spielers.

__5.__ Es seien $\Gamma = (X_1, X_2, a_1)$ ein indefinites Matrixspiel mit der Spielmatrix $\mathfrak{A} = (a_{ij})$, $1 \leq i \leq k$, $1 \leq j \leq n$, und $\Gamma_m = (P_1, P_2, A_1)$ die gemischte Erweiterung von Γ. Zeigen Sie:

a) Ist $q_0^* \in P_2$ eine Minimax-Strategie mit $q_0^*(\{y_j\}) > 0$ für ein $j \in \{1,\ldots,n\}$, so gilt für alle Minimax-Strategien $p^* \in P_1$ des Spielers 1

$$\sum_{i=1}^{k} a_{ij} \cdot p^*(\{x_i\}) = W(\Gamma_m).$$

b) Für die Minimax-Strategien von Spieler 2 gilt eine zu Teil a) analoge Aussage.

c) Formulieren und beweisen Sie entsprechende Aussagen, wenn $\Gamma_m = (P_1, P_2, A)$ eine definite gemischte Erweiterung eines (allgemeinen) Zweipersonen-Nullsummenspiels (X_1, X_2, a) ist.

__6.__ Γ sei ein Matrixspiel, dessen Spielmatrix $\mathfrak{A} = (a_{ij})$, $1 \leq i \leq k$, $1 \leq j \leq n$, eine Diagonalmatrix ist, d.h. $k=n$ und $a_{ij}=0$ für alle $i \neq j$.

a) Unter welchen Bedingungen (an die a_{ii}) ist Γ definit und wie groß ist dann $W(\Gamma)$?

b) Zeigen Sie (unter Verwendung von Aufgabe 5): Ist Γ indefinit, so gilt für den Spielwert der gemischten Erweiterung Γ_m:

$$W(\Gamma_m) = \frac{1}{\text{Spur } \mathfrak{A}^{-1}} \qquad \left(\text{Spur } \mathfrak{A} = \sum_{i=1}^{n} a_{ii}\right).$$

__7.__ Graf Bobby überlegt, wo er seinen diesjährigen Urlaub verbringen soll. Zur Wahl stehen sechs mögliche Urlaubsziele: St. Moritz, St. Tropez, Monte Carlo, Acapulco, Hawaii und die Bahamas. Einziges Kriterium für die Wahl des Urlaubsortes ist das Bestreben, die Ferien möglichst unerkannt von einem lästigen und prinzipiell überall zu vermutenden Journalisten der

"Regenbogenpresse" zu verbringen, der seinerseits überlegt, an welchem der sechs Urlaubsorte er sich auf die Suche nach Graf Bobby begeben soll. Wenn der eifrige Journalist den Grafen während seines Urlaubs irgendwo aufspürt, ist der Urlaub für den Grafen total verdorben (Nutzen 0), andernfalls verläuft alles wie geplant (Nutzen 100). Darüberhinaus ist noch zu berücksichtigen, daß aufgrund der unterschiedlichen geographischen Gegebenheiten der Journalist den Grafen nur mit gewissen Wahrscheinlichkeiten aufspürt, selbst dann, wenn sich beide am gleichen Ort aufhalten. Diese Entdeckungswahrscheinlichkeiten sind für die einzelnen Orte aus der folgenden Tabelle abzulesen:

St. Moritz 0,60;   Monte Carlo 0,24;   Hawaii   0,12;
St. Tropez 0,48;   Acapulco   0,40;   Bahamas 0,16.

a) Beschreiben Sie die vorliegende Situation als Zweipersonen-Nullsummenspiel (mit Graf Bobby als Spieler 1) und geben Sie die Strategienmengen sowie die Auszahlungsmatrix an.

b) Berechnen Sie den Spielwert der gemischten Erweiterung und geben Sie Minimax-Strategien in P_1 bzw. P_2 für die Kontrahenten an.

__8.__ Eine Firma F produziert ein Gerät, dessen Lebensdauer von einem Transistor abhängt. Wird das Gerät innerhalb der Garantiefrist defekt, so muß es auf Kosten der Firma F repariert werden; die Reparaturkosten betragen 36 DM. Die Lieferfirma L bietet drei Typen von Transistoren zu unterschiedlichen Preisen und Garantieleistungen an: Typ I kostet 4 DM pro Stück und L übernimmt keinerlei Garantie. Typ II kostet 24 DM pro Stück, wobei L die Reparaturkosten bei einem Defekt innerhalb der Garantiefrist übernimmt. Typ III kostet 40 DM pro Stück, da er zusätzlich versichert ist: Wird ein Transistor vom Typ III innerhalb der Garantiefrist defekt, so übernimmt L die Reparaturkosten und zahlt zusätzlich (aus der Versicherung) 40 DM an F.

a) Beschreiben Sie diese Situation durch ein Zweipersonen-Nullsummenspiel, wobei als Strategien des zweiten "Spielers" ("Natur") die Möglichkeiten y_1: "Defekt innerhalb der Garantiefrist" und y_2: "kein Defekt innerhalb der Garantiefrist" gewählt werden.

b) Untersuchen Sie, ob eine reine Strategie von F durch gemischte Strategien von F dominiert werden kann, und bestimmen Sie gegebenenfalls sämtliche gemischten dominierenden Strategien.

c)   Bestimmen Sie den Wert der gemischten Erweiterung und eine Minimax-
Strategie von F; wie läßt sich diese Strategie realisieren?

d)   Ist die Beschreibung der Situation durch ein Zweipersonen-Nullsummenspiel befriedigend? Ist die Betrachtung gemischter Strategien der
"Natur" sinnvoll?

9. (Weihnachtsaufgabe Münster, 1977) Nach zähen Verhandlungen hat der
Weihnachtsmann bei seinem Vorgesetzten, dem Christkind, endlich durchgesetzt,
daß er in diesem Jahr zur Bescherung am Heiligabend die einzelnen Geschenke
nicht mehr auf dem alten verrosteten Schlitten hinter sich herziehen muß
(der sich bei dem augenblicklichen Wetter sowieso sehr schwer ziehen läßt),
sondern zum ersten Mal die vielen Sachen in einem noch neu anzuschaffenden
Dienstwagen überbringen darf. Dabei hat er natürlich das Interesse, vom
Christkind einen möglichst komfortablen (d.h. teuren) Wagen gestellt zu bekommen, wohingegen das Christkind den Aufwand für den Dienstwagen so gering
wie möglich halten möchte. Beide einigen sich schließlich darauf, das zu
kaufende Auto wie folgt auszuwählen: Der Weihnachtsmann bestimmt, bei
welchem der sechs in Frage kommenden Autohändler der Wagen gekauft werden
soll. Unabhängig davon legt das Christkind eine der sieben möglichen Farben
fest, welche das Auto haben soll.
Nachdem sie sich auf dieses Beschaffungsverfahren geeinigt haben sieht sich
der Weihnachtsmann die bei den verschiedenen Händlern angebotenen Autos an
und stellt in Gedanken seine Auszahlungsmatrix (in Vielfachen von 1000 DM
des Anschaffungspreises) auf:

	schwarz	weiß	silber	blau	grün	gelb	rot
Händler A	20	40	30	25	50	27	30
Händler B	40	20	25	40	20	35	25
Händler C	10	35	25	50	10	15	35
Händler D	40	15	20	12	27	30	10
Händler E	30	30	27	20	60	22	15
Händler F	15	40	25	30	45	25	20

Bestimmen Sie für dieses Zweipersonen-Nullsummenspiel den Spielwert der
gemischten Erweiterung, und geben Sie für beide Spieler Minimax-Strategien
(in P_1^* bzw. P_2^*) an.

<u>10.</u> Für $m, n \in \mathbb{N}$ bezeichne $M_{m \times n}$ die Menge der reellen $(m \times n)$-Matrizen $\mathcal{O}{\it l} = (a_{ij})$, $1 \leq i \leq m$, $1 \leq j \leq n$; für $\mathcal{O}{\it l} \in M_{m \times n}$ bezeichne $W(\mathcal{O}{\it l})$ den Wert der gemischten Erweiterung des Matrixspiels mit der Auszahlungsmatrix $\mathcal{O}{\it l}$. Die Menge $M_{m \times n}$, aufgefaßt als Teilmenge des $\mathbb{R}^{m \cdot n}$, werde mit der euklidischen Topologie versehen. Beweisen Sie:

a) Für $\mathcal{O}{\it l}, \mathcal{B} \in M_{m \times n}$ mit $a_{ij} \leq b_{ij}$ für $1 \leq i \leq m$, $1 \leq j \leq n$, gilt $W(\mathcal{O}{\it l}) \leq W(\mathcal{B})$.

b) Die durch $\mathcal{O}{\it l} \longmapsto W(\mathcal{O}{\it l})$ definierte Funktion $W: M_{m \times n} \longrightarrow \mathbb{R}^1$ ist stetig.

<u>11.</u> Zwei Spieler wählen gleichzeitig eine natürliche Zahl. Stimmen die gewählten Zahlen überein, so erhält kein Spieler etwas von dem anderen; hat ein Spieler eine um 1 größere Zahl gewählt als der andere, so erhält er von jenem zwei Geldeinheiten, sonst erhält der Spieler, der die niedrigere Zahl gewählt hat, eine Geldeinheit von seinem Gegner.

a) Zeigen Sie, daß dieses Spiel in reinen Strategien nicht definit ist.

b) Zeigen Sie, daß die endlich diskrete gemischte Erweiterung definit ist und geben Sie dabei Minimax-Strategien für die Spieler an. (Hinweis: Beschränken Sie sich bei der Suche nach Minimax-Strategien auf Strategien p mit $p(\{i\}) = 0$ für $i > 5$.)

<u>12.</u> Es sei $\Gamma = (X_1, X_2, a)$ das durch $X_1 := X_2 := \{[c;d]; \; c, d \in [0;1], \; c + \frac{1}{4} \leq d \leq c + \frac{1}{2}\}$ und $a([c_1; d_1], [c_2; d_2]) = \lambda^1([c_1; d_1] \cap [c_2; d_2])$ definierte Zweipersonen-Nullsummenspiel.

a) Bestimmen Sie $W_*(X_1, X_2)$ und $W^*(X_1, X_2)$.

b) Untersuchen Sie, ob X_1 (bzgl. der Auszahlungsfunktion a) bedingt kompakt bzw. semi-bedingt kompakt ist.

c) Zeigen Sie, daß die von der inneren Topologie auf X_1 erzeugte σ-Algebra übereinstimmt mit der von der semi-inneren Topologie auf X_1 erzeugten σ-Algebra.

<u>13.</u> Es sei $\Gamma_m = (P_1, P_2, A)$ eine gemischte Erweiterung eines Zweipersonen-Nullsummenspiels $\Gamma = (X_1, X_2, a)$, bei dem a beschränkt und X_1 bedingt kompakt bzgl. $\delta_{X_2, a}$ ist. Zeigen Sie, daß es dann zu jedem $\varepsilon > 0$ endliche Teilmengen $X_1(\varepsilon) \subset X_1$, $X_2(\varepsilon) \subset X_2$ gibt, so daß für den Spielwert von $\Gamma_m(\varepsilon) := (P_1(\varepsilon), P_2(\varepsilon), A|_{P_1(\varepsilon) \times P_2(\varepsilon)})$ gilt $|W(\Gamma_m) - W(\Gamma_m(\varepsilon))| \leq \varepsilon$.

__14.__ Γ sei das Spiel über dem Einheitsquadrat mit der durch

$$a(x,y) := \begin{cases} \dfrac{x}{y} - \dfrac{1}{2} & \text{falls } y \neq 0 \\[2ex] 0 & \text{falls } y = 0 \end{cases}$$

definierten Auszahlungsfunktion. Zeigen Sie, daß Γ definit ist, und bestimmen Sie den Wert und die Mengen der Minimax-Strategien der beiden Spieler.

__15.__ Es sei Γ ein Spiel über dem Einheitsquadrat mit stetiger Auszahlungsfunktion a. Die R(0,1)-Verteilung (Rechteckverteilung über dem Einheitsintervall) sei für beide Spieler eine Minimax-Strategie in der Borelschen gemischten Erweiterung von Γ.

a) Zeigen Sie, daß in dem Spiel $\hat{\Gamma}$ über dem Einheitsquadrat mit der Auszahlungsfunktion $\hat{a}(x,y) = a(x^2, y^2)$ die durch die Verteilungsfunktion $\hat{F}(x) = x^2$ definierte Wahrscheinlichkeitsverteilung eine Minimax-Strategie für beide Spieler in der Borelschen gemischten Erweiterung von $\hat{\Gamma}$ ist.

b) Verallgemeinern Sie die Aussage von Teil a).

__16.__ Die Fußgängerzone eines kleinen Kurortes darf nicht von Autos (wie schon der Name sagt) und höchstens einmal stündlich von den beiden Ortstaxis I und II durchfahren werden - allerdings ohne anzuhalten, ausgenommen beim Ein- und Aussteigen. Der zur Zeit einzige Gast des Hotels, das in der Fußgängerzone liegt, pflegt das Haus zwischen 11 Uhr und 12 Uhr zu verlassen und vor 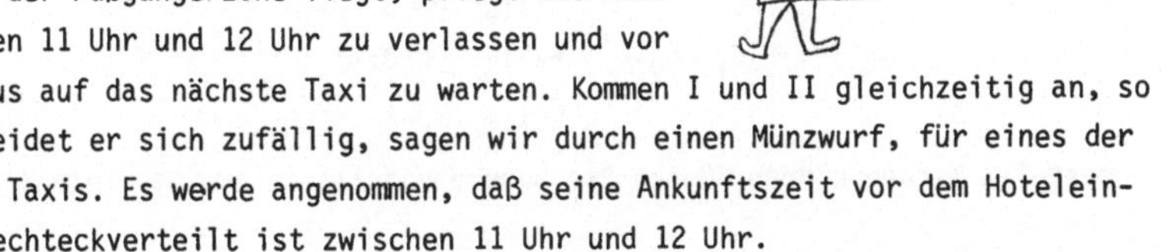 dem Haus auf das nächste Taxi zu warten. Kommen I und II gleichzeitig an, so entscheidet er sich zufällig, sagen wir durch einen Münzwurf, für eines der beiden Taxis. Es werde angenommen, daß seine Ankunftszeit vor dem Hoteleingang rechteckverteilt ist zwischen 11 Uhr und 12 Uhr.
Nun ist beiden Taxifahrern ebensoviel an der Ausschaltung des Konkurrenten gelegen wie am eigenen Geschäft. Demzufolge bewertet I den eigenen Erfolg mit +1, den von II mit -1 und den Fall, daß beide zu früh ankommen und der Gast also vergeblich wartet, mit 0.

a) Geben Sie die Auszahlungsfunktion des Zweipersonen-Nullsummenspiels an, das man erhält, wenn man als Strategien von I und II jeweils den Zeitpunkt der Ankunft vor dem Hotel zwischen 11 Uhr und 12 Uhr wählt, und zeigen

Sie, daß das Spiel in reinen Strategien nicht definit ist.

b) Zeigen Sie (unter Verwendung von (3.62)), daß die Borelsche gemischte Erweiterung dieses Spiels definit ist, und berechnen Sie Minimax-Strategien der Spieler I und II.

<u>17.</u> Für $\lambda\in(0;1)$ sei Γ^λ das Spiel über dem Einheitsquadrat mit der durch

$$a_\lambda(x,y) := \frac{1}{1+\lambda(x-y)^2}$$

definierten Auszahlungsfunktion. Zeigen Sie, daß die Borelsche gemischte Erweiterung Γ_m^λ von Γ^λ definit ist, und daß von λ unabhängige Minimax-Strategien existieren. Bestimmen Sie außerdem den Wert von Γ_m^λ.

<u>18.</u> Es sei Γ das Spiel über dem Einheitsquadrat mit der Auszahlungsfunktion $a(x,y) := \sin(2\pi(x-y))$.

a) Ist das Spiel Γ definit?

b) Untersuchen Sie, ob in der Borelschen gemischten Erweiterung Γ_m von Γ Minimax-Strategien für die beiden Spieler existieren, die durch Verteilungsfunktionen F und G der Form

$$F(x) = \begin{cases} 0 & \text{falls } x \leq 0 \\ c_1 + c_2 \cdot x & \text{falls } x\in(0;1) \\ 1 & \text{falls } x \geq 1 \end{cases}$$

und

$$G(y) = \begin{cases} 0 & \text{falls } y \leq 0 \\ d_1 + d_2 \cdot y & \text{falls } y\in(0;1) \\ 1 & \text{falls } y \geq 1 \end{cases}$$

dargestellt werden können. Geben Sie gegebenenfalls derartige Minimax-Strategien an.

IV. ZWEIPERSONEN-NICHTKONSTANTSUMMENSPIELE

§ 1   Nichtkooperative Spiele

In den Kapiteln II und III wurden einige grundlegende Sätze
über die Existenz von Gleichgewichtspunkten bewiesen für
Spiele, in denen keine Kooperation unter den Spielern zugelassen ist. Für Zweipersonen-Nullsummenspiele ergab sich dabei überdies aus der Sattelpunktaussage (3.2o)/(3.21) eine
Begründung dafür, daß in diesem Fall Gleichgewichtsstrategien
als *optimale* Verhaltensweisen angesehen werden können.

Beim Übergang zu *Zweipersonen-Konstantsummenspielen*, d.h.
Zweipersonenspielen $\Gamma = (X_1, X_2, (a_1, a_2))$ mit

$$a_1(x,y) + a_2(x,y) = c \qquad \text{für alle } x \in X_1,\ y \in X_2$$

ändert sich an diesen Optimalitätseigenschaften von Gleichgewichtsstrategien nichts, da sich diese Spiele strategisch
nicht von Zweipersonen-Nullsummenspielen unterscheiden:
In einem Zweipersonen-Konstantsummenspiel $\Gamma = (X_1, X_2, (a_1, a_2))$
haben die Spieler nämlich dieselben Überlegungen (bzgl. bester
Gegenstrategien, optimaler Garantieschranken usw.) anzu-
stellen wie z.B. in dem Spiel $\tilde{\Gamma}$, das folgendermaßen abläuft:

(i)   Vor jeder Partie erhält jeder der beiden Spieler einen
        Betrag von $c/2$.

(ii)   Anschließend nehmen beide Spieler an dem Zweipersonen-
        Nullsummenspiel $\Gamma' = (X_1, X_2, a_1')$ teil mit der Auszahlungs-
        funktion

$$a_1'(x,y) = a_1(x,y) - c/2 \quad \text{für alle } x \in X_1,\ y \in X_2.$$

Eine Kooperation unter den beiden Spielern ist somit auch bei
Zweipersonen-Konstantsummenspielen nicht sinnvoll.

Geht man jedoch von der Konstantsummeneigenschaft eines Spiels
ab, so gibt es bereits bei nur zwei beteiligten Spielern Situationen, in denen Gleichgewichtsstrategien nicht mehr unbedingt als vernünftige Strategien angesehen werden können (vgl.
auch die Diskussion in Kapitel II, §4).

_(4.1)_ _Beispiel_ _(Gefangenenproblem):_

Zwei Gefangene, die getrennt in Untersuchungshaft unterge-
bracht sind, werden einzeln verhört. Sie werden beschuldigt,
gemeinsam eine Straftat begangen zu haben. Da die ihnen zur
Last gelegte Tat jedoch nicht objektiv nachgewiesen werden
kann, sind je nach dem Verhalten der beiden Gefangenen unterschiedliche Strafzumessungen möglich: Streiten beide die Tat
ab, dann können sie nur leicht (etwa wegen unerlaubten Waffen-
besitzes) bestraft werden (Auszahlung -1). Geben dagegen beide
die Straftat zu, werden sie relativ schwer bestraft (Auszahlung -8). Wenn aber ein Gefangener die Tat abstreitet und
der andere als Kronzeuge gegen ihn auftritt (was z.B. im
angelsächsischen Recht möglich ist), dann geht der Kronzeuge
straffrei aus (Auszahlung 0), während der andere Gefangene
sehr schwer bestraft wird (Auszahlung -10).

Diese Konfliktsituation läßt sich beschreiben durch ein
Zweipersonenspiel mit den Strategienmengen $X_1 = X_2 = \{L,Z\}$
($L \triangleq$ Tat leugnen, $Z \triangleq$ Tat zugeben) und den Auszahlungsfunk-
tionen, die durch die Matrizen

$$\mathcal{A} = \begin{pmatrix} -1 & -10 \\ 0 & -8 \end{pmatrix} , \qquad \mathcal{B} = \begin{pmatrix} -1 & 0 \\ -10 & -8 \end{pmatrix}$$

gegeben sind.[1]

---

[1] Analog zu (3.8) bezeichnet man Zweipersonen-Nichtkonstantsummenspiele
$\Gamma = (X_1,X_2,(a_1,a_2))$ mit endlichen Strategienmengen $X_1 = \{x_1,\ldots,x_m\}$ und
$X_2 = \{y_1,\ldots,y_n\}$ als _Bimatrixspiele_, da man die Auszahlungen
$a_{ij} := a_1(x_i,y_j)$ bzw. $b_{ij} := a_2(x_i,y_j)$, $1 \leq i \leq m$, $1 \leq j \leq n$, eines solchen Spiels
in der Form _zweier_ (m×n)-Matrizen $\mathcal{A}=(a_{ij})$, $\mathcal{B}=(b_{ij})$ angeben kann.

Wie man leicht nachprüft, ist das mit den Auszahlungen
(-8,-8) verbundene Strategientupel (Z,Z) der einzige Gleichgewichtspunkt in diesem Spiel, wenn keine Absprachen unter
den Gefangenen erfolgen können. Für den Fall, daß Absprachen
möglich sind, läßt sich jedoch durch das Strategienpaar (L,L)
ein wesentlich besseres Ergebnis für beide Häftlinge erreichen.

$\square$

In Anlehnung an die entsprechenden Begriffsbildungen bei Zweipersonen-Nullsummenspielen (vgl. (3.1o) und (3.14)) definiert
man bei Zweipersonen-Nichtkonstantsummenspielen:

_(4.2)_ _Definition:_

Es sei $\Gamma = (X_1, X_2, (a_1, a_2))$ ein Zweipersonenspiel in
Normalform.

a) $x' \in X_1$ heißt Bayes-Strategie in X_1 gegen $y \in X_2$
(Bezeichnung: $x' \in X_1(y)$) genau dann, wenn

$$a_1(x', y) = \max_{x \in X_1} a_1(x, y).$$

b) $y' \in X_2$ heißt Bayes-Strategie in X_2 gegen $x \in X_1$
(Bezeichnung: $y' \in X_2(x)$) genau dann, wenn

$$a_2(x, y') = \max_{y \in X_2} a_2(x, y).$$

c) $x^* \in X_1$ heißt Minimax-Strategie in X_1
(Bezeichnung: $x^* \in X_1^*$), wenn

$$\inf_{y \in X_2} a_1(x^*, y) = \max_{x \in X_1} \inf_{y \in X_2} a_1(x, y).$$

d) $y^* \in X_2$ heißt Minimax-Strategie in X_2
(Bezeichnung: $y^* \in X_2^*$), wenn

$$\inf_{x \in X_1} a_2(x, y^*) = \max_{y \in X_2} \inf_{x \in X_1} a_2(x, y).$$

Als Bayes- und Minimax-Strategien beim Gefangenenproblem
(Beispiel (4.1)) erhält man:

$$X_1(L) = \{Z\}, \quad X_1(Z) = \{Z\}, \quad X_2(L) = \{Z\}, \quad X_2(Z) = \{Z\};$$
$$X_1^* = \{Z\} , \quad X_2^* = \{Z\}.$$

Bei diesem Beispiel stimmen also die Gleichgewichts- und
die Minimax-Strategien überein, was allerdings im Gegensatz zu den Zweipersonen-Nullsummenspielen bei Zweipersonen-
Nichtkonstantsummenspielen i.a. nicht der Fall ist:

(4.3) Beispiel[1]:

Zwei konkurrierende Gewerkschaftsverbände G_1 und G_2 verhandeln mit den Unternehmern um einen neuen Tarifvertrag.
Dabei stehen unter den Gewerkschaften zwei Tarifmodelle zur
Diskussion. Modell 1 sieht vor, daß die Löhne um 5% angehoben werden, während beim Modell 2 lediglich eine zwei-
prozentige Lohnerhöhung vorgesehen ist, die allerdings be-
gleitet werden soll von einer Verkürzung der wöchentlichen
Arbeitszeit um eine Stunde. Die beiden Gewerkschaften, die
um Prestigegewinn und neue Mitglieder konkurrieren, stehen
vor der Frage, mit welcher Strategie sie an den Verhandlungs-
tisch gehen sollen. Gewerkschaft G_1 sieht den größeren
Nutzen beim Modell 1 (Auszahlung 11), während sie den
Nutzen von Modell 2 mit einer Auszahlung von 6 bewertet.
Der kleineren Gewerkschaft G_2 wäre es dagegen lieber, wenn
Modell 2 durchgesetzt werden könnte, was sie mit einer Auszahlung von 8 bewerten würde, wohingegen eine Tariferhöhung
gemäß Modell 1 für sie nur mit einer Auszahlung von 4 verbunden wäre. Die Verhandlungsposition der beiden Gewerkschaften sei so, daß sie, falls sie die gleichen Forderungen

---

[1] Ein ähnliches Beispiel, das unter dem Namen "battle of
sexes" bekannt geworden ist und u.a. von Luce und Raiffa
[39] ausführlich diskutiert wurde, wird als Übungsauf-
gabe 3 behandelt.

vertreten, diese auch gegenüber den Unternehmern durchsetzen
können. Vertreten sie jedoch verschiedene Forderungen, dann
können sie von den Unternehmern "heruntergehandelt" werden,
genauer gesagt möge gelten: Fordert Gewerkschaft G_1 das von
ihr favorisierte Modell 1 und Gewerkschaft G_2 das Modell 2,
so wird der Kompromiß, der in den Verhandlungen erzielt wird,
von beiden Verbänden mit der Auszahlung 1 bewertet. In der
anderen Situation, wo die Gewerkschaft G_1 das (von ihrer
Sicht gesehen schlechtere) Modell 2 vertritt und die Gewerkschaft G_2 das (von ihrer Sicht aus schlechtere) Modell 1,
sind die Unternehmer daran interessiert, die Verhandlungen
schnell zu beenden und einen Kompromiß zu schließen, der
beiden Gewerkschaftsverbänden die Auszahlung 2 einbringt.

Wir haben es hier also mit einem Bimatrixspiel
$\Gamma = (X_1, X_2, (a_1, a_2))$ zu tun mit den Strategienmengen
$X_1 = X_2 = \{1,2\}$ und den Auszahlungsmatrizen

$$
\mathcal{A} = \begin{pmatrix} 11 & 1 \\ 2 & 6 \end{pmatrix} \quad , \quad \mathcal{B} = \begin{pmatrix} 4 & 1 \\ 2 & 8 \end{pmatrix} .
$$

In diesem Spiel sind (1,1) und (2,2) die beiden einzigen
Gleichgewichtspunkte. Die zu diesen Gleichgewichtspunkten
gehörenden Auszahlungsvektoren (11,4) bzw. (6,8) unterscheiden sich jedoch in beiden Komponenten (vgl. auch (2.15)),
und die durch Austausch der Komponenten entstehenden Punkte
(1,2) und (2,1) sind keine Gleichgewichtspunkte mehr (vgl.
auch (2.13)). Darüberhinaus sieht man, daß "2" die einzige
Minimax-Strategie für Spieler 1 und "1" die einzige Minimax-
Strategie für Spieler 2 ist, und daß beim Aufeinandertreffen
dieser beiden Minimax-Strategien kein Gleichgewichtspunkt
entsteht. Hier gehen also fast alle Eigenschaften verloren,
welche das Konzept der Gleichgewichtspunkte (Sattelpunkte)
bei Zweipersonen-Nullsummenspielen zu einem überzeugenden
Optimalitätskonzept machten. □

Dieses Beispiel gibt also Anlaß, in Ergänzung zu Kapitel II, §4
auf das folgende hinzuweisen:

(4.4)   *Anmerkung:*

    *Es sei $\Gamma = (X_1, X_2, (a_1, a_2))$ ein Zweipersonen-Nicht-
konstantsummenspiel.*

    *a)   Ist (x,y) ein Gleichgewichtspunkt von Γ, so gilt
i.a. weder $x \in X_1^*$ noch $y \in X_2^*$.*

    *b)   Sind $x \in X_1^*$, $y \in X_2^*$ Minimax-Strategien, so ist i.a.
(x,y) kein Gleichgewichtspunkt von Γ.*

    *c)   Sind (x_1, y_1) und (x_2, y_2) Gleichgewichtspunkte
von Γ, so gilt i.a. weder $a_1(x_1, y_1) = a_1(x_2, y_2)$
noch $a_2(x_1, y_1) = a_2(x_2, y_2)$.*

    *d)   Sind (x_1, y_1) und (x_2, y_2) Gleichgewichtspunkte
von Γ, so ist i.a. weder (x_1, y_2) noch (x_2, y_1)
ein Gleichgewichtspunkt von Γ.*

Im Beispiel (4.3) führt auch der Übergang von Γ zur gemischten Erweiterung $\Gamma_m = (P_1, P_2, A)$ von Γ nicht zu einer
befriedigenden Lösung: Zwar wird die Menge der möglichen
Auszahlungvektoren von

$$\{(11,4), (1,1), (2,2), (6,8)\}$$

bei Γ zu

$$\{(11\alpha\beta + 1\alpha(1-\beta) + 2(1-\alpha)\beta + 6(1-\alpha)(1-\beta),$$

$$4\alpha\beta + 1\alpha(1-\beta) + 2(1-\alpha)\beta + 8(1-\alpha)(1-\beta); \ \alpha, \beta \in [0;1]\}$$

$$= \{(6 - 5\alpha - 4\beta + 14\alpha\beta, \ 8 - 7\alpha - 6\beta + 9\alpha\beta); \ \alpha, \beta \in [0;1]\}$$

bei Γ_m vergrößert (vgl. die nachstehende Abbildung).

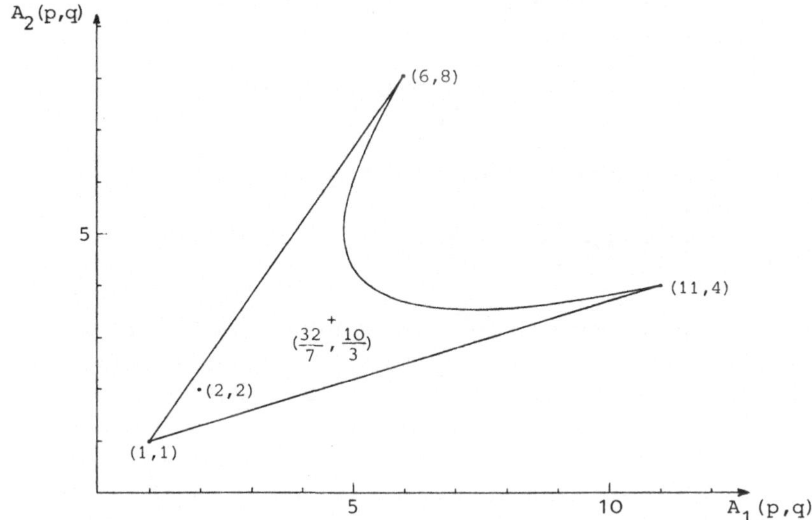

Da für $p = (\alpha, 1-\alpha)$ und $q = (\beta, 1-\beta)$ gilt

$$A_1(p,q) = 6 - 5\alpha - 4\beta + 14\alpha\beta,$$

$$A_2(p,q) = 8 - 7\alpha - 6\beta + 9\alpha\beta,$$

folgt jedoch (durch partielle Differentiation), daß

$$(\tilde{p}, \tilde{q}) = ((\tfrac{2}{3}, \tfrac{1}{3}), (\tfrac{5}{14}, \tfrac{9}{14})) \text{ mit } A_1(\tilde{p}, \tilde{q}) = \tfrac{32}{7}, \; A_2(\tilde{p}, \tilde{q}) = \tfrac{1o}{3}$$

der einzige weitere Gleichgewichtspunkt in Γ_m ist[1], und dieser ist für den ersten Spieler schlechter als der Gleichgewichtspunkt (1,1) und für den zweiten Spieler schlechter als der Gleichgewichtspunkt (2,2). Mit den Lösungsmethoden

---

[1] Algorithmen zur Bestimmung von Gleichgewichtspunkten in der gemischten Erweiterung von Bimatrixspielen wurden u.a. von Lemke/Howson [37], Kuhn [35], Mangasarian [40] und Vorobev [69] angegeben.

für Matrixspiele aus Kapitel III, § 5 (graphische Methode)
ergibt sich außerdem, daß

$$p^* = (\tfrac{2}{7}, \tfrac{5}{7}) \text{ mit } \inf_{x_2 \in X_2} A_1(p^*, x_2) = \frac{32}{7}$$

die einzige Minimax-Strategie von Spieler 1 in Γ_m und

$$q^* = (\tfrac{7}{9}, \tfrac{2}{9}) \text{ mit } \inf_{x_1 \in X_1} A_2(x_1, q^*) = \frac{10}{3}$$

die einzige Minimax-Strategie von Spieler 2 in Γ_m ist. Da
sich beide Spieler also in Γ_m risikolos alleine dieselbe
Auszahlung wie bei dem Gleichgewichtspunkt $(\tilde{p}, \tilde{q})$ sichern
können, besteht für sie kaum Veranlassung "das Risiko der
Einigung" auf $(\tilde{p}, \tilde{q})$ einzugehen - andererseits wird man
(p^*, q^*) nicht als "stabil" ansehen, weil sich jeder Spieler
bei Kenntnis der Strategie des anderen (durch Einsatz seiner
Bayes-Strategie) verbessern kann:

$$A_1(1, q^*) = \frac{79}{9} > \frac{32}{7} \; ; \quad A_2(p^*, 2) = 6 > \frac{10}{3} \; .$$

In dem Beispiel (4.3) liegt insofern eine instabile Situation
vor, als Spieler 1 den Gleichgewichtspunkt (1,1), Spieler 2
jedoch den Gleichgewichtspunkt (2,2) vorzieht; wählt aber
jeder Spieler die zum bevorzugten Gleichgewichtspunkt gehörende reine Strategie, dann wird (1,2) gespielt und beide
Spieler erhalten die geringstmögliche Auszahlung. Es ist nun
eine Frage der "Stärke" der beiden Spieler, welcher der
Gleichgewichtspunkte (1,1) bzw. (2,2) realisiert wird[1].

---

[1] So könnte z.B. Spieler 2 erst einmal "nachgeben" und seine Strategie "1"
einsetzen, um dann in einer späteren Partie durch Einsatz von "2" zu
versuchen, Spieler 1 ebenfalls zum Einsatz von "2" zu bewegen und so an
den für ihn günstigeren Gleichgewichtspunkt (2,2) zu gelangen. Dabei
wird dem zweiten Spieler zweifellos zugute kommen, daß er bei einem derartigen Versuch, vom Gleichgewichtspunkt (1,1) auf den Gleichgewichtspunkt (2,2) zu kommen, im ungünstigen Fall (d.h. wenn Spieler 1 weiterhin "1" spielt) nur einen Auszahlungsverlust von 3 riskiert, während
Spieler 1 beim Strategientupel (1,2) gegenüber dem Tupel (1,1) einen
Verlust von 9 erleiden würde.

Eigentlich fordern jedoch Spiele wie in Beispiel (4.3)
geradezu zu Verhandlungen unter den Spielern auf. Spieler 1
könnte beispielsweise anbieten, bei Realisierung des Gleichgewichtspunktes (1,1) dem Spieler 2 eine Zahlung von
$4+\varepsilon$, $\varepsilon \in (0;1)$, zu leisten. Dann würde Spieler 2 mit einem
Betrag von $8+\varepsilon$ mehr erhalten als bei seinem besten Gleichgewichtspunkt, während Spieler 1 mit $7-\varepsilon$ immer noch eine
erheblich höhere Auszahlung als bei (2,2) erhalten würde.

Daß bei diesem Beispiel durch Kooperation für beide Spieler
ein günstigeres Ergebnis erzielt werden kann liegt daran,
daß nicht ein derart starker Interessengegensatz zwischen
den Spielern besteht wie bei Zweipersonen-Nullsummenspielen.

a) Konkurrenzspiele

Es sind jedoch bei Zweipersonenspielen auch dann starke
Interessengegensätze möglich, wenn die Summe der beiden Auszahlungen nicht konstant ist - nämlich dann, wenn eine
Strategie, die für den einen Spieler "sehr günstig" ist, für
den anderen Spieler "sehr ungünstig" ist. Solche Spiele, in
denen eine "Konkurrenzsituation" zwischen den beiden Spielern
besteht, erhalten eine besondere Bezeichnung:

(4.5) Definition:

> *Ein Zweipersonenspiel* $\Gamma = (X_1, X_2, (a_1, a_2))$ *in Normal-*
> *form heißt Konkurrenzspiel, wenn gilt:*
>
> *(i) Für alle* $y \in X_2$ *und alle* $x' \in X_1(y)$ *ist*
>
> $$a_2(x',y) = \min_{x \in X_1} a_2(x,y).$$
>
> *(ii) Für alle* $x \in X_1$ *und alle* $y' \in X_2(x)$ *ist*
>
> $$a_1(x,y') = \min_{y \in X_2} a_1(x,y).$$

Offensichtlich sind alle Zweipersonen-Konstantsummenspiele
auch Konkurrenzspiele; aber auch das beim Gefangenenproblem
(Beispiel (4.1)) auftretende Zweipersonen-Nichtkonstantsummen-
spiel ist ein Konkurrenzspiel:

(i)   Für $L \in X_2$ gilt $\{Z\} = X_1(L)$ und $a_2(Z,L) = -1o = \min_{x \in X_1} a_2(x,L)$,

   für $Z \in X_2$ gilt $\{Z\} = X_1(Z)$ und $a_2(Z,Z) = -8 = \min_{x \in X_1} a_2(x,Z)$.

(ii) Für $L \in X_1$ gilt $\{Z\} = X_2(L)$ und $a_1(L,Z) = -1o = \min_{y \in X_2} a_1(L,y)$,

   für $Z \in X_1$ gilt $\{Z\} = X_2(Z)$ und $a_1(Z,Z) = -8 = \min_{y \in X_2} a_1(Z,y)$.

Konkurrenzspiele besitzen viele Eigenschaften bzgl. ihrer
Gleichgewichtspunkte, die uns bereits von Zweipersonen-Nullsummenspielen her bekannt sind:

<u>(4.6)</u> *Satz:*

Es sei $\Gamma = (X_1, X_2, (a_1, a_2))$ *ein Konkurrenzspiel mit*
Gleichgewichtspunkten (x_1, y_1), (x_2, y_2). *Dann gilt:*

a) *(x_1, y_2) und (x_2, y_1) sind Gleichgewichtspunkte von Γ;*
   Gleichgewichtspunkte eines Konkurrenzspiels sind also
   <u>*vertauschbar*</u>.

b) *$(a_1(x_1, y_1), a_2(x_1, y_1)) = (a_1(x_2, y_2), a_2(x_2, y_2))$;*
   Gleichgewichtspunkte eines Konkurrenzspiels sind also
   <u>*äquivalent*</u>.

c) *Die Zweipersonen-Nullsummenspiele $\Gamma_1 = (X_1, X_2, a_1)$*
   und $\Gamma_2 = (X_1, X_2, -a_2)$ sind definit; $(x_1, y_1), (x_2, y_2)$
   sind Sattelpunkte sowohl von Γ_1 also auch von Γ_2 und
   für die Spielwerte gilt

   $$(W(\Gamma_1), -W(\Gamma_2)) = (a_1(x_i, y_i), a_2(x_i, y_i)), \quad i=1,2.$$

d) *$x_1, x_2 \in X_1^*$, $y_1, y_2 \in X_2^*$, d.h. Gleichgewichtstrategien in*
   einem Konkurrenzspiel sind Minimax-Strategien.

Beweis: Es sei $i \in \{1,2\}$. Wegen

$$x_i \in X_1(y_i) \;\longleftrightarrow\; a_1(x_i,y_i) = \max_{x \in X_1} a_1(x,y_i),$$

$$y_i \in X_2(x_i) \;\longleftrightarrow\; a_2(x_i,y_i) = \max_{y \in X_2} a_2(x_i,y)$$

ist (x_i,y_i) genau dann ein Gleichgewichtspunkt von Γ, wenn $x_i \in X_1(y_i)$ und $y_i \in X_2(x_i)$ gilt. Da Γ ein Konkurrenzspiel ist, folgt aus $y_i \in X_2(x_i)$ die Gleichheit

$$a_1(x_i,y_i) = \min_{y \in X_2} a_1(x_i,y),$$

so daß

$$\max_{x \in X_1} a_1(x,y_i) = a_1(x_i,y_i) = \min_{y \in X_2} a_1(x_i,y)$$

gilt und (x_i,y_i) somit ein Sattelpunkt in dem Zweipersonen-Nullsummenspiel $\Gamma_1 = (X_1,X_2,a_1)$ ist. Auf die gleiche Weise folgert man

$$\min_{x \in X_1} a_2(x,y_i) = a_2(x_i,y_i) = \max_{y \in X_2} a_2(x_i,y), \quad \text{d.h.}$$

$$\max_{x \in X_1} (-a_2(x,y_i)) = -a_2(x_i,y_i) = \min_{y \in X_2} (-a_2(x_i,y)),$$

so daß (x_i,y_i) ebenfalls ein Sattelpunkt in dem Zweipersonen-Nullsummenspiel $\Gamma_2 = (X_1,X_2,-a_2)$ ist. Nach dem Sattelpunkt-kriterium (3.2o) bedeutet dies, daß die Spiele Γ_1 und Γ_2 definit sind und $a_1(x_i,y_i) = W(\Gamma_1)$ sowie $-a_2(x_i,y_i) = W(\Gamma_2)$ gelten. Hieraus folgen sofort, da $i \in \{1,2\}$ beliebig gewählt war, die Behauptungen b) und c). Weil x_1,x_2 Minimax-Strategien in X_1 (im Spiel Γ_1) und y_1,y_2 Minimax-Strategien in X_2 (im Spiel Γ_2) sind, erhält man außerdem, daß x_1,x_2 entsprechend der Definition auch im Spiel Γ Minimax-Strategien des Spielers 1 und y_1,y_2 im Spiel Γ Minimax-Strategien des Spielers 2 sind, d.h. Behauptung d). Somit bleibt nur noch die Aussage a) zu zeigen:

236

Aus den beiden zu Beginn dieses Beweises aufgeführten Äquivalenzen folgt, daß $x_1 \in X_1(y_1)$, $y_1 \in X_2(x_1)$ sowie
$x_2 \in X_1(y_2)$, $y_2 \in X_2(x_2)$ gelten. Da Γ ein Konkurrenzspiel ist,
bedeutet das zum einen

$$a_1(x_1,y_1) \leqq a_1(x_1,y_2) \leqq a_1(x_2,y_2),$$

d.h. $x_1 \in X_1(y_2)$ und zum anderen

$$a_2(x_2,y_2) \leqq a_2(x_1,y_2) \leqq a_2(x_1,y_1),$$

d.h. $y_2 \in X_2(x_1)$, so daß sich aus den zu Anfang genannten Äquivalenzen ergibt, daß (x_1,y_2) ebenfalls ein Gleichgewichtspunkt von Γ ist. Entsprechend zeigt man, daß auch (x_2,y_1)
Gleichgewichtspunkt in Γ ist. □

(4.7) *Anmerkung:*

*Satz (4.6) besagt, daß man in Konkurrenzspielen mit
einer gewissen Berechtigung Gleichgewichtsstrategien
als "gute" Strategien ansehen kann; es gilt nämlich:*

(i) *Spielt Spieler 1 eine Gleichgewichtsstrategie
$x' \in X_1$, dann gilt für alle Strategien $y \in X_2$ des
Gegners*

$$a_1(x',y) \geqq W(\Gamma_1);$$

*er kann sich also durch den Einsatz einer Gleich-
gewichtsstrategie stets den Betrag $W(\Gamma_1)$ sichern.
Umgekehrt kann Spieler 2 verhindern, daß Spieler
1 einen größeren Gewinn als $W(\Gamma_1)$ erhält. Entsprechend kann sich Spieler 2 durch Einsatz einer
Gleichgewichtsstrategie $y' \in X_2$ die Auszahlung
$-W(\Gamma_2)$ sichern und Spieler 1 kann verhindern, daß
sein Gegner mehr als $-W(\Gamma_2)$ erhält.*

(ii) *Ein Gleichgewichtspunkt (x',y') in einem Konkurrenzspiel ist insofern "stabil", als durch
einseitiges Abweichen davon keiner der Spieler
den eigenen Gewinn erhöhen kann (wegen der*

Da die Existenz von Gleichgewichtspunkten in der gemischten
Erweiterung eines endlichen Konkurrenzspiels durch den Satz
(2.8) von Nash immer gesichert ist, könnte man versucht sein,
nicht nur in Zweipersonen-Konstantsummenspielen sondern auch
in Konkurrenzspielen Gleichgewichtspunkte als "Lösung" anzu-
sehen. Dies wäre jedoch in etlichen Fällen uneinsichtig, da
es in Konkurrenzspielen im Gegensatz zu Zweipersonen-Konstantsummenspielen durchaus möglich ist, daß beide Spieler durch
gemeinsames Abweichen von einem Gleichgewichtspunkt Vorteile
für sich erzielen können. Ein Beispiel für eine solche Situation haben wir bereits beim Gefangenenproblem (4.1) kennengelernt. In diesem Konkurrenzspiel war (Z,Z) der einzige
Gleichgewichtspunkt; bei gemeinsamem Abweichen von (Z,Z) ließ
sich jedoch für beide Spieler durch Einsatz des Strategientupels (L,L) ein wesentlich besseres Ergebnis erreichen. Man
kann also bei Konkurrenzspielen einen Gleichgewichtspunkt
höchstens dann als "*stabile Lösung*" ansehen, wenn für mindestens
einen der Spieler ein Anreiz besteht, auf diesem Punkt zu ver-
harren.

Es war in Satz (4.6) schon gezeigt worden, daß Gleichgewichtspunkte in Konkurrenzspielen $\Gamma = (X_1,X_2,(a_1,a_2))$ insbesondere
auch Sattelpunkte in den zugehörigen Zweipersonen-Nullsummenspielen $\Gamma_1 = (X_1,X_2,a_1)$ und $\Gamma_2 = (X_1,X_2,-a_2)$ sind. Der folgende Satz zeigt, daß als Gleichgewichtspunkte eines Konkurrenzspiels Γ *genau* die Strategientupel in Betracht kommen,
die Sattelpunkte von Γ_1 und Γ_2 sind.

<u>*(4.8)*</u> <u>*Satz:*</u>
    Es sei $\Gamma = (X_1,X_2,(a_1,a_2))$ *ein Konkurrenzspiel und*
    (x',y') *ein Sattelpunkt in den beiden Zweipersonen-*
    Nullsummenspielen $\Gamma_1 = (X_1,X_2,a_1)$ *und* $\Gamma_2 = (X_1,X_2,-a_2)$.

Dann ist (x',y') ein Gleichgewichtspunkt in dem
Zweipersonenspiel $\Gamma = (X_1, X_2, (a_1, a_2))$.

Beweis: Da (x',y') ein Sattelpunkt in Γ_1 ist, gilt

$$a_1(x',y') = \max_{x \in X_1} a_1(x,y');$$

aus der Sattelpunkteigenschaft von (x',y') im Spiel Γ_2 folgt

$$-a_2(x',y') = \min_{y \in X_2} (-a_2(x',y)), \text{ d.h.}$$

$$a_2(x',y') = \max_{y \in X_2} a_2(x',y),$$

woraus sich ergibt, daß (x',y') ein Gleichgewichtspunkt von Γ
ist. □

Aus den Sätzen (4.6) und (4.8) sieht man, daß Konkurrenzspiele
starke Ähnlichkeit mit Zweipersonen-Nullsummenspielen haben.
Man kann die in Kapitel III, § 1 definierte Reduktion von
Zweipersonen-Nullsummenspielen auf naheliegende Weise auf
Zweipersonenspiele in Normalform übertragen und überdies
zeigen, daß für ein Bimatrixspiel ein eindeutig bestimmtes
"maximal reduziertes" Teilspiel existiert. Opitz ([49])
hat sogar gezeigt, daß die gemischte Erweiterung eines "maximal reduzierten" Teilspiels eines Konkurrenzspiels
"strategisch äquivalent" ist (vgl. (5.16)) zu einem Zweipersonen-Nullsummenspiel.

b) <u>Lösungskonzepte für weitere Klassen von</u>
   <u>nicht-kooperativen Zweipersonenspielen</u>

Obwohl Konkurrenzspiele mit der Äquivalenz und Vertauschbarkeit von Gleichgewichtspunkten Eigenschaften wie Zweipersonen-
Nullsummenspiele aufweisen, bestehen doch - wie am Gefangenenproblem (4.1) erläutert wurde - selbst bei diesen
Spielen Vorbehalte, Gleichgewichtspunkte als "Lösungen" zu

betrachten. Diese Vorbehalte gelten natürlich um so mehr bei
allgemeinen Zweipersonenspielen in Normalform. Es wurde daher
eine Reihe anderer Lösungsbegriffe vorgeschlagen. Von diesen
wollen wir im folgenden einige angeben; gleichzeitig zeigen
wir jedoch auch jeweils anhand von Beispielen, daß gravierende
Einwände gegen diese Lösungsbegriffe erhoben werden können.

(4.9) _Definition:_

> *Ein (nicht kooperatives) Zweipersonenspiel*
> $\Gamma = (X_1, X_2, (a_1, a_2))$ *in Normalform heißt* <u>*lösbar*</u>
> <u>*im Sinne von Nash,*</u> *wenn* Γ *(mindestens) einen Gleich-*
> *gewichtspunkt besitzt und alle Gleichgewichtspunkte*
> *von* Γ *vertauschbar sind (d.h. wenn mit* $(x_1, y_1), (x_2, y_2)$
> *auch* (x_1, y_2) *und* (x_2, y_1) *Gleichgewichtspunkte sind).*
> *Die Menge aller Gleichgewichtspunkte von* Γ *wird*
> <u>*Lösung*</u> *von* Γ *genannt.*

Nach Satz (4.6) sind also insbesondere alle Konkurrenzspiele
und somit auch das Gefangenenproblem (4.1) lösbar im Sinne
von Nash - die im Zusammenhang mit (4.1) gegenüber dem
Lösungskonzept der Gleichgewichtspunkte geäußerten Vorbehalte treffen also auch für den Nash'schen Lösungsbegriff
zu.

Außerdem ist ein so einfaches Zweipersonenspiel wie das durch
die Auszahlungsmatrizen

$$\mathcal{A} = \begin{pmatrix} 1 & 0 \\ 0 & 2 \end{pmatrix} \quad \text{und} \quad \mathcal{B} = \begin{pmatrix} 1 & 0 \\ 0 & 2 \end{pmatrix}$$

gegebene Spiel im Sinne von Nash nicht lösbar, da die beiden
Gleichgewichtspunkte (x_1, y_1) und (x_2, y_2) nicht vertauschbar
sind. Gerade in diesem Spiel würde man aber den Gleichgewichtspunkt (x_2, y_2) als "die Lösung" ansehen wollen, da in
diesem Fall beide Spieler ihre maximale Auszahlung erhalten.

Bei der Lösbarkeit im Sinne von Nash wird die Vertauschbarkeit der Gleichgewichtspunkte gefordert. Das bedeutet aber nicht, daß die Gleichgewichtspunkte auch äquivalent sind, wie das durch die Auszahlungsmatrizen

$$\alpha = \begin{pmatrix} 0 & 3 \\ 0 & 3 \end{pmatrix} \quad \text{und} \quad \mathcal{B} = \begin{pmatrix} 1 & 1 \\ 5 & 5 \end{pmatrix}$$

gegebene Bimatrixspiel zeigt. In diesem Spiel sind alle Strategienpaare Gleichgewichtspunkte, das Spiel ist also im Sinne von Nash lösbar. Dennoch ist der "erstrebenswerte" Punkt (x_2,y_2) in keiner Weise ausgezeichnet; auch (x_1,y_1) mit der für beide Spieler minimalen Auszahlung gehört zur Lösung im Sinne von Nash.

Diese Einwände gegen den Nash'schen Lösungsbegriff (4.9) lassen sich also wie folgt zusammenfassen:

(4.1o)   Anmerkung:

> *Es gibt Bimatrixspiele, die intuitiv genau ein Strategienpaar (x',y') als "Lösung" besitzen, die jedoch nicht lösbar sind im Sinne von Nash bzw. deren Lösung im Sinne von Nash wesentlich mehr Strategientupel enthält als nur (x',y').*

Um derartige Unzulänglichkeiten zu vermeiden, kann man das Nash'sche Lösungskonzept durch die Forderung verschärfen, daß die Auszahlung in einem "Lösungspunkt" nicht für beide Spieler simultan verbessert werden kann:

(4.11)   Definition: (Luce/Raiffa):

> *Es sei $\Gamma = (X_1,X_2,(a_1,a_2))$ ein Zweipersonenspiel in Normalform.*
> *a) Ein Strategienpaar $(x,y) \in X_1 \times X_2$ heißt gleichmäßig unzulässig, falls ein $(x',y') \in X_1 \times X_2$ existiert mit*
>
> $$a_1(x',y') > a_1(x,y) \text{ und } a_2(x',y') > a_2(x,y),$$

andernfalls heißt es <u>gleichmäßig zulässig</u>.

b) Das Spiel Γ heißt <u>im strengen Sinne lösbar</u>, wenn
die folgenden Bedingungen erfüllt sind:

(i)   Es gibt mindestens einen gleichmäßig zu-
lässigen Gleichgewichtspunkt von Γ.

(ii)   Alle gleichmäßig zulässigen Gleichgewichts-
punkte von Γ sind vertauschbar und äqui-
valent.

Nach dieser Definition ist z.B. das vorhin erwähnte Bimatrixspiel mit den Auszahlungsmatrizen

$$\mathcal{A} = \mathcal{B} = \begin{pmatrix} 1 & 0 \\ 0 & 2 \end{pmatrix}$$

lösbar im strengen Sinne, da (x_2, y_2) der einzige gleichmäßig
zulässige Gleichgewichtspunkt ist. Jedoch ist das Gefangenenproblem (4.1), welches als Lösung im Sinne von Nash das
Strategientupel (Z,Z) besitzt, nicht lösbar im strengen Sinne,
da (Z,Z) als einziger Gleichgewichtspunkt dieses Spiels
gleichmäßig unzulässig ist. Daß nicht einmal alle Konkurrenzspiele im strengen Sinne lösbar sind, zeigt, daß die Klasse
der in diesem Sinne lösbaren Zweipersonenspiele "ziemlich
klein" ist. Ein Lösungskonzept jedoch, das die "meisten"
Spiele für "nicht lösbar" erklärt, ist wenig befriedigend.

Ein weiterer, mehr "psychologischer" Einwand war bereits in
Kapitel II, § 4, genannt worden: Das in Beispiel (2.18)b)
durch die Auszahlungsmatrizen

$$\mathcal{A} = \begin{pmatrix} 2 & 6 \\ 10 & 3 \end{pmatrix} \qquad \mathcal{B} = \begin{pmatrix} -1000 & 5 \\ 8 & 4 \end{pmatrix}$$

definierte Bimatrixspiel ist zwar im strengen Sinne lösbar;
der einzige gleichmäßig zulässige Gleichgewichtspunkt (x_2, y_1)
mit der Auszahlung

$$a(x_2, y_1) = (10,8)$$

ist jedoch aus den in Kapitel II, § 4, erläuterten "psychologischen" Gründen äußerst instabil.

Die an diesem Beispiel erläuterten "psychologischen" Bedenken gegen die von Luce/Raiffa vorgeschlagene Lösung im strengen Sinne besagen, daß Einwände gegen ein Lösungskonzept bestehen, welches sich nur auf Gleichgewichtspunkte stützt, ohne auf die Garantieauszahlung zu achten, die sich die Spieler durch Einsatz einer Gleichgewichtsstrategie sichern können. Ein Lösungskonzept, welches diese Einwände berücksichtigt, wurde von Bamberg unter der Bezeichnung *U-Lösbarkeit* vorgeschlagen. Solche U-Lösungen besitzen zwar etliche angenehme Eigenschaften, die es berechtigt erscheinen lassen, Minimax-Strategien als besonders gut auszuzeichnen, es zeigt sich jedoch, daß dieses Lösungskonzept ebenfalls recht restriktiv ist, d.h. nur einer relativ kleinen Klasse von Spielen eine Lösung zuordnet.

Alle diese - wie auch weitere in der Literatur vorgeschlagene - Lösungskonzepte besitzen die Eigenschaft, daß sie jeweils unterschiedliche Klassen von Zweipersonenspielen aus der Menge aller Zweipersonenspiele aussondern, denen sie eine Lösung zuordnen. Das zeigt, daß man von einem allgemein akzeptierten Lösungsbegriff bei nichtkooperativen Zweipersonenspielen weit entfernt ist.

Krelle und Coenen [32] halten es für unmöglich, ohne die Berücksichtigung der Persönlichkeiten der Spielpartner ein solches Konzept zu entwickeln. Sie plädieren daher für die Einführung von *persönlichkeitsbestimmten Lösungen*, bei denen die Persönlichkeit der Spieler (psychologische Einfühlsamkeit, Lernfähigkeit, Gerechtigkeitserwägungen usw.) berücksichtigt wird.

Bei der Betrachtung der bisher behandelten Beispiele könnte
der Eindruck entstehen, daß alle aufgetretenen Schwierigkeiten überwunden werden könnten, wenn nur unter den Spielern
Verhandlungen und Kooperation zugelassen wären. Es sei jedoch an das Beispiel (2.16) erinnert, bei dem eine Aufhebung
des Kooperationsverbotes für einen Spieler sogar ungünstiger
sein kann als eine Beibehaltung des Verbots:

<u>(4.12)</u> <u>*Beispiel*</u> *(vgl. (2.16)):*

Es sei $\Gamma = (X_1, X_2, (a_1, a_2))$ das Bimatrixspiel mit den Auszahlungsmatrizen

$$\mathfrak{A} = \begin{pmatrix} 1 & 5 \\ 0 & 4 \end{pmatrix} , \qquad \mathfrak{L} = \begin{pmatrix} 2 & 1 \\ -200 & -100 \end{pmatrix} .$$

Hier ist (x_1, y_1) der einzige Gleichgewichtspunkt. Dieser
Gleichgewichtspunkt ist zudem undominiert; das Spiel ist also
auch im Sinne von Nash sowie im strengen Sinne lösbar.
Wären nun in diesem Spiel Verhandlungen zugelassen, so würde
sich das für den Spieler 2 sehr nachteilig auswirken. Wie
schon in (2.16) angedeutet wurde, könnte nämlich Spieler 1
unter Hinweis auf die hohen Verluste, die bei Einsatz von x_2
für Spieler 2 auftreten würden, diesen zwingen, anstelle
von y_1 die Strategie y_2 einzusetzen, da y_2 für Spieler 1
wesentlich günstiger ist. Dadurch würde jedoch Spieler 2
eine Einbuße erleiden, da er statt der Gleichgewichtsaus-
zahlung von 2 nur noch die Auszahlung 1 erhielte. Somit erscheint es für Spieler 2 vorteilhafter, das Spiel nichtkooperativ zu führen. □

§ 2   Kooperative Spiele; Verhandlungen ohne Drohungen

Bei einigen Beispielen in § 1 hatte man den Eindruck, daß die
dort betrachteten strategischen Spiele geradezu nach Verhandlungen und verbindlichen Absprachen verlangen. Im folgenden wollen wir nun Zweipersonenspiele behandeln, bei denen
die beiden Spieler über den Einsatz ihrer Strategien und die
Aufteilung der Auszahlungen verhandeln dürfen - bei denen
also kein Kooperationsverbot mehr besteht. Das bedeutet insbesondere, daß die beiden Spieler verbindliche Absprachen
bzgl. der von ihnen einzusetzenden Strategien treffen, voneinander abhängende gemischte Strategien spielen und auch
Auszahlungen von einem auf den anderen Spieler (wenn auch
nicht unbedingt linear) übertragen können. Damit ist schon
indirekt gesagt, daß die bisher verwendete Normalform eines
Zweipersonenspiels für eine kooperative Theorie erweitert
werden muß zu

$$\Gamma = (X_1, X_2, K, (a_1, a_2));$$

dabei sind - wie bisher - X_1 und X_2 die Strategienmengen
der beiden einzelnen Spieler, zu denen jetzt noch die Menge K
der kooperativen Strategien hinzukommt, von der vorausge-
setzt wird, daß $X_1 \times X_2 \subset K$ gilt, d.h. daß jede "Einigung" auf
ein Strategientupel (x_1, x_2) insbesondere eine kooperative
Strategie ist. Durch den Funktionsvektor

$$(a_1, a_2): K \longrightarrow \mathbb{R}^2$$

werden die endgültigen Auszahlungen an die Spieler festgelegt,
wobei eventuelle Seitenzahlungen bereits berücksichtigt sein
sollen. Bei einer gemeinsamen Aktion $k \in K$ erhält Spieler i
also $a_i(k)$, i=1,2; die Menge

$$A(\Gamma) := \{(a_1(k), a_2(k)); \; k \in K\} \subset \mathbb{R}^2$$

aller sich auf diese Weise ergebenden Auszahlungspunkte heißt
zulässige Menge. Wie das Beispiel (4.3) zeigt, ist die zulässige Menge im nichtkooperativen Fall i.a. selbst dann

nicht konvex, wenn der Einsatz gemischter Strategien erlaubt ist. Im kooperativen Fall ist jedoch, falls die Möglichkeit des *gemeinsamen* Randomisierens besteht, die zulässige Menge $A(\Gamma)$ konvex:

(4.13) *Anmerkung:*

> *Es sei $(X_1, X_2, K, (a_1, a_2))$ die Normalform eines koope- rativen Zweipersonenspiels, P_i die Menge der end- lich diskreten Wahrscheinlichkeitsmaße über $(X_i, \mathcal{P}(X_i))$, $i = 1, 2$, und P_K die Menge der endlich diskreten Wahrscheinlichkeitsmaße über $(K, \mathcal{P}(K))$. Dann ist die zu dem kooperativen Zweipersonenspiel*
>
> $$\Gamma = (P_1, P_2, P_K, (A_1, A_2))$$
>
> *gehörige zulässige Menge $A(\Gamma)$ konvex.*

Den Beweis dieser Anmerkung erhält man sofort aus der Tat- sache, daß P_K konvex ist und demzufolge mit ε_{k_1}, $\varepsilon_{k_2} \in P_K$ sowie $\lambda \in [0; 1]$ auch

$$\lambda (A_1(\varepsilon_{k_1}), A_2(\varepsilon_{k_1})) + (1-\lambda)(A_1(\varepsilon_{k_2}), A_2(\varepsilon_{k_2}))$$

$$= (\textstyle\int a_1 d(\lambda\varepsilon_{k_1} + (1-\lambda)\varepsilon_{k_2}), \int a_2 d(\lambda\varepsilon_{k_1} + (1-\lambda)\varepsilon_{k_2}))$$

$$= (A_1(\lambda\varepsilon_{k_1} + (1-\lambda)\varepsilon_{k_2}), A_2(\lambda\varepsilon_{k_1} + (1-\lambda)\varepsilon_{k_2}))$$

in der zulässigen Menge liegt. □

Es erhebt sich nun die Frage, welcher Auszahlungspunkt aus der zulässigen Menge eines Spiels $\Gamma = (X_1, X_2, K, (a_1, a_2))$ durch den Einsatz (kooperativer) Strategien realisiert werden wird, d.h. welche Auszahlung der eine Spieler bereit ist dem anderen zu- zugestehen und mit wieviel er sich selbst zufriedengeben wird. Obwohl es natürlich unmöglich ist, eine allgemeingültige Ant- wort darauf zu geben, wie sich rationale Spieler bei solchen Verhandlungsproblemen verhalten werden, kann man doch immerhin

einen Minimalbetrag angeben, den jeder Spieler mindestens für
sich in Anspruch nehmen wird, nämlich die maximale Garantie

$$W_*^{(1)}(X_1,X_2) = \sup_{x \in X_1} \ \inf_{y \in X_2} \ a_1(x,y)$$

bzw.

$$W_*^{(2)}(X_1,X_2) = \sup_{y \in X_2} \ \inf_{x \in X_1} \ a_2(x,y),$$

falls die jeweiligen Suprema angenommen werden.

In diesem Paragraphen wollen wir uns zunächst auf den Fall
beschränken, daß die Spieler über die Aufteilung des (Mehr-)
Betrages, der sich durch Kooperation gegenüber dem *Garantiepunkt* $(W_*^{(1)}(X_1,X_2), W_*^{(2)}(X_1,X_2))$ erreichen läßt, *verhandeln,
ohne* dabei mit dem Einsatz von nicht kooperativen Strategien
zu drohen, die für sie selbst zwar schlecht sind (z.B. zu
einer Auszahlung unterhalb des Garantiewertes führen können),
für den Gegenspieler jedoch noch größere Verluste verursachen.

Eine "Lösung" eines derartigen Zweipersonen-Verhandlungs-
problems wird sich dann sicherlich zum einen an der zulässigen Menge $A(\Gamma)$ orientieren und zum anderen an den Garantie-
beträgen $W_*^{(1)}(X_1,X_2)$ bzw. $W_*^{(2)}(X_1,X_2)$. Diese beiden Orien-
tierungsdaten hängen aber nicht mehr direkt von der speziellen
kooperativen Normalform $\Gamma = (X_1,X_2,K,(a_1,a_2))$ des zugrunde-
liegenden Zweipersonenspiels ab. Aus diesem Grunde wollen wir
als (abstrakte) Zweipersonen-Verhandlungsprobleme alle Paare
(x,A) ansehen, bei denen $A \subset \mathbb{R}^2$ als zulässige Menge eines
Spiels, d.h. als Menge von möglichen Auszahlungsvektoren, die
durch Vereinbarungen zwischen den Spielern erreichbar sind,
interpretiert wird und $x \in \mathbb{R}^2$ als Garantiepunkt oder als
"Lösungspunkt" in einem der Lösungskonzepte für die nicht-
kooperative Normalform des jeweils betrachteten Zweipersonenspiels. Häufig wird x dabei die Auszahlungen an die Spieler
bedeuten, die sich beim Nichtzustandekommen einer Vereinbarung ("Status quo") ergeben.

In Anlehnung an die von Kalai und Smorodinsky [28] verwendete Begriffsbildung führen wir die folgende Bezeichnungs-
weise ein:

(4.14) *Definition:*

> *Die Menge*
>
> $$A := \{ (x,A); \ x \in {I\!R}^2, \ A \subset {I\!R}^2 \ konvex, \ kompakt,$$
> $$\forall \, a \in A: x \leq a, \quad \exists a' \in A: x < a' \}^{1)}$$
>
> *heißt Menge aller* *Verhandlungssituationen.*

Wie wir vorhin in der Anmerkung (4.13) gesehen haben, bedeutet die Beschränkung auf konvexe Mengen A keine Einschränkung, wenn den Spielern gemeinsames Randomisieren erlaubt ist. Die Voraussetzung der Kompaktheit[2] von A ist
ebenfalls nicht zu restriktiv; sie ist beispielsweise immer
dann erfüllt, wenn, wie in (4.13), A die zulässige Menge der
endlich diskreten gemischten Erweiterung $\Gamma_{fdm} = (P_1, P_2, P_K, (A_1, A_2))$
eines kooperativen Zweipersonenspiels $(X_1, X_2, K, (a_1, a_2))$ mit
beschränkten Auszahlungsfunktionen a_i ist. Die beiden weiteren
in (4.14) gemachten Voraussetzungen

$$\forall a \in A: x \leq a \quad und \quad \exists a' \in A: x < a'$$

besagen lediglich, daß nur solche Punkte als potentielle Auszahlungsvektoren in Betracht gezogen werden, die den Spielern
mindestens die Auszahlung des Konfliktpunktes einbringen, und
daß es mindestens einen Auszahlungspunkt gibt, der den
Spielern mehr einbringt als die Konfliktauszahlung, d.h.
daß für beide Spieler ein Anreiz zum Verhandeln besteht[3].

---

[1] Es sei $(x_1, x_2) < (y_1, y_2): \Longleftrightarrow x_1 < y_1 \wedge x_2 < y_2$ sowie $(x_1, x_2) \leq (y_1, y_2)$
$\Longleftrightarrow x_1 \leq y_1 \wedge x_2 \leq y_2$.

[2] Für unsere späteren Überlegungen würde es bereits ausreichen zu wissen,
daß A "nach rechts oben abgeschlossen" ist.

[3] Bei den im vorigen Paragraphen erwähnten U-Spielen besteht ein solcher
Anreiz zum Verhandeln nicht, da dort der Garantiepunkt undominiert ist.

Von einer "Lösung" einer Verhandlungssituation (x,A) wird
man natürlich verlangen, daß sie genau einen Auszahlungsvektor aus A als Lösungspunkt auszeichnet.

<u>(4.15)</u> *Definition:*

> *Eine <u>Verhandlungslösung</u> ist eine Funktion $\varphi: A \longrightarrow \mathbb{R}^2$,*
> *die jeder Verhandlungssituation (x,A) einen Lösungs-*
> *punkt $\varphi(x,A) \in A$ zuordnet.*

Natürlich wird man nicht von jeder solchen Funktion φ erwarten können, daß sie "vernünftige" Auszahlungspunkte als
Lösung von Verhandlungssituationen liefert, man wird vielmehr
noch zusätzliche Forderungen ("Axiome") stellen, die eine
"vernünftige" Verhandlungslösung erfüllen sollte.

Unumstritten dürfte sein, daß sich die Spieler bei Verhandlungen nicht mit weniger zufriedengeben, als sie sich
bereits allein sichern können:

<u>(R): Individuelle Rationalität</u>

Die Forderung

(R.1) *Schwache individuelle Rationalität:*

$$\varphi(x,A) \geq x \quad \text{für alle} \quad (x,A) \in A.$$

ist in den Definitionen (4.14) und (4.15) bereits von vornherein berücksichtigt und zieht daher keinerlei weitere Einschränkungen nach sich.

Bei Beachtung von (4.14) - wonach mindestens ein Auszahlungspunkt a>x existiert - liegt jedoch auch das stärkere Axiom
nahe, daß eine "vernünftige" Verhandlungslösung beiden Spielern Auszahlungen einbringen sollte, die echt größer sind
als die durch den Punkt x gegebenen Konfliktauszahlungen -
jeder der Spieler dürfte Absprachen nur dann als sinnvoll
akzeptieren, wenn sie ihm einen größeren Nutzen als den
Status quo einbringen:

(R.2) Starke individuelle Rationalität:

$$\varphi(x,A) > x \quad \text{für alle} \quad (x,A) \in A .$$

Eine ebenfalls sehr plausible Forderung an eine "vernünftige" Verhandlungslösung φ ist, daß es nicht möglich ist, die zu einem Lösungspunkt $\varphi(x,A)$ gehörenden Auszahlungen für beide Spieler gleichzeitig innerhalb der zulässigen Menge A zu verbessern:

(P): Pareto-Optimalität

(P.1) Schwache Pareto-Optimalität:

$$\varphi(x,A) \in P_w(A) := \{a \in A; \ a < y \Rightarrow y \notin A\} \quad \text{für alle} \quad (x,A) \in A.$$

Da der sogenannte *schwache Pareto-Rand* $P_w(A)$ gerade der "rechte obere Rand" der Menge A ist, schließt diese Forderung aber z.B. nicht aus, daß für die durch $x := (0,0), A := \{(x_1,x_2) \in \mathbb{R}^2: \ x_1 \leq 1, x_2 \leq 1\}$ gegebene Verhandlungssituation als Lösungspunkt auch $\varphi(x,A) = (\frac{1}{2},1)$ in Frage kommt. Gerade in dieser Situation wird man als Lösung jedoch sicherlich den Punkt $(1,1)$ erhalten wollen, welcher der einzige Punkt auf dem *starken Pareto-Rand* $P_s(A)$ ist:

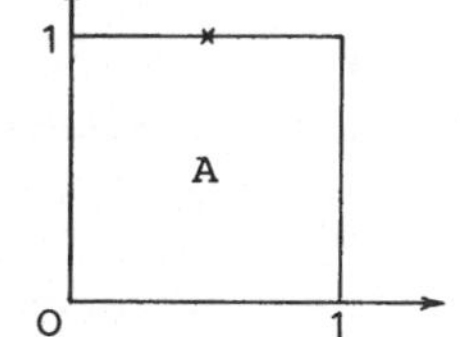

(P.2) Starke Pareto-Optimalität:

$$\varphi(x,A) \in P_s(A) := \{a \in A; \ y \in A \wedge a \leq y \Rightarrow a = y\} \quad \text{für alle} \quad (x,A) \in A.$$

Ein weiterer Typ von Forderungen beinhaltet Symmetrieeigenschaften, denen die anschauliche Vorstellung zugrunde liegt, daß gleiche Verhandlungspositionen auch gleiche Verhandlungsergebnisse nach sich ziehen sollten.

(S): *Symmetrie*

(S.1) Schwache Symmetrie

>*Ist $(x,A) \in A$ eine symmetrische Verhandlungssituation, d.h. gilt $x_1 = x_2$ sowie $(a_1, a_2) \in A \leftrightarrow (a_2, a_1) \in A$, so gilt auch für die Komponenten des Lösungspunktes $\varphi(x,A) = (\varphi_1(x,A),\ \varphi_2(x,A))$ die Gleichheit $\varphi_1(x,A) = \varphi_2(x,A)$.*

Wie man sieht, betrifft diese Symmetrieforderung nur solche Verhandlungssituationen, bei denen bereits der Konfliktpunkt und die zulässige Menge symmetrisch sind. Kalai und Smorodinsky [28] stellen dagegen die folgende, stärkere Forderung an eine Verhandlungslösung, durch die auch nichtsymmetrische Verhandlungssituationen erfaßt werden:

(S.2) Starke Symmetrie:

>*Ist $f: \mathbb{R}^2 \longrightarrow \mathbb{R}^2$ die durch $f(x_1, x_2) := (x_2, x_1)$ definierte Funktion, so gilt für alle Verhandlungssituationen $(x,A) \in A$*

$$\varphi(f(x), f(A)) = f(\varphi(x,A)).$$

Für symmetrische Verhandlungssituationen (x,A) **muß** der Lösungspunkt $\varphi(x,A)$ also auf der Diagonalen im $\mathbb{R}^2$ liegen, wenn φ die Forderung (S.1) erfüllen soll. Verlangt man außerdem noch die schwache Pareto-Optimalität (P.1), so ist für symmetrische Verhandlungssituationen durch diese beiden Bedingungen der Lösungspunkt $\varphi(x,A)$ bereits eindeutig festgelegt.

In Kapitel I hatten wir gesehen, daß für Präferenzordnungen, bei denen gemischte Strategien durch erwarteten Nutzen beurteilt werden, die repräsentierenden Nutzenfunktionen nur bis auf posititve lineare Transformationen festgelegt sind. Daraufhin liegt die Forderung nahe, auch Verhandlungslösungen sollten "unabhängig" von solchen Transformationen sein:

(T): Unabhängigkeit von linearen Transformationen

Eine verhältnismäßig schwache Forderung von diesem Typ
lautet:

(T.1) Unabhängigkeit von Verschiebungen und Streckungen:

    a) $\varphi(x,A) = \varphi(0,A-x) + x$ *für alle $(x,A)\in A$.* [1]

    b) $\varphi(0,cA) = c\cdot\varphi(0,A)$ *für alle $c>0$ und alle $(0,A)\in A$.*

Hier wird also verlangt, daß sich nach einer Verschiebung
bzw. Streckung einer Verhandlungssituation (x,A) die "neuen"
Lösungspunkte aus den "alten" ebenfalls durch Verschiebung
bzw. Streckung gewinnen lassen. Zu einer erheblich stärkeren
Forderung gelangt man, wenn man die Bedingungen (T.1)a) und
(T.1)b) "kombiniert":

(T.2) Unabhängigkeit von positiven linearen Transformationen: [2]

    Sind $c_1,c_2>0$, $d_1,d_2\in \mathbb{R}^1$ und ist $T: \mathbb{R}^2 \longrightarrow \mathbb{R}^2$ die durch

$$T(a_1,a_2) := (c_1 a_1 + d_1, c_2 a_2 + d_2)$$

    definierte positive lineare Transformation, dann gilt
    für alle Verhandlungssituationen $(x,A)\in A$

$$\varphi(T(x),T(A)) = T(\varphi(x,A)). \quad \text{[3]}$$

---

[1]   Es seien wie üblich A-x:= {a-x; a∈A} und cA:= {ca; a∈A}.

[2]   Einwände gegen dieses Axiom, in dem verlangt wird, daß der Maßstab, in
dem der Nutzen für die Spieler gemessen wird, keinen Einfluß auf das
Verhandlungsergebnis haben soll, wurden unter anderem von Nydegger und
Owen [48] erhoben, die bei einer experimentellen Untersuchung festgestellt haben, daß viele Individuen in bestimmten Verhandlungssituationen gegen (T.2) verstoßen.

[3]   Man sieht sofort, daß aus (x,A)∈A folgt (T(x),T(A))∈A.

a) Die Nash'sche Verhandlungslösung

In seiner klassischen Axiomatisierung [42] von "vernünftigen"
Verhandlungslösungen formulierte J. Nash als weitere
Forderung:

(U): Unabhängigkeit von irrelevanten Alternativen

> *Sind $(x,B),(x,A)\in A$ Verhandlungssituationen mit*
> *$\varphi(x,A)\in B\subset A$, dann gilt $\varphi(x,B) = \varphi(x,A)$.*

Auf den ersten Blick erscheint dieses Axiom recht naheliegend. Es besagt nämlich, daß für den Fall, daß (a_1,a_2)
Lösungspunkt einer Verhandlungssituation (x,B) ist und die
zulässige Menge B zu einer größeren Menge A erweitert wird,
der Lösungspunkt für die neue Verhandlungssituation (x,A)
entweder unter den neu hinzugekommenen Punkten in $A-B$ zu
suchen ist oder bereits mit dem alten Lösungspunkt (a_1,a_2)
übereinstimmt. Wie wir später noch an einigen Beispielen
ausführen werden, ist diese Forderung jedoch durchaus nicht
unumstritten.

Später werden wir noch weitere plausible Forderungen an
"vernünftige" Verhandlungslösungen kennenlernen; es zeigt
sich jedoch, daß die Axiome (R.1), (P.1), (S.1), (T.2) und
(U) bereits eindeutig eine Verhandlungslösung festlegen. Zur
Erleichterung der Formulierungen bezeichnen wir dabei im
folgenden mit $\Phi(...)$ die Menge aller derjenigen Verhandlungslösungen φ, welche die in der Klammer genannten Axiome erfüllen.

(4.16) Satz (Nash [42]):[1]

> $$|\Phi((R.1),(P.1),(S.1),(T.2),(U))| = 1,$$
>
> *d.h. es gibt genau eine Verhandlungslösung φ_N, die den*
> *Nash-Axiomen $(R.1),(P.1),(S.1),(T.2)$ und (U) genügt.*

---

[1] Ursprünglich bewies J. Nash "nur", daß es genau eine Verhandlungslösung
gibt, welche die Axiome (R.1),(P.2),(S.1),(T.2),(U) erfüllt.

Beweis: Es werden zunächst die beiden folgenden Hilfsbehauptungen gezeigt, die zum Beweis von (4.26) benötigt werden:

Behauptung 1: (x,A) sei eine Verhandlungssituation. Dann gibt
es genau einen Punkt $a^* = (a_1^*, a_2^*) \in A$, der die
Funktion $g: A \longrightarrow \mathbb{R}^1$,

$$g(a_1, a_2) := (a_1 - x_1) \cdot (a_2 - x_2),$$

maximiert.

Behauptung 2:   Es seien (x,A) eine Verhandlungssituation und
$a^* \in A$ der gemäß Behauptung 1 eindeutig bestimmte Punkt, welcher die Funktion g maximiert. Dann maximiert a^* auch die durch

$$h(a_1, a_2) := (a_2^* - x_2)a_1 + (a_1^* - x_1)a_2$$

definierte Funktion $h: A \longrightarrow \mathbb{R}^1$.

Beweis 1:   Da $A \neq \emptyset$ kompakt ist, nimmt die Funktion g in A
ihr Maximum an, und weil nach (4.24) ein $a' \in A$ existiert mit
$x < a'$ muß

$$M := \max \{g(a);\ a \in A\} > 0$$

sein. Wenn nun zwei Punkte (a_1', a_2') und (a_1'', a_2'') existieren
würden mit $g(a_1', a_2') = g(a_1'', a_2'') = M$, dann kann wegen $M > 0$
nicht $a_1' = a_1''$ gelten, da sonst $a_2' = a_2''$ wäre. Es sei also
o.B.d.A. $a_1' < a_1''$, was $a_2' > a_2''$ impliziert. Für den Punkt

$$(\tilde{a}_1, \tilde{a}_2) := \left(\frac{a_1' + a_1''}{2},\ \frac{a_2' + a_2''}{2}\right),$$

der wegen der Konvexität von A ebenfalls in A liegt, gilt
dann

$$g(\tilde{a}_1,\tilde{a}_2) = \frac{(a_1'-x_1)+(a_1''-x_1)}{2} \cdot \frac{(a_2'-x_2)+(a_2''-x_2)}{2}$$

$$= \frac{1}{4}((a_1'-x_1)(a_2'-x_2)+(a_1''-x_1)(a_2''-x_2) + a_1'a_2'' - a_1'x_2$$

$$- a_2''x_1 + x_1x_2 + a_1''a_2' - a_1''x_2 - a_2'x_1 + x_1x_2)$$

$$= \frac{(a_1'-x_1)(a_2'-x_2)}{2} + \frac{(a_1''-x_1)(a_2''-x_2)}{2} + \frac{1}{4}(a_1'-a_1'')(a_2''-a_2')$$

$$= M + \frac{1}{4}(a_1'-a_1'')(a_2''-a_2') > M,$$

womit wir einen Widerspruch zur Definition von M erhalten haben. Folglich gibt es genau einen Punkt $a^* = (a_1^*,a_2^*)$ mit $g(a^*) = M$. $\qquad\square$

Beweis 2: Angenommen es gibt einen Punkt $(a_1,a_2)\in A$ mit $h(a_1,a_2) > h(a_1^*,a_2^*)$. Für beliebiges $\varepsilon\in(0;1)$ folgt dann wegen der Konvexität von A, daß

$$(\hat{a}_1,\hat{a}_2) := (\varepsilon a_1+(1-\varepsilon)a_1^* \, , \, \varepsilon a_2+(1-\varepsilon)a_2^*)\in A$$

ist. Es gilt außerdem

$$g(\hat{a}_1,\hat{a}_2) = g(a_1^*+\varepsilon(a_1-a_1^*),a_2^*+\varepsilon(a_2-a_2^*)) = (a_1^*+\varepsilon(a_1-a_1^*)-x_1)\cdot(a_2^*+\varepsilon(a_2-a_2^*)-x_2)$$

$$= (a_1^*-x_1)(a_2^*-x_2) + \varepsilon(a_1-a_1^*)(a_2^*+\varepsilon(a_2-a_2^*)-x_2) + \varepsilon(a_2-a_2^*)(a_1^*-x_1)$$

$$= g(a_1^*,a_2^*) + \varepsilon((a_1-a_1^*)(a_2^*-x_2) + (a_2-a_2^*)(a_1^*-x_1))+\varepsilon^2(a_1-a_1^*)(a_2-a_2^*)$$

$$= g(a_1^*,a_2^*) + \varepsilon h(a_1-a_1^*,a_2-a_2^*) + \varepsilon^2(a_1-a_1^*)(a_2-a_2^*)$$

$$= g(a_1^*,a_2^*) + \varepsilon(h(a_1,a_2)-h(a_1^*,a_2^*)) + \varepsilon^2(a_1-a_1^*)(a_2-a_2^*).$$

Nach Annahme ist $h(a_1,a_2) - h(a_1^*,a_2^*)>0$. Folglich gilt für

$$\varepsilon < \min\left(\frac{h(a_1,a_2)-h(a_1^*,a_2^*)}{|a_1-a_1^*|\cdot|a_2-a_2^*|} \, , \, 1\right) \text{ die Abschätzung}$$

$$\varepsilon(h(a_1,a_2)-h(a_1^*,a_2^*))+\varepsilon^2(a_1-a_1^*)(a_2-a_2^*)\geq\varepsilon(h(a_1,a_2)-h(a_1^*,a_2^*)-\varepsilon|a_1-a_1^*||a_2-a_2^*|)>0,$$

d.h. für ein derartig gewähltes $\varepsilon > 0$ gilt $g(\hat{a}_1,\hat{a}_2) > g(a_1^*,a_2^*) = M$, was im Widerspruch steht zur Definition von M. Somit war die anfangs gemachte Annahme falsch, und es gilt $h(a_1,a_2) \leq h(a_1^*,a_2^*)$ für alle $(a_1,a_2) \in A$.   □

Es bleibt noch anzumerken, daß   -   anders als in Behauptung 1 - der Punkt (a_1^*,a_2^*) nicht notwendig der einzige Punkt ist, welcher die Funktion h maximiert. Dies sieht man auch sofort ein, wenn man sich die Aussage der Behauptung 2 veranschaulicht: Sie besagt nämlich, daß diejenige Gerade durch (a_1^*,a_2^*), deren Steigung das Negative der Steigung der Verbindungslinie von (a_1^*,a_2^*) und (x_1,x_2) ist,

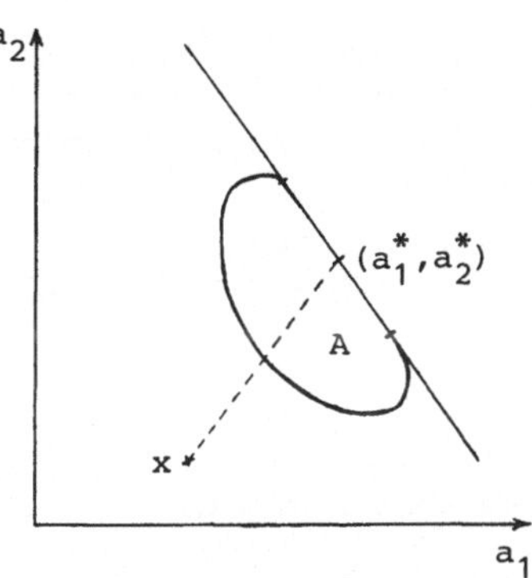

eine Stützgerade von oben an die zulässige Menge A ist, d.h. daß A vollständig auf oder unter dieser Stützgeraden liegt. In Verhandlungssituationen wie z.B. in der durch die nebenstehende Abbildung gegebenen, in welcher der Pareto-Rand $P_s(A)$ ein Stück mit dieser Stützgeraden übereinstimmt, maximieren alle Punkte aus A, die auf diesem Geradenstück liegen, die Funktion h.

Wir kommen nun zum eigentlichen Beweis des Satzes (4.16) und zeigen, daß der zu einer vorgegebenen Verhandlungssituation $(x,A) \in A$ nach Behauptung 1 eindeutig bestimmte Punkt $a^* = a^*(x,A)$ Lösungspunkt der Verhandlungssituation (x,A) sein muß und somit $\varphi_N(x,A) := a^*(x,A)$ die eindeutig bestimmte Verhandlungslösung ist, wenn man die Gültigkeit der Nash-Axiome (R.1),(P.1),(S.1),(T.2) und (U) fordert. Um das zu beweisen zeigen wir zuerst, daß φ_N die Axiome (R.1),(P.1),(S.1),(T.2) und (U) erfüllt:

<u>(R.1)</u>:   Da nach Konstruktion von φ_N für alle $(x,A) \in A$ gilt $\varphi_N(x,A) \in A$, ist die schwache individuelle Rationalität (R.1) wegen (4.14) automatisch erfüllt.

<u>(P.1)</u>:   Ist (a_1',a_2') ein Punkt mit $\varphi_N(x,A) = (a_1^*,a_2^*) < (a_1',a_2')$, so muß $(a_1',a_2') \notin A$ gelten, da sonst $g(a_1',a_2') > g(a_1^*,a_2^*)$ wäre im Widerspruch zu Behauptung 1. Somit ist $\varphi_N(x,A) \in P_w(A)$.

<u>(S.1)</u>:   Es sei (x,A) eine symmetrische Verhandlungssituation. Mit $\varphi_N(x,A) = (a_1^*,a_2^*)$ ist dann auch $(a_2^*,a_1^*) \in A$, und es gilt wegen $x_1 = x_2$ die Gleichheit $g(a_1^*,a_2^*) = g(a_2^*,a_1^*)$. Da aber (a_1^*,a_2^*) nach Behauptung 1 der einzige Punkt ist, der g maximiert, folgt daraus $a_1^* = a_2^*$ und damit (S.1).

<u>(T.2)</u>:   Für $c_1,c_2 > 0$ und $d_1,d_2 \in \mathbb{R}^1$ sei $T: \mathbb{R}^2 \longrightarrow \mathbb{R}^2$ die durch $T(a_1,a_2) := (c_1 a_1 + d_1, c_2 a_2 + d_2)$ definierte positive lineare Transformation. Dann gilt für alle Punkte $(a_1,a_2) \in A$

$$\tilde{g}(T(a_1,a_2)) := (c_1 a_1 + d_1 - (c_1 x_1 + d_1)) \cdot (c_2 a_2 + d_2 - (c_2 x_2 + d_2))$$

$$= c_1 c_2 \cdot g(a_1,a_2),$$

so daß $\varphi_N(x,A) = (a_1^*,a_2^*)$ die Funktion g maximiert genau dann, wenn $T(\varphi_N(x,A))$ die Funktion $\tilde{g}$ maximiert, d.h. es gilt $\varphi_N(T(x),T(A)) = T(\varphi_N(x,A))$.

<u>(U)</u>:   Da aus $\varphi_N(x,A) \in B \subset A$ folgt

$$g(\varphi_N(x,A)) = \max \{g(a); \; a \in A\} = \max \{g(b); \; b \in B\}$$

erhält man $\varphi_N(x,B) = \varphi_N(x,A)$ und somit die Unabhängigkeit von irrelevanten Alternativen.

Es bleibt also nur noch zu zeigen, daß keine andere Verhandlungslösung als φ_N die Nash-Axiome (R.1),(P.1),(S.1),(T.2) und (U) erfüllt. Dazu sei $(x,A) \in A$, $\varphi_N(x,A) = (a_1^*,a_2^*)$ der mit Behauptung 1 konstruierte Lösungspunkt und

$$H' := \{(a_1, a_2) \in \mathbb{R}^2;\ h(a_1, a_2) \leq h(a_1^*, a_2^*)\}.$$

Nach Behauptung 2 gilt dann $A \subset H'$. $T: \mathbb{R}^2 \longrightarrow \mathbb{R}^2$ sei die durch

$$T(a_1, a_2) := \left(\frac{a_1 - x_1}{a_1^* - x_1}\ ,\ \frac{a_2 - x_2}{a_2^* - x_2}\right)$$

definierte positive lineare Transformation.

Wegen

$$T(H') = \left\{\left(\frac{a_1 - x_1}{a_1^* - x_1}\ ,\ \frac{a_2 - x_2}{a_2^* - x_2}\right);\ h(a_1, a_2) \leq h(a_1^*, a_2^*)\right\}$$

$$= \left\{\left(\frac{a_1 - x_1}{a_1^* - x_1}\ ,\ \frac{a_2 - x_2}{a_2^* - x_2}\right);\ (a_2^* - x_2)a_1 + (a_1^* - x_1)a_2 \leq (a_2^* - x_2)a_1^* + (a_1^* - x_1)a_2^*\right\}$$

$$= \left\{\left(\frac{a_1 - x_1}{a_1^* - x_1}\ ,\ \frac{a_2 - x_2}{a_2^* - x_2}\right);\ (a_2^* - x_2)(a_1 - x_1) + (a_1^* - x_1)(a_2 - x_2) \leq 2(a_1^* - x_1)(a_2^* - x_2)\right\}$$

$$= \{(b_1, b_2) \in \mathbb{R}^2;\ b_1 + b_2 \leq 2\}$$

und $T(x) = (0,0)$ ist für $H := H' \cap \{(a_1, a_2) \in \mathbb{R}^2;\ a_1 \geq x_1,\ a_2 \geq x_2\}$
das Tupel $(T(x), T(H))$ eine symmetrische Verhandlungs-
situation, so daß unter Voraussetzung von (S.1) der Lösungs-
punkt von $(T(x), T(H))$ auf der Diagonalen $D := \{(x,x);\ x \in \mathbb{R}^1\}$
liegen muß. Aus der schwachen Pareto-Optimalität (P.1) folgt
dann, daß als Lösungspunkt nur der Punkt $(1,1)$ in Frage kommt.
Da T^{-1} ebenfalls eine positive lineare Transformation ist,
erhält man mit Hilfe der Forderung (T.2) nach Unabhängigkeit
von positiven linearen Transformationen, daß $T^{-1}(1,1) = (a_1^*, a_2^*) \in A \subset H$
der Lösungspunkt der Verhandlungssituation $(T^{-1}(T(x)), T^{-1}(T(H))) =$
$= (x, H)$ sein muß. Aus dem Axiom (U) der Unabhängigkeit von
irrelevanten Alternativen folgt dann schließlich, daß (a_1^*, a_2^*)
auch Lösungspunkt der Verhandlungssituation (x, A) sein muß.

Damit ist gezeigt, daß φ_N die einzige Verhandlungslösung ist, welche die Nash-Axiome erfüllt. $\qquad\square$

(4.17) Definition:

Die im Beweis zu (4.16) definierte Verhandlungs-
lösung φ_N heißt <u>Nash'sche Verhandlungslösung</u>.

(4.18) Zusatzbemerkung:

Es ist sogar möglich, die Aussage des Satzes (4.16) noch etwas zu verallgemeinern. Erweitert man nämlich die Menge A aller Verhandlungssituationen zur Menge

$$A' := \{(x,A):\ x \in \mathbb{R}^2,\ A \subset \mathbb{R}^2 \text{ konvex, kompakt, } \forall a \in A:\ x \leqq a\},$$

so ist auch die Möglichkeit in Betracht zu ziehen, daß für ein Problem $(x,A) \in A'$ kein Punkt $(a_1,a_2) \in A$ existiert mit $a_1 > x_1$ und $a_2 > x_2$. Aus der Konvexität von A kann man dann für den Fall, daß ein $(a_1',a_2') \in A$ existiert mit $a_1' > x_1$ und $a_2' = x_2$, folgern, daß es keinen Punkt $(a_1,a_2) \in A$ geben kann mit $a_2 > x_2$, denn sonst würde für eine geeignete konvexe Kombination $\alpha(a_1',a_2') + (1-\alpha)(a_1,a_2)$ gelten $\alpha(a_1',a_2') + (1-\alpha)(a_1,a_2) > (x_1,x_2)$. Wenn man dann als Lösungspunkt $\varphi_N'(x,A) = (a_1^*,a_2^*)$ den Punkt von A wählt, für dessen Komponenten gilt

$$a_1^* = \max\ \{a_1;\ \ (a_1,x_2) \in A\}\ ,\quad a_2^* = x_2,$$

d.h. denjenigen Punkt, der unter der Bedingung $a_2^* = x_2$ die erste Komponente maximiert, dann erfüllt die so erklärte Verhandlungslösung φ_N' als einzige Verhandlungslösung die (für die Menge A' entsprechend formulierten) Nash-Axiome. Ebenso kann es für ein Problem $(x,A) \in A'$, bei dem ein $(a_1',a_2') \in A$ existiert mit $a_1' = x_1$, $a_2' > x_2$, keinen Punkt $(a_1,a_2) \in A$ mit $a_1 > x_1$ geben. Als Lösungspunkt $\varphi_N'(x,A)$ eines solchen Problems wählt man dann analog den Punkt $(a_1^*,a_2^*) \in A$, für dessen Komponenten gilt

$$a_1^* = x_1,\quad a_2^* = \max\ \{a_2;\ \ (x_1,a_2) \in A\}. \qquad\square$$

Der Beweis von Satz (4.16) zeigte, wie man bei der Nash'schen Verhandlungslösung zu einer vorgegebenen Verhandlungssituation $(x,A) \in \mathcal{A}$ den eindeutig bestimmten Lösungspunkt $\varphi_N(x,A) = (a_1^*, a_2^*)$ erhält: Das durch die Eckpunkte $(x_1,x_2), (x_1,a_2^*), (a_1^*,x_2), (a_1^*,a_2^*)$ gegebene Rechteck im $\mathbb{R}^2$ ist gerade dasjenige Rechteck, welches unter den Rechtecken mit den Eckpunkten $(x_1,x_2), (x_1,a_2), (a_1,x_2), (a_1,a_2), (a_1,a_2) \in A$, den maximalen Flächeninhalt besitzt. Falls überdies der Rand der zulässigen Menge A im Punkt (a_1^*,a_2^*) "glatt" ist, d.h. eine Tangente in (a_1^*,a_2^*) besitzt, so ist nach der im Anschluß an den Beweis der Behauptung 2 gemachten Anmerkung der Anstieg dieser Tangente das Negative des Anstiegs der Verbindungsgeraden von (x_1,x_2) und (a_1^*,a_2^*). Der negative Anstieg der Tangente in einem Randpunkt $(a_1,a_2) \in A$ ist aber das Verhältnis, in dem sich (im Punkt (a_1,a_2)) Nutzen des zweiten Spielers auf den ersten übertragen läßt, so daß die Nash'sche Verhandlungslösung sicherstellt, daß der Nutzen, der durch Verhandlungen zusätzlich zu dem Gesamt-Konfliktnutzen x_1+x_2 hinzugewonnen werden kann, in dem gleichen Verhältnis unter den Spielern aufgeteilt werden muß, wie sich Nutzen vom zweiten auf den ersten Spieler übertragen läßt. Für den Fall, daß sich der Nutzen auf dem Pareto-Rand $P_w(A)$ überall im gleichen Verhältnis übertragen läßt - man spricht in diesem Fall von *linear übertragbarem Nutzen* - ist das Problem der Bestimmung des Nash-Lösungspunktes sehr einfach. Dann besitzen nämlich alle Punkte von $P_w(A)$ die Gestalt

$$(a_1, c \cdot a_1 + d)$$

für ein $c < 0$ und ein $d \in \mathbb{R}^1$, so daß in der Verhandlungssituation $(T(x),T(A))$, die man aus (x,A) mit Hilfe der positiven linearen Transformation

$$T(a_1,a_2) := (a_1, -\frac{1}{c} \cdot a_2)$$

erhält, der Nutzen im Verhältnis 1:1 übertragbar ist. Für die Nash'sche Verhandlungslösung $\varphi_N(T(x),T(A)) = (a_1', a_2')$ muß dann nach dem Beweis von Satz (4.16) gelten

$$\frac{a_2' + \frac{1}{c} \cdot x_2}{a_1' - x_1} = 1 \quad \text{sowie} \quad a_2' = -a_1' - \frac{d}{c} \, ,$$

so daß man für a_1' aus der Gleichheit $-a_1' - \frac{d}{c} + \frac{1}{c} \cdot x_2 = a_1' - x_1$ den Wert

$$a_1' = \frac{1}{2} \left(\frac{1}{c}(x_2 - d) + x_1 \right)$$

erhält und für a_2' den Wert

$$a_2' = \frac{1}{2} \left(\frac{1}{c}(-x_2 - d) - x_1 \right).$$

Wegen der Unabhängigkeit der Nash'schen Verhandlungslösung von positiven linearen Transformationen muß für den Lösungspunkt (a_1', a_2') aber gelten

$$(a_1', a_2') = \varphi_N(T(x), T(A)) = T(\varphi_N(x, A)),$$

woraus folgt

$$\varphi_N(x, A) = T^{-1}(a_1', a_2') = \left(\frac{1}{2}\left(\frac{x_2 - d}{c} + x_1 \right), \, \frac{1}{2}(x_2 + d + c \cdot x_1) \right).$$

Wir wollen uns dieses Ergebnis an einem Beispiel veranschaulichen:

(4.19) *Beispiel:*

Es sei (x, A) die durch $x := (-1, -2)$ und

$$A := \{ (a_1, a_2) \in \mathbb{R}^2; \ a_1 \geq 2, \ a_2 \geq 1, \ 4a_1 + 5a_2 \leq 29 \}$$

definierte Verhandlungssituation. Dann liegt der Pareto-Rand $P_w(A)$ auf der Geraden $a_2 = -0,8a_1 + 5,8$, d.h. es ist $c = -0,8$ und $d = 5,8$, so daß man aus den zuvor durchgeführten Überlegungen als Nash-Lösungspunkt $\varphi_N(x, A)$ erhält

$$\varphi_N(x, A) = \left(\frac{1}{2}\left(\frac{7,8}{0,8} - 1 \right), \, \frac{1}{2}(3,8 + 0,8) \right) = (4,375 \, , \, 2,3).$$

Wenn man nun bei der obigen Verhandlungssituation die zulässige Menge A abändert zu

$$A' := A \cap \{ (a_1, a_2); \; a_2 \geq \tfrac{5}{2} \},$$

dann liegt der Pareto-Rand $P_w(A')$ immer noch auf der Geraden $a_2 = -0,8a_1 + 5,8$. Wegen $\varphi_N(x,A) \notin A'$ kann der eben berechnete Lösungspunkt $\varphi_N(x,A)$ jedoch nicht mit dem Lösungspunkt $\varphi_N(x,A')$

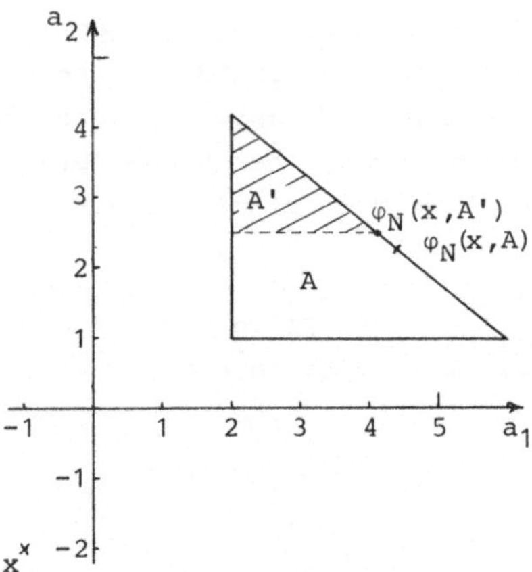

übereinstimmen. Dies scheint auf den ersten Blick im Widerspruch zu stehen zu den unmittelbar vor diesem Beispiel durchgeführten Überlegungen. Berechnet man jedoch den Lösungspunkt $\varphi_N(x,A') = (a_1', a_2')$ gemäß dem Beweis von Satz (4.16) aus den Bedingungen

$$(a_2'-x_2)(a_1'-x_1) = \max \{ (a_1-x_1)(a_2-x_2); \; (a_1,a_2) \in A' \} \text{ und}$$

$$a_2' = -0,8a_1' + 5,8,$$

dann muß die Funktion

$$f(a_1) = (a_1-x_1)(-0,8a_1+5,8-x_2) = (a_1+1)(-0,8a_1+7,8)$$

$$= -0,8a_1^2 + 7a_1 + 7,8$$

im Intervall $[2; \tfrac{33}{8}]$ maximiert werden. Wegen $f'(a_1) = -1,6a_1 + 7 > 0$ für alle $a_1 \in [2; \tfrac{33}{8}]$ ist f im Intervall $[2; \tfrac{33}{8}]$ streng monoton wachsend und nimmt folglich im Punkt $a_1' = \tfrac{33}{8}$ ihr Maximum an. Hieraus ergibt sich $a_2' = -0,8a_1' + 5,8 = 2,5$ und somit $\varphi_N(x,A') = (\tfrac{33}{8}, \tfrac{5}{2})$. Wie man aus der voranstehenden Zeichnung sieht, ist der Lösungspunkt $\varphi_N(x,A')$ gerade die rechte Ecke der zulässigen Menge A', so daß die Voraussetzung, welche bei den obigen Überlegungen gemacht wurde, daß nämlich die zulässige Menge im Lösungspunkt eine Tangente besitzen soll, nicht erfüllt ist. Das bedeutet jedoch, daß das auf dieser Voraussetzung beruhende Berechnungsergebnis für den Lösungspunkt nicht auf die Situation (x,A') angewendet werden darf.

□

Als weitere Folgerung aus dem Beweis von Satz (4.16) können wir ferner notieren:

(4.2o)   *Lemma:*

Die Nash'sche Verhandlungslösung φ_N: $A \longrightarrow I\!R^2$ erfüllt neben den Nash-Axiomen auch die Axiome (R.2) der starken individuellen Rationalität, (P.2) der starken Pareto-Optimalität und (S.2) der starken Symmetrie.

Beweis: <u>(R.2)</u>: Ist $(x,A)\in A$, so existiert ein $a'=(a_1',a_2')\in A$ mit $x_1 < a_1'$, $x_2 < a_2'$, d.h. es ist

$$M:= \max\{(a_1-x_1)(a_2-x_2); \; (a_1,a_2)\in A\} > 0.$$

Da nach dem Beweis von (4.16) für den Nash-Lösungspunkt $\varphi_N(x,A) = (a_1^*,a_2^*)$ gilt $(a_1^*-x_1)(a_2^*-x_2) = M$ muß somit $x_1 < a_1^*$ und $x_2 < a_2^*$ sein.

<u>(P.2)</u>: Es seien $(x,A)\in A$ und $(a_1',a_2')\in A$ mit $(a_1^*,a_2^*):= \varphi_N(x,A) \leq (a_1',a_2')$. Nach Konstruktion des Nash-Lösungspunktes (a_1^*,a_2^*) gilt dann andererseits aber

$$(a_1'-x_1)(a_2'-x_2) \leq (a_1^*-x_1)(a_2^*-x_2),$$

woraus man $a_1'=a_1^*$ und $a_2'=a_2^*$ erhält und somit $(a_1^*,a_2^*)\in P_s(A)$ folgt.

<u>(S.2)</u>: Es sei $(x,A)\in A$ und $f(a_1,a_2) = (a_2,a_1)$. Da der Nash-Lösungspunkt $\varphi_N(x,A) = (a_1^*,a_2^*)$ durch

$$(a_1^*-x_1)(a_2^*-x_2) = \max\{(a_1-x_1)(a_2-x_2);\ (a_1,a_2)\in A\}$$

$$= \max\{(a_2-x_2)(a_1-x_1);\ (a_2,a_1)\in f(A)\}$$

eindeutig bestimmt ist, erhält man, daß (a_2^*,a_1^*) der Nash-Lösungspunkt $\varphi_N(f(x),f(A))$ von $(f(x),f(A))$ ist.   □

Wenn man nun ausnutzt, daß die Axiome (R.2),(P.2) und (S.2) stärkere Forderungen enthalten als die Axiome (R.1),(P.1) und (S.1), dann erhält man aus dem Satz (4.16) von Nash, dem Lemma (4.2o) sowie einfachen kombinatorischen Überlegungen unmittelbar weitere sieben Existenz- und Eindeutigkeitsaussagen für Verhandlungslösungen:

(4.21)   *Korollar:*

$$\begin{aligned}
\Phi((R.2),(P.1),(S.1),(T.2),(U)) &= \Phi((R.2),(P.2),(S.1),(T.2),(U))\\
&= \Phi((R.2),(P.2),(S.2),(T.2),(U))\\
&= \Phi((R.2),(P.1),(S.2),(T.2),(U))\\
&= \Phi((R.1),(P.1),(S.2),(T.2),(U))\\
&= \Phi((R.1),(P.2),(S.1),(T.2),(U))\\
&= \Phi((R.1),(P.2),(S.2),(T.2),(U))\\
&= \{\varphi_N\}.
\end{aligned}$$

Die soeben notierte Aussage, daß nämlich die in (4.16) konstruierte Nash'sche Verhandlungslösung die einzige Verhandlungslösung ist, welche die Axiome (R.2), (P.1), (S.1), (T.2) und (U) erfüllt, läßt sich sogar noch weiter verschärfen. Das nachfolgende Resultat besagt nämlich, daß die Forderung (P.1) nach schwacher Pareto-Optimalität bereits von (R.2), (S.1), (T.2) und (U) impliziert wird:

(4.22)   *Satz*   *(Roth [57]):*

$$\Phi((R.2),(S.1),(T.2),(U)) = \{\varphi_N\}.$$

Beweis: Es wird zuerst gezeigt, daß jede Verhandlungslösung φ, welche die Bedingungen (R.2), (T.2) und (U) erfüllt, auch der Forderung (P.2) nach starker Pareto-Optimalität genügt: Dazu seien $\varphi\in\Phi((R.2),(T.2),(U))$ und $(x,A)\in\mathcal{A}$. Definiert man

$$B:=\{(b_1,b_2)\in \mathbb{R}^2;\ (b_1,b_2)\geq(x_1,x_2), \exists(a_1,a_2)\in A:\ (a_1,a_2)\geq(b_1,b_2)\},$$

dann ist $A\subset B$, und es gilt, wie wir gleich zeigen werden, sogar $P_s(A) = P_s(B)$. Um dies einzusehen betrachten wir einen beliebigen Punkt $(a_1',a_2')\in P_s(A)\subset A\subset B$. Wenn dann $(y_1,y_2)\in B$ ist mit $(a_1',a_2')\leq(y_1,y_2)$, so gibt es nach Definition von B einen Punkt $(a_1,a_2)\in A$ mit $(a_1',a_2')\leq(y_1,y_2)\leq(a_1,a_2)$, so daß wegen $(a_1',a_2')\in P_s(A)$ folgt $(a_1',a_2')=(a_1,a_2)=(y_1,y_2)$, d.h. $(a_1',a_2')\in P_s(B)$. Ist umgekehrt $(b_1',b_2')\in P_s(B)$, dann gibt es nach Definition von B ein $(a_1,a_2)\in A\subset B$ mit $(b_1',b_2')\leq(a_1,a_2)$, woraus $(b_1',b_2')=(a_1,a_2)\in A$ folgt. Für $(y_1,y_2)\in A\subset B$ mit $(b_1',b_2')\leq(y_1,y_2)$ folgt wiederum wegen $(b_1',b_2')\in P_s(B)$ die Gleichheit $(b_1',b_2')=(y_1,y_2)$, womit $(b_1',b_2')\in P_s(A)$ gezeigt ist.

Wir betrachten nun die Verhandlungssituation $(O,B-x)$ und nehmen an, daß $(b_1^*,b_2^*):=\varphi(O,B-x)\notin P_s(B-x)$ gilt. Dann gibt es einen Punkt

$$(b_1',b_2')\in B-x \text{ mit } (b_1',b_2')\geq(b_1^*,b_2^*) \text{ und } (b_1',b_2')\neq(b_1^*,b_2^*);$$

nach (R.2) gilt ferner $(b_1^*,b_2^*)>(O,O)$. Wir setzen

$$a_1:=\frac{b_1^*}{b_1'}\ ,\quad a_2:=\frac{b_2^*}{b_2'}\ ,\quad C:= \{(a_1 b_1,a_2 b_2);\ (b_1,b_2)\in B-x\}$$

und erhalten

$$(O,O)<(a_1,a_2)\leq(1,1),\ (a_1,a_2)\neq(1,1) \text{ sowie } (b_1^*,b_2^*)\in C\subset B-x.$$

Da φ einerseits die Bedingung (U) erfüllt, folgt hieraus

$$\varphi(O,C) = (b_1^*,b_2^*) = \varphi(O,B-x).$$

Andererseits erfüllt φ jedoch auch (T.2), so daß

$$\varphi(O,C) = (a_1 b_1^*,a_2 b_2^*) \neq (b_1^*,b_2^*)$$

gelten muß, womit wir einen Widerspruch erhalten haben. Folglich war die obige Annahme falsch; es gilt also $\varphi(O,B-x) \in P_S(B-x)$ und somit

$$\varphi(x,B) = x + \varphi(O,B-x) \in x+P_S(B-x) = P_S(B) = P_S(A) \subset A \subset B.$$

Mit Hilfe von (U) schließt man dann $\varphi(x,A) = \varphi(x,B)$, so daß $\varphi(x,A) \in P_S(A)$ ist und φ, wie behauptet, auch die Bedingung (P.2) der starken Pareto-Optimalität erfüllt.

Damit ist die Inklusion

$$\Phi((R.2),(T.2),(U)) \subset \Phi((R.2),(P.2),(T.2),(U))$$

bewiesen, woraus man schließlich unter Zuhilfenahme von Korollar (4.21)

$$\Phi((R.2),(S.1),(T.2),(U)) = \Phi((R.2),(P.2),(S.1),(T.2),(U))=\{\varphi_N\}$$

und damit die Behauptung des Satzes von Roth erhält. □

Auf die gleiche Weise wie man Korollar (4.21) aus Satz (4.16) und Lemma (4.2o) gefolgert hat, erhält man aus Satz (4.22) und Lemma (4.2o) sofort noch die Existenz- und Eindeutigkeitsaussage

$$\Phi((R.2),(S.2),(T.2),(U)) = \{\varphi_N\}.$$

Insgesamt haben wir damit bisher 1o verschiedene Kombinationen der eingangs formulierten Axiome erhalten, bei denen die Nash'sche Verhandlungslösung φ_N die einzige Verhandlungslösung ist, welche diese Axiome erfüllt. Es mag deshalb auf den ersten Blick so aussehen, als ob φ_N zur Lösung von Verhandlungsproblemen in ganz besonderem Maße geeignet ist. Anhand einfacher Verhandlungssituationen kann man jedoch erkennen, daß bei manchen Problemen mit dem Nash-Lösungspunkt ein unbefriedigendes Verhandlungsergebnis zustande kommt.

266

<u>*(4.23)*</u> **<u>*Beispiel*</u>** *(vgl. Kalai/Smorodinsky [28], Kumfert [36]):*

In der durch x = (O,O) und

$$A:= \{(a_1,a_2) \geqq (O,O); \ 2a_1+3a_2 \leqq 3, \ 3a_1+2a_2 \leqq 3\}$$

definierten Verhandlungssituation (x,A) muß für jede Verhandlungslösung $\varphi \in \Phi((R.1),(P.1),(S.1))$ wegen der Symmetrie
der Verhandlungssituation
gelten $\varphi(x,A) = (\frac{3}{5},\frac{3}{5})$. Genauso erhält man bei
(x,A'), $A':=\{(a_1,a_2) \geqq (O,O); a_1+a_2 \leqq 1\}$,
für jedes $\varphi \in \Phi((R.1),(P.1),(S.1))$
den Lösungspunkt $\varphi(x,A') = (\frac{1}{2},\frac{1}{2})$.
Sei $T(a_1,a_2):= (\frac{7}{4}a_1, \ a_2)$. Dann
ist $T(A')=\{(a_1,a_2) \geqq (O,O); 4a_1+7a_2 \leqq 7\}$

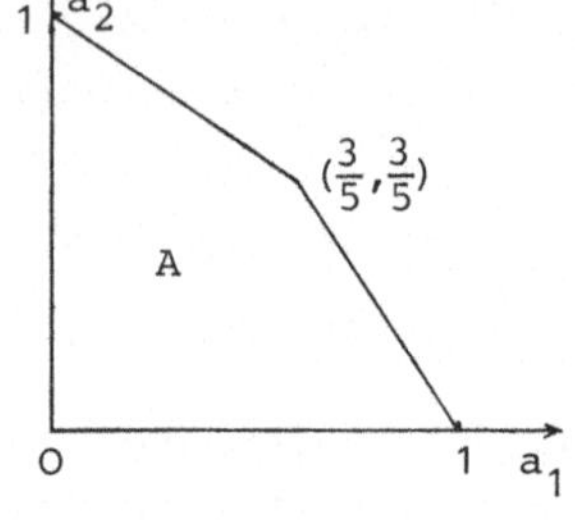

und für jedes $\varphi \in \Phi((R.1),(P.1),(S.1),(T.2)) \subset \Phi((R.1),(P.1),(S.1))$
muß gelten

$$\varphi(x,T(A')) = T(\varphi(x,A')) = (\frac{7}{8},\frac{1}{2}).$$

Nun ist $B:= \{(b_1,b_2) \geqq (O,O); \ 4b_1+7b_2 \leqq 7, \ 4b_1+b_2 \leqq 4\} \subset T(A')$.
Demzufolge liefert die Nash'sche
Verhandlungslösung φ_N wegen der
Unabhängigkeit von irrelevanten
Alternativen für die Verhandlungs-
situation (x,B) den Lösungspunkt

$$\varphi_N(x \ , \ B) = \varphi_N(x,T(A')) = (\frac{7}{8},\frac{1}{2}).$$

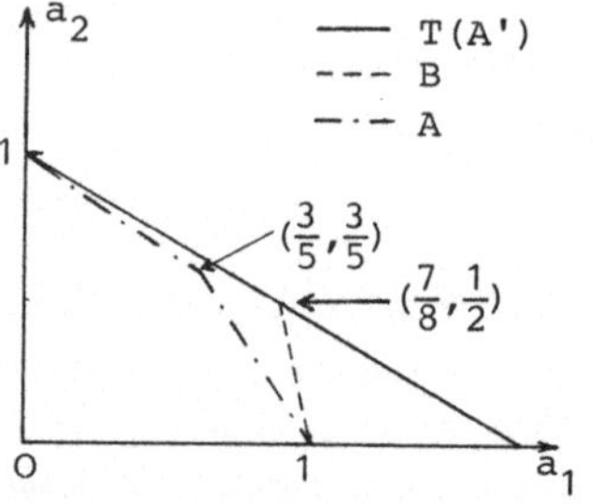

Obwohl also für *beide* Spieler in
den Verhandlungssituationen
(x,T(A')) und (x,B) Verbesserungs-
möglichkeiten gegeben sind gegenüber (x,A), liefert
die Nash'sche Verhandlungslösung in beiden Fällen ein Verhandlungsergebnis, das für den Spieler 2 eine *Verschlechterung*
gegenüber dem Verhandlungsergebnis in der Situation (x,A)
bedeutet. □

b) Die monotone Verhandlungslösung

Andererseits liegt es nahe zu fordern, daß eine Vergrößerung
der zulässigen Menge einer Verhandlungssituation dazu führen
soll, daß sich das Verhandlungsergebnis für beide Spieler
höchstens verbessert:

(M): Monotonie

In der eben formulierten Allgemeinheit führt eine solche
Monotonieforderung auf das Axiom

(M.1) Generelle Monotonie:

$$\forall (x,B), (x,A) \in A: \quad (B \subset A \Rightarrow \varphi(x,B) \leq \varphi(x,A)).$$

In dieser generellen Form ist, wie sich noch herausstellen
wird, Monotonie eine in vielen Fällen schon zu starke Forderung. Deshalb wurden verschiedene Versuche unternommen,
Monotonieforderungen nur an spezielle Verhandlungssituationen
zu stellen. Ein erster derartiger Ansatz geht auf Kalai und
Smorodinsky [28] zurück, die für eine Verhandlungssituation
$(x,A) \in A$ zunächst die Bezeichnungen

$$a_i^*(A) := \sup\{a_i; \ (a_1^*, a_2^*) \in A\}, \quad i=1,2, \quad \text{sowie für } z \leq a_1^*(A)$$

$$g_A(z) := \begin{cases} y & \text{falls} \quad (z,y) \in P_s(A) \\ \\ a_2^*(A) & \text{sonst} \end{cases}$$

eingeführt haben und dann von einer Verhandlungslösung φ verlangen:

(M.2) Eingeschränkte Monotonie:

   *Sind $(x,B), (x,A) \in A$ Verhandlungssituationen mit
   $a_1^*(B) = a_1^*(A)$ und $g_B \leq g_A$, so gilt $\varphi_2(x,B) \leq \varphi_2(x,A)$.*

Diese gegenüber (M.1) erheblich eingeschränkte Forderung bedeutet also, daß eine Monotonie der zweiten Komponente der

Verhandlungslösung nur noch für solche Verhandlungssituationen (x,B), (x,A) verlangt wird, bei denen die Maximalauszahlung für den ersten Spieler jeweils gleich ist und bei denen der starke Pareto-Rand $P_s(B)$ "unterhalb" des starken Pareto-Randes $P_s(A)$ liegt.

Eine zweite Möglichkeit der Abschwächung von (M.1) besteht darin, ein Monotonieaxiom nur für "normierte" Verhandlungssituationen zu formulieren.

(M.3) Normierte Monotonie:

> *Sind $(0,B),(0,A) \in A$ Verhandlungssituationen mit $a_i^*(B) = a_i^*(A) = 1$ für $i=1,2$ und $B \subset A$, dann gilt $\varphi(0,B) \leqq \varphi(0,A)$.*

(M.3) betrifft also nur Verhandlungssituationen, bei denen beide Spieler die Maximalauszahlung 1 besitzen und der Konfliktpunkt durch den Nullpunkt im $\mathbb{R}^2$ gegeben ist. Eine gewisse Ähnlichkeit mit dieser Beschränkung hat die folgende, von Rosenthal [56] formulierte Monotonieforderung:

(M.4) Konvexe Pareto-Monotonie:

> *Für je zwei Verhandlungssituationen $(0,B),(0,A) \in A$ mit*
>
> $$\inf \{a_i;\ (a_1,a_2) \in P_w(A)\} = \inf \{a_i;\ (a_1,a_2) \in P_w(B)\},$$
> $$\sup \{a_i;\ (a_1,a_2) \in P_w(A)\} = \sup \{a_i;\ (a_1,a_2) \in P_w(B)\}, i=1,2,$$
>
> *bei denen außerdem die konvexe Hülle $ch(P_w(B))$ von $P_w(B)$ enthalten ist in $ch(P_w(A))$, gilt $\varphi(0,B) \leqq \varphi(0,A)$.*

In diesem Axiom wird die Monotonieforderung $\varphi(0,B) \leqq \varphi(0,A)$ nur für solche Verhandlungssituationen (0,B) und (0,A) erhoben, bei denen wegen

$$\inf \{a_i;\ (a_1,a_2) \in P_w(A)\} = \inf\{a_i;(a_1,a_2) \in P_w(B)\} \text{ für } i=1,2$$

die Endpunkte der schwachen Pareto-Ränder $P_w(B)$ und $P_w(A)$ übereinstimmen und (0,A) in dem Sinne eine "Erweiterung" der Verhandlungssituation (0,B) ist, daß $ch(P_w(B)) \subset ch(P_w(A))$ gilt.

Schließlich hat Kalai [27] ein Monotonieaxiom für solche Verhandlungssituationen postuliert, die in der Menge

$$A^* := \{(O,A)\in A;\ a\in A \wedge y\in {\rm I\!R}^2 \wedge 0\leq y\leq a \ \Rightarrow\ y\in A\}$$

aller *komprehensiven Verhandlungssituationen* liegen.

(M.5) Individuelle Monotonie:

> *Sind $(O,B),(O,A)\in A^*$ zwei komprehensive Verhandlungssituationen mit $B\subset A$ und $B\cap\{(y_1,y_2)\in {\rm I\!R}^2;\ y_i = 0\} = A\cap\{(y_1,y_2)\in {\rm I\!R}^2;\ y_i = 0\}$ für ein $i\in\{1,2\}$, so gilt für die i-te Komponente der Lösungspunkte*
>
> $$\varphi_i(O,B) \leq \varphi_i(O,A).$$

Das Beispiel (4.23) zeigt nun, daß die Nash'sche Verhandlungslösung keines der Montonieaxiome (M.1),(M.2),(M.3),(M.4) und (M.5) erfüllt. Zusammen mit den bisher bewiesenen Existenzsätzen liefert dies sofort eine Reihe von *Unmöglichkeitssätzen* für Verhandlungslösungen:

<u>*(4.24)*</u> *Korollar:*

> *Für jede Wahl von $i,j,k\in\{1,2\}$ und $n\in\{1,\dots,5\}$ gilt:*
>
> *a)* $\Phi((R.i),(P.j),(S.k),(T.2),(U),(M.n)) = \emptyset,$
>
> *b)* $\Phi((R.2),(S.k),(T.2),(U),(M.n)) = \emptyset,$
>
> *c)* $\Phi((P.1),(S.k),(T.2),(M.1)) =$
> $\Phi((P.1),(S.k),(T.2),(M.5)) = \emptyset.$

Beweis: Teil a) erhält man aus Satz (4.16), Korollar (4.21) und der obigen Anmerkung, die Aussage b) aus Satz (4.22) und der Anmerkung und das unter c) genannte Resultat mit Hilfe der Verhandlungssituationen (x,A),(x,T(A')) aus Beispiel (4.23).

□

Da die Axiome (R.1),(P.1) und (S.1) recht naheliegende Forderungen an eine Verhandlungslösung beinhalten, führt die
Aussage (4.24)c) zu der Erkenntnis, daß (unter (R.1),(P.1),
(S.1)) die Forderung (T.2) nach Unabhängigkeit von positiven
linearen Transformationen unverträglich ist mit der Forderung
(M.1) nach genereller Monotonie. Wenn man also weitere Existenzsätze für Verhandlungslösungen beweisen will, wird man
eine dieser beiden Forderungen abschwächen müssen. In der
von Neumann-Morgenstern Nutzentheorie (vgl. Kapitel I) erscheint (T.2) jedoch ebenfalls sehr naheliegend, so daß
eigentlich nur eine Modifizierung des relativ starken Mono-
tonieaxioms (M.1) in Frage kommt. Ersetzt man nun in Satz
(4.16) die Forderung (U) der Unabhängigkeit von irrelevanten
Alternativen bzw. in Korollar (4.24)c) die Monotonieaxiome
(M.1) und (M.5) jeweils durch die Montonieforderung (M.3),
dann erhält man folgende Existenz- und Eindeutigkeitsaussage:

(4.25) Satz:

$$|\Phi((R.1),(P.1),(S.1),(T.2),(M.3))| = 1,$$

*d.h. es gibt genau eine Verhandlungslösung φ_M, die
den Axiomen (R.1),(P.1),(S.1),(T.2),(M.3) genügt.*

Beweis: Ähnlich wie im Beweis des Satzes von Nash wird zunächst eine Hilfsaussage gezeigt, die später auch zur geometrischen Veranschaulichung der Verhandlungslösung φ_M verwendet werden kann:

Behauptung 1:   Es sei $(O,A) \in A$ und $L(A) := \{(y_1,y_2) \in \mathbb{R}^2;$
$y_2 \cdot a_1^*(A) = y_1 \cdot a_2^*(A)\}$ die Gerade durch die
Punkte (O,O) und $a^*(A)$. Dann gibt es genau
einen Punkt $\tilde{a}(A) \in L(A) \cap P_w(A)$; für diesen Punkt
gilt überdies

$$\tilde{a}(A) \geq a \quad \text{für alle} \quad a \in L(A) \cap A.$$

Beweis 1: Aus $(O,A) \in A$ folgt $a^*(A) > (O,O)$, so daß $L(A)$ eine
positive Steigung hat. Wegen der Konvexität von A ist

$L(A) \cap P_w(A) \neq \emptyset$ und enthält genau einen Punkt $\tilde{a}(A)$, da für zwei verschiedene Punkte auf $L(A)$ mindestens einer nicht Pareto-optimal sein kann. Die Pareto-Optimalität von $\tilde{a}(A)$ besagt aber gerade, daß $\tilde{a}(A) \geq a$ gilt für alle $a \in L(A) \cap A$.　　□

Der Beweis des Satzes (4.25) wird nun dadurch geführt, daß gezeigt wird, daß die durch

$$\varphi_M(x,A) := x + \tilde{a}(A-x)$$

definierte Verhandlungslösung $\varphi_M : A \longrightarrow \mathbb{R}^2$ die einzige Verhandlungslösung ist, welche die Axiome $(R.1),(P.1),(S.1),(T.2)$ und $(M.3)$ erfüllt:

<u>(R.1)</u>: Aus $\varphi_M(x,A) \in A$ für alle $(x,A) \in A$ folgt $(R.1)$.

<u>(P.1)</u>: Wegen $\tilde{a}(A-x) \in P_w(A-x)$ gilt $x + \tilde{a}(A-x) \in P_w(A)$.

<u>(S.1)</u>: Da für jede Verhandlungssituation $(x,A) \in A$ mit $x_1 = x_2$ und $(a_1,a_2) \in A \longleftrightarrow (a_2,a_1) \in A$ gilt $a_1^*(A) = a_2^*(A)$, ist

$$L(A-x) = \{(y_1,y_2) \in \mathbb{R}^2; \ y_1 = y_2\},$$

so daß die Komponenten $\tilde{a}_1(A-x)$, $\tilde{a}_2(A-x)$ von $\tilde{a}(A-x)$ einander gleich sind, woraus $x_1 + \tilde{a}_1(A-x) = x_2 + \tilde{a}_2(A-x)$ und damit $(S.1)$ folgt.

<u>(T.2)</u>: Für jede positive lineare Transformation $T: \mathbb{R}^2 \longrightarrow \mathbb{R}^2$,

$$T(a_1,a_2) = (c_1 a_1 + d_1, c_2 a_2 + d_2), \quad c_1,c_2 > 0, \quad d_1,d_2 \in \mathbb{R}^1,$$

gilt

$$T(x + \tilde{a}(A-x)) \in T(L(A) \cap P_w(A)) = T(L(A)) \cap T(P_w(A))$$

$$= L(T(A)) \cap P_w(T(A)),$$

so daß nach Behauptung 1

$$T(\varphi_M(x,A)) = T(x + \tilde{a}(A-x)) = \tilde{a}(T(A)) = T(x) + \tilde{a}(T(A) - T(x))$$

$$= \varphi_M(T(x),T(A))$$

und somit $(T.2)$ gilt.

272

<u>(M.3)</u>: Sind $(O,A),(O,B) \in A$ Verhandlungssituationen mit $a_i^*(A) = a_i^*(B) = 1$, $i=1,2$, und $B \subset A$, dann gilt $L(A) = L(B)$ sowie $P_w(B) \subset B \subset A$, woraus nach Behauptung 1 folgt $\tilde{a}(A) \geq \tilde{a}(B)$.

Es bleibt also nur noch zu zeigen, daß keine andere Verhandlungslösung als φ_M die Axiome $(R.1),(P.1),(S.1),(T.2)$ und $(M.3)$ erfüllt:

Dazu sei $(x,A) \in A$. Wegen $a^*(A) = (a_1^*(A),a_2^*(A)) > (x_1,x_2)$ wird durch

$$T(a_1,a_2) := (\frac{a_1 - x_1}{a_1^*(A) - x_1} \, , \, \frac{a_2 - x_2}{a_2^*(A) - x_2})$$

eine positive lineare Transformation $T: \mathbb{R}^2 \longrightarrow \mathbb{R}^2$ definiert, für die gilt

$$T(x_1,x_2) = (O,O), \quad (O,T(A)) \in A,$$

$$T(a_1^*(A),a_2^*(A)) = (1,1) = (a_1^*(T(A)),a_2^*(T(A))).$$

Sei nun $\varphi \in \Phi((R.1),(P.1),(S.1),(T.2),(M.3))$ und $\tilde{a} = (\tilde{a}_1,\tilde{a}_2) := \tilde{a}(T(A)) = T(x + \tilde{a}(A-x))$.

<u>Behauptung 2</u>: $\varphi(O,T(A)) = \tilde{a}$.

Beweis 2: V sei das Viereck mit den Ecken $(O,O),(O,1),(1,O)$, $(\tilde{a}_1,\tilde{a}_2)$. Dann ist $(O,V) \in A$, und es gilt $\tilde{a}(V) = (\tilde{a}_1,\tilde{a}_2)$. Für φ folgt aus $(S.1)$, da (O,V) eine symmetrische Verhandlungssituation ist, die Gleichheit $\varphi_1(O,V) = \varphi_2(O,V)$ der beiden Komponenten von $\varphi(O,V)$. Da $\varphi(O,V)$ wegen $(P.1)$ auf dem Pareto-Rand $P_w(V)$ liegen muß, folgt $\varphi(O,V) = (\tilde{a}_1,\tilde{a}_2)$.

Wir betrachten nun die Verhandlungssituation $(O,B) \in A$ mit

$$B := \{b \in \mathbb{R}^2; \; b \geq (O,O), \quad \exists a \in T(A): b \leq a\},$$

für die $V \subset B$ sowie $a^*(B) = (1,1)$ gelten. Aus $(M.3)$ folgt somit für φ die Ungleichung

$$(\tilde{a}_1, \tilde{a}_2) = \varphi(O,V) \leq \varphi(O,B).$$

Wäre $\varphi(O,B) \neq (\tilde{a}_1, \tilde{a}_2)$, so folgte die Existenz eines Auszahlungspunktes $a \in T(A)$ mit

$$a \geq \tilde{a}(T(A)) \quad \text{und} \quad a \neq \tilde{a}(T(A)),$$

so daß für eine Komponente a_i, $i \in \{1,2\}$, von $a = (a_1, a_2)$ gelten würde $a_i > \tilde{a}_i$. Für $a_1 \leq a_2$ gäbe es dann einen Punkt der Gestalt

$((1-\alpha)a_1, \alpha + (1-\alpha)a_2) \in L(T(A)) \cap T(A), \alpha \in [0;1]$,

und für $a_1 > a_2$ einen Punkt

$(\beta + (1-\beta)a_1, (1-\beta)a_2) \in L(T(A)) \cap T(A)$, $\beta \in [0;1]$,

mit $((1-\alpha)a_1, \alpha + (1-\alpha)a_2) > \tilde{a}(T(A))$

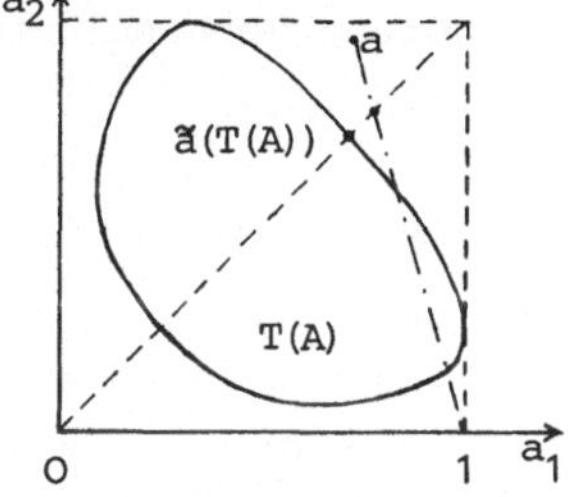

bzw. $(\beta + (1-\beta)a_1, (1-\beta)a_2) > \tilde{a}(T(A))$, was im Widerspruch stünde zur Pareto-Optimalität von $\tilde{a}(T(A))$. Somit muß also $\varphi(O,B) = (\tilde{a}_1, \tilde{a}_2)$ gelten.

Wegen $T(A) \subset B$, $a_1^*(T(A)) = a_2^*(T(A)) = 1$ und (M.3) folgt dann

$$\varphi(O,T(A)) \leq (\tilde{a}_1, \tilde{a}_2).$$

Wäre $\varphi(O,T(A)) \neq (\tilde{a}_1, \tilde{a}_2)$, dann müßte $(\tilde{a}_1, \tilde{a}_2) < (1,1)$ sein und man könnte sich, ähnlich wie eben schon näher ausgeführt wurde, durch eine konvexe Kombination von $(\tilde{a}_1, \tilde{a}_2)$ mit einem der Punkte $(1,O)$ oder $(O,1)$ einen Punkt $(a_1', a_2') \in T(A)$ konstruieren mit $\varphi(O,T(A)) < (a_1', a_2')$, was im Widerspruch stünde zu $\varphi(O,T(A)) \in P_w(T(A))$. Deshalb ist $\varphi(O,T(A)) = (\tilde{a}_1, \tilde{a}_2)$.   □

Weil aber mit T auch die Umkehrabbildung T^{-1} eine positive lineare Transformation ist, schließt man aus Behauptung 2 und dem Axiom (T.2)

$$\varphi(x,A) = \varphi(T^{-1}(O), T^{-1}(T(A))) = T^{-1}(\varphi(O,T(A))) = T^{-1}(\tilde{a}_1, \tilde{a}_2)$$

$$= T^{-1}(T(x + \tilde{a}(A-x))) = \varphi_M(x,A). \qquad \square$$

(4.26) *Definition:*

> *Die im Beweis von (4.25) definierte Verhandlungslösung*
> *φ_M heißt die monotone Verhandlungslösung.*

Ebenso wie die Nash'sche Verhandlungslösung φ_N kann man auch
die monotone Verhandlungslösung φ_M geometrisch charakterisieren:

(4.27) *Lemma:*

> *Für eine vorgegebene Verhandlungssituation $(x,A) \in A$*
> *ist $\varphi_M(x,A)$ derjenige Punkt auf dem Pareto-Rand $P_w(A)$,*
> *der auf der Geraden durch die Punkte x und*
> *$(a_1^*(A), a_2^*(A))$ liegt; es gilt somit*
>
> $$\varphi_M(x,A) = (\hat{a}_1, \hat{a}_2) \iff (\hat{a}_1, \hat{a}_2) \in P_w(A)$$
>
> $$\wedge (\hat{a}_2 - x_2)(a_1^*(A) - x_1) = (\hat{a}_1 - x_1)(a_2^*(A) - x_2).$$

Beweis: Es sei $T(a_1, a_2) := \left(\dfrac{a_1 - x_1}{a_1^*(A) - x_1}, \dfrac{a_2 - x_2}{a_2^*(A) - x_2} \right)$ die im Beweis

von Satz (4.25) verwendete positive lineare Transformation.
Nach der dort bewiesenen Behauptung 2 ist $\varphi_M(O,T(A))$ derjenige
Punkt auf der Diagonalen im $\mathbb{R}^2$, der auf dem Pareto-Rand
$P_W(T(A))$ liegt. Somit gilt einerseits

$$\varphi_M(x,A) = T^{-1}(\varphi_M(O,T(A))) \in T^{-1}(P_W(T(A))) = P_W(A)$$

und andererseits

$$\varphi_M(x,A) \in T^{-1}(\{(a_1, a_2) \in \mathbb{R}^2;\ a_1 = a_2\})$$

$$= \{(a_1, a_2) \in \mathbb{R}^2;\ (a_1 - x_1)(a_2^*(A) - x_2) = (a_2 - x_2)(a_1^*(A) - x_1)\}.$$

$$\square$$

Aus diesem Lemma lassen sich sofort einige weitere Eigenschaften der monotonen Verhandlungslösung φ_M folgern.

(4.28) *Anmerkung:*

*Die monotone Verhandlungslösung φ_M erfüllt auch die
Axiome (R.2),(P.2),(S.2),(M.2), (M.4) und (M.5).*

Beweis: (R.2): Da für jedes $(x,A) \in A$ gilt $a_1^*(A) > x_1$, $a_2^*(A) > x_2$,
besitzt die Gerade durch (x_1,x_2) und $(a_1^*(A),a_2^*(A))$ einen
positiven Anstieg. Der Lösungspunkt $\varphi_M(x,A)$ liegt aber auf
dieser Geraden, so daß wegen (P.1) nicht $\varphi_M(x,A) = (x_1,x_2)$
gelten kann; somit muß $\varphi_M(x,A) > (x_1,x_2)$ sein.

(P.2): Sei $(x,A) \in A$ eine Verhandlungssituation und $(a_1,a_2) \in A$
mit

$$(\hat{a}_1,\hat{a}_2) := \varphi_M(x,A) \le (a_1,a_2).$$

Wegen $(\hat{a}_1,\hat{a}_2) \in P_w(A)$ gibt es eine Komponente $i \in \{1,2\}$ mit
$\hat{a}_i = a_i$.

Annahme: $(\hat{a}_1,\hat{a}_2) \ne (a_1,a_2)$.
Dann folgt $a_{3-i} > \hat{a}_{3-i}$, was wiederum
$\hat{a}_i = a_i^*(A)$ impliziert, denn wäre
$\hat{a}_i < a_i^*(A)$, dann müßte für einen
beliebigen Punkt (a_1',a_2') mit
$a_i' = a_i^*(A)$ gelten $a_{3-i}' \le \hat{a}_{3-i} < a_{3-i}$,
weil andernfalls $(\hat{a}_1,\hat{a}_2) \notin P_w(A)$

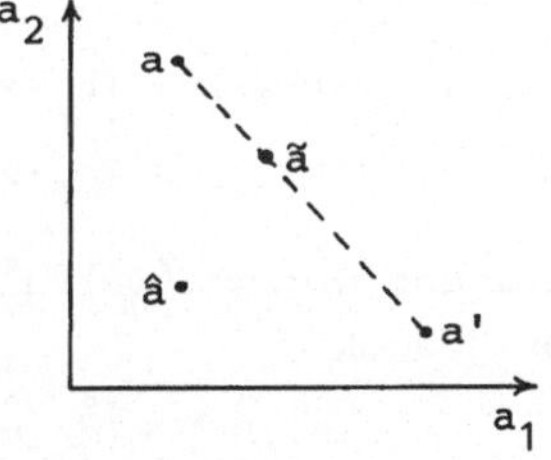

folgen würde. Durch eine geeignete konvexe Kombination der
Punkte (a_1',a_2') sowie (a_1,a_2) erhält man jetzt aber einen Punkt
$(\tilde{a}_1,\tilde{a}_2)$ mit $(\hat{a}_1,\hat{a}_2) < (\tilde{a}_1,\tilde{a}_2)$, was im Widerspruch steht zur
schwachen Pareto-Optimalität von $(\hat{a}_1,\hat{a}_2)$.

(S.2): Da ein Punkt $(\hat{a}_1,\hat{a}_2) \in P_w(A)$ genau dann auf der Geraden
durch die Punkte (x_1,x_2) und $(a_1^*(A),a_2^*(A))$ liegt, wenn $(\hat{a}_2,\hat{a}_1)$
auf der Geraden durch (x_2,x_1) und $(a_2^*(A),a_1^*(A))$ liegt und
außerdem $P_w(f(A)) = f(P_w(A))$ sowie $a_i^*(f(A)) = a_{3-i}(A)$, $i=1,2$,
gilt, folgt aus Lemma (4.27)

$$\varphi_M(f(x),f(A)) = f(\varphi_M(x,A)).$$

<u>(M.2)</u>: (x,B), $(x,A) \in \hat{A}$ seien Verhandlungssituationen mit $a_1^*(B) = a_1^*(A)$ und $g_B \leq g_A$. Für

$$C := \{(c_1,c_2) \in \mathbb{R}^2; \ x_1 \leq c_1 \leq a_1^*(B), \ x_2 \leq c_2 \leq g_A(c_1)\}$$

gelten dann aufgrund der obigen Voraussetzungen die Aussagen $B \subset C$, $A \subset C$, $a_1^*(C) = a_1^*(A)$, $a_2^*(C) = a_2^*(A)$, $a_2^*(B) \leq a_2^*(C)$.

Es soll zunächst durch Widerspruch gezeigt werden, daß für die Lösungspunkte

$$(\hat{b}_1,\hat{b}_2) := \varphi_M(x,B), \quad (\hat{c}_1,\hat{c}_2) := \varphi_M(x,C)$$

gilt $\hat{b}_2 \leq \hat{c}_2$.

Annahme: $\hat{b}_2 > \hat{c}_2$.

Dann folgt aus $a_1^*(B) = a_1^*(A)$ und Lemma (4.27)

$$(\hat{b}_1 - x_1)(a_2^*(B) - x_2) = (\hat{b}_2 - x_2)(a_1^*(B) - x_1) = (\hat{b}_2 - x_2)(a_1^*(C) - x_1)$$
$$> (\hat{c}_2 - x_2)(a_1^*(C) - x_1) = (\hat{c}_1 - x_1)(a_2^*(C) - x_2),$$

woraus man wegen $a_2^*(B) \leq a_2^*(C)$ die Beziehung $\hat{b}_1 > \hat{c}_1$ erhält. Das heißt jedoch

$$(\hat{b}_1,\hat{b}_2) > (\hat{c}_1,\hat{c}_2), \quad (\hat{b}_1,\hat{b}_2) \in B \subset C,$$

womit man einen Widerspruch zu $(\hat{c}_1,\hat{c}_2) \in P_w(C)$ erhalten hat. Also gilt $\hat{b}_2 \leq \hat{c}_2$.

Im zweiten Schritt wollen wir zeigen, daß für den Pareto-Rand $P_w(A)$ gilt $P_w(A) \subset P_w(C)$. Sei dazu $(a_1,a_2) \in P_w(A)$ und $(y_1,y_2) \in \mathbb{R}^2$ mit $(a_1,a_2) < (y_1,y_2)$. Dann folgt $(y_1,y_2) \notin A$ sowie $(a_1,a_2) \in A \subset C$.

Wäre nun $(y_1,y_2) \in C$, dann folgte $y_1 \leq a_1^*(B)$, $y_2 \leq g_A(y_1)$, und es gäbe ein $\alpha \in [0;1]$ sowie $(b_1,b_2) \in B \subset A$ mit $b_1 \geq y_1$ und $\alpha a_1 + (1-\alpha)b_1 = y_1$. Es wäre dann $(d_1,d_2) := \alpha(a_1,a_2) + (1-\alpha)(b_1,b_2) \in A$ und wegen $d_1 > a_1$ und $(a_1,a_2) \in P_w(A)$ müßte $a_2 \geq d_2$ sein. Dann gäbe es aber ein $\beta \in [0;1]$ und $(y_1,a_2') \in A$ mit $a_2' \geq y_2$ und $\beta d_2 + (1-\beta)a_2' = y_2$, so daß $(y_1,y_2) = \beta(d_1,d_2) + (1-\beta)(y_1,a_2') \in A$

wäre, was im Widerspruch stünde zu $(y_1,y_2)\notin A$. Deshalb muß auch $(y_1,y_2)\notin C$ gelten, woraus $(a_1,a_2)\in P_w(C)$ und damit die behauptete Inklusion $P_w(A)\subset P_w(C)$ folgt.

Im dritten Schritt merken wir an, daß wegen $a_i^*(C) = a_i^*(A)$, $i=1,2$, und Lemma (4.27) die Lösungspunkte $(\hat{c}_1,\hat{c}_2)$ und $(\hat{a}_1,\hat{a}_2):= \varphi_M(x,A)$ auf derselben Geraden liegen, und daß wegen $A\subset C$ die Beziehung $(\hat{a}_1,\hat{a}_2) \leq (\hat{c}_1,\hat{c}_2)$ bestehen muß. Da aus der Annahme $(\hat{a}_1,\hat{a}_2) \neq (\hat{c}_1,\hat{c}_2)$ die strikte Ungleichung $(\hat{a}_1,\hat{a}_2)<(\hat{c}_1,\hat{c}_2)$ folgen würde, erhielte man aus dem eben Gezeigten die beiden zueinander im Widerspruch stehenden Aussagen

$$(\hat{a}_1,\hat{a}_2)\in P_w(A) \subset P_w(C) \quad \text{sowie} \quad (\hat{c}_1,\hat{c}_2)\in C, \quad (\hat{a}_1,\hat{a}_2)<(\hat{c}_1,\hat{c}_2),$$

so daß $(\hat{a}_1,\hat{a}_2) = (\hat{c}_1,\hat{c}_2)$ gelten muß. Hieraus und aus dem ersten Beweisschritt folgt schließlich

$$\hat{b}_2 \leq \hat{c}_2 = \hat{a}_2$$

und damit die Gültigkeit von (M.2) für φ_M.

<u>(M.4):</u> $(O,B),(O,A)\in A$ seien zwei Verhandlungssituationen mit

$$\inf \{a_i;\ (a_1,a_2)\in P_w(A)\}= \inf \{a_i;\ (a_1,a_2)\in P_w(B)\},$$

$$\sup \{a_i;\ (a_1,a_2)\in P_w(A)\}= \sup \{a_i;\ (a_1,a_2)\in P_w(B)\}, i=1,2,$$

und $\mathrm{ch}(P_w(B) \subset \mathrm{ch}(P_w(A))$. Die Pareto-Ränder $P_w(A)$ und $P_w(B)$ haben somit die gleichen Endpunkte, was $a_i^*(B) = a_i^*(A)$ impliziert für $i=1,2$. Nach Lemma (4.27) folgt hieraus, daß $\varphi_M(O,B)$ und $\varphi_M(O,A)$ beide auf der Geraden durch (O,O) und $(a_1^*(A),a_2^*(A))$ liegen, so daß man aus $\varphi_M(O,B)\in P_w(B), \varphi_M(O,A)\in P_w(A)$ sowie $\mathrm{ch}(P_w(B)) \subset \mathrm{ch}(P_w(A))$ erhält $\varphi_M(O,B) \leq \varphi_M(O,A)$.

<u>(M.5):</u> $(O,B),(O,A)$ seien zwei komprehensive Verhandlungssituationen mit $B\subset A$ und $B\cap\{(y_1,y_2)\in \mathbb{R}^2;\ y_i=O\}= A\cap\{(y_1,y_2)\in \mathbb{R}^2;\ y_i=O\}$ für ein $i\in\{1,2\}$. Wegen $(O,B),(O,A)\in A^*$ folgt dann $a_{3-i}^*(B) = a_{3-i}^*(A)$. Ist nun $i=1$, dann erhält man

aus $B \subset A$ die Ungleichung $g_B \leq g_A$, so daß man mit der bereits oben gezeigten Bedingung (M.2) für $\varphi_M(O,B) := (\hat{b}_1, \hat{b}_2)$ und $\varphi_M(O,A) := (\hat{a}_1, \hat{a}_2)$ die Aussage $\hat{b}_2 \leq \hat{a}_2$ folgert. Ist i=2, dann erhält man für die durch $f(x_1,x_2) := (x_2,x_1)$ definierten komprehensiven Verhandlungssituationen $(O,f(B))$, $(O,f(A))$ mit der eben ausgeführten Argumentation und mit der oben nachgewiesenen Eigenschaft (S.2) der starken Symmetrie für $\varphi_M(O,f(B)) = (\hat{b}_2, \hat{b}_1)$ und $\varphi_M(O,f(A)) = (\hat{a}_2, \hat{a}_1)$ die Ungleichung $\hat{b}_1 \leq \hat{a}_1$. $\qquad\square$

Andererseits zeigt die in Lemma (4.27) enthaltene geometrische Charakterisierung der monotonen Verhandlungslösung aber auch, welche Eigenschaften φ_M nicht besitzt.

(4.29) *Anmerkung:*

> *Die monotone Verhandlungslösung φ_M erfüllt nicht die Axiome (U) und (M.1).*

Beweis: Für die Verhandlungssituationen (O,A), (O,B), $(O,T(A'))$ aus Beispiel (4.23) ist

$$L(A) = L(B) = \{(x,x); \quad x \in \mathbb{R}^1\},$$
$$L(T(A')) = \{(x,\tfrac{4}{7}x); \quad x \in \mathbb{R}^1\}.$$

Somit folgt aus dem Beweis von Satz (4.25)

$$\varphi_M(O,A) = (\tfrac{3}{5},\tfrac{3}{5}) = \varphi_N(O,A),$$
$$\varphi_M(O,B) = (\tfrac{7}{11},\tfrac{7}{11}),$$
$$\varphi_M(O,T(A')) = (\tfrac{7}{8},\tfrac{1}{2}) = \varphi_N(O,T(A')).$$

Also ist $\varphi_M(O,T(A')) \in B$ und $\varphi_M(O,B) \neq \varphi_M(O,T(A'))$, womit (U) verletzt ist. Weil $B \subset T(A')$ und nicht $\varphi_M(O,B) \leq \varphi_M(O,T(A'))$ gilt, ist außerdem (M.1) verletzt. $\qquad\square$

Die Anmerkung (4.28) führt zusammen mit Satz (4.25) zu mehreren Existenz- und Eindeutigkeitssätzen für Verhandlungslösungen, unter denen auch das von Kalai und Smorodinsky bewiesene Resultat (vgl.[28]) zu finden ist.

(4.3o) Korollar:

> Für $i,j,k \in \{1,2\}$ gilt
>
> $\Phi((R.i),(P.j),(S.k),(T.2),(M.3)) = \Phi((R.i),(P.j),(S.2),(T.2),(M.2))$
>
> $$= \{\varphi_M\}.$$

Beweis: Die Gleichheit $\Phi((R.i),(P.j),(S.k),(T.2),(M.3)) = \{\varphi_M\}$
erhält man aus der Tatsache, daß (R.2),(P.2) und (S.2) jeweils
stärkere Forderungen sind als (R.1),(P.1) und (S.1). Die zweite
in (4.3o) behauptete Gleichheit erhält man, indem man zeigt,
daß (S.2) und (M.2) zusammen die Gültigkeit von (M.3) impli-
zieren:

Sind nämlich (O,A), $(O,B) \in A$ Verhandlungssituationen mit
$a_i^*(A) = a_i^*(B) = 1$ für i=1,2 und $B \subset A$, dann folgt $g_B \leq g_A$ und somit nach (M.2) die Ungleichung

$$\varphi_2(O,B) \leq \varphi_2(O,A).$$

Ist $f(x_1,x_2) := (x_2,x_1)$, $(x_1,x_2) \in \mathbb{R}^2$, und betrachtet man die
Verhandlungssituation $(O,f(A))$, $(O,f(B))$, dann ist

$$a_i^*(f(A)) = a_{3-i}^*(A) = a_{3-i}^*(B) = a_i^*(f(B)) = 1 \text{ für } i=1,2$$

und aus $f(B) \subset f(A)$ folgt $g_{f(B)} \leq g_{f(A)}$, so daß (M.2) auch die
Ungleichung

$$\varphi_1(O,B) = \varphi_2(O,f(B)) \leq \varphi_2(O,f(A)) = \varphi_1(O,A)$$

impliziert. $\qquad\square$

Die bisherigen Resultate - insbesondere die Sätze (4.16),
(4.24), (4.25) und (4.29) - zeigen auf der einen Seite, daß
bereits wenige, sehr plausible "Axiome" genügen, um eindeutig
eine Verhandlungslösung festzulegen, und daß die Hinzunahme
von weiteren naheliegenden Forderungen sehr leicht zu Unmöglichkeitssätzen führt. Auf der anderen Seite zeigen sie, daß
die jeweils sehr plausiblen Forderungen durchaus zu verschiedenen "vernünftigen" Verhandlungslösungen führen können.

Die Unterschiede zwischen der Nash'schen Verhandlungslösung φ_N und der monotonen Verhandlungslösung φ_M seien noch einmal illustriert an dem folgenden *Beispiel des reichen und des armen Mannes:*

(4.31) *Beispiel:*

Zwei Männern wird eine Gesamtsumme von DM 100,- angeboten, falls sie sich über deren Aufteilung einigen können - anderenfalls bekommen beide nichts. Der erste Mann ist sehr reich, wogegen der zweite nur DM 100,- besitzt. Aufgrund der Beobachtung, daß Menschen Vermögensänderungen häufig beurteilen nach der Relation zu ihrem Gesamtvermögen, werde angenommen, daß der Nutzen eines Geldbetrages bei beiden Männern proportional zum Logarithmus dieses Betrages ist. Der Nutzen, den der zweite Spieler bei einer Auszahlung von y DM erhält, ist dann also (proportional zu)

$$\log(1oo+y) - \log 1oo = \log \frac{1oo+y}{1oo} \ .$$

Der "sehr große" Reichtum des ersten Mannes werde dadurch berücksichtigt, daß (entsprechend der Taylor-Entwicklung des Logarithmus) die Nutzenfunktion im Bereich $[0;1oo]$ als (proportional zu) y angenommen wird. Dann besteht A aus dem durch die beiden Koordinatenachsen und die (konvexe) Kurve

$$a_2 = \log (2- \frac{a_1}{100})$$

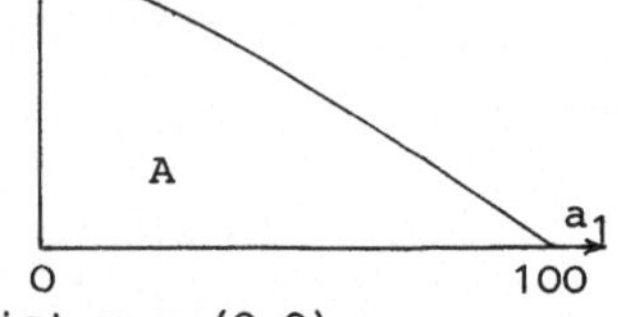

berandeten Gebiet; der Garantiepunkt ist x = (0,0).

a) Zur Bestimmung des Nash'schen Lösungspunktes $\varphi_N(x,A) = (a_1^*,a_2^*)$ suchen wir nach demjenigen Punkt $(a_1^*,a_2^*) \in A$, der das Produkt $a_1 \cdot a_2 = a_1 \cdot \log \frac{2oo-a_1}{1oo}$ maximiert. Den Maximalwert dieses Produktes kann man durch Differenzieren nach a_1 und Nullsetzen der Ableitung erhalten, was auf die Gleichung

$$\frac{a_1}{2oo-a_1} = \log \frac{2oo-a_1}{1oo} \quad ,$$

führt, die $a_1^* = 54,46$ als Näherungslösung besitzt. Man überzeugt sich leicht, daß $a_1 \cdot \log \frac{2oo-a_1}{1oo}$ tatsächlich in $a_1^* = 54,46$ das Maximum annimmt. Dem Nash-Lösungspunkt $\varphi_N(x,A)$ entspricht somit der Auszahlungsvektor $(54,46 \; ; \; 45,54)$.

b) Den monotonen Lösungspunkt $\varphi_M(x,A) = (\hat{a}_1,\hat{a}_2)$ erhält man als denjenigen Punkt, der sowohl die Gleichung

$$a_2 = \log \frac{2oo-a_1}{1oo}$$

als auch die Gleichung

$$a_2 = \frac{\log 2}{1oo} a_1$$

erfüllt. Aus der Näherungslösung $\hat{a}_1 = 54,3o$ von

$$\log \frac{2oo-a_1}{1oo} = \frac{\log 2}{1oo} a_1$$

ergibt sich dann $(54,3o; \; 45,7o)$ als der zu $\varphi_M(x,A)$ gehörige Auszahlungsvektor.

Die Differenz der zu $\varphi_N(x,A)$ und $\varphi_M(x,A)$ gehörigen Auszahlungsvektoren ist also trotz völlig unterschiedlicher Bestimmungsgleichungen geringfügig. Beide Lösungen spiegeln insbesondere wider, daß der Reiche nicht so auf das Geld angewiesen ist und somit den Armen "herunterhandeln" kann. □

c)   Weitere Lösungskonzepte

Die unter b) formulierten fünf Monotonieaxiome für Verhandlungslösungen, die als alternative Forderungen zu dem
nicht unumstrittenen Nash-Axiom der Unabhängigkeit von
irrelevanten Alternativen zu verstehen sind, beschäftigen
sich mit dem Verhalten von Verhandlungslösungen bei "Erweiterungen" von Verhandlungssituationen. Dabei war in den Axiomen vom Typ (M) immer der Fall betrachtet worden, daß es sich
um "einstufige Erweiterungen" handelte. Unter Anspielung auf
die Verhandlungsmethoden des ehemaligen U.S.-Außenministers
Kissinger betrachtete zunächst Kalai [27] jedoch auch
"mehrstufige" Verhandlungsprozeduren, bei denen zu dem
Lösungspunkt einer Verhandlungsstufe das Ergebnis des
nächsten Verhandlungsschrittes hinzuaddiert wird.

(K):   Komposition

(K.1) "Politik der kleinen Schritte":

> *Sind $(O,B),(O,A) \in A^*$ komprehensive Verhandlungssitua-
> tionen mit $B \subset A$ und $(O, \mathbb{R}^2_+ \cap (A - \varphi(O,B))) \in A^*$, dann gilt*

$$\varphi(O,A) = \varphi(O,B) + \varphi(O, \mathbb{R}^2_+ \cap (A - \varphi(O,B))).$$

Es wird also verlangt, daß sich eine Lösung für die Situation
(O,A) so ergibt, daß zunächst eine Lösung für die "kleinere"
Situation (O,B) gesucht wird, zu der dann die Lösung für das
noch verhandlungsfähige Problem $(O, \mathbb{R}^2_+ \cap (A - \varphi(O,B)))$ hinzuaddiert wird.

Eine ähnliche Forderung an mehrstufige Verhandlungsprozeduren
lautet:

(K.2) Iterative Komposition

> *Für je zwei Verhandlungssituationen $(x,B),(x,A) \in A$ mit
> $B \subset A$ und*

$$b \in B \wedge y \in \mathbb{R}^2 \wedge x \leq y \leq b \implies y \in B,$$

$$a \in A \wedge y \in \mathbb{R}^2 \wedge x \leq y \leq a \implies y \in A$$

$$gilt \quad \varphi(x,A) = \varphi(\varphi(x,B),A\cap\{y\in I\!R^2;\ y\geq\varphi(x,B)\}).$$

Im Unterschied zu (K.1) wird in (K.2) der Lösungspunkt für die "kleinere" Verhandlungssituation (x,B) direkt, d.h. ohne Nullpunktverschiebung, als Konfliktpunkt genommen für das noch offene Verhandlungsproblem, die durch $\varphi(x,B)$ gegebenen Auszahlungen innerhalb der zulässigen Menge A für beide Spieler durch weitere Verhandlungen zu verbessern.

Man kann zunächst einmal anhand schon früher verwendeter Beispiele sehen, daß die bisher betrachteten Verhandlungslösungen φ_N und φ_M keines der Kompositionsaxiome erfüllen.

(4.32) _Anmerkung:_

Weder die Nash'sche Verhandlungslösung φ_N noch die monotone Verhandlungslösung φ_M erfüllen eines der Kompositionsaxiome (K.1) oder (K.2).

Beweis: Für die komprehensiven Verhandlungssituationen (O,A) und (O,T(A')) aus Beispiel (4.23) war $A\subset T(A')$ sowie $\varphi_N(O,A) = (\frac{3}{5},\frac{3}{5})$, $\varphi_M(O,T(A')) = (\frac{7}{8},\frac{1}{2})$. Folglich gilt für $\varphi\in\{\varphi_M,\varphi_N\}$ weder

$$\varphi(O,T(A')) = \varphi(O,A) + \varphi(O,\ I\!R_+^2\cap(T(A') - \varphi(O,A)))\ \text{noch}$$

$$\varphi(O,T(A')) = \varphi(\varphi(O,A),T(A')\cap\{y\in I\!R^2;\ y\geq\varphi(O,A)\}). \qquad \Box$$

Hieraus erhält man analog wie bei Korollar (4.24) sofort weitere Unmöglichkeitssätze für Verhandlungslösungen:

(4.33) _Korollar:_

Für jede Wahl von $i,j,k,m\in\{1,2\}$ gilt:

a) $\Phi((R.i),(P.j),(S.k),(T.2),(U),(K.m)) = \emptyset$;

b) $\Phi((R.i),(P.j),(S.k),(T.2),(M.3),(K.m)) = \emptyset$

c) $\Phi((R.2),(S.k),(T.2),(U),(K.m)) = \emptyset$.

Beweis: Unter Berücksichtigung der obigen Anmerkung folgt Teil a) aus Satz (4.16) und Korollar (4.21), Teil b) aus Satz (4.25) und Anmerkung (4.28) sowie Teil c) aus Satz (4.22).

□

Wegen dieser Negativresultate wird man sich fragen, ob es weitere, in gewissem Sinne "vernünftige" Verhandlungslösungen gibt, welche die Kompositionsaxiome (K.1) bzw. (K.2) erfüllen. Solche Überlegungen wurden von Kalai [27] angestellt, der sich auf komprehensive Verhandlungssituationen beschränkte und sich bei diesen Situationen vor allem für solche Verhandlungslösungen interessierte, deren Wertebereich auf einer Geraden im $\mathbb{R}^2$ liegt.

(4.34) *Definition:*

> *Eine (komprehensive) Verhandlungslösung* $\varphi^* : A^* \longrightarrow \mathbb{R}^2$ *heißt* __proportional__*, wenn Konstanten* $c_1, c_2 > 0$ *existieren, so daß für alle* $(0,A) \in A^*$ *und* $\lambda(A) := max\{t;\ t \cdot (c_1, c_2) \in A\}$ *gilt*
> $$\varphi^*(0,A) = \lambda(A) \cdot (c_1, c_2).$$

Es ist bemerkenswert, daß proportionale (komprehensive) Verhandlungslösungen im wesentlichen zwei wichtige und zugleich charakteristische Eigenschaften besitzen, die im folgenden Satz aufgeführt sind. Dabei wird analog zum vorigen mit $\Phi^*(\dots)$ die Menge aller (komprehensiven) Verhandlungslösungen $\varphi^* : A^* \longrightarrow \mathbb{R}^2$ bezeichnet, welche die in der Klammer $(\dots)$ genannten Axiome erfüllen:

(4.35) *Satz:*

> $$\Phi^*((R.2),(P.1),(T.1)b),(M.1)) = \Phi^*((R.2),(P.1),(T.1)b),(K.1))$$
> $$= \{\varphi^* : A^* \longrightarrow \mathbb{R}^2;\ \varphi^* \text{ ist proportional}\}.$$

Beweis: Im ersten Beweisteil wird die Inklusion

$$\{\varphi^* : A^* \longrightarrow \mathbb{R}^2;\ \varphi^* \text{ ist proportional}\} \subset \Phi^*((R.2),(P.1),(T.1)b),(K.1))$$

gezeigt. Dazu sei $\varphi^*:A^* \longrightarrow \mathbb{R}^2$ eine proportionale (komprehensive) Verhandlungslösung. Dann gibt es $c_1,c_2>0$ mit

$$\varphi^*(0,C) = \lambda(C) \cdot (c_1,c_2) \quad \text{für alle} \quad (0,C) \in A^*.$$

Daß φ^* die Eigenschaft (R.2) der starken individuellen Rationalität besitzt, folgt aus $c_1,c_2>0$. Ist $k>0$ und $(0,A) \in A^*$, dann ist auch $(0,kA) \in A^*$, und es gilt

$$\varphi^*(0,kA) = \lambda(kA) \cdot (c_1,c_2) = k \cdot \lambda(A) \cdot (c_1,c_2) = k \cdot \varphi^*(0,A),$$

so daß das Axiom (T.1)b) für alle $(0,A) \in A^*$ erfüllt ist. Um zu zeigen, daß φ^* auch die im Kompositionsaxiom (K.1) genannte Eigenschaft besitzt, betrachten wir komprehensive Verhandlungssituationen $(0,A)$, $(0,B) \in A^*$ mit $B \subset A$ und $(0,\mathbb{R}^2_+ \cap (A-\varphi^*(0,B))) \in A^*$. Aus der Definition von λ folgt dann

$$\lambda(\mathbb{R}^2_+ \cap (A-\varphi^*(0,B))) = \lambda(\mathbb{R}^2_+ \cap (A-\lambda(B) \cdot (c_1,c_2))) = \lambda(A) - \lambda(B),$$

so daß man

$$\varphi^*(0,A) = \lambda(A) \cdot (c_1,c_2) = \lambda(B) \cdot (c_1,c_2) + (\lambda(A)-\lambda(B)) \cdot (c_1,c_2)$$

$$= \varphi^*(0,B) + \varphi^*(0,\mathbb{R}^2_+ \cap (A-\varphi^*(0,B)))$$

erhält. Schließlich bleibt nur noch die Eigenschaft (P.1) der schwachen Pareto-Optimalität zu zeigen. Dazu nehmen wir an, daß für ein $(0,A) \in A^*$ der Lösungspunkt $\varphi^*(0,A) \notin P_w(A)$ ist, d.h. daß ein Punkt $(y_1,y_2) \in A$ existiert mit

$$\varphi^*(0,A) = \lambda(A) \cdot (c_1,c_2) < (y_1,y_2).$$

Definiert man

$$B := \{(b_1,b_2) \in A; \quad (b_1,b_2) \leq \varphi^*(0,A)\},$$

so ist $(0,B) \in A^*$, und es gilt

$$B \subset A, \quad \varphi^*(0,B) = \varphi^*(0,A) \quad \text{sowie} \quad (0, \mathbb{R}^2_+ \cap (A-\varphi^*(0,B))) \in A^*.$$

Aus dem schon bewiesenen Kompositionsaxiom (K.1) und der
starken individuellen Rationalität (R.2) erhält man dann den
Widerspruch

$$\varphi^*(O,A) = \varphi^*(O,B) + \varphi^*(O,\mathbb{R}_+^2 \cap (A-\varphi^*(O,B))) > \varphi^*(O,A),$$

d.h. die vorherige Annahme war falsch, und es gilt (P.1).

Um im zweiten Teil des Beweises die Inklusion

$$\Phi^*((R.2),(P.1),(T.1)b),(K.1)) \subseteq \Phi^*((R.2),(P.1),(T.1)b),(M.1))$$

zu zeigen, betrachten wir ein $\varphi^* \in \Phi^*((R.2),(P.1),(T.1)b),(K.1))$
sowie zwei komprehensive Verhandlungssituationen
$(O,A),(O,B) \in A^*$ mit $B \subseteq A$. Für jedes $c \in (O;1)$ ist dann
$(O, \mathbb{R}_+^2 \cap (A-\varphi^*(O,cB))) \in A^*$, so daß man aus dem Kompositionsaxiom
(K.1) erhält

$$\varphi^*(O,A) = \varphi^*(O,cB) + \varphi^*(O, \mathbb{R}_+^2 \cap (A-\varphi^*(O,cB)))$$

$$\geq \varphi^*(O,cB) \overset{(T.1)b)}{=} c \cdot \varphi^*(O,B) \quad \text{für alle} \quad c \in (O;1).$$

und somit $\varphi^*(O,A) \geq \varphi^*(O,B)$.

Schließlich ist im dritten Beweisteil noch zu zeigen, daß
jede (komprehensive) Verhandlungslösung
$\varphi^* \in \Phi^*((R.2),(P.1),(T.1)b),(M.1))$ auch proportional ist. Dazu
sei $D := \{(d_1,d_2) \geq (O,O); \ d_1+d_2 \leq 1\}$. Wegen der starken individuellen Rationalität (R.2) ist

$$(d_1^*,d_2^*) := \varphi^*(O,D) > (O,O).$$

Es soll im folgenden bewiesen werden, daß für $(O,A) \in A^*$ und

$$\lambda(A) := \max\{t; \quad t \cdot \varphi^*(O,D) \in A\}$$

gilt $\varphi^*(O,A) = \lambda(A) \cdot \varphi^*(O,D)$:

Es seien $O < \varepsilon < \min(1-d_1^*, 1-d_2^*)$, $(p_1,p_2) := (d_1^*+\varepsilon, O)$,
$(q_1,q_2) := (O, d_2^*+\varepsilon)$ und V_ε das Viereck mit den Ecken
$(O,O), \varphi^*(O,D), (p_1,p_2), (q_1,q_2)$. Da für dieses Viereck $V_\varepsilon \subset D$

sowie $(O,V_\varepsilon)\in A^*$ ist, folgt aus
der generellen Monotonie
$\varphi^*(O,V_\varepsilon) \leq \varphi^*(O,D)$, woraus man
sofort erhält, daß
$\varphi^*(O,V_\varepsilon) = \varphi^*(O,D)$ sein muß,
denn jeder von $\varphi^*(O,D)$ verschiedene Punkt auf dem
Pareto-Rand $P_w(V_\varepsilon)$ ist in genau
einer Komponente größer als die

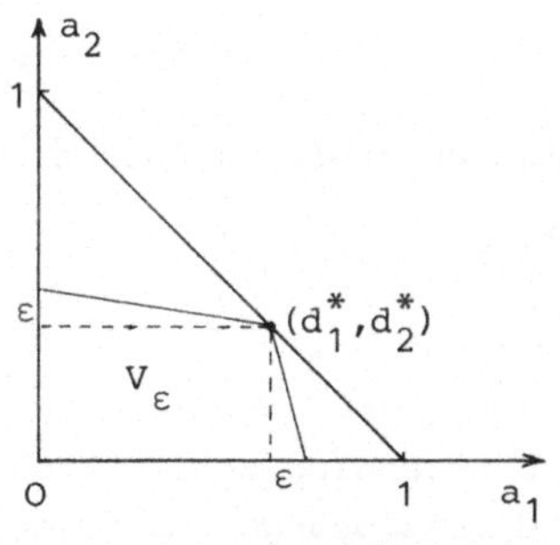

entsprechende Komponente von $\varphi^*(O,D)$ und kann deshalb nicht
der Lösungspunkt $\varphi^*(O,V_\varepsilon)$ sein.

Sind nun $(O,A)\in A^*$ und $\delta\in(O;1)$ beliebig vorgegeben, dann gibt
es ein $O<\varepsilon<\min(1-d_1^*,1-d_2^*)$, so daß $\delta\cdot\lambda(A)\cdot V_\varepsilon\subseteq A$ gilt, woraus
wegen (M.1) und (T.1)b) folgt

$$\varphi^*(O,A)\geq\varphi^*(O,\delta\cdot\lambda(A)\cdot V_\varepsilon) = \delta\cdot\lambda(A)\varphi^*(O,V_\varepsilon) = \delta\cdot\lambda(A)\cdot\varphi^*(O,D).$$

Da $\delta\in(O;1)$ beliebig gewählt war, ist damit $\varphi^*(O,A)\geq\lambda(A)\cdot\varphi^*(O,D)$
gezeigt. Um auch die umgekehrte Ungleichung zu zeigen, sei $\delta>1$
und

$$A_\delta := \{(a_1,a_2)\geq(O,O);\ \exists(y_1,y_2)\in ch(A\cup\delta\cdot\lambda(A)\cdot\varphi^*(O,D):$$
$$(a_1,a_2) \leq (y_1,y_2)\}.$$

Es ist $(O,A_\delta)\in A^*$, $A\subset A_\delta$, $\lambda(A_\delta) = \delta\cdot\lambda(A)$. Wegen
$\delta\cdot\lambda(A)\cdot\varphi^*(O,D)\in P_s(A_\delta)$ und

$$\varphi^*(O,A_\delta) \geq \lambda(A_\delta)\cdot\varphi^*(O,D) = \delta\cdot\lambda(A)\cdot\varphi^*(O,D)$$

muß für den Lösungspunkt $\varphi^*(O,A_\delta)$ gelten

$$\varphi^*(O,A_\delta) = \delta\cdot\lambda(A)\cdot\varphi^*(O,D);$$

da man ferner aus (M.1) schließt $\varphi^*(O,A)\leq\varphi^*(O,A_\delta)$ für alle $\delta>1$
folgt insgesamt

$$\varphi^*(O,A)\leq \delta\cdot\lambda(A)\cdot\varphi^*(O,D)\quad\text{für alle}\ \delta>1$$

und damit die noch fehlende Ungleichung

$$\varphi^*(O,A) \leq \lambda(A) \cdot \varphi^*(O,D),$$

womit auch die Inklusion

$$\Phi^*((R.2),(P.1),(T.1)b),(M.1)) \subset \{\varphi^*:A^* \longrightarrow \mathbb{R}^2; \ \varphi^* \text{ ist proportional}\}$$

bewiesen ist. □

Im Unterschied zu den bisher bewiesenen Existenzsätzen für Verhandlungslösungen macht der Satz (4.35) keine Eindeutigkeitsaussage; vielmehr gibt er eine Charakterisierung der proportionalen (komprehensiven) Verhandlungslösungen an. Man kann jetzt jedoch versuchen, mit Hilfe von Satz (4.35) auch zu Existenz- *und* Eindeutigkeitsaussagen für (komprehensive) Verhandlungslösungen zu gelangen und überdies zusehen, die Beschränkung auf komprehensive Verhandlungssituationen fallenzulassen. Beispielsweise erhält man sofort:

(4.36) *Korollar:*

$$|\Phi^*((R.2),(P.1),(S.1),(T.1)b),(M.1))|$$
$$= |\Phi^*((R.2),(P.1),(S.1),(T.1)b),(K.1))| = 1.$$

Beweis: Daß $\Phi^*((R.2),(P.1),(S.1),(T.1)b),(M.1))$ mit $\Phi^*((R.2),(P.1),(S.1),(T.1)b),(K.1))$ übereinstimmt, erhält man sofort aus Satz (4.35), der überdies besagt, daß jede (komprehensive) Verhandlungslösung $\varphi^* \in \Phi^*((R.2),(P.1),(T.1)b),(K.1))$ proportional ist und aus dessen Beweis man für ein derartiges φ^* und $D := \{(a_1,a_2) \geq (O,O); \ a_1+a_2 \leq 1\}$ die Darstellung

$$\varphi^*(O,A) = \lambda(A) \cdot \varphi^*(O,D)$$

erhält. Fordert man nun zusätzlich noch die Symmetrieeigenschaft (S.1) von einem solchen φ^*, so muß notwendig $\varphi^*(O,D) = (\frac{1}{2},\frac{1}{2})$ sein, d.h. es gibt höchstens ein Element $\varphi^*_{sp} \in \Phi^*((R.2),(P.1),(S.1),(T.1)b),(K.1))$, nämlich

$$\varphi^*_{sp}(O,A) := \lambda(A) \cdot (\tfrac{1}{2},\tfrac{1}{2}), \quad (O,A) \in A^*.$$

Da φ^*_{sp} symmetrisch und proportional ist, folgt die Behauptung des Korollars. □

φ^*_{sp} heißt auch die *symmetrische proportionale (komprehensive) Verhandlungslösung*.

Eine zweite Anwendungsmöglichkeit von Satz (4.35) besteht darin, den Definitionsbereich für proportionale (komprehensive) Verhandlungslösungen zu erweitern von A^* auf eine Obermenge A', $A^* \subset A' \subset A$:

(4.37) <u>*Korollar:*</u>

> *Es bezeichne $A' := \{(x,A) \in A;\ a \in A \wedge x \leq y \leq a \implies y \in A\}$ und $\Phi'(\ldots)$ die Menge aller (erweiterten komprehensiven) Verhandlungslösungen $\varphi': A' \longrightarrow \mathbb{R}^2$, welche die in der Klammer (...) genannten Axiome erfüllen. Dann gilt*

$$|\Phi'((R.2),(P.1),(S.1),(T.1),(M.1))|$$

$$= |\Phi'((R.2),(P.1),(S.1),(T.1),(K.1))|$$

$$= |\Phi'((R.2),(P.1),(S.1),(T.1),(K.2))| = 1.$$

Beweis: Sei $\varphi' \in \Phi'((R.2),(P.1),(S.1),(T.1),(M.1))$. Dann gilt für $(x,A) \in A'$ die Aussage $(O,A-x) \in A^*$ und aus (T.1)a) folgt

$$\varphi'(x,A) = x + \varphi'(O,A-x) = x + \varphi^*_{sp}(O,A-x).$$

Die durch $\varphi'_{sp}(x,A) := x + \varphi^*_{sp}(O,A-x)$ definierte *erweiterte symmetrische proportionale (komprehensive) Verhandlungslösung* φ'_{sp} erfüllt alle in der Behauptung genannten Axiome. Da außerdem für jedes $\varphi \in \Phi'((T.1)a),(K.2))$ und alle $(O,B),\ (O,A) \in A^*$ mit $B \subset A$ gilt

$$\varphi(O,A) = \varphi(\varphi(O,B),A \cap \{y \in \mathbb{R}^2;\ y \geq \varphi(O,B)\})$$

$$= \varphi(O,B) + \varphi(O,\mathbb{R}^2_+ \cap (A-\varphi(O,B))),$$

folgt $\Phi'((T.1)a),(K.2)) \subset \Phi'((T.1)a),(K.1))$, so daß sich die
Aussage des Korollars aus (4.37) ergibt. $\qquad\qquad\square$

Am Beispiel des reichen und des armen Mannes wollen wir die
symmetrische proportionale (komprehensive) Verhandlungslösung φ_{sp}^{*} mit der Nash'schen und der monotonen Verhandlungslösung vergleichen.

(4.38) *Beispiel:*

Wie in Beispiel (4.31) sei A das durch die beiden Koordinatenachsen im $\mathbb{R}^2$ und die konvexe Kurve

$$a_2 = \log \frac{2oo-a_1}{1oo}$$

berandete Gebiet. Dann läßt sich die erste Komponente des
Lösungspunktes $\varphi_{sp}^{*}(O,A)$ bestimmen aus der Gleichung

$$a_1 = \log \frac{2oo-a_1}{1oo} \ ,$$

die $a_1' := 0{,}69$ als Näherungslösung besitzt. Der Unterschied
des zu $\varphi_{sp}^{*}(O,A)$ gehörigen Auszahlungsvektors $(0{,}69;\ 99{,}31)$
zu den zu $\varphi_N(O,A)$ bzw. $\varphi_M(O,A)$ gehörigen Auszahlungsvektoren
$(54{,}46;\ 45{,}54)$ bzw. $(54{,}3o;\ 45{,}7o)$ ist eklatant und dadurch
zu erklären, daß φ_{sp}^{*} nur die Eigenschaft (T.1)b) (Unabhängigkeit von Streckungen mit *gemeinsamem* Streckungsfaktor) besitzt, nicht aber die Eigenschaft (T.2) der Unabhängigkeit
von positiven linearen Transformationen.

Für den reichen Mann beträgt der maximal erreichbare Nutzen
bei dieser Verhandlungssituation 1oo Einheiten, für den armen
Mann hingegen nur $\log 2 \approx 0{,}69$ Einheiten. Die genaue Angabe
der Nutzenfunktion der Spieler ist bei proportionalen
(komprehensiven) Verhandlungslösungen also von besonderer
Wichtigkeit.

Wenn man in dem hier betrachteten Beispiel annimmt, daß dem
armen Mann die Gesamtsumme von DM 100 mindestens soviel Nutzen
einbringt wie dem reichen Mann, dann müßte man die Nutzen-

funktion des armen Mannes noch mit einer Konstanten $c: \geq \dfrac{100}{\log 2}$ multiplizieren und für die Verhandlungssituation $(O, \tilde{A})$ mit

$$\tilde{A} = \{(a_1, a_2) \geq (O, O);\ a_1 \leq 100,\quad a_2 \leq c \cdot \log \dfrac{200 - a_1}{100}\}$$

einen Lösungspunkt bestimmen. Da φ_N und φ_M die Bedingung (T.2) erfüllen, sind die zur Nash'schen Verhandlungslösung $\varphi_N(O, \tilde{A})$ bzw. $\varphi_N(O, A)$ gehörenden Auszahlungsvektoren identisch ebenso wie die zur monotonen Verhandlungslösung $\varphi_M(O, \tilde{A})$ bzw. $\varphi_M(O, A)$ gehörenden Auszahlungsvektoren. Der Lösungspunkt $\varphi_{sp}^{*}(O, \tilde{A})$ bestimmt sich jetzt jedoch aus der Gleichung

$$a_1 = c \cdot \log \dfrac{200 - a_1}{100}\ ,$$

die für $c = \dfrac{100}{\log 2}$ mit der in Beispiel (4.31) erhaltenen Bestimmungsgleichung für den monotonen Lösungspunkt $\varphi_M(O, A)$ äquivalent ist und folglich ebenfalls den Wert $54,30$ als approximative Lösung besitzt. $\qquad\qquad\square$

§ 3 Kooperative Spiele; Verhandlungen mit Drohungen

Bei den Überlegungen des vorigen Paragraphen wurde stets davon
ausgegangen, daß der "Garantiepunkt" x bei den Verhandlungssituationen $(x,A) \in A$ von vornherein festliegt - sei es, daß
dadurch das Beibehalten des "status quo" (Nichtzustandekommen
einer Vereinbarung) erfaßt wird, sei es, daß x den Punkt
$(W_*^{(1)}(X_1,X_2), W_*^{(2)}(X_1,X_2))$ der maximalen Garantien bedeutet,
oder daß x einen "Lösungspunkt" in einem Lösungskonzept für
nicht-kooperative Zweipersonenspiele beschreibt - und daß die
Spieler nur darüber verhandeln, wie der durch Kooperation
gegenüber x zu erreichende Mehrgewinn aufgeteilt werden soll.
Wenn x die Beibehaltung des "status quo" bei erfolglosen Verhandlungen bedeutet, so ist dieses Konzept recht plausibel; im
allgemeinen wird man jedoch auch berücksichtigen müssen, daß
die Spieler von verschieden starken strategischen Positionen
aus mit für den Gegner unangenehmen Konsequenzen im Falle
einer Nichtübereinkunft *drohen* können. Veranschaulichen wir
uns dies an einem Beispiel:

(4.39) Beispiel:

Es sei $\Gamma_0 = (X_1, X_2, (a_1, a_2))$ das Bimatrixspiel mit den Auszahlungsmatrizen

$$\mathcal{A} = \begin{pmatrix} 4 & 8 \\ 0 & 6 \end{pmatrix}, \qquad \mathcal{B} = \begin{pmatrix} 8 & 4 \\ -\frac{5}{2} & -2 \end{pmatrix};$$

$\Gamma = (P_1, P_2, P_K, (A_1, A_2))$ sei das (entsprechend (4.13) mit $K = X_1 \times X_2$
gebildete) zugehörige kooperative
Zweipersonenspiel. Die zulässige
Menge $A(\Gamma)$ ist dann die konvexe
Hülle der Punkte (4,8), (8,4),
$(0, -\frac{5}{2})$ und (6,-2).

a) (x_1, y_1) ist der einzige Gleichgewichtspunkt von Γ; da
$(A_1(x_1,y_1), A_2(x_1,y_1)) = (4,8)$ auf

dem (starken) Pareto-Rand $P_s(A(\Gamma))$ liegt, ist dieser Gleichgewichtspunkt undominiert - das Spiel Γ ist also auch im Sinne
von Nash und im strengen Sinne lösbar. Betrachtet man also
(4,8) als "Garantiepunkt" g_1, so liegt gar keine Verhandlungssituation mehr vor - (x_1,y_1) mit der Auszahlung (4,8) ist *die
Lösung* des Spiels Γ (vgl. (4.18)).

Es steht jedoch zu erwarten, daß der Spieler 1 mit dieser
"Lösung" - die dem Spieler 2 die für ihn maximal-mögliche
Auszahlung 8 zubilligt - nicht zufrieden ist: Er wird sicherlich den Spieler 2 darauf hinweisen, daß dieser sehr "empfind-
lich" gegenüber der Strategie x_2 ist, und daß die maximale
Garantie $W_*^{(2)}(P_1,P_2)$ nur -2, die Garantie $W_*^{(1)}(P_1,P_2)$ dagegen 4
beträgt.

b)   Wählt man dementsprechend als Garantiepunkt

$$g_2 = (W_*^{(1)}(P_1,P_2),W_*^{(2)}(P_1,P_2)) = (4,-2),$$

so liegt eine Situation vor, wie wir sie in § 2 dieses Kapitels
behandelt haben. Hier liefert die Nash'sche Verhandlungslösung

$$\varphi_N(g_2,A(\Gamma)) = (8,4)$$

- realisiert durch (x_1,y_2) -, während die monotone Verhandlungslösung

$$\varphi_M(g_2,A(\Gamma)) = (\tfrac{48}{7},\tfrac{36}{7}) \approx (6,86 , 5,14)$$

ergibt - realisiert durch $(p,q)\in P_1\times P_2$ mit $p=(1,0)$, $q=(\tfrac{2}{7},\tfrac{5}{7})$.

In beiden Fällen steht sich also der Spieler 1 erheblich besser
als bei dem Gleichgewichtspunkt (x_1,y_1) - die "Drohung" mit der
Strategie x_2 hat sich also für ihn gelohnt.

Andererseits wird nun der Spieler 2 mit diesen neuen "Lösungen"
nicht zufrieden sein: Zum einen wird er argumentieren, daß sich
Spieler 1 seinen Garantiewert 4 nur mit der für Spieler 2 sehr
günstigen Strategie x_1 sichern kann, und zum anderen wird er
damit drohen können - wenn er schon auf -2 als "Verhandlungs-
basis" zurückgedrängt werde - durch den Einsatz seiner Strategie y_1 zwar eine Einbuße bzgl. seiner Garantie von -2 auf $-\tfrac{5}{2}$

hinzunehmen, dadurch aber den Spieler 1 vor die Alternative zu stellen, entweder die Strategie x_1 mit der Auszahlung 4 für sich und mit der für Spieler 2 optimalen Auszahlung 8 zu wählen oder die für ihn zur schlechtest-möglichen Auszahlung O führende Strategie x_2 einzusetzen.

Setzen nun beide Spieler ihre "Drohstrategien" x_2 bzw. y_1 ein, so ergibt sich

$$(A_1(x_2,y_1) \; , \; A_2(x_2,y_1)) = (0,-\tfrac{5}{2}) \; ,$$

d.h. für beide Spieler die geringst-mögliche Auszahlung. Daher ist zu erwarten, daß sich die Spieler trotz der vorherigen Drohungen zu Verhandlungen zusammenfinden, um für beide zu einem besseren Ergebnis zu gelangen.

c) Gehen die Spieler dabei von diesem "Drohpunkt" $(0,-\tfrac{5}{2})$ als "Garantiepunkt" g_3 aus, so liefert die Nash'sche Verhandlungslösung

$$\varphi_N(g_3,A(\Gamma)) = (\tfrac{29}{4},\tfrac{19}{4}) = (7,25 \; , \; 4,75) \; ,$$

während die monotone Verhandlungslösung

$$\varphi_M(g_3,A(\Gamma)) = (\tfrac{232}{37},\tfrac{212}{37}) \approx (6,27 \; , \; 5,73)$$

ergibt.

In jedem Fall hat sich für den Spieler 2 das Drohen mit dem Einsatz von y_1 gegenüber der unter b) behandelten Situation gelohnt.

Beide Spieler werden also bei *Drohungen* sowohl die Konsequenzen berücksichtigen, die aus einer Realisierung der Drohung resultieren, als auch die Auszahlungen im Auge haben, die sich bei späteren Verhandlungen ergeben können. Gehen die Spieler (in diesem Beispiel) davon aus, daß nach den Drohungen eine Verhandlungslösung entsprechend dem Nash'schen Konzept erreicht wird, so sind die Drohungen x_2 bzw. y_1 in dem folgenden Sinne *optimal* (entsprechendes gilt bei der monotonen Verhandlungslösung; vgl. Aufgabe 7): Da für $p_1=(p,1-p)\in P_1$, $q_1=(q,1-q)\in P_2$ gilt

$$(A_1(p_1,q_1),A_2(p_1,q_1)) = (6+2p-6q+2pq \ , \ -2+6p-\tfrac{1}{2}q+\tfrac{9}{2}pq) \, ,$$

$$\varphi_{N,1}((A_1(p_1,q_1),A_2(p_1,q_1)),A(\Gamma)) = \begin{cases} 10-2p-\dfrac{11}{4}q-\dfrac{5}{4}pq \\ \qquad \text{falls } 8p+11q+5pq > 8 \\[2ex] 8 \qquad \text{falls } 8p+11q+5pq \leq 8 \end{cases}$$

$$\varphi_{N,2}((A_1(p_1,q_1),A_2(p_1,q_1)),A(\Gamma)) = \begin{cases} 2+2p+\dfrac{11}{4}q+\dfrac{5}{4}pq \\ \qquad \text{falls } 8p+11q+5pq > 8 \\[2ex] 4 \qquad \text{falls } 8p+11q+5pq \leq 8 \end{cases}$$

(vgl. Seite 259/260), folgt

$$\inf_{q_1 \in P_2} \varphi_{N,1}((A_1(p_1,q_1),A_2(p_1,q_1)),A(\Gamma)) = \frac{29}{4} - \frac{13}{4}p$$
$$= \varphi_{N,1}((A_1(p_1,y_1),A_2(p_1,y_1)),A(\Gamma)) \, ,$$

$$\inf_{p_1 \in P_1} \varphi_{N,2}((A_1(p_1,q_1),A_2(p_1,q_1)),A(\Gamma)) = 2 + \frac{11}{4}q$$

und somit

$$\sup_{p_1 \in P_1} \inf_{q_1 \in P_2} \varphi_{N,1}((A_1(p_1,q_1),A_2(p_1,q_1)),A(\Gamma)) = \frac{29}{4}$$
$$= \varphi_{N,1}((A_1(x_2,y_1),A_2(x_2,y_1)),A(\Gamma))$$

$$\sup_{q_1 \in P_2} \inf_{p_1 \in P_1} \varphi_{N,2}((A_1(p_1,q_1),A_2(p_1,q_1)),A(\Gamma)) = \frac{19}{4}$$
$$= \varphi_{N,2}((A_1(x_2,y_1),A_2(x_2,y_1)),A(\Gamma)) \, .$$

Der Spieler 1 kann sich also durch seine "Drohstrategie" x_2 eine *Endauszahlung* von $\frac{29}{4}$ sichern und muß bei jeder anderen Drohstrategie $p_1 \in P_1$ mit weniger zufrieden sein, wenn der Spieler 2 seine "Drohstrategie" y_1 wählt. Umgekehrt sichert sich der Spieler 2 durch die Drohung mit y_1 die *Endauszahlung* $\frac{19}{4}$ und erhält bei jeder anderen "Drohstrategie" $q_1 \in P_2$ weniger, wenn Spieler 1 mit x_2 droht. Die Strategien x_2 bzw. y_1 wird man also in diesem Fall als *optimale Drohstrategien* bezeichnen und $(\frac{29}{4},\frac{19}{4})$ als (Nash'sche) Verhandlungslösung bei Zulassen von Drohungen. □

Die in diesem Beispiel angestellten Überlegungen legen es nahe, ein Lösungskonzept zu entwickeln, bei dem der "Garantiepunkt" x in einer Verhandlungssituation nicht mehr fest vorgegeben ist, sondern sich erst aufgrund von Drohungen ergibt.

Damit eine Drohung überhaupt wirkungsvoll sein kann, muß sie glaubwürdig sein - "leere" Drohungen werden vom Gegner nicht ernst genommen. Der Gefahr, daß seine Drohungen nicht ernst genommen werden, kann ein Spieler am besten dadurch begegnen, daß er seine Drohungen im Falle einer Nicht-Einigung jeweils wahrmacht. Für *ein* Konzept zur Behandlung von kooperativen Zweipersonenspielen mit Drohungen werde daher in Anlehnung an Nash [44] von dem folgenden Ablauf eines solchen Spiels $\Gamma = (X_1,X_2,K,(a_1,a_2))$ ausgegangen:

(i) Die beiden Spieler wählen unabhängig voneinander "Drohstrategien" $x \in X_1$ bzw. $y \in X_2$ und teilen sich diese gegenseitig mit; daraus resultiert ein "Garantiepunkt" ("Drohpunkt") $g = (a_1(x,y),a_2(x,y))$ - dieser Punkt würde realisiert werden, wenn die anschließenden Verhandlungen nicht zu einer Einigung führen.

(ii) Anschließend verhandeln die beiden Spieler über ein für beide Seiten vorteilhaftes gemeinsames Vorgehen - hierbei lassen sich die Überlegungen aus § 2 dieses Kapitels verwenden.

Wenn beide Spieler dieselbe Verhandlungslösung φ akzeptieren - beispielsweise die Nash'sche Verhandlungslösung φ_N oder die monotone Lösung φ_M - so reduzieren sich die strategischen Überlegungen bei Spielen Γ mit konvexen und kompakten zulässigen Mengen $A(\Gamma)$ auf die Wahl der Drohstrategien, d.h. auf die Lösung des nicht-kooperativen Spiels

$$\tilde{\Gamma} = (X_1,X_2,\varphi((a_1(.,.),a_2(.,.)),A(\Gamma))).$$

<u>*(4.40)*</u> <u>*Satz:*</u>

> $\Gamma = (X_1, X_2, K, (a_1, a_2))$ *sei ein kooperatives Zweipersonen-spiel, dessen zulässige Menge $A(\Gamma)$ konvex und kompakt ist. Dann gilt:*
>
> a) *Das Spiel*
>
> $$\widetilde{\Gamma}_N := (X_1, X_2, \varphi_N((a_1(.,.), a_2(.,.))), A(\Gamma)))$$
>
> *ist ein Konkurrenzspiel.*
>
> b) *Das Spiel*
>
> $$\widetilde{\Gamma}_M := (X_1, X_2, \varphi_M((a_1(.,.), a_2(.,.))), A(\Gamma)))$$
>
> *ist ein Konkurrenzspiel.*

Beweis: Es sind jeweils die Eigenschaften (i) und (ii) aus der Definition (4.5) zu verifizieren; dabei beschränken wir uns auf (i), da (ii) analog gezeigt wird:

a) Es seien $y \in X_2$ und $x' \in X_1(y)$, d.h.

$$\varphi_{N,1}((a_1(x',y), a_2(x',y)), A(\Gamma)) = \max_{x \in X_1} \varphi_{N,1}((a_1(x,y), a_2(x,y)), A(\Gamma)).$$

Dann folgt, da φ_N nach Lemma (4.20) das Axiom (P.2) der starken Pareto-Optimalität erfüllt und der starke Pareto-Rand $P_s(A(\Gamma))$ konvex ist,

$$\varphi_{N,2}((a_1(x',y), a_2(x',y)), A(\Gamma)) = \min_{x \in X_1} \varphi_{N,2}((a_1(x,y), a_2(x,y)), A(\Gamma)).$$

b) Für $y \in X_2$ und $x' \in X_1(y)$, d.h.

$$\varphi_{M,1}((a_1(x',y), a_2(x',y)), A(\Gamma)) = \max_{x \in X_1} \varphi_{M,1}((a_1(x,y), a_2(x,y)), A(\Gamma))$$

folgt analog wegen (4.28)

$$\varphi_{M,2}((a_1(x',y), a_2(x',y)), A(\Gamma)) = \min_{x \in X_1} \varphi_{M,2}((a_1(x,y), a_2(x,y)), A(\Gamma)).$$

$\square$

Der Satz (4.6) liefert daher:

(4.41) *Korollar:*

$\Gamma = (X_1, X_2, K, (a_1, a_2))$ *sei ein kooperatives Zweipersonenspiel, dessen zulässige Menge $A(\Gamma)$ konvex und kompakt
ist. Dann gilt:*

a) *Sind (x_1, y_1), (x_2, y_2) Gleichgewichtspunkte von
Drohstrategien in $\widetilde{\Gamma}_N$, so stimmen die zugehörigen
Auszahlungen überein, d.h.*

$$\varphi_N((a_1(x_1, y_1), a_2(x_1, y_1)), A(\Gamma)) = \varphi_N((a_1(x_2, y_2), a_2(x_2, y_2)), A(\Gamma)),$$

*(x_1, y_2) und (x_2, y_1) sind ebenfalls Gleichgewichts-
punkte und die Gleichgewichtsstrategien sind auch
Minimax-Strategien in $\widetilde{\Gamma}_N$.*

b) *Sind (x_1, y_1), (x_2, y_2) Gleichgewichtspunkte in $\widetilde{\Gamma}_M$,
so sind die zugehörigen Auszahlungsvektoren gleich,
(x_1, y_2) und (x_2, y_1) sind Gleichgewichtspunkte und
die Gleichgewichtsstrategien sind auch Minimax-
Strategien in $\widetilde{\Gamma}_M$.*

Aufgrund dieser Aussagen erscheint es gerechtfertigt, Gleich-
gewichtsstrategien in $\widetilde{\Gamma}_N$ bzw. in $\widetilde{\Gamma}_M$ als *optimale Drohstrategien*
zu bezeichnen - im Beispiel (4.39) sind also die Strategien x_2
und y_1 in diesem Sinne optimal.

Im folgenden wird es daher darum gehen, hinreichende Bedingungen
für die Existenz von Gleichgewichtspunkten für $\widetilde{\Gamma}_N$ bzw. $\widetilde{\Gamma}_M$ anzugeben. Da sich die Abhängigkeit von φ_N bzw. φ_M von dem
"Garantiepunkt" g in der Regel nur schwer übersehen läßt, kann
man dabei die allgemeinen Existenzsätze für Gleichgewichtspunkte aus dem Kapitel II nicht direkt verwenden. Man kann
jedoch, ähnlich wie beim Beweis des Satzes (2.4) von Nikaido-
Isoda, mit Hilfe eines Fixpunktsatzes zeigen (vgl. Nash [44]),
daß in $\widetilde{\Gamma}_N$ bzw. $\widetilde{\Gamma}_M$ Gleichgewichtspunkte existieren.

299

<u>(4.42)</u> *Satz:*

> $\Gamma = (P_1, P_2, K, (A_1, A_2))$ *sei ein kooperatives Zweipersonen-*
>   *spiel mit den folgenden Eigenschaften:*
>
>   *(i)* $(P_1, P_2, (A_1, A_2)\big|_{P_1 \times P_2})$ *ist die gemischte Erweite-*
>   *rung eines Bimatrixspiels.*
>
>   *(ii) Die zulässige Menge $A(\Gamma)$ ist konvex und kompakt.*
>
>   *Dann gilt:*
>
>   *a)* $\widetilde{\Gamma}_N = (P_1, P_2, \varphi_N((A_1(.,.), A_2(.,.)), A(\Gamma))$ *besitzt*
>   *mindestens einen Gleichgewichtspunkt.*
>
>   *b)* $\widetilde{\Gamma}_M = (P_1, P_2, \varphi_M((A_1(.,.), A_2(.,.)), A(\Gamma))$ *besitzt*
>   *mindestens einen Gleichgewichtspunkt.*

Beweis: Bei der üblichen Einbettung (vgl. (2.5)) ist $P_1 \times P_2$
eine konvexe und kompakte Teilmenge eines euklidischen Raumes.
Als multilineare Funktion ist $(A_1, A_2): P_1 \times P_2 \longrightarrow \mathbb{R}^2$ stetig.

<u>a)</u> Aus der Darstellung von φ_N im Beweis zu (4.16), Behaup-
tung 1, und der Konvexität von $A(\Gamma)$ folgt, daß

$$\varphi_N(.,A(\Gamma)): \ (A_1, A_2)(P_1 \times P_2) \longrightarrow \mathbb{R}^2$$

stetig ist. Insgesamt ist $\widetilde{\Gamma}_N$ ein Spiel mit einer stetigen
Auszahlungsfunktion.

<u>b)</u> Analog folgt aus der Darstellung von φ_M in (4.27) und der
Konvexität von $A(\Gamma)$, daß

$$\varphi_M(.,A(\Gamma)): \ (A_1, A_2)(P_1 \times P_2) \longrightarrow \mathbb{R}^2$$

stetig und somit $\widetilde{\Gamma}_M$ ein Spiel mit stetiger Auszahlungsfunktion
ist.

Ist nun (P_1, P_2, φ) eines dieser beiden Spiele, so folgt aus der
Kompaktheit der P_i und der Stetigkeit von φ, daß für jedes
$(p,q) \in P_1 \times P_2$ für die Mengen der Bayes-Strategien gilt

$$P_1(q) \neq \emptyset, \quad P_2(p) \neq \emptyset.$$

Es sei nun

$$R(p,q) := \{ (p_1, q_1) \in P_1 \times P_2; \ p_1 \in P_1(q), \ q_1 \in P_2(p) \}.$$

Hierdurch wird eine Funktion R auf $P_1 \times P_2$ definiert, die als Funktionswerte nicht-leere Teilmengen von $P_1 \times P_2$ besitzt. Auf diese Funktion wird später der *Fixpunktsatz von Kakutani* [26] in der folgenden, von Glicksberg [22] verallgemeinerten Form angewendet:

> *Es seien S eine abgeschlossene und konvexe Menge eines euklidischen Raumes* [1] *und* $\Phi: S \longrightarrow \mathcal{P}(S)$ *eine (mengenwertige) Funktion. Falls*
>
> *(i)* Φ *von oben halbstetig ist, d.h.*
>
> $$x_n \longrightarrow x, \ y_n \longrightarrow y, \ y_n \in \Phi(x_n) \ \Rightarrow \ y \in \Phi(x),$$
>
> *(ii)* $\Phi(x)$ *konvex und nicht-leer ist für jedes* $x \in S$,
>
> *so existiert ein* $x_o \in S$ *mit* $x_o \in \Phi(x_o)$.

Um diesen Satz anwenden zu können, müssen zunächst die Voraussetzungen verifiziert werden:

<u>Behauptung 1:</u> Die Abbildung $R: P_1 \times P_2 \longrightarrow \mathcal{P}(P_1 \times P_2)$ ist von oben halbstetig.

Beweis 1: Es gelte $(p_1^{(n)}, q_1^{(n)}) \longrightarrow (p_1, q_1)$, $(p_2^{(n)}, q_2^{(n)}) \longrightarrow (p_2, q_2)$ und $(p_2^{(n)}, q_2^{(n)}) \in R(p_1^{(n)}, q_1^{(n)})$.

Es ist zu zeigen, daß dann $(p_2, q_2) \in R(p_1, q_1)$ gilt, d.h.

$$\varphi_1(p_2, q_1) = \max_{\tilde{p} \in P_1} \varphi_1(\tilde{p}, q_1)$$

und

$$\varphi_2(p_1, q_2) = \max_{\tilde{q} \in P_2} \varphi_2(p_1, \tilde{q}).$$

Die $\leq$-Beziehungen gelten dabei trivialerweise; es werde also angenommen, daß es ein $\delta > 0$ mit

$$\varphi_1(p_2, q_1) = \max_{\tilde{p} \in P_1} \varphi_1(\tilde{p}, q_1) - \delta$$

gibt. Es sei $p^* \in P_1(q_1)$, d.h. $\varphi_1(p^*, q_1) = \max_{\tilde{p} \in P_1} \varphi_1(\tilde{p}, q_1)$.

---

[1] Der Satz wurde von Glicksberg allgemeiner für konvexe, Hausdorffsche lineare topologische Räume bewiesen.

Wegen der Stetigkeit von φ gibt es dann eine Umgebung $U(p^*,q_1)$ mit

$$\varphi_1(\tilde{\tilde{p}},\tilde{\tilde{q}}) > \varphi_1(p_2,q_1) + \frac{\delta}{2} \quad \text{für alle } (\tilde{\tilde{p}},\tilde{\tilde{q}}) \in U(p^*,q_1),$$

so daß wegen $q_1^{(n)} \longrightarrow q_1$ folgt

$$\max_{\tilde{p} \in P_1} \varphi_1(\tilde{p},q_1^{(n)}) > \varphi_1(p_2,q_1) + \frac{\delta}{2} \quad \text{für alle } n \geq n_o.$$

Da andererseits wegen $p_2^{(n)} \longrightarrow p_2$, $q_1^{(n)} \longrightarrow q_1$ und der Stetigkeit von φ gilt

$$\varphi_1(p_2,q_1) = \lim_{n\to\infty} \varphi_1(p_2^{(n)},q_1^{(n)}),$$

erhält man

$$\varphi_1(p_2^{(n)},q_1^{(n)}) \leq \varphi_1(p_2,q_1) + \frac{\delta}{2} \quad \text{für alle } n \geq n_1,$$

d.h. für $n \geq \max(n_o,n_1)$ im Widerspruch zu $p_2^{(n)} \in P_1(q_1^{(n)})$ die Ungleichung

$$\varphi_1(p_2^{(n)},q_1^{(n)}) < \max_{\tilde{p} \in P_1} \varphi_1(\tilde{p},q_1^{(n)}).$$

Es gilt also

$$\varphi_1(p_2,q_1) = \max_{\tilde{p} \in P_1} \varphi_1(\tilde{p},q_1),$$

und analog beweist man

$$\varphi_2(p_1,q_2) = \max_{\tilde{q} \in P_2} \varphi_2(p_1,\tilde{q}). \qquad \Box$$

<u>Behauptung 2:</u> Für jedes $(p,q) \in P_1 \times P_2$ ist $R(p,q)$ konvex.

Beweis 2: Es seien $(p',q'),(p'',q'') \in R(p,q)$ und $\alpha \in (0;1)$. Einerseits gilt dann

$$\varphi_1(p',q) = \max_{\tilde{p} \in P_1} \varphi_1(\tilde{p},q) = \varphi_1(p'',q),$$

$$\varphi_2(p,q') = \max_{\tilde{q} \in P_2} \varphi_2(p,\tilde{q}) = \varphi_2(p,q'')$$

und somit, da die Funktionswerte von φ auf dem starken Pareto-Rand $P_s(A(\Gamma))$ liegen,

$$(*) \qquad \varphi(p',q) = \varphi(p'',q) \quad \varphi(p,q') = \varphi(p,q'').$$

Andererseits folgt

$$A_1(\alpha p' + (1-\alpha) p'', q) = \alpha A_1(p',q) + (1-\alpha) A_1(p'',q),$$

$$A_2(p, \alpha q' + (1-\alpha) q'') = \alpha A_2(p,q') + (1-\alpha) A_2(p,q'').$$

<u>a)</u> Da für (p',q) und (p'',q) nach $(*)$ gilt

$$\varphi_N((A_1(p',q), A_2(p',q)), A(\Gamma)) = \varphi_N((A_1(p'',q), A_2(p'',q)), A(\Gamma)),$$

muß wegen der Darstellung von φ_N aus (4.16) auch gelten

$$\varphi_N((\alpha A_1(p',q) + (1-\alpha) A_1(p'',q), \alpha A_2(p',q) + (1-\alpha) A_2(p'',q)), A(\Gamma))$$

$$= \varphi_N((A_1(p',q), A_2(p',q)), A(\Gamma)),$$

d.h. insbesondere

$$\varphi_{N,1}((\alpha A_1(p',q) + (1-\alpha) A_1(p'',q), \alpha A_2(p',q) + (1-\alpha) A_2(p'',q)), A(\Gamma))$$

$$= \max_{\tilde{p} \in P_1} \varphi_{N,1}((A_1(\tilde{p},q), A_2(\tilde{p},q)), A(\Gamma))$$

und somit

$$\alpha p' + (1-\alpha) p'' \in P_1(q);$$

analog zeigt man

$$\alpha q' + (1-\alpha) q'' \in P_2(p).$$

Für diesen Fall ist also die Konvexität nachgewiesen.

<u>b)</u> Da nach $(*)$ gilt

$$\varphi_M((A_1(p',q), A_2(p',q)), A(\Gamma)) = \varphi_M((A_1(p'',q), A_2(p'',q)), A(\Gamma)),$$

folgt wegen der Darstellung von φ_M in (4.27), daß
$(A_1(p',q), A_2(p',q))$ und $(A_1(p'',q), A_2(p'',q))$ auf derselben
Geraden durch $(a_1^*(A(\Gamma)), a_2^*(A(\Gamma)))$ liegen müssen. Dann liegt
aber auch $(\alpha A_1(p',q) + (1-\alpha) A_1(p'',q), \alpha A_2(p',q) + (1-\alpha) A_2(p'',q))$
auf dieser Geraden und liefert dieselbe monotone Verhandlungs-
lösung. Also gilt

$$\alpha p' + (1-\alpha) p'' \in P_1(q)$$

und analog folgt

$$\alpha q' + (1-\alpha) q'' \in P_2(p),$$

d.h. insgesamt auch die Konvexität auch in diesem Fall. $\square$

Damit kann man den oben angegebenen Fixpunktsatz anwenden: Es existiert - sowohl für $\tilde{\Gamma}_N$ als auch für $\tilde{\Gamma}_M$ - jeweils ein Punkt $(p_o, q_o) \in P_1 \times P_2$ mit

$$(p_o, q_o) \in R(p_o, q_o) ,$$

d.h. p_o ist Bayes-Strategie gegen q_o und q_o ist Bayes-Strategie gegen p_o; (p_o, q_o) ist somit ein Gleichgewichtspunkt. $\quad\square$

AUFGABEN

<u>1.</u> Gerade rechtzeitig vor dem Kampf um die Boxweltmeisterschaft im Schwergewicht (der bis zur Entscheidung ausgetragen wird) sind wieder zwei neue Dopingpräparate auf den Markt gekommen, die Konzentration und Kondition während des Kampfes unerhört steigern. Die beiden Boxer stehen vor der Frage, ob und wenn ja welches der Präparate sie verwenden sollen.
Nehmen beide das gleiche Mittel bzw. beide keines der Dopingmittel, so haben sie jeweils die gleiche Chance, den Kampf zu gewinnen. Nimmt einer der Boxer das (besonders stark wirkende) Mittel 2, so erhöht sich bei ihm die Wahrscheinlichkeit des Gewinns auf 0,9 bzw. 0,7, wenn sein Gegner keines der Präparate verwendet bzw. das (schwächere) Mittel 1 einnimmt. Wenn einer der Boxer mit dem Mittel 1, der andere aber nicht gedopt ist, so gewinnt der gedopte Boxer mit Wahrscheinlichkeit 0,7 den Kampf.
Beide Boxer haben die gleiche Nutzenskala, und zwar bewerten sie einen Gewinn mit +10, eine Niederlage mit -10 und schätzen außerdem die gesundheitsschädigende Wirkung des Dopings mit -1 bei Mittel 1 bzw. -2 bei Mittel 2 ein.

a) Beschreiben Sie diese Entscheidungssituation durch ein Bimatrixspiel Γ und überprüfen Sie, ob Γ ein Konkurrenzspiel ist.

b) Untersuchen Sie, ob in Γ Gleichgewichtspunkte existieren.

c) Wie sollten die beiden Boxer vorgehen?

<u>2.</u> Beweisen oder widerlegen Sie:

a) Ist Γ ein Konkurrenzspiel und Γ_m eine gemischte Erweiterung von Γ, so ist auch Γ_m ein Konkurrenzspiel.

b) Ist Γ_m eine gemischte Erweiterung von Γ und ist Γ_m ein Konkurrenzspiel, so ist auch Γ ein Konkurrenzspiel.

3. ("battle of sexes")   Ein Ehepaar möchte am Abend ausgehen und zwar besteht die Möglichkeit, entweder zu einer Ballettaufführung oder zu einem Boxkampf zu gehen. Gehen die beiden Ehepartner getrennt zu verschiedenen Veranstaltungen, so ist in jedem Fall der Ärger über den Eigensinn des anderen so groß, daß sie von der Veranstaltung nichts haben (Nutzen -1). Gehen Sie zum Boxkampf, so ist - nach dem üblichen Verhaltensmuster - der Mann erheblich zufriedener (Nutzen 2) als die Frau (Nutzen 1), beim Ballett ist es gerade andersherum.

a)   Stellen Sie diese Situation als Bimatrixspiel Γ dar.

b)   Ist Γ bzw. Γ_m ein Konkurrenzspiel ?

c)   Bestimmen Sie die Menge der Gleichgewichtspunkte in Γ bzw. in Γ_m.

d)   Geben Sie eine geometrische Veranschaulichung der Menge der Auszahlungsvektoren.

4. Das Bimatrixspiel Γ sei gegeben durch

$$
\mathcal{A} = \begin{pmatrix} 1 & -1 & 0 \\ 0 & 1 & -1 \\ -1 & 0 & 1 \end{pmatrix}, \quad \mathcal{L} = \begin{pmatrix} 0 & -1 & 1 \\ 1 & 0 & -1 \\ -1 & 1 & 0 \end{pmatrix}.
$$

a)   Bestimmen Sie einen Gleichgewichtspunkt (p^*, q^*) in Γ_m.

b)   Zeigen Sie, daß man bei Bimatrixspielen nicht immer durch fiktives Spielen (vgl. Kapitel III, §5c)) einen Gleichgewichtspunkt finden kann.
(Hinweis: Beginnen Sie in Γ_m mit $p^{(1)} = (1,0,0) = q^{(1)}$.)

5. Dr. Kassenbohrer und seine Frau, die eine gemeinsame Praxis unterhalten, haben zum Eintritt in den Millionärsstand von einem Freund eine Kiste (6 Flaschen à 0,7 l) allerbesten Weines geschenkt bekommen. Da die beiden in jeder Hinsicht exakt kalkulieren können, fangen sie sofort an, sich zu überlegen, wie der Wein aufgeteilt werden soll. Bei diesen Oberlegungen ist zu berücksichtigen, daß Herr Kassenbohrer trinkfester ist als seine Frau, was sich so auswirkt, daß der Genuß von einem Liter Wein seine "Zufriedenheit" stets um einen festen Betrag ansteigen läßt, der unabhängig ist von der bis dahin getrunkenen Menge Wein. Anders verhält es sich dagegen bei Frau Kassenbohrer: Sie kann ihre "Zufriedenheit" durch Alkoholgenuß umso weniger steigern, je mehr Alkohol sie schon getrunken hat; genauer gesagt läßt sich ihr Wohlbefinden nach dem Genuß von x Litern Wein messen durch die Funktion $u_2(x) := \sqrt{0{,}64 + x} - 0{,}8$. Es bleibt noch zu erwähnen, daß für den Fall, daß keine Einigung über eine Aufteilung zustande kommt, die Kiste erst einmal in den Keller geschafft wird und bei nächstbester Gelegenheit weiterverschenkt wird, so daß beide in diesem Fall nichts von dem Geschenk des Freundes haben.

a) Beschreiben Sie dieses Teilungsproblem mathematisch durch eine Verhandlungssituation (x,A).

b) Welches ist der Nash'sche Teilungsvorschlag für dieses Problem?

c) Welche Aufteilung liefert die monotone Verhandlungslösung?

<u>6.</u> Beweisen oder widerlegen Sie:

a) $\Phi((R.1),(P.1),(T.2),(U),(M.3)) = \Phi((R.1),(P.1),(T.2),(U),(M.4))$.

b) $\Phi((R.1),(T.1)a),(K.1)) = \Phi((R.1),(T.1)a),(K.2))$.

<u>7.</u> Zeigen Sie, daß im Beispiel (4.39) die "Drohungen" x_2 bzw. y_1 optimale Drohstrategien in $\tilde{\Gamma}_M$ sind.

<u>8.</u> Nachdem sein Verein bei einem Meisterschaftsspiel eine schwere Niederlage bezogen hat, überlegt ein Fußballtrainer, ob er seinen Vertrag kündigen soll oder nicht. Die gleiche Überlegung stellt auch sein Arbeitgeber, der Verein, an. Beiden Parteien wäre es natürlich am liebsten, wenn sie zu genau der gleichen Entscheidung kommen würden, wobei der Trainer naturgemäß im Augenblick lieber beim Verein bleiben würde (um später einen ehrenvolleren Abgang zu finden) und der Verein es vorziehen würde, wenn sich der Trainer zur Kündigung entschließen könnte. Entscheiden sich beide Seiten für die Fortsetzung des Arbeitsverhältnisses, zieht der Trainer daraus einen Nutzen von +4, während der Vereinsnutzen dann lediglich +1 beträgt. Wird der Vertrag jedoch in gegenseitigem Einvernehmen gelöst, erhält der Trainer nichts und der Verein einen Nutzen von +5, da er den ohnehin viel zu teuren Trainer auf diese elegante Weise losgeworden ist. Kommen Trainer und Verein bei ihren Überlegungen zu verschiedenen Ergebnissen, dann ist die Situation auf jeden Fall sehr viel unangenehmer als vorher. Kündigt der Verein gegen den Willen des Trainers dessen Vertrag, muß er eine Abfindung zahlen, die mit -3 bewertet wird. Der Trainer wird dann zwar finan-

ziell entschädigt, erleidet aber durch den "Rausschmiß" einen derartigen Verlust an beruflichem Ansehen, daß sich insgesamt ein Nutzen von -1 ergibt. Für den Fall, daß der Trainer sich zur Kündigung entschließt, der Verein ihn jedoch halten will, steht der Trainer plötzlich ohne Arbeit und Geld da (Nutzen -4), wohingegen der Verein dann einen neuen Trainer suchen muß, was mit einem Kostenaufwand verbunden ist, der mit -1 zu Buche schlägt.

a) Beschreiben Sie die geschilderte Situation als Bimatrixspiel und als kooperatives Spiel in Normalform. Durch welche Verhandlungssituation (x,A) mit dem Garantiepunkt $x = (W_*^{(1)}(X_1,X_2), W_*^{(2)}(X_1,X_2))$ als Konfliktpunkt läßt sich die gemischte Erweiterung beschreiben? Stellen Sie (x,A) graphisch dar.

b) Berechnen Sie für die Verhandlungssituation (x,A) den Lösungspunkt im Sinne von Nash bzw. im Sinne der monotonen Verhandlungslösung.

c) Welche optimalen Drohstrategien und welche Endauszahlungen ergeben sich für die zugehörigen Spiele $\tilde{\Gamma}_N$ bzw. $\tilde{\Gamma}_M$?

__9.__ Der Finanzminister und der für die Geheimdienste zuständige Informationsminister eines kleinen Landes haben davon Kenntnis erhalten, daß in ihrer Staatskasse plötzlich ein Spendendarlehn von 1.000.000 Einheiten der Landeswährung aufgetaucht ist. Da dieser delikate Vorgang möglichst geheimgehalten werden soll, entschließen sich die beiden, den Geldbetrag ohne viel Aufhebens einigermaßen "gerecht" unter ihren Ministerien aufzuteilen. Dabei ist klar, daß für den Fall, daß sie sich über eine Aufteilung nicht einigen können, der Vorgang nicht länger geheimgehalten werden kann und der Regierungschef die um beide Politiker entstandene Affäre dadurch bereinigen muß, daß er den schon wieder ins Gerede gekommenen Informationsminister entläßt ("Nutzen" für diesen: -20.000) und den Finanzminister auf den Posten des stellvertretenden Notenbankchefs weglobt ("Nutzen" bei diesem Ämtertausch: -5.000). Von einer Einigung über die Aufteilung des Geldes profitieren dagegen beide Minister: Dem Finanzminister, der als "Kronprinz" des Regierungschefs ohnehin über mehr Macht verfügt als die anderen Kabinettskollegen, bringt ein zusätzlicher Betrag von $a \leq 1.000.000$ jedoch nur ein Viertel des Nutzens $\sqrt{a}$ ein, den der Informationsminister aus dem gleichen Betrag zieht.

a) Beschreiben Sie die geschilderte Problematik als Verhandlungssituation (x,A). Welchen Aufteilungsvorschlag würden Sie unterbreiten?

b) Versuchen Sie, die Herren von der Qualität Ihres Vorschlags dadurch zu überzeugen, daß Sie eine möglichst geringe Zahl von möglichst schwachen Axiomen angeben, unter denen sich Ihr Vorschlag als einzige "Lösung" ergibt.

V. n-Personenspiele

Bei Zweipersonenspielen war in Kapitel IV zwischen kooperativen und nichtkooperativen Spielen unterschieden worden. Die
gleiche Unterscheidung kann man natürlich bei mehr als zwei
beteiligten Spielern machen, wobei es sich zeigt, daß der
kooperative Fall der wichtigere und interessantere ist. Das
liegt zum einen daran, daß fast alle in der Realität auf-
tretenden Situationen, die sich durch n-Personenspiele beschreiben lassen, kooperativen Charakter haben und zum anderen
daran, daß bei mehr als zwei Spielern sehr viel mehr Möglichkeiten zur Kooperation gegeben sind als im Zweipersonenfall:
Während dort nur die eine Koalitionsmöglichkeit, daß die
beiden Spieler kooperieren, vorhanden ist, sind z.B. in einem
5-Personenspiel, in dem alle Koalitionen zugelassen sind, bereits 52 unterschiedliche Koalitionsstrukturen möglich.

Der Fall, daß keinerlei Kooperation unter den Spielern erlaubt
ist, soll nur kurz betrachtet werden - solche Spiele, in
denen also jeder Spieler für sich allein spielt, ohne daß Absprachen, gemeinsames Randomisieren oder Seitenzahlungen zugelassen sind, heißen *nichtkooperativ*:

Das für diese Art von Spielen sinnvollste Lösungskonzept
scheint das der Gleichgewichtspunkte zu sein. Die in diesem
Zusammenhang wichtigsten Aussagen, nämlich die Sätze (2.4)
von Nikaido-Isoda, (2.5) von Nash und (2.1o) von Kuhn, wurden
bereits in Kapitel II bewiesen. Allerdings sind bei der Beurteilung des Konzepts der Gleichgewichtspunkte als Lösungskonzept für n-Personenspiele die in Kapitel II, § 4 und
Kapitel IV, § 1 vorgebrachten Einwände zu berücksichtigen;
insbesondere sind, wie in (2.13) und (2.14) erwähnt wurde,
Gleichgewichtspunkte i.a. nicht vertauschbar und, wie in
(2.15) angemerkt wurde, i.a. auch nicht äquivalent, d.h. verschiedene Gleichgewichtspunkte können zu verschiedenen Auszahlungen an die Spieler führen. Zudem ist eine Berechnung

von Gleichgewichtspunkten (besonders in gemischten Erweiterungen) für den allgemeineren Fall eines n-Personen-
spieles ungleich schwieriger als für Zweipersonenspiele.

Im folgenden wollen wir uns nur noch mit kooperativen
n-Personenspielen beschäftigen.

§ 1   Kooperative n-Personenspiele

In Kapitel I, §3, haben wir für n-Personenspiele die Dar-
stellungsmöglichkeit in extensiver Form und in Normalform
kennengelernt. Da die Darstellung in extensiver Form jedoch
schon bei nichtkooperativen Spielen sehr kompliziert ist und
bei kooperativen Spielen wegen der Möglichkeit der Koalitionsbildung i.a. noch eine Vielzahl von neuen Strategien hinzukommt, wählt man im letzen Fall zweckmäßigerweise die Beschreibung durch die Normalform bzw. durch eine sogenannte
charakteristische Funktion, auf die später noch eingegangen
wird.

Es war bereits in Kapitel I erwähnt worden, daß in einem
strategischen Spiel jeder Spieler versuchen wird, eine -
entsprechend seinen Nutzenvorstellungen - möglichst hohe
Auszahlung zu erhalten. Diese Auszahlung hängt jedoch neben
der Strategienwahl des betreffenden Spielers von den Strategien aller übrigen Spieler ab. Sind Koalitionen erlaubt, so
wird daher jeder Spieler versuchen, einer Koalition beizu-
treten, die ihm eine möglichst hohe Auszahlung sichert. Dabei
erhebt sich natürlich sofort die Frage, ob Koalitionen existieren, die ein gewisses Stabilitätsverhalten in dem Sinne aufweisen, daß die Mitglieder dieser Koalitionen keine rationalen
Gründe besitzen, sie zu verlassen. Existieren derartige
Koalitionen, dann kann man sie in gewisser Weise als eine
"Lösung" des Spiels auffassen. Im folgenden wollen wir uns vor
allem mit dieser Frage beschäftigen.

Ein wichtiges Problem in diesem Zusammenhang ist die Art der
Aufteilung derjenigen Auszahlung, die eine Koalition insgesamt
erhält. Dabei wird man sicherlich voraussetzen, daß die Auszahlungen an die einzelnen Mitglieder einer Koalition mindestens ebenso groß sind wie die Auszahlungen, welche diese
Spieler bereits ohne Koalitionsbildung erzielen könnten.
Mit dieser Einschränkung wollen wir annehmen, daß die Auszahlung einer Koalition beliebig auf die Koalitionsmitglieder
verteilt werden kann, d.h. daß beliebige Seitenzahlungen
(also Zahlungen der Spieler untereinander, die nicht in der
Auszahlungsfunktion festgelegt sind) erlaubt sind. Die bisherigen verbalen Vorüberlegungen wollen wir nun mathematisch
präzisieren:

(5.1)   Definition:

>*Bezeichnet $N = \{1,\ldots,n\}$ die Spielermenge eines
>n-Personenspiels Γ, so heißt*

$$\mathcal{P}_0 := \mathcal{P}(N) - \{\emptyset\} = \{K \subset N; \quad K \neq \emptyset\}$$

>*die <u>Menge der Koalitionen</u> von Γ. Jede Zerlegung*

$$\{K_1,\ldots,K_k\} \in Z := \{\{Z_1,\ldots,Z_\nu\}; \; Z_i \in \mathcal{P}_0, \quad 1 \leq i \leq \nu,$$

$$Z_i \cap Z_j = \emptyset, \; 1 \leq i,j \leq \nu, \; i \neq j, \; \sum_{i=1}^{\nu} Z_i = N\}$$

>*heißt eine <u>Koalitionsstruktur</u> von Γ.*

Ist $K \subset N$ eine beliebige Koalition, dann soll mit X_K die Menge
der reinen Strategien dieser Koalition bezeichnet werden. Zur
Vereinfachung der Schreibweise wird dabei anstelle von $X_{\{i\}}$
einfach X_i geschrieben, $1 \leq i \leq n$. Die möglichen Koalitionsstrategien sind dabei durch die Spielregeln festgelegt. Wir
wollen nur solche kooperativen Spiele betrachten, bei denen
jede Koalition zumindest über alle diejenigen Strategien verfügt, die aus einer unabhängigen Wahl von Einzelstrategien
der Koalitionspartner resultieren. Im folgenden setzen wir

also voraus, daß gilt

$$X_K \supset X_{K_1} \times X_{K_2} \quad \text{für} \quad K, K_1, K_2 \in \mathcal{P}_o, \quad K_1 \cap K_2 = \emptyset, \quad K = K_1 + K_2.$$

Um für kooperative n-Personenspiele eine Normalform definieren zu können, die derjenigen von (nichtkooperativen)
n-Personenspielen entspricht, muß noch eine Bewertung der
möglichen Ausgänge eines solchen Spiels vorgenommen werden.
Es seien also Auszahlungsfunktionen $a_1, \dots, a_n$ gegeben, welche
die Konsequenzen des Einsatzes von *Koalitionsstrategien*
(bei jeder möglichen Koalitionsstruktur) für die *einzelnen*
Spieler bewerten. Als Koalitionsstrategientupel kommen dabei
alle Elemente der Menge

$$X = \bigcup_{k \in N} \underbrace{}_{\{K_1, \dots, K_k\} \in Z} \overset{k}{\underset{i=1}{\times}} X_{K_i} \qquad 1)$$

in Betracht.

(5.2) <u>*Definition:*</u>

> *Ein <u>kooperatives n-Personenspiel in Normalform</u> ist*
> *ein Spiel*
>
> $$\Gamma = (\{X_K; \; K \in \mathcal{P}_o\}, \; (a_1, \dots, a_n)),$$
>
> *bei dem $\mathcal{P}_o = \mathcal{P}(\{1, \dots, n\}) - \{\emptyset\}$ die Menge der Koali-*
> *tionen ist, X_K die Menge der Koalitionsstrategien*
> *der einzelnen Koalitionen $K \in \mathcal{P}_o$ bezeichnet und*
> *$a_i : X \longrightarrow \mathbb{R}^1$, $1 \leq i \leq n$, die Auszahlung an den Spieler i*
> *beim Einsatz von Koalitionsstrategientupeln angibt.*
> *Ein kooperatives n-Personenspiel in Normalform heißt*
> *<u>endlich</u>, wenn alle Strategienmengen X_K, $K \in \mathcal{P}_o$, endlich*
> *sind.*

---

1)   Es sei vereinbart, daß für jede Koalitionsstruktur $\{K_1, \dots, K_k\} \in Z$
die Produktmenge $X_{K_1} \times \dots \times X_{K_k}$ in einer beliebig, aber fest gewählten
Reihenfolge gebildet wird.

Analog zu den gemischten Erweiterungen von nichtkooperativen
n-Personenspielen lassen sich auch hier gemischte Erweiterungen definieren:

<u>(5.3)</u> *Definition:*

    *$\Gamma = (\{X_K; \ K \in \mathcal{P}_0\}, \ (a_1, \ldots, a_n))$ sei ein kooperatives
n-Personenspiel in Normalform. Dann heißt das
kooperative n-Personenspiel $\Gamma_m = (\{P_K; \ K \in \mathcal{P}_0\}, (A_1, \ldots, A_n))$
in Normalform eine <u>gemischte Erweiterung</u> von Γ, wenn
P_K für alle $K \in \mathcal{P}_0$ eine konvexe Menge von Wahrscheinlichkeitsmaßen über $(X_K, \mathcal{Y}_K)$ ist, welche alle Einpunktmaße enthält und die folgenden Bedingungen erfüllt:*

   (i)   *$\mathcal{Y}_K \supset \mathcal{Y}_{K_1} \otimes \mathcal{Y}_{K_2}$ für $K, K_1, K_2 \in \mathcal{P}_0$, $K_1 \cap K_2 = \emptyset$, $K = K_1 + K_2$;*

   (ii)   *$p \in P_K$, $A \in \mathcal{Y}_K$, $p(A) > 0 \implies p(.\,|A) \in P_K$;*

   (iii)   *Für alle $\{K_1, \ldots, K_k\} \in \mathbb{Z}$ gilt*

$$A_i(p_{K_1}, \ldots, p_{K_k}) = \int \ldots \int a_i(x_{K_1}, \ldots, x_{K_k}) \, dp_{K_1}(x_{K_1}) \ldots dp_{K_k}(x_{K_k})$$

    unabhängig von der Integrationsreihenfolge.

Von den Mengen der Koalitionsstrategien wurde unter anderem
verlangt, daß für zwei disjunkte Koalitionen $K_1, K_2 \in \mathcal{P}_0$ stets
die Inklusion $X_{K_1} \times X_{K_2} \subset X_{K_1 + K_2}$ gilt. Besitzt die Koalition
$K_1 + K_2$ tatsächlich mehr reine Strategien als die in $X_{K_1} \times X_{K_2}$
enthaltenen, d.h. gilt $X_{K_1} \times X_{K_2} \neq X_{K_1 + K_2}$, so ist das Produkt
$p_{K_1} \otimes p_{K_2}$ zweier gemischter Strategien keine gemischte Strategie der Koalition $K_1 + K_2$, da $p_{K_1} \otimes p_{K_2}$ auf Teilmengen von
$X_{K_1 + K_2} - (X_{K_1} \times X_{K_2})$ gar nicht definiert ist. In einem solchen
Fall gilt also nicht $P_{K_1} \otimes P_{K_2} \subset P_{K_1 + K_2}$. Wegen (5.3)(i) kann man
jedoch den Produktmaßen $p_{K_1} \otimes p_{K_2}$ in naheliegender Weise eine

gemischte Strategie $(p_{K_1} \otimes p_{K_2})^*$ zuordnen durch

$$(p_{K_1} \otimes p_{K_2})^*(T) := (p_{K_1} \otimes p_{K_2})(T \cap (X_{K_1} \times X_{K_2})) \text{ für alle } T \in \mathcal{Y}_{K_1+K_2}^*,$$

so daß mit

$$P_{K_1} \times P_{K_2} := \{ (p_{K_1} \otimes p_{K_2})^*; \ p_{K_i} \in P_{K_i}, \ i=1,2 \}$$

gilt $P_{K_1} \times P_{K_2} \subset P_{K_1+K_2}$ für alle disjunkten $K_1, K_2 \in \mathcal{R}_0$.

Außerdem ist anzumerken, daß bei gemischten Erweiterungen von
kooperativen n-Personenspielen ebenso wie bei nichtkooperativen Spielen diejenigen σ-Algebren angegeben werden müssen,
die Definitionsbereiche für die gemischten Strategien der
verschiedenen Koalitionen sind. Falls die Strategienmengen
X_K, $K \in \mathcal{R}_0$, höchstens abzählbar sind, kann man ohne Einschränkung die σ-Algebren $\mathcal{Y}_K = \mathcal{P}(X_K)$ wählen.

In Analogie zur Begriffsbildung bei nichtkooperativen Spielen
definiert man:

<u>(5.4)</u> *<u>Definition:</u>*

Das kooperative n-Personenspiel $\Gamma = (\{X_K; K \in \mathcal{R}_0\}, (a_1,..,a_n))$
in Normalform heißt <u>n-Personen-Konstantsummenspiel,</u>
falls es ein $c \in \mathbb{R}^1$ gibt mit

$$\sum_{i=1}^{n} a_i(x) = c \qquad \text{für alle } x \in X.$$

Für $c = 0$ heißt Γ ein <u>n-Personen-Nullsummenspiel.</u>

Im Gegensatz zu nichtkooperativen n-Personenspielen, wo es
genau n Mengen X_i, $1 \le i \le n$, von reinen Strategien gibt, müssen
bei kooperativen n-Personenspielen wesentlich mehr reine
Strategienmengen, nämlich 2^n-1, angegeben werden. Die daraus
resultierende kompliziertere Darstellungsweise ist dabei auf
die Voraussetzung zurückzuführen, daß jeder Spieler jede

beliebige Koalition eingehen kann. Im folgenden werden wir
jedoch auch noch eine einfachere Darstellungsweise einführen,
die ebenfalls das kollektive Verhalten der Koalitionen zum
Ausdruck bringt. Diese von der Normalform abweichende Darstellung von kooperativen n-Personenspielen geht von dem Gedanken aus, daß die Stärke einer Koalition im wesentlichen
wiedergegeben wird durch die maximale Auszahlung, die sich
diese Koalition insgesamt garantieren kann und zwar unabhängig davon, was die nicht zur Koalition gehörenden Spieler
unternehmen, insbesondere in welcher Weise sie untereinander
kooperieren.

<u>(5.5)</u> *Definition:*

> $\Gamma = (\{X_K;\ K \in \mathcal{P}_0\},\ (a_1, \ldots, a_n))$ *sei ein kooperatives*
> *n-Personenspiel in Normalform mit beschränkten Aus-*
> *zahlungsfunktionen* a_i, $1 \leq i \leq n$. *Dann heißt die auf*
> $\mathcal{P}(\{1, \ldots, n\})$ *definierte reellwertige Funktion W mit*
>
> $$W_\Gamma(K) := \sup_{x \in X_K}\ \inf_{y \in X_{N-K}}\ \sum_{i \in K} a_i(x,y), \qquad \emptyset \subsetneqq K \subsetneqq N,$$
>
> $$W_\Gamma(N) := \sup_{x \in X_N}\ \sum_{i=1}^{n} a_i(x), \quad W_\Gamma(\emptyset) := 0$$
>
> *die* <u>*charakteristische Funktion*</u> *des n-Personenspiels* Γ.

$W_\Gamma(K)$ ist also für jedes $K \in \mathcal{P}_0$ der untere Spielwert in dem
Zweipersonennullsummenspiel $\Gamma_K := (X_K, X_{N-K}, \sum_{i \in K} a_i)$.

Bei der Definition von $W_\Gamma(K)$ wird davon ausgegangen, daß für
die Koalition K der - ungünstigste - Fall eintritt, daß
alle nicht zu K gehörenden Spieler eine einzige Koalition
bilden. (Diese Situation ist deshalb für die Koalition K am
ungünstigsten, weil vorausgesetzt ist, daß für eine aus Unterkoalitionen zusammengesetzte Koalition jede Kombination
von Strategien der Unterkoalitionen eine zulässige Koalitionsstrategie ist.)

314

Daraus resultiert auch der folgende Satz:

(5.6) *Satz:*

> *Es sei* $\Gamma = (\{X_K;\ K \in \mathcal{P}_o\},\ (a_1,\ldots,a_n))$ *ein kooperatives n-Personenspiel in Normalform mit beschränkten Auszahlungsfunktionen* a_i*,* $1 \leq i \leq n$*. Dann ist die charakteristische Funktion* W_Γ *oberadditiv, d.h. für paarweise disjunkte Koalitionen* $K_1,\ldots,K_k \subset N$ *gilt*
>
> $$W_\Gamma \left(\sum_{i=1}^{k} K_i \right) \geq \sum_{i=1}^{k} W_\Gamma (K_i).$$

Beweis: Es reicht aus, die Oberadditivität für k=2 zu beweisen. Dazu seien $\emptyset \neq K_1, K_2 \subset N$ zwei disjunkte Koalitionen und $\varepsilon > 0$ beliebig vorgegeben. (Für $K_1 = \emptyset$ oder $K_2 = \emptyset$ ist wegen $W_\Gamma(\emptyset) = 0$ nichts zu zeigen.)

Wegen der Beschränktheit der Auszahlungsfunktionen ist

$$|W_\Gamma(K)| = \left| \sup_{x \in X_K} \ \inf_{y \in X_{N-K}} \ \sum_{i \in K} a_i(x,y) \right| < \infty \quad \text{für alle } K \subset N,$$

so daß es $\frac{\varepsilon}{2}$ - Minimax-Strategien $\tilde{x}_{K_j}$ in X_{K_j} (j=1,2) gibt mit

$$\inf_{y \in X_{N-K_j}} \ \sum_{i \in K_j} a_i(\tilde{x}_{K_j},y) \geq \sup_{x \in X_{K_j}} \ \inf_{y \in X_{N-K_j}} \ \sum_{i \in K_j} a_i(x,y) - \frac{\varepsilon}{2}$$

$$= W_\Gamma(K_j) - \frac{\varepsilon}{2}.$$

Für $K := K_1 + K_2$ und $\tilde{x} := (\tilde{x}_{K_1}, \tilde{x}_{K_2}) \in X_K$ erhält man dann:

$$W_\Gamma(K) \geq \inf_{y \in X_{N-K}} \ \sum_{i \in K} a_i(\tilde{x},y)$$

$$\geq \inf_{y \in X_{N-K}} \ \sum_{i \in K_1} a_i(\tilde{x},y) + \inf_{y \in X_{N-K}} \ \sum_{i \in K_2} a_i(\tilde{x},y)$$

$$\geq \inf_{y \in X_{N-K_1}} \ \sum_{i \in K_1} a_i(\tilde{x}_{K_1},y) + \inf_{y \in X_{N-K_2}} \ \sum_{i \in K_2} a_i(\tilde{x}_{K_2},y)$$

$$\geq W_\Gamma(K_1) - \frac{\varepsilon}{2} + W_\Gamma(K_2) - \frac{\varepsilon}{2}.$$

Da $\varepsilon > 0$ beliebig vorgegeben war, folgt hieraus
$$W_\Gamma(K) \geq W_\Gamma(K_1) + W_\Gamma(K_2).$$ □

Für gemischte Erweiterungen von endlichen n-Personen-Konstantsummenspielen gilt sogar eine spezielle Addivität der charakteristischen Funktion:

(5.7) *Satz:*

> *Für jedes endliche kooperative n-Personen-Konstantsummenspiel mit*
> $$\sum_{i=1}^{n} a_i(x) = c \qquad \text{für alle} \qquad x \in X$$
> *gilt*
> $$W_{\Gamma_m}(K) + W_{\Gamma_m}(N-K) = c \qquad \text{für alle} \qquad K \subset N.$$

Beweis: Wegen $\sum_{i=1}^{n} a_i(x) = c$ für alle $x \in X$ folgt für $\emptyset \neq K \subset N$:

$$W_{\Gamma_m}(K) + W_{\Gamma_m}(N-K) = \max_{p \in P_K} \min_{q \in P_{N-K}} \sum_{i \in K} A_i(p,q) + \max_{q \in P_{N-K}} \min_{p \in P_K} \sum_{i \in N-K} A_i(p,q)$$

$$= \max_{p \in P_K} \min_{q \in P_{N-K}} \sum_{i \in K} A_i(p,q) + \max_{q \in P_{N-K}} \min_{p \in P_K} \left(c - \sum_{i \in K} A_i(p,q)\right)$$

$$= c + \max_{p \in P_K} \min_{q \in P_{N-K}} \sum_{i \in K} A_i(p,q) - \min_{q \in P_{N-K}} \max_{p \in P_K} \sum_{i \in K} A_i(p,q)$$

$$= c,$$

da nach dem Satz (3.25) von J. von Neumann die Zweipersonen-Nullsummenspiele $(P_K, P_{N-K}, \sum_{i \in K} A_i)$, $\emptyset \neq K \subset N$, definit sind.

Für $K = \emptyset$ gilt $W_{\Gamma_m}(K) = 0$, $W_{\Gamma_m}(N-K) = \max_{p \in P_N} \sum_{i=1}^{n} A_i(p) = c$ und

somit ebenfalls die Behauptung des Satzes.   □

_(5.8)_ **Beispiel:** _(Dreier-Knobeln, vgl. [14], S.130-131)_

Es nehmen 3 Spieler an dem folgenden Spiel Γ teil:
Jeder Spieler wählt eine der Zahlen 1 oder 2. Es sind also
$X_i = \{1,2\}$, $i\in\{1,2,3\}$, die Strategienmengen der einzelnen
Spieler und

$$X_K = \bigtimes_{i\in K} X_i, \quad K \subset \{1,2,3\}, \quad K \neq \emptyset$$

die Strategienmengen der Koalitionen. Die Auszahlungen seien
gegeben durch

$$a_i(j,j,j) = 0 \quad \text{für } i = 1,2,3; \; j = 1,2.$$

$$a_1(k,k,j) = a_1(k,j,k) = 1, \; a_1(k,j,j) = -2 \text{ für}$$

$$k \neq j, \; k,j\in\{1,2\}$$

sowie analog definierte a_2 und a_3. Bei diesem Spiel mit der
Auszahlungsfunktion $a = (a_1,a_2,a_3)$ erhält also jeder Spieler
die Auszahlung 0, wenn alle dieselbe Zahl wählen. Bilden jedoch zwei Spieler eine Koalition und wählen dieselbe Zahl,
dann hat der nicht zu dieser Koalition gehörende Spieler
den anderen beiden je eine (Nutzen-)Einheit zu zahlen, falls
es ihm nicht gelingt, ebenfalls diese Zahl zu wählen.

Zur Bestimmung der charakteristischen Funktion für dieses
Spiel betrachten wir z.B. die Koalition $K = \{1,2\}$. Ihr Gesamtgewinn $a_1 + a_2$ läßt sich am besten in Form einer Tabelle darstellen:

X_K \ X_3	1	2
(1,1)	0	2
(1,2)	-1	-1
(2,1)	-1	-1
(2,2)	2	0

Der Funktionswert $W_\Gamma(K)$ der charakterischen Funktion W_Γ für
die Koalition K ist der Wert des Zweipersonen-Nullsummenspiels
mit der obigen Auszahlungsmatrix. Um diesen Wert zu bestimmen,
reduziert man die obige 4×2 - Auszahlungsmatrix auf die Matrix

$$\begin{pmatrix} 0 & 2 \\ 2 & 0 \end{pmatrix},$$

woraus man sofort ersieht, daß $W_{\Gamma_m}(K) = W_{\Gamma_m}(\{1,2\}) = 1$ sowie

$P_K^* = \{p^*\}$ mit $p^*\{(1,1)\} = p^*\{(2,2)\} = \frac{1}{2}$ gilt (dabei werde wie

in (3.14) mit P_K^* die Menge der Minimax-Strategien bezeichnet,
welche die Koalition K in P_K zur Verfügung hat).
Da das Spiel bzgl. der möglichen Koalitionen symmetrisch ist,
gilt entsprechend

$W_{\Gamma_m}(\{i,k\}) = 1$ für $i \neq k$, $i,k \in \{1,2,3\}$; $W_{\Gamma_m}(\{i\}) = -1$ für $i \in \{1,2,3\}$;

$W_{\Gamma_m}(\{1,2,3\}) = 0.$ $\qquad\qquad\qquad\qquad\qquad\qquad\qquad\square$

In der Definition (5.5) haben wir jedem kooperativen n-Personenspiel in Normalform mit beschränkten Auszahlungsfunktionen a_i,
$1 \leq i \leq n$, eine charakteristische Funktion W_Γ zugeordnet und dann
in Satz (5.6) gesehen, daß W_Γ stets oberadditiv ist. Man kann
nun umgekehrt fragen, ob jede oberadditive Mengenfunktion
$W: \mathcal{P}(\{1,\dots,n\}) \longrightarrow \mathbb{R}^1$ mit $W(\emptyset)=0$ die charakteristische
Funktion eines kooperativen n-Personenspiels in Normalform ist.
Diese Frage wird durch den folgenden Satz positiv beantwortet.

_(5.9)_ _Satz:_

> _Es sei $W: \mathcal{P}(N) \longrightarrow \mathbb{R}^1$ eine Funktion mit den Eigen
> schaften_
> $$W(\emptyset) = 0$$
> _und_
> $$W(K_1 + K_2) \geq W(K_1) + W(K_2) \text{ für alle } K_1, K_2 \subset N \text{ mit } K_1 \cap K_2 = \emptyset.$$
> _Dann gibt es ein endliches kooperatives n-Personen
> spiel Γ in Normalform, dessen charakteristische Funktion
> W_Γ mit W übereinstimmt._

Beweis: Der Beweis wird durch Konstruktion eines entsprechenden Spiels Γ geführt: Für $i \in \{1,\dots,n\}$ sei die Strategienmenge

X_i von Spieler i definiert durch

$$X_i := \{K^{(i)};\ K^{(i)} \subset N,\ i \in K^{(i)}\}\ .$$

Den Einsatz einer reinen Strategie $K^{(i)} \in X_i$ kann man dann so interpretieren, daß sich Spieler i die Koalition $K^{(i)}$ aussucht, der er angehören möchte.

Weiter sei für $K \subset N$, $K \neq \emptyset$,

$$X_K := \underset{i \in K}{\times}\ X_i$$

sowie für $K^{(j)} \in X_j$, $1 \leq j \leq n$,

$$a_i(K^{(1)},\ldots,K^{(n)}) := \begin{cases} \dfrac{1}{|K^{(i)}|}\, W(K^{(i)}) & \text{falls } \forall j \leq n:\ (j \in K^{(i)} \Rightarrow \\ & \qquad\qquad K^{(j)} = K^{(i)}) \\[2ex] W(\{i\}) & \text{sonst .} \end{cases}$$

Spieler i erhält also als Auszahlung den Betrag $\dfrac{1}{|K^{(i)}|} W(K^{(i)})$, falls die von ihm gewählte Koalition $K^{(i)}$ zustande kommt, d.h. wenn alle Spieler aus $K^{(i)}$ gerade diese Koalition ebenfalls gewählt haben, ansonsten erhält er $W(\{i\})$. [1]

Es wird nun die charakteristische Funktion W_Γ des Spiels $\Gamma = (\{X_K;\ K \in \mathcal{P}_o\},(a_1,\ldots,a_n))$ bestimmt: Nach der Definition von W_Γ gilt $W_\Gamma(\emptyset) = 0 = W(\emptyset)$. Für eine Koalition $K \in \mathcal{P}_o$, $K \neq N$, bezeichne Γ_K das Zweipersonen-Nullsummenspiel

$$\Gamma_K = (X_K,\ X_{N-K},\ \sum_{i \in K} a_i)\ .$$

Weiterhin seien $x^* \in X_K$ sowie $y^* \in X_{N-K}$ die durch

$$x^* := \underbrace{(K,\ldots,K)}_{|K|\text{-mal}} \quad\text{und}\quad y^* := \underbrace{(N-K,\ldots,N-K)}_{(n-|K|)\text{-mal}}$$

definierten Koalitionsstrategien. Es wird nun gezeigt, daß

---

[1] Ist z.B. $N = \{1,2,3\}$, $K^{(1)} = \{1,2\}$, $K^{(2)} = K^{(3)} = \{2,3\}$, dann erhält Spieler 1 die Auszahlung $W(\{1\})$, während Spieler 2 und 3 jeweils die Auszahlung $\frac{1}{2} W(\{2,3\})$ erhalten.

(x^*, y^*) ein Sattelpunkt in Γ_K ist:

Ist $y \in X_{N-K}$ eine beliebig aber fest gewählte reine Strategie, dann gilt

$$\sum_{i \in K} a_i(x^*, y) = \frac{1}{|K|} \sum_{i \in K} W(K) = W(K),$$

da bei (x^*, y) die Koalition K sowie weitere Koalitionen

$K_1, \ldots, K_r$ mit $K_i \cap K_j = \emptyset$ für $i \neq j$ und $\bigcup_{i=1}^{r} K_i = N-K$ zustande kommen. Insbesondere gilt

$$\sum_{i \in K} a_i(x^*, y) = \sum_{i \in K} a_i(x^*, y^*) \quad \text{für alle } y \in X_{N-K}.$$

Sei umgekehrt $x \in X_K$ beliebig. Dann kommen bei (x, y^*) die Koalitionen $N-K$ sowie $L_1, \ldots, L_s$ mit $L_i \cap L_j = \emptyset$ für $i \neq j$ und $\bigcup_{i=1}^{s} L_i = K$ zustande und wegen der Oberadditivität von W folgt aus der Definition des Auszahlungsvektors $(a_1, \ldots, a_n)$

$$\sum_{i \in K} a_i(x, y^*) = \sum_{j=1}^{s} \sum_{i \in L_j} a_i(x, y^*) = \sum_{j=1}^{s} \sum_{i \in L_j} \frac{1}{|L_j|} W(L_j)$$

$$= \sum_{j=1}^{s} W(L_j) \leq W(K).$$

Also gilt für alle $x \in X_K$, $y \in X_{N-K}$

$$\sum_{i \in K} a_i(x, y^*) \leq W(K) = \sum_{i \in K} a_i(x^*, y^*) = \sum_{i \in K} a_i(x^*, y),$$

so daß (x^*, y^*) ein Sattelpunkt von Γ_K ist. Aus dem Sattelpunktkriterium (3.20) erhält man daher

$$W_\Gamma(K) = \sum_{i \in K} a_i(x^*, y^*) = W(K) \quad \text{für } \emptyset \neq K \subset N, \; K \neq N.$$

Es bleibt noch $K = N$ zu untersuchen. Für diese Koalition gilt

$$W_\Gamma(N) = \max_{x \in X_N} \sum_{i \in N} a_i(x) = \sum_{i=1}^{n} a_i(N, \ldots, N) = W(N),$$

320

wobei das mittlere Gleichheitszeichen aus der Oberadditivität
von W folgt. Damit gilt $W = W_\Gamma$ und somit die Behauptung des
Satzes. $\quad\square$

In analoger Weise kann man eine Verschärfung von Satz (5.9)
für n-Personen-Konstantsummenspiele beweisen:

(5.10) *Satz:*

> $W: \mathcal{P}(N) \longrightarrow \mathbb{R}^1$ *sei eine Funktion, die neben den in*
> *(5.9) genannten Eigenschaften*
>
> $$W(\emptyset) = 0 \quad und \quad W(K_1 + K_2) \geq W(K_1) + W(K_2)$$
> $$für \ alle \ disjunkten \ Koalitionen \ K_1, K_2 \subset N$$
>
> *auch noch für ein* $c \in \mathbb{R}^1$
>
> $$W(K) = c - W(N-K) \quad für \ alle \ K \subset N$$
>
> *erfüllt. Dann existiert ein endliches, kooperatives*
> *n-Personen-Konstantsummenspiel* Γ*, bei dem die Summe*
> *aller Auszahlungen an die einzelnen Spieler gleich* c
> *ist und dessen charakteristische Funktion* W_Γ *mit W*
> *übereinstimmt.*

Beweis: Der Beweis wird wie bei (5.9) konstruktiv geführt.
Wie dort seien

$$X_i := \{K^{(i)}; \ K^{(i)} \subset N, \ i \in K^{(i)}\} \quad \text{für } 1 \leq i \leq n \text{ und}$$

$$X_K := \underset{i \in K}{\bigtimes} X_i \quad \text{für alle } K \subset N, \ K \neq \emptyset.$$

Mit Hilfe der Auszahlungsfunktion $(a_1, \ldots, a_n)$ aus dem Beweis
von Satz (5.9) wird eine neue Auszahlungsfunktion $(\tilde{a}_1, \ldots, \tilde{a}_n)$
definiert durch

$$\tilde{a}_i(K^{(1)}, \ldots, K^{(n)}) := \frac{c}{n} + a_i(K^{(1)}, \ldots, K^{(n)}) - \frac{1}{n}\sum_{j=1}^{n} a_j(K^{(1)}, \ldots, K^{(n)})$$

für $1 \leq i \leq n$ und $K^{(j)} \in X_j$, $1 \leq j \leq n$.
Aus der Definition von $(\tilde{a}_1, \ldots, \tilde{a}_n)$ erhält man unmittelbar für

beliebiges $x \in X_N$ die Konstantsummeneigenschaft

$$\sum_{i=1}^{n} \tilde{a}_i(x) = c.$$

Gleichzeitig folgt daraus

$$W_\Gamma(N) = c = W(N) \ .$$

Ebenso wie im Beweis des vorigen Satzes wird nun wieder gezeigt, daß die Koalitionsstrategien

$$x^* := (K, \ldots, K) \in X_K \quad \text{und} \quad y^* := (N-K, \ldots, N-K) \in X_{N-K}, \quad K \subset N, \ K \neq N,$$

einen Sattelpunkt (x^*, y^*) in dem Zweipersonen-Nullsummenspiel

$$\Gamma_K = (X_K \, , \, X_{N-K} \, , \, \sum_{i \in K} \tilde{a}_i) \quad \text{bilden:}$$

Ist nämlich $y \in X_{N-K}$ beliebig, dann werden bei (x^*, y) die Koalitionen K und $K_1, \ldots, K_r$ mit $K_i \cap K_j = \emptyset$ für $i \neq j$ und $\bigcup_{i=1}^{r} K_i = N-K$ verwirklicht. Also gilt:

$$\sum_{i \in K} \tilde{a}_i(x^*, y) = \sum_{i \in K} \left(\frac{c}{n} + a_i(x^*, y) - \frac{1}{n} \sum_{j=1}^{n} a_j(x^*, y) \right)$$

$$= |K| \cdot \frac{c}{n} + W(K) - \frac{1}{n} \sum_{i \in K} \left(\sum_{j \in K} a_j(x^*, y) + \sum_{j=1}^{r} \sum_{k \in K_j} a_k(x^*, y) \right)$$

$$= |K| \cdot \frac{c}{n} + W(K) - \frac{|K|}{n} \left(W(K) + \sum_{j=1}^{r} W(K_j) \right)$$

$$\geq |K| \cdot \frac{c}{n} + W(K) - \frac{|K|}{n} \left(W(K) + W(N-K) \right)$$

$$= W(K) \ .$$

Ist andererseits $x \in X_K$ beliebig, dann werden bei (x, y^*) die Koalitionen $L_1, \ldots, L_s$ mit $L_i \cap L_j = \emptyset$ für $i \neq j$ und $\bigcup_{i=1}^{s} L_i = K$ realisiert. Es folgt:

$$\sum_{i\in K} \tilde{a}_i(x,y^*) = \sum_{i\in K} \left(\frac{c}{n} + a_i(x,y^*) - \frac{1}{n}\sum_{j=1}^{n} a_j(x,y^*) \right)$$

$$= |K|\cdot\frac{c}{n} + \sum_{j=1}^{s} W(L_j) - \frac{1}{n}\sum_{i\in K}\left(\sum_{j=1}^{s} W(L_j) + W(N-K) \right)$$

$$= |K|\cdot\frac{c}{n} + \sum_{j=1}^{s} W(L_j) - \frac{|K|}{n}\left(\sum_{j=1}^{s} W(L_j) + W(N-K) \right)$$

$$= |K|\cdot\frac{c}{n} + \frac{|K|}{n}(W(K)-c) + \left(1 - \frac{|K|}{n}\right)\sum_{j=1}^{s} W(L_j)$$

$$\leq W(K) \ .$$

Insgesamt gilt also

$$\sum_{i\in K}\tilde{a}_i(x,y^*) \leq W(K) \leq \sum_{i\in K}\tilde{a}_i(x^*,y) \quad \text{für alle } x\in X_K,\ y\in X_{N-K},$$

d.h. (x^*,y^*) ist ein Sattelpunkt in Γ_K mit

$$\sum_{i\in K}\tilde{a}_i(x^*,y^*) = |K|\cdot\frac{c}{n} + W(K) - \frac{|K|}{n}(W(K)-W(N-K)) = W(K).$$

Damit gilt nach dem Sattelpunktkriterium (3.20)

$$W_\Gamma(K) = \sum_{i\in K}\tilde{a}_i(x^*,y^*) = W(K) \quad \text{für alle } K\subset N,\ K\neq N. \qquad \Box$$

Mit Hilfe der zuletzt bewiesenen Sätze läßt sich der Zusammenhang zwischen kooperativen n-Personenspielen und oberadditiven
Mengenfunktionen $W: \mathcal{P}(\{1,\ldots,n\}) \longrightarrow \mathbb{R}^1$ mit $W(\emptyset) = 0$ erläutern: Satz (5.6) besagt, daß zu jedem kooperativen n-Perso-
nenspiel Γ mit beschränkten Auszahlungsfunktionen eine charakteristische Funktion W_Γ gehört, die als Mengenfunktion oberadditiv ist und $W_\Gamma(\emptyset) = 0$ erfüllt. Umgekehrt gibt es aber auch,
wie Satz (5.9) aussagt, zu jeder solchen Mengenfunktion
$W: \mathcal{P}(\{1,\ldots,n\}) \longrightarrow \mathbb{R}^1$ ein endliches, kooperatives n-Personenspiel Γ mit $W_\Gamma = W$. Es sei jedoch angemerkt, daß die - durch
die Bezeichnung *"charakteristische Funktion"* nahegelegte -
Vermutung, jedes kooperative n-Personenspiel Γ in Normalform

mit beschränkten Auszahlungsfunktionen sei durch die zugehörige charakteristische Funktion W_Γ vollständig beschrieben, *nicht* zutrifft: Einerseits ist natürlich klar,daß man aus den Garantiewerten $W_\Gamma(K)$, die W_Γ definieren, nicht auf die *Strategien* zurückschließen kann, die zu diesen Werten $W_\Gamma(K)$ führen. Andererseits gibt es jedoch zu einer oberadditiven Mengenfunktion

$$W: \mathcal{P}(\{1,\ldots,n\}) \longrightarrow \mathbb{R}^1 \text{ mit } W(\emptyset) = 0$$

im allgemeinen n-Personenspiele mit völlig verschiedenen *Auszahlungsfunktionen*, deren charakteristische Funktion gleich W ist.

(5.11) *Beispiel:*

Für die äußerst simplen, durch

$$\mathcal{A} = (\ 0 \quad 10\ ), \quad \mathcal{B} = (\ -c \quad 0\ ), \quad c > 0,$$

gegebenen Bimatrixspiele - bei denen also der erste Spieler nur eine, der zweite Spieler nur zwei (reine) Strategien besitzt - gilt für die zugehörigen charakteristischen Funktionen W_c

$$W_c(\emptyset) = W_c(\{1\}) = W_c(\{2\}) = 0, \quad W_c(\{1,2\}) = 10,$$

d.h. alle diese Spiele besitzen dieselbe charakteristische Funktion. □

Dieses Beispiel zeigt überdies, daß durch den Übergang zu charakteristischen Funktionen etliches von der speziellen Struktur eines Spieles verlorengehen kann: Für c=500 wird z.B. der Spieler 1 - der selbst keinerlei strategische Möglichkeiten hat - trotz $W_{500}(\{1\}) = 0$ ziemlich fest damit rechnen können, daß Spieler 2 seine zweite Strategie wählt, die zu einer Auszahlung von 10 an den Spieler 1 führt. Für c=0,1 dagegen wird der Spieler 1 erwarten müssen, daß der Spieler 2 ihn zu Verhandlungen über eine Aufteilung des Gewinns $W_{0,1}(\{1,2\}) = 10$ drängt (vgl. Kapitel IV, § 2).

Trotz der völlig verschiedenartigen strategischen Möglichkeiten der beiden Spieler in Beispiel (5.11) macht die zugehörige charakteristische Funktion keinerlei Unterschiede zwischen den Spielern; sie stimmt beispielsweise überein mit der charakteristischen Funktion des durch

$$\hat{\mathcal{A}} = \begin{bmatrix} 1 & 0 \\ 0 & 1 \end{bmatrix} , \quad \hat{\mathcal{B}} = \begin{bmatrix} 1 & 0 \\ 0 & 1 \end{bmatrix}$$

gegebenen Bimatrixspiels, das tatsächlich symmetrisch bzgl. beider Spieler ist.

Schließlich zeigt das Beispiel (5.11) auch noch [1], daß sich bei einer Reduktion von Spielen im allgemeinen die zugehörigen charakteristischen Funktionen ändern: Eliminiert nämlich der Spieler 2 die in $\mathcal{B} = (-c \quad 0)$ schlechte erste Strategie, so ergibt sich für die charakteristische Funktion $\widetilde{W}$ des reduzierten Spiels

$$\widetilde{W}(\emptyset) = \widetilde{W}(\{2\}) = 0, \quad \widetilde{W}(\{1\}) = \widetilde{W}(\{1,2\}) = 10,$$

d.h. $\widetilde{W}(\{1\}) \neq W_c(\{1\})$.

Wenn man jedoch die Vorstellung akzeptiert, daß die "Stärke" einer Koalition K in einem kooperativen n-Personenspiel durch den entsprechenden Wert der charakteristischen Funktion, d.h. durch den unteren Spielwert in dem Zweipersonen-Nullsummenspiel

$$\Gamma_K = (X_K , X_{N-K} , \sum_{i \in K} a_i)$$ gemessen wird, und wenn man bei

Lösungskonzepten nur diese "Stärke" berücksichtigen will, so kann man sich bei der Untersuchung von endlichen, kooperativen n-Personenspielen beschränken auf die Gesamtheit der oberadditiven Mengenfunktionen $W : \wp(\{1,\dots,n\}) \longrightarrow \mathbb{R}^1$, die zusätzlich $W(\emptyset) = 0$ erfüllen.

Satz (5.10) gibt nun eine Rechtfertigung dafür, auch dann ein Spiel Γ als Konstant- bzw. Nullsummenspiel zu bezeichnen, wenn

---

[1] Für eine weitere kritische Diskussion des Übergangs zu charakteristischen Funktionen vgl. Luce/Raiffa [39].

von Γ nur die charakteristische Funktion W_Γ bekannt ist und
diese die Eigenschaft

$$W_\Gamma(K) = c - W_\Gamma(N-K) \quad \text{für ein } c \in \mathbb{R}^1 \text{ und alle } K \subset N \text{ bzw.}$$

$$W_\Gamma(K) = - W_\Gamma(N-K) \quad \text{für alle } K \subset N$$

besitzt.

(5.12) *Definition:*

> $W: \mathcal{P}(\{1,\ldots,n\}) \longrightarrow \mathbb{R}^1$ *sei eine oberadditive Mengen-*
> *funktion mit $W(\emptyset) = 0$. Dann heißt W ein kooperatives*
> *n-Personenspiel in (Charakteristischer-) Funktions-*
> *form. Gilt zusätzlich sogar*
>
> $$W(K) = c - W(N-K) \quad \text{für ein } c \in \mathbb{R}^1 \text{ und alle } K \subset N,$$
>
> *so heißt W ein n-Personen-Konstantsummenspiel und für*
> *$c = 0$ ein n-Personen-Nullsummenspiel in Funktionsform.*

Die Begriffe Konstantsummenspiel und Nullsummenspiel sind also
sowohl für kooperative Spiele in Normalform als auch für kooperative Spiele in Funktionsform definiert. Da stets klar ist,
ob ein Spiel in der mit mehr Information verbundenen Darstellungsweise der Normalform oder nur in Funktionsform vorliegt,
sind keine Verwechslungen zu befürchten. Es sei jedoch darauf
hingewiesen, daß der Zusammenhang zwischen n-Personen-Konstantsummenspielen in Normalform und solchen in Funktionsform nur
recht lose ist:

(5.13) *Beispiele:*

a) Für das durch die Auszahlungsmatrix

$$\mathcal{O}\!l_1 = \begin{pmatrix} 0 & -1 \\ 1 & 0 \end{pmatrix}$$

gegebene Zweipersonen-Nullsummenspiel Γ_1 gilt: Γ_1 ist
sowohl in der Normalform als auch in der Funktionsform
ein Nullsummenspiel:

$$W_1(\emptyset) = W_1(\{1\}) = W_1(\{2\}) = W_1(\{1,2\}) = 0.$$

b) Für das durch die Auszahlungsmatrix

$$\alpha_2 = \begin{pmatrix} 0 & 1 \\ 1 & 0 \end{pmatrix}$$

gegebene Zweipersonen-Nullsummenspiel Γ_2 gilt

$$W_2(\emptyset) = W_2(\{1\}) = W_2(\{1,2\}) = 0, \quad W_2(\{2\}) = -1;$$

das zugehörige Spiel in Funktionsform ist also *kein* Null-summenspiel.

c) Für das durch die Auszahlungsmatrizen

$$\alpha_3 = \begin{pmatrix} 0 & -1 \\ 1 & 0 \end{pmatrix}, \quad \mathscr{L}_3 = \begin{pmatrix} -\frac{1}{4} & \frac{1}{2} \\ -3 & 0 \end{pmatrix}$$

gegebene Bimatrixspiel Γ_3 gilt

$$W_3(\emptyset) = W_3(\{1\}) = W_3(\{2\}) = W_3(\{1,2\}) = 0;$$

W_3 ist also ein Zweipersonen-Nullsummenspiel in Funktions-form, obwohl Γ_3 *kein* Zweipersonen-Nullsummenspiel in Nor-malform ist. □

Die Gesamtheit der Spiele in Funktionsform kann man in zwei disjunkte Klassen unterteilen:

<u>(5.14)</u> *Definition:*

> $W: \mathcal{P}(\{1,\ldots,n\}) \longrightarrow \mathbb{R}^1$ *sei ein kooperatives n-Perso-nenspiel in Funktionsform.*
>
> *(i)   W heißt <u>wesentlich</u>, falls* $\displaystyle\sum_{i=1}^{n} W(\{i\}) < W(N)$.
>
> *(ii)   W heißt <u>unwesentlich</u>, falls* $\displaystyle\sum_{i=1}^{n} W(\{i\}) = W(N)$.

Da charakteristische Funktionen oberadditiv sind, ist jedes Spiel in Funktionsform entweder wesentlich oder unwesentlich. Dabei beruht die Bezeichnung "unwesentlich" auf folgender Aussage:

(5.15) *Satz:*

*Ein kooperatives n-Personenspiel $W: \mathcal{P}(\{1,\ldots,n\}) \longrightarrow \mathbb{R}^1$
in Funktionsform ist genau dann unwesentlich, wenn W
additiv ist, d.h. wenn für alle $K_1, K_2 \subset N$ mit $K_1 \cap K_2 = \emptyset$
gilt*

$$W(K_1 + K_2) = W(K_1) + W(K_2).$$

Beweis: Daß die Additivität von W hinreichend ist, folgt direkt aus (5.14)(ii).

Gilt umgekehrt (5.14)(ii), dann folgt aus der Oberadditivität
von W für jede Koalition $K = K_1 + K_2$ mit $K_1 \cap K_2 = \emptyset$:

$$\sum_{i=1}^{n} W(\{i\}) = W(N) \geq W(K) + W(N-K) \geq W(K_1) + W(K_2) + W(N-K)$$

$$\geq \sum_{i=1}^{n} W(\{i\}).$$

Somit gilt überall das Gleichheitszeichen, und es folgt insbesondere $W(K) = W(K_1) + W(K_2)$. $\qquad\square$

Der Satz (5.15) ist so zu interpretieren, daß in unwesentlichen
Spielen Koalitionsbildungen uninteressant sind, da für die
Spieler kein Grund besteht, überhaupt Koalitionen einzugehen.
In einer Koalition kann nämlich jeder nur die Auszahlung erhalten, die er sich als Alleinspieler ohnehin sichern kann.

Es ist intuitiv naheliegend, daß gewisse "triviale" Veränderungen von Spielen wie Umbenennung von Strategien oder "einfache" Transformationen der Auszahlungsfunktionen (vgl. Kapitel I, §3) bzw. der charakteristischen Funktion nichts am
Koalitionsverhalten der Spieler ändern. Deshalb definieren wir:

(5.16) *Definition:*

*$\Gamma = (\{X_K;\ K \in \mathcal{P}_0\}, (a_1,\ldots,a_n))$ und $\Gamma^* = (\{X_K^*;\ K \in \mathcal{P}_0\}, (a_1^*,\ldots,a_n^*))$
seien zwei kooperative n-Personenspiele in Normalform.
Γ und Γ^* heißen strategisch äquivalent (Bezeichnung:
$\Gamma \approx \Gamma^*$) genau dann, wenn gilt:*

Es gibt eine reelle Zahl $k > 0$, einen Vektor $c \in \mathbb{R}^n$ und eine Abbildung $\varphi: X \longrightarrow X^*$, so daß für jede Koalitionsstruktur $\{K_1, \ldots, K_k\}$ die Einschränkung $\varphi \big| \mathop{\times}\limits_{j=1}^{k} X_{K_j}$ eine bijektive Abbildung von $\mathop{\times}\limits_{j=1}^{k} X_{K_j}$ auf $\mathop{\times}\limits_{j=1}^{k} X_{K_j}^*$ ist und

$$(a_1, \ldots, a_n)(x) = k \cdot (a_1^*, \ldots, a_n^*)(\varphi(x)) + c$$

gilt für alle $x \in X_N$.

Die Aussage, daß zwei kooperative n-Personenspiele Γ und Γ^* strategisch äquivalent sind, bedeutet also, daß Γ^* aus Γ durch Umbenennung der jeweiligen Koalitionsstrategien vermöge φ und durch positive lineare Transformation des Auszahlungsvektors $(a_1, \ldots, a_n)$ entsteht. Insbesondere gilt also, wie schon zu Beginn des Kapitels IV für den Spezialfall von Zweipersonenspielen erwähnt wurde, daß ein kooperatives n-Personen-Konstantsummenspiel $\Gamma = (\{X_K; K \in \mathcal{P}_0\}, (a_1, \ldots, a_n))$ in Normalform, d.h. ein Spiel Γ

mit $\sum\limits_{i=1}^{n} a_i(x) = c \in \mathbb{R}^1$ für alle $x \in X_N$, strategisch äquivalent

ist zu dem kooperativen n-Personen-Nullsummenspiel

$\Gamma^* = (\{X_K; K \in \mathcal{P}_0\}, (a_1 - \frac{c}{n}, \ldots, a_n - \frac{c}{n}))$. In strategisch äqui-

valenten Spielen stimmen somit "gute Strategien", wie z.B. Minimax-, Bayes- oder dominierende Strategien, in dem Sinne überein, daß eine Strategie $x \in X_K$ "gut" ist für die Koalition K im Spiel Γ genau dann, wenn $\varphi(x) \in X_K^*$ "gut" ist im Spiel Γ^*.

Eine andere Möglichkeit, einen Äquivalenzbegriff für kooperative n-Personenspiele zu definieren, besteht darin, daß man einen linearen Zusammenhang nicht mehr direkt für die Auszahlungsfunktionen sondern nur noch für die charakteristischen Funktionen fordert.

(5.17) Definition:

> $W: \mathcal{P}(\{1,\ldots,n\}) \longrightarrow I\!\!R^1$ *und* $W^*: \mathcal{P}(\{1,\ldots,n\}) \longrightarrow I\!\!R^1$
> *seien zwei kooperative n-Personenspiele in Funktions-*
> *form. Dann heißen W und* W^* *koalitionsäquivalent* *(Be-*
> *zeichnung:* $W \sim W^*$*), falls gilt:*
> *Es existieren eine reelle Zahl* $k > 0$ *und ein Vektor*
> $(c_1,\ldots,c_n) \in I\!\!R^n$ *mit*
>
> $$W(K) = k \cdot W^*(K) + \sum_{i \in K} c_i \qquad \text{für alle } K \subseteq N.$$

Den Begriff der Koalitionsäquivalenz[1] kann man so interpretieren, daß bei W und W^* von der "Stärke" der Koalitionen her gesehen dieselben Gründe für die jeweiligen Koalitionsbildungen sprechen.

Man kann sich leicht davon überzeugen, daß die in (5.16) und (5.17) auf der Menge alle kooperativen n-Personenspiele in Normalform bzw. in Funktionsform definierten Relationen $\approx$ und $\sim$ Äquivalenzrelationen sind. Dabei ist lediglich zu beachten, daß in beiden Definitionen die Konstante k positiv ist, und daß die bei der Definition der strategischen Äquivalenz auftretende Abbildung φ die Strategientupel aus $\bigtimes_{j=1}^{k} X_{K_j}$ bijektiv auf die Strategientupel aus $\bigtimes_{j=1}^{k} X_{K_j}^*$ abbildet. Darüberhinaus läßt sich zeigen, daß der Begriff der strategischen Äquivalenz eine Verschärfung des Begriffs der Koalitionsäquivalenz darstellt:

(5.18) Satz:

> *a) Sind* Γ *und* Γ^* *zwei strategisch äquivalente koopera-*
> *tive n-Personenspiele in Normalform, so sind die zu*
> Γ *und* Γ^* *gehörenden Spiele* W_Γ *und* W_Γ^* *in Funktions-*
> *form koalitionsäquivalent.*

---

[1] In der Literatur wird der hier definierte Begriff der Koalitionsäquivalenz z.T. auch mit der bereits in (5.16) vergebenen Bezeichnung "strategische Äquivalenz" versehen!

> *b) Für zwei beliebige koalitionsäquivalente kooperati-*
> *ve n-Personenspiele W und W* in Funktionsform gilt:*
> *W ist wesentlich genau dann, wenn W* wesentlich ist.*

Beweis: a) Aus der vorausgesetzten Gleichheit

$$(a_1,\ldots,a_n)(x) = k\cdot(a_1^*,\ldots,a_n^*)(\varphi(x)) + c \quad \text{für alle } x\in X_N$$

folgt für $K\subset N$

$$W_\Gamma(K) = \sup_{x\in X_K}\ \inf_{y\in X_{N-K}}\ \sum_{i\in K}\ (k\cdot a_i^*(\varphi(x,y)) + c_i)$$

$$= k\cdot \sup_{x^*\in X_K^*}\ \inf_{y^*\in X_{N-K}^*}\ \sum_{i\in K} a_i^*(x^*,y^*) + \sum_{i\in K} c_i$$

$$= k\cdot W_{\Gamma^*}(K) + \sum_{i\in K} c_i$$

und damit die Koalitionsäquivalenz von W_Γ und W_{Γ^*}.

b) Für die kooperativen n-Personenspiele W und W* in Funktionsform gelte für ein $k > 0$ und ein $(c_1,\ldots,c_n)\in\mathbb{R}^n$ die Gleichheit

$$W(K) = k\cdot W^*(K) + \sum_{i\in K} c_i \quad \text{für alle } K\subset N.$$

Dann erhält man

$$W(N) - \sum_{i\in N} W(\{i\}) = k\cdot W^*(N) + \sum_{i\in N} c_i - \sum_{i\in N} (k\cdot W^*(\{i\}) + c_i)$$

$$= k\cdot(W^*(N) - \sum_{i\in N} W^*(\{i\})),$$

woraus wegen $k > 0$ folgt

$$W(N) - \sum_{i\in N} W(\{i\}) > 0 \iff W^*(N) - \sum_{i\in N} W^*(\{i\}) > 0. \qquad \square$$

Durch die Äquivalenzrelationen $\approx$ und $\sim$ wird die Menge der kooperativen n-Personenspiele in Normalform bzw. in Funktionsform
in disjunkte Äquivalenzklassen aufgeteilt. Zur nutzenmäßigen
Untersuchung von Koalitionsbildungen genügt es dann, aus jeder

solchen Äquivalenzklasse einen geeigneten Repräsentanten zu betrachten. Dabei wählt man üblicherweise solche Spiele aus,
deren charakteristische Funktion in gewissem Sinne normiert ist.

(5.19)   *Definition:*

> *Ein wesentliches kooperatives n-Personenspiel W in*
> *Funktionsform heißt* <u>*reduziert,*</u> *wenn gilt*
>
> $$W(N) = 1 \quad und \quad W(\{i\}) = 0 \; für \; alle \; 1 \le i \le n.$$

Selbstverständlich gibt es weitere Möglichkeiten der Normierung
von charakteristischen Funktionen. Beispielsweise werden manchmal auch solche Spiele in Funktionsform als reduziert bezeichnet, bei denen anstelle von

$$W(N) = 1 \quad und \quad W(\{i\}) = 0 \quad für \; alle \; 1 \le i \le n$$

gilt

$$W(N) = 0 \quad und \quad \exists \delta \in \{0,-1\}: \; \forall i \in \{1,\dots,n\}: \; W(\{i\}) = \delta.$$

Eine solche Reduzierung bietet z.B. den Vorteil, auch unwesent-
liche Spiele noch zu erfassen und überdies noch ein einfaches
Entscheidungskriterium dafür zu liefern, ob ein Spiel W in
Funktionsform wesentlich oder unwesentlich ist; für Spiele mit

$$W(N) = 0 \quad und \quad \exists \delta \in \{0,-1\}: \; \forall i \in \{1,\dots,n\}: \; W(\{i\}) = \delta$$

gilt nämlich

$$W \text{ ist wesentlich} \iff W(\{i\}) = -1 \; für \; alle \; 1 \le i \le n,$$
$$W \text{ ist unwesentlich} \iff W(\{i\}) = 0 \; für \; alle \; 1 \le i \le n.$$

Im folgenden soll jedoch der Begriff des reduzierten Spiels so
verwendet werden, wie er in Definition (5.19) festgelegt
worden ist.

Zunächst läßt sich zeigen, daß reduzierte Spiele in Funktionsform, die koalitionsäquivalent sind, bereits gleich sind:

332

<u>(5.20)</u> <u>Satz:</u>

a) *Es seien W_1 und W_2 reduzierte kooperative n-Personenspiele in Funktionsform. Sind dann W_1 und W_2
koalitionsäquivalent, so folgt $W_1 = W_2$.*

b) *Zu jedem kooperativen n-Personenspiel Γ in Normalform, bei dem W_Γ wesentlich ist, gibt es ein strategisch äquivalentes Spiel Γ^* derart, daß W_{Γ^*} reduziert ist.*

Beweis: a)   Da W_1 und W_2 koalitionsäquivalent sind, gibt es
eine Zahl $k > 0$ sowie einen Vektor $(c_1,\ldots,c_n) \in \mathbb{R}^n$, so daß für
alle $K \subset N$ gilt

$$W_1(K) = k \cdot W_2(K) + \sum_{i \in K} c_i .$$

Nach Voraussetzung sind überdies die Spiele W_1 und W_2 reduziert,
d.h. es gilt

$$W_1(N) = W_2(N) = 1 \quad \text{und} \quad W_1(\{i\}) = W_2(\{i\}) = 0 \text{ für alle } 1 \leq i \leq n,$$

woraus wegen

$$W_1(\{i\}) = k \cdot W_2(\{i\}) + c_i \quad \text{für alle } 1 \leq i \leq n$$

folgt $c_i = 0$ für alle $i \in \{1,\ldots,n\}$. Hieraus ergibt sich

$$W_1(N) = k \cdot W_2(N),$$

also $k = 1$ und somit $W_1 = W_2$.

b) $\Gamma = (\{X_K;\ K \in \mathcal{P}_0\},(a_1,\ldots,a_n))$ sei ein kooperatives n-Personenspiel in Normalform mit wesentlicher charakteristischer
Funktion W_Γ. Dann ist

$$d := W_\Gamma(N) - \sum_{i \in N} W_\Gamma(\{i\}) > 0.$$

Setzt man nun $k := \frac{1}{d}$, $c_i := -k \cdot W_\Gamma(\{i\})$ für $1 \leq i \leq n$ und

$$a_i^*(x) := k \cdot a_i(x) + c_i , \qquad 1 \leq i \leq n,$$

so sind nach Konstruktion die Spiele Γ und
$\Gamma^* := (\{X_K;\ K \in \mathcal{P}_0\},(a_1^*,\ldots,a_n^*))$ strategisch äquivalent; es gilt

$$W_{\Gamma^*}(N) = \sup_{x \in X_N} \sum_{i=1}^{n} (k \cdot a_i(x) + c_i) = k \cdot W_{\Gamma}(N) + \sum_{i=1}^{n} c_i$$

$$= k \cdot W_{\Gamma}(N) - k \cdot \sum_{i=1}^{n} W_{\Gamma}(\{i\}) = 1,$$

$$W_{\Gamma^*}(\{i\}) = \sup_{x \in X_i} \inf_{y \in X_{N-\{i\}}} (k \cdot a_i(x,y) + c_i) = k \cdot W_{\Gamma}(\{i\}) + c_i = 0$$

für alle $i \in \{1,\ldots,n\}$, d.h. W_{Γ^*} ist reduziert. $\qquad\qquad\square$

Satz (5.20)b) sagt zusammen mit Satz (5.18)a) insbesondere aus, daß es zu jedem wesentlichen kooperativen n-Personenspiel W in Funktionsform ein koalitionsäquivalentes reduziertes Spiel W^* in Funktionsform gibt, welches darüberhinaus nach Satz (5.20)a) sogar eindeutig bestimmt ist. W^* wird deshalb manchmal auch *das zu W gehörende koalitionsäquivalente reduzierte Spiel* in Funktionsform genannt.

Wenn man bei der nutzenmäßigen Untersuchung von Koalitionsbildungen aus jeder bzgl. "~" gebildeten Äquivalenzklasse der Menge aller wesentlichen kooperativen n-Personenspiele in Funktionsform denjenigen Repräsentanten auswählt, der reduziert ist, so hat man die Gesamtheit aller Mengenfunktionen
$W: \mathcal{P}(\{1,\ldots,n\}) \longrightarrow \mathbb{R}^1$ zu untersuchen mit

$$W(\emptyset) = W(\{i\}) = 0 \quad \text{für alle } 1 \leq i \leq n,$$

$$W(N) = 1,$$

$$W(K_1 + K_2) \geq W(K_1) + W(K_2) \quad \text{für alle } K_1, K_2 \subset N \text{ mit } K_1 \cap K_2 = \emptyset.$$

Bei der Untersuchung von Konstantsummenspielen kommt zu diesen Bedingungen noch als weitere Bedingung

$$W(K) = W(N) - W(N-K) \quad \text{für alle } K \subset N$$

hinzu.

Es läßt sich nun sofort zeigen, daß es genau ein reduziertes 3-Personen-Konstantsummenspiel W in Funktionsform gibt. Wegen

(5.19) muß nämlich gelten

$$W(\{1\}) = W(\{2\}) = W(\{3\}) = 0, \quad W(\{1,2,3\}) = 1$$

und aus der Konstantsummeneigenschaft $W(K) = W(N)-W(N-K)$ für alle $K \subset N$ folgt

$$W(\{1,2\}) = W(\{2,3\}) = W(\{1,3\}) = 1.$$

Für n=4 gibt es dagegen bereits kontinuierlich viele reduzierte 4-Personen-Konstantsummenspiele in Funktionsform. Für jedes solche Spiel W liegen bereits die Funktionswerte

$$W(\{1\}) = W(\{2\}) = W(\{3\}) = W(\{4\}) = 0, \quad W(\{1,2,3,4\}) = 1$$

fest. Durch die Konstantsummeneigenschaft sind dann ferner auch

$$W(\{2,3,4\}) = W(\{1,3,4\}) = W(\{1,2,4\}) = W(\{1,2,3\}) = 1$$

festgelegt. Schließlich muß noch für die zweielementigen Teilmengen von N gelten

$$(*) \qquad \begin{aligned} W(\{1,2\}) &= -W(\{3,4\}), \quad W(\{1,3\}) = -W(\{2,4\}), \\ W(\{1,4\}) &= -W(\{2,3\}). \end{aligned}$$

Wegen $0=W(\{1\})+W(\{2\}) \leq W(\{1,2\}) = 1-W(\{3,4\}) \leq 1-W(\{3\})-W(\{4\}) = 1$ sind diese Werte für die zweielementigen Koalitionen nicht frei wählbar. Jede Wahl von $W(\{1,2\})\in[0;1]$, $W(\{1,3\})\in[0;1]$, $W(\{1,4\})\in[0;1]$ ergibt jedoch ein reduziertes 4-Personen-Konstantsummenspiel in Funktionsform, wenn man $W(\{3,4\})$, $W(\{2,4\})$ und $W(\{2,3\})$ gemäß (*) bestimmt. Man kann also die reduzierten 4-Personen-Konstantsummenspiele in Funktionsform bijektiv abbilden auf den Würfel

$$\{(x_1,x_2,x_3) \in \mathbb{R}^3; \quad 0 \leq x_1,x_2,x_3 \leq 1\}$$

im $\mathbb{R}^3$, so daß es, wie behauptet, kontinuierlich viele reduzierte 4-Personen-Konstantsummenspiele gibt.

Wegen des Verlustes an spezieller Struktur, der mit dem Übergang zu charakteristischen Funktionen verbunden ist, wird man nicht erwarten können, daß die im folgenden behandelten Lösungskonzepte, die stets nur auf den charakteristischen

Funktionen basieren, in allen Einzelheiten völlig befriedigende
Ergebnisse liefern. Diese Konzepte werden aber vor allem dann
von Interesse sein, wenn jeder einzelne Spieler zwar die Ga-
rantiewerte der Koalitionen kennt, denen er angehören kann,
dabei jedoch nicht weiß, welche Koalitionen und Koalitions-
absprachen diejenigen Spieler eingehen, die nicht "seiner"
Koalition angehören.

§ 2   Imputationen, Kern und von-Neumann-Morgenstern-Lösungen

Wenn man nach einem Lösungsbegriff für kooperative
n-Personenspiele in Funktionsform sucht, muß man sich zuerst
überlegen, welche Auszahlungsvektoren für die n Spieler überhaupt in Betracht kommen.[1]

(5.19)   *Definition:*

> *W sei ein kooperatives n-Personenspiel in Funktions-*
> *form. Dann heißt ein Vektor $b = (b_1, \ldots, b_n) \in \mathbb{R}^n$ eine*
> *Imputation (Zubilligung) im Spiel W, falls gilt:*
>
> *(i) $b_i \geq W(\{i\})$ für alle $i \in N$*
>
> *(ii) $\displaystyle\sum_{i=1}^{n} b_i = W(N).$*
>
> *Die Menge aller Imputationen im Spiel W wird mit I(W)*
> *bezeichnet.*

Bei einer Imputation $(b_1, \ldots, b_n) \in I(W)$ geben die einzelnen
Komponenten b_i Auszahlungen an, welche die einzelnen Spieler
im Spiel W erhalten können. Dabei besagt die Bedingung (i),
daß jeder Spieler mindestens soviel erhält, wie er sich als
Alleinspieler - d.h. ohne mit anderen Spielern eine Koalition einzugehen - sichern kann. Die Bedingung (ii) fordert
andererseits ein insofern "vernünftiges" gemeinsames Verhalten der Spieler, als alle Spieler zusammen gerade die
maximal mögliche Auszahlungssumme W(N) unter sich aufteilen.

---

[1] Den folgenden Untersuchungen wird stets ein Spiel in Funktionsform
zugrundegelegt; es wird dabei nicht berücksichtigt, ob und wie diese
Funktion als charakteristische Funktion eines Spiels in Normalform
gewonnen wurde. Wegen Satz (5.9) kann man dann auch immer davon ausgehen, daß sich jede Koalition K durch Einsatz einer geeigneten
Koalitionsstrategie den Betrag W(K) tatsächlich sichern kann.

Zur Definition (5.19) ist anzumerken, daß der Begriff der
Imputation für unwesentliche Spiele weitgehend uninteressant
ist. Für solche Spiele gilt nämlich $\sum_{i=1}^{n} W(\{i\}) = W(N)$, so daß
wegen der Bedingungen (i) und (ii) in der Definition (5.19)
als einzige Imputation nur der Vektor $(W(\{1\}),\ldots,W(\{n\})) \in \mathbb{R}^{n}$
in Frage kommt. Bei wesentlichen Spielen existieren dagegen
wegen $\sum_{i=1}^{n} W(\{i\}) < W(N)$ stets kontinuierlich viele Imputationen.

Es ist natürlich nicht von vornherein klar, auf welche
Imputationen $b \in I(W)$ sich die an einem Spiel W beteiligten
Spieler tatsächlich einigen werden. Sind beispielsweise
$b,c \in I(W)$, so werden unter Umständen einige Spieler die
Imputation b, andere hingegen die Imputation c vorziehen,
je nachdem ob die entsprechende Komponente von b oder c
größer ist. Dabei wird aber eine Koalition $K \in \mathcal{P}_0$ als ihre
Gesamtauszahlung nicht mehr als den Garantiewert W(K) erzwingen können. Man definiert deshalb:

(5.2o)   *Definition:*

> *Es seien W ein kooperatives n-Personenspiel in
> Funktionsform, $K \in \mathcal{P}_0$ eine Koalition und $b,c \in I(W)$
> Imputationen.*
>
> *a) <u>b dominiert c bzgl. K</u> (Bezeichnung: $b \underset{K}{\succ} c$),
> falls gilt*
>
>   *(i) $b_i > c_i$ für alle $i \in K$,*
>
>   *(ii) $\sum_{i \in K} b_i \leq W(K)$.*
>
> *b) <u>b dominiert c</u> (Bezeichnung: $b \succ c$), falls eine
> Koalition $L \in \mathcal{P}_0$ existiert, so daß $b \underset{L}{\succ} c$ gilt.*[1]

---

[1] Es sei noch einmal darauf hingewiesen, daß bei kooperativen
n-Personenspielen in Funktionsform (implizit) vorausgesetzt
wird, daß jede Koalition $K \in \mathcal{P}_0$ möglich ist.

338

Im Falle einer Dominanz $b \underset{K}{\rightharpoondown} c$ lohnt es sich wegen (5.2o)a)(i) für alle Spieler aus K, von der Imputation c zu der Imputation b überzugehen, wobei die Koalition K wegen (5.2o)a)(ii) die Auszahlung $\sum_{i \in K} b_i$ aus dem Koalitionsgewinn bei Einsatz einer geeigneten Strategie auch tatsächlich erreichen kann.

Für die in (5.2o)b) definierte Relation $\rhd$ sei noch ausdrücklich auf folgendes hingewiesen:

(5.21)   _Anmerkung:_

> _Die Dominanz-Relation "$\rhd$" ist nicht transitiv; es kann vielmehr Imputationen b und c geben, für die sowohl $b \rhd c$ als auch $c \rhd b$ gilt, nämlich dann, wenn für zwei verschiedene Koalitionen $\emptyset \neq K_1$, $K_2 \subset N$ gilt $b \underset{K_1}{\rightharpoondown} c$ und $c \underset{K_2}{\rightharpoondown} b$._

Bei Vorliegen einer Imputation c, die für eine Koalition K die Eigenschaft $\sum_{i \in K} c_i < W(K)$ besitzt, wird man vermuten, daß sich die einzelnen Spieler von K dadurch eine höhere Auszahlung sichern können, daß sie gemeinsam eine solche Koalitionsstrategie einsetzen, die ihnen zusammen die Auszahlung W(K) sichert, und dann den Mehrbetrag $W(K) - \sum_{i \in K} c_i$ gleichmäßig unter sich aufteilen. Diese Vermutung läßt sich in der Tat beweisen:

(5.22)   _Satz:_

> _Es seien W ein kooperatives n-Personenspiel in Funktionsform und $c \in I(W)$ eine Imputation. Dann gilt für alle Koalitionen $K \in \mathcal{P}_0$:_
>
> $$\sum_{i \in K} c_i < W(K) \;\Longleftrightarrow\; \exists b \in I(W): \; b \underset{K}{\rightharpoondown} c.$$

339

Beweis: "$\Leftarrow$": Gilt für eine Koalition $K\in\mathcal{P}_0$ die Aussage $b\underset{K}{\prec}c$, so folgt aus (5.2o):

$$W(K) \geq \sum_{i\in K} c_i > \sum_{i\in K} b_i .$$

"$\Rightarrow$": Es sei K eine Koalition mit $\sum_{i\in K} c_i < W(K)$. Dann ist

$$d := W(K) - \sum_{i\in K} c_i > 0,$$

und da b eine Imputation ist, muß wegen (5.19)(ii) gelten $K \neq N$. An die $|K|<n$ Spieler der Koalition K wird nun der Betrag d gleichmäßig aufgeteilt:

$$b_i := \begin{cases} c_i + \dfrac{d}{|K|} & \text{falls } i\in K \\[2ex] W(\{i\}) + \dfrac{1}{n-|K|}\, (W(N)-W(K)- \displaystyle\sum_{j\in N-K} W(\{j\})) & \text{falls } i\in N-K \end{cases}$$

Dann gilt einerseits

$$b_i > c_i \geq W(\{i\}) \quad \text{für } i\in K,$$

andererseits wegen der Oberadditivität von W

$$W(K) + \sum_{j\in N-K} W(\{j\}) \leq W(N)$$

und somit

$$b_i \geq W(\{i\}) \quad \text{für } i\in N-K.$$

Da außerdem gilt

$$\sum_{i\in K} b_i = \sum_{i\in K} c_i + |K| \cdot \frac{d}{|K|} = W(K)$$

und

$$\sum_{i=1}^{n} b_i = W(K) + \sum_{j\in N-K} W(\{j\}) + W(N) - W(K) - \sum_{j\in N-K} W(\{j\}) = W(N)$$

ist $b\in I(W)$ eine Imputation mit $b\underset{K}{\succ}c$. $\square$

Das folgende Lemma macht für spezielle Typen von Spielen Aussagen über die Dominanz von Imputationen.

(5.23) *Lemma:*

> *W sei ein kooperatives n-Personenspiel in Funktionsform. Dann gilt:*
>
> a) *Ist n=2 oder ist W unwesentlich, so wird keine Imputation aus I(W) dominiert.*
>
> b) *Ist n>2 und W ein wesentliches Konstantsummenspiel, so gibt es zu jeder Imputation $c \in I(W)$ eine Imputation $b \in I(W)$ mit $b \succ c$.*

Beweis: a) Ist W unwesentlich, so ist, wie schon im Anschluß an die Definition (5.19) erläutert wurde, $(W(\{1\}),\ldots,W(\{n\}))$ die einzige Imputation; diese kann sich nicht selbst dominieren.

Gäbe es für n=2 zwei Imputationen $b,c \in I(W)$ mit $b \succ c$, so müßte entweder $b \succ_{N} c$ oder $b \succ_{\{i\}} c$ für ein $i \in \{1,2\}$ gelten. Aus $b \succ_{N} c$ folgte mit (5.19)(ii) und (5.2o)(i) der Widerspruch

$$W(N) = b_1 + b_2 > c_1 + c_2 = W(N)$$

und aus $b \succ_{\{i\}} c$ mit (5.19)(i) und (5.2o) der Widerspruch

$$b_i > c_i \geq W(\{i\}) \geq b_i .$$

Folglich wird keine Imputation aus I(W) dominiert.

b) Es sei $c \in I(W)$ eine beliebige Imputation. Dann ist $c_i \geq W(\{i\})$ für alle $i \in N$. Da W ein wesentliches Spiel ist, folgt überdies

$$\sum_{i=1}^{n} c_i = W(N) > \sum_{i=1}^{n} W(\{i\}),$$

woraus man erhält, daß es mindestens einen Spieler $i_o \in N$ gibt mit $c_{i_o} > W(\{i_o\})$. Man definiert nun eine Imputation b mit $b \succ_{N-\{i_o\}} c$ dadurch, daß man dem Spieler i_o seinen

"Garantiebetrag" $W(\{i_o\})$ zubilligt und den Betrag $c_{i_o}-W(\{i_o\})$ gleichmäßig an die übrigen Spieler aufteilt:

$$b_i := \begin{cases} W(\{i_o\}) & \text{falls } i = i_o \\[2ex] c_i + \dfrac{1}{n-1}(c_{i_o}-W(\{i_o\})) & \text{falls } i \neq i_o \end{cases} \quad , \quad 1 \leq i \leq n.$$

Wegen $b_i > c_i \geq W(\{i\})$ für $i \neq i_o$ und

$$\sum_{i=1}^{n} b_i = W(\{i_o\}) + \sum_{i \in N-\{i_o\}} c_i + c_{i_o} - W(\{i_o\}) = \sum_{i=1}^{n} c_i = W(N)$$

ist $b \in I(W)$ eine Imputation, welche für $K = N - \{i_o\}$ die Bedingung (5.2o)(i) erfüllt. Mit Hilfe der Konstantsummeneigenschaft von W sieht man aber auch sofort, daß für $K = N - \{i_o\}$ die Bedingung (5.2o)(ii) erfüllt ist. Es gilt nämlich

$$\sum_{i \in N-\{i_o\}} b_i = \sum_{i=1}^{n} b_i - b_{i_o} = W(N) - W(\{i_o\}) = W(N-\{i_o\}),$$

womit die behauptete Dominanz $b \underset{N-\{i_o\}}{\succ} c$ gezeigt ist. $\qquad\qquad$ □

In dem Beweis zu (5.23)a) hatten wir gesehen, daß bei kooperativen Zweipersonenspielen in Funktionsform deshalb keine Imputationen dominiert werden können, weil zunächst wegen $|N| = 2$ nur die Möglichkeiten $b \underset{N}{\succ} c$ oder $b \underset{\{i\}}{\succ} c$ bestehen und dann jede dieser Alternativen mit (5.19) und (5.2o) auf einen Widerspruch führt. Folglich erhält man außerdem sogar:

(5.24). _Lemma:_

> _Es seien W ein kooperatives n-Personenspiel in_
> _Funktionsform und $b,c \in I(W)$ Imputationen mit $b \underset{K}{\succ} c$_
> _für eine Koalition $K \subset N$. Dann gilt $|K| \neq 1$ sowie_
> _$|K| \neq n$._

Wenn man nun für kooperative n-Personenspiele in Funktionsform nach einem Lösungsbegriff sucht, ist es zunächst wohl
am naheliegendsten, sich auf solche Imputationen zu beschränken, die nicht dominiert sind.

(5.25) Definition:

> *Ist W ein kooperatives n-Personenspiel in Funktions-
> form, dann heißt die Menge*

$$C(W) := \{c \in I(W); \; \neg \exists b \in I(W): b \vartriangleright c\}$$

> *aller nicht dominierten Imputationen der* __Kern__ *des
> Spiels W.*

Den Kern eines Spieles kann man folgendermaßen charakterisieren:

(5.26) Satz:

> *Für jedes kooperative n-Personenspiel W in Funktions-
> form gilt*

$$C(W) = \{b \in \mathbb{R}^n; \; \sum_{i \in K} b_i \geq W(K) \text{ für alle } K \in \mathcal{P}_o, \; \sum_{i=1}^{n} b_i = W(N)\}.$$

Beweis: "$\supset$": Sei $b \in \mathbb{R}^n$ mit $\sum_{i \in K} b_i \geq W(K)$ für alle $K \subset N$ und
$\sum_{i=1}^{n} b_i = W(N)$. Dann gilt insbesondere $b_i \geq W(\{i\})$ für alle
$1 \leq i \leq n$, so daß $b \in I(W)$ folgt. Die Imputation b ist auch undominiert, denn gäbe es eine Imputation $c \in I(W)$ mit $c \underset{K}{\vartriangleright} b$ für eine
Koalition $K \in \mathcal{P}_o$, dann erhielte man den Widerspruch

$$W(K) \geq \sum_{i \in K} c_i > \sum_{i \in K} b_i \geq W(K).$$

Somit folgt $b \in C(W)$.

"$\subset$": Um diese Inklusion zu beweisen, nehmen wir an, daß eine
der beiden Bedingungen

$$\sum_{i \in K} b_i \geq W(K) \text{ für alle } K \subset N, \quad \sum_{i=1}^{n} b_i = W(N)$$

verletzt ist und zeigen, daß dann notwendig $b \notin C(W)$ folgt:
Falls $\sum_{i=1}^{n} b_i \neq W(N)$ gilt, ist dies offensichtlich, da dann

b gar keine Imputation ist. Wenn es dagegen eine Koalition
$K \in \mathcal{P}_o$ gibt mit $\sum_{i=1}^{n} b_i < W(K)$, dann seien

$$\varepsilon := W(K) - \sum_{i=1}^{n} b_i \quad \text{und} \quad d := W(N) - W(K) - \sum_{i \in N-K} W(\{i\}).$$

Wegen der Oberadditivität von W ist $d \geq 0$. Definiert man nun

$$c_i := \begin{cases} b_i + \dfrac{\varepsilon}{K} & \text{falls } i \in K \\[2em] W(\{i\}) + \dfrac{d}{n-|K|} & \text{falls } i \in N-K \end{cases},$$

dann erhält man

$$c_i > b_i \geq W(\{i\}) \text{ für } i \in K, \ c_i \geq W(\{i\}) \text{ für } i \in N-K \text{ sowie}$$

$$\sum_{i \in K} c_i = W(K).$$

Da außerdem gilt

$$\sum_{i=1}^{n} c_i = W(K) + \sum_{i \in N-K} c_i = W(K) + \sum_{i \in N-K} W(\{i\}) + d = W(N),$$

ist $c \in I(W)$ mit $c \underset{K}{\succ} b$, so daß $b \notin C(W)$ folgt. $\qquad\qquad$ □

Satz (5.26) zeigt, daß der Kern eines Spiels eine abgeschlossene und konvexe Teilmenge des $\mathbb{R}^n$ ist, welche durch ein
System von linearen Ungleichungen charakterisiert ist. Dies
ist vor allem bei der Berechnung des Kerns von Bedeutung, der
in der klassischen Ökonomie als "Lösung" der meisten spieltheoretisch interpretierbaren Probleme angesehen wird. Jede
Imputation aus dem Kern eines Spiels liefert eine "stabile

Lösung" in dem Sinne, daß es keine Koalition gibt, welche den Wunsch durchsetzen könnte, die Aufteilung der Gesamtauszahlung zu ändern. Wenn der Kern mehr als ein Element enthält, dann bedeutet das, daß es mehrere im obigen Sinne stabile Aufteilungen der Gesamtauszahlung gibt. Ein gravierender Nachteil dieses Lösungskonzepts besteht jedoch darin, daß bei vielen wichtigen Spielen der Kern leer ist. Aus Satz (5.23)b) folgt nämlich unmittelbar:

(5.27) *Korollar:*

> *Ist W ein wesentliches kooperatives n-Personen-Konstantsummenspiel in Funktionsform, so gilt* $C(W) = \emptyset$.

Ist beispielsweise Γ_m die gemischte Erweiterung eines endlichen, kooperativen n-Personen-Nullsummenspiels in Normalform, deren zugehörige charakteristische Funktion wesentlich ist, so gilt nach Satz (5.7)

$$W_{\Gamma_m}(K) = -W_{\Gamma_m}(N-K) \quad \text{für alle} \quad K \subset N;$$

aus dem Korollar (5.27) folgt somit $C(W_{\Gamma_m}) = \emptyset$.

Dies zeigt, daß die Definition des Kerns als "Lösung" eines Spiels sehr restriktiv ist und man im allgemeinen von einer "Lösung" nicht so viel verlangen darf. Um hier einen Anhaltspunkt zu bekommen, welche Eigenschaften möglicherweise von einem vernünftigen Lösungsbegriff verlangt werden können, betrachten wir noch einmal das "Dreier-Knobeln" aus Beispiel (5.8). Die charakteristische Funktion der gemischten Erweiterung dieses 3-Personenspiels hatte die Gestalt

$$W_{\Gamma_m}(K) = \begin{cases} 0 & \text{falls } K=\emptyset \text{ oder } K=\{1,2,3\} \\ -1 & \text{falls } |K|=1 \\ 1 & \text{falls } |K|=2. \end{cases}$$

W_{Γ_m} ist also ein wesentliches 3-Personenspiel in Funktionsform, so daß nach Korollar (5.27) gilt $C(W_{\Gamma_m}) = \emptyset$. Trotzdem
könnte man anschaulich diejenigen Situationen als "Lösungen"
dieses Spiels vermuten, bei denen sich zwei Spieler zu einer
Koalition zusammenschließen und den Gewinn gleichmäßig untereinander aufteilen. Das würde bedeuten, daß man die Imputationen

$$\left(\tfrac{1}{2}, \tfrac{1}{2}, -1\right), \quad \left(\tfrac{1}{2}, -1, \tfrac{1}{2}\right), \quad \left(-1, \tfrac{1}{2}, \tfrac{1}{2}\right)$$

als Lösungen akzeptiert. Diese drei Imputationen haben zwei
bemerkenswerte Eigenschaften:

(i)   Keine dieser Imputationen wird durch eine andere
       dominiert.

(ii)   Jede Imputation, die von den drei oben genannten ver-
       schieden ist, wird von mindestens einer dieser drei
       dominiert. (Da nämlich für jede Imputation (c_1, c_2, c_3)
       dieses Spiels $c_i \geq -1$ sowie $c_1 + c_2 + c_3 = 0$ ist, dürfen
       nicht zwei der c_i gleichzeitig größer als $\tfrac{1}{2}$ sein. Ist
       nun (o.B.d.A.) $c_1 > \tfrac{1}{2}$, dann müssen $c_2 < \tfrac{1}{2}$, $c_3 < \tfrac{1}{2}$ sein, so
       daß gilt

$$\left(-1, \tfrac{1}{2}, \tfrac{1}{2}\right) \xrightarrow{\{2,3\}} (c_1, c_2, c_3).$$

Dieselbe Dominanzbeziehung besteht, falls $c_1 = \tfrac{1}{2}$ und
$c_2 < \tfrac{1}{2}$, $c_3 < \tfrac{1}{2}$ gelten. Wenn schließlich zwei der c_i
gleich $\tfrac{1}{2}$ sind, ist (c_1, c_2, c_3) eine der drei oben genannten Imputationen.)

Die beiden Eigenschaften (i) und (ii) haben J. von Neumann
und O. Morgenstern (vgl. [46]) verwendet, um allgemein einen
Lösungsbegriff zu definieren:

<u>*(5.28)*</u> <u>*Definition:*</u>

> *Ist W ein kooperatives n-Personenspiel in Funktions-*
> *form, dann heißt* $L \subset I(W)$ *eine* <u>*von-Neumann-Morgenstern-*</u>
> <u>*Lösung*</u> *(oder eine* <u>*stabile Menge*</u>*) von W, falls gilt:*
>
> *(i)   Für alle* $b,c \in L$ *gilt weder* $b \vartriangleright c$ *noch* $c \vartriangleright b$*.*
>
> *(ii)   Zu jedem* $c \in I(W)-L$ *existiert ein* $b \in L$ *mit*
> $b \vartriangleright c$*.*

Sofern eine von-Neumann-Morgenstern-Lösung überhaupt existiert,
wird sie also im allgemeinen nicht nur aus einer, sondern aus
mehreren Imputationen bestehen.

J. von Neumann und O. Morgenstern haben für ihren Lösungsbegriff die folgende anschauliche Interpretation eines
"allgemein akzeptierten Verhaltensstandards in einer Gesell-
schaftsordnung" angegeben: Ein solcher Verhaltensstandard besteht aus einer Menge L von Verhaltensweisen (die im hier ver-
wendeten mathematischen Modell durch Imputationen dargestellt
werden). Alle nicht zu L gehörenden Verhaltensweisen werden
von der Gesellschaft als "unerlaubt" angesehen, selbst dann,
wenn sie gewisse Verhaltensweisen aus L dominieren sollten.
Dieser gesellschaftliche Verhaltensstandard darf aber nicht
ganz willkürlich festgelegt werden, sondern muß bestimmten
Stabilitätsbedingungen genügen, die als Forderungen (i) und
(ii) in Definition (5.28) aufgestellt worden sind. Von diesen
läßt sich Forderung (i) dahingehend interpretieren, daß der
Verhaltensstandard frei ist von inneren Widersprüchen und
Forderung (ii) drückt aus, daß er in der Lage sein soll, jedes nichtkonformistische Verhalten, d.h. jede Imputation
außerhalb L, zu diskreditieren und so die Gesellschaft auf
diesen Standard festzulegen. Wenn ein solcher Standard also
erst einmal angenommen worden ist, besitzt er eine gewisse
"Stabilität", woraus sich auch die von J. von Neumann und
O. Morgenstern gewählte Bezeichnung *stabile Menge* erklärt.
Entsprechend der soeben gegebenen Interpretation bezeichnet

man die Forderung (5.28)(i) als Forderung nach *innerer Stabi-*
lität und die Forderung (5.28)(ii) als Forderung nach
äußerer Stabilität.

Wenn man die Lösungsbegriffe des Kerns und der von-Neumann-
Morgenstern-Lösung bei kooperativen n-Personenspielen in
Funktionsform näher untersuchen will, kann man die weiteren
Betrachtungen auf wesentliche Spiele beschränken, da - wie
schon im Anschluß an die Definition (5.19) erwähnt wurde -
bei unwesentlichen Spielen I(W) einelementig ist und somit
bei diesen Spielen I(W) = C(W) gilt und I(W) auch die einzige
von-Neumann-Morgenstern-Lösung von W ist. Man kann die Untersuchungen jedoch noch weiter beschränken auf Repräsentanten
bzgl. der Koalitionsäquivalenz:

<u>(5.29)</u> *Satz:*

*Es seien W und W^* zwei koalitionsäquivalente
kooperative n-Personenspiele in Funktionsform, d.h.
es gebe eine Zahl k>0 und einen Vektor
$d = (d_1, \ldots, d_n) \in \mathbb{R}^n$ mit*

$$W(K) = k \cdot W^*(K) + \sum_{i \in K} d_i \quad \text{für alle} \quad K \subset N.$$

Dann gilt:

a) *Für $b, c \in I(W)$ und $K \in \mathcal{P}_0$ gilt $b \underset{K}{\rightarrow} c$ genau dann, wenn
für die durch*
$$b^* := k \cdot b + d, \qquad c^* := k \cdot c + d$$
definierten Imputationen $b^*, c^* \in I(W^*)$ gilt $b^* \underset{K}{\rightarrow} c^*$.

b) *Es gilt $C(W^*) = \{k \cdot b + d; \quad b \in C(W)\}$.*

c) *$L \subset I(W)$ ist eine von-Neumann-Morgenstern-Lösung von
W genau dann, wenn*
$$L^* := \{k \cdot b + d; \quad b \in L\}$$
eine von-Neumann-Morgenstern-Lösung von W^* ist.

Beweis: a) Wenn für zwei Imputationen $b, c \in I(W)$ und eine Koalition $K \in \mathcal{R}_0$ gilt $b \underset{K}{\succ} c$, dann gilt nach der Definition (5.20)

$$b_i > c_i \quad \text{für alle } i \in K$$

und

$$\sum_{i \in K} b_i \leq W(K).$$

Daraus folgt

$$b_i^* = k \cdot b_i + d_i > k \cdot c_i + d_i = c_i^* \quad \text{für alle } i \in K$$

sowie

$$\sum_{i \in K} b_i^* = k \cdot \sum_{i \in K} b_i + \sum_{i \in K} d_i \leq k \cdot W(K) + \sum_{i \in K} d_i = W^*(K),$$

woraus sich die Dominanz $b^* \underset{K}{\succ} c^*$ ergibt. Da $k > 0$ ist, kann man die Umkehrung, daß aus $b^* \underset{K}{\succ} c^*$ auch $b \underset{K}{\succ} c$ folgt, ebenso zeigen.

b) Nach der in Teil a) bewiesenen Aussage erfüllt eine Menge $L \subset I(W)$ die Bedingungen (5.28)(i) und (ii) genau dann, wenn die Menge

$$L^* = \{k \cdot b + d; \quad b \in L\} \subset I(W^*)$$

diese beiden Bedingungen erfüllt. Hieraus ergibt sich sofort die Behauptung c) des Satzes. $\qquad\square$

Mit der aus dem Satz (5.2o) gefolgerten Aussage, daß es zu jedem kooperativen n-Personenspiel in Funktionsform genau ein koalitionsäquivalentes reduziertes Spiel in Funktionsform gibt, und dem soeben bewiesenen Satz (5.29) erhält man eine Rechtfertigung dafür, die folgenden Betrachtungen auf wesentliche, reduzierte Spiele zu beschränken.

Da für die wichtige Klasse der wesentlichen n-Personen-Konstantsummenspiele in Funktionsform in Korollar (5.27) festgestellt worden war, daß der Kern $C(W)$ für solche Spiele stets leer und als Lösungsbegriff somit unbrauchbar ist, soll jetzt zunächst die Frage nach der Existenz von von-Neumann-

Morgenstern-Lösungen behandelt werden. Hierzu gibt es allerdings bislang keine Resultate, welche diese Frage allgemein und erschöpfend beantworten. Für gewisse Spezialfälle kann man aber eine Antwort geben.

<u>(5.3o)</u> <u>*Satz:*</u>

> *Für das wesentliche, reduzierte kooperative Zweipersonenspiel W in Funktionsform gibt es genau eine von-Neumann-Morgenstern-Lösung, nämlich L = I(W).*

Beweis: Für $L = I(W)$ ist die Forderung nach äußerer Stabilität trivialerweise erfüllt; die innere Stabilität erhält man direkt aus der in Lemma (5.23)a) notierten Aussage, daß keine Imputation aus I(W) eine andere dominiert. Daraus folgt auch sofort, daß I(W) die einzige von-Neumann-Morgenstern-Lösung von W ist. $\square$

Als nächstes sollen alle von-Neumann-Morgenstern-Lösungen für das wesentliche, reduzierte 3-Personen-Konstantsummenspiel, das durch

$$W(K) = \begin{cases} 0 & \text{falls} \quad |K| \leq 1 \\ 1 & \text{falls} \quad |K| \geq 2 \end{cases}$$

definiert ist, angegeben werden.

<u>(5.31)</u> <u>*Satz:*</u>

> *Es sei W das wesentliche, reduzierte 3-Personen-Konstantsummenspiel in Funktionsform. Dann besitzt W genau die folgenden von-Neumann-Morgenstern-Lösungen:*
>
> $$L = \{(\tfrac{1}{2}, \tfrac{1}{2}, 0), (\tfrac{1}{2}, 0, \tfrac{1}{2}), (0, \tfrac{1}{2}, \tfrac{1}{2})\}$$
>
> *sowie für* $\alpha \in [0; \tfrac{1}{2})$ *und* $i \in \{1, 2, 3\}$
>
> $$L_i(\alpha) = \{b \in \mathbb{R}^3;\ b_i = \alpha,\ b_1, b_2, b_3 \geq 0,\ b_1 + b_2 + b_3 = 1\}.$$

Beweis: (i) Es wird zuerst gezeigt, daß L eine von-Neumann-Morgenstern-Lösung von W ist: Setzt man $k := \frac{1}{3}$ sowie

$d := (\frac{1}{3}, \frac{1}{3}, \frac{1}{3}) \in \mathbb{R}^3$, so ist das hier zu betrachtende wesentliche, reduzierte 3-Personen-Konstantsummenspiel koalitionsäquivalent zu dem durch

$$K \longmapsto k \cdot W(K) + \sum_{i \in K} d_i, \quad K \subseteq \{1,2,3\},$$

definierten 3-Personen-Konstantsummenspiel; dieses ist jedoch gerade das "Dreier-Knobeln" aus Beispiel (5.8), für das in der der Definition (5.28) vorangehenden Erläuterung gezeigt worden war, daß

$$\{ (\frac{1}{2}, \frac{1}{2}, -1), \quad (\frac{1}{2}, -1, \frac{1}{2}), \quad (-1, \frac{1}{2}, \frac{1}{2}) \}$$

eine von-Neumann-Morgenstern-Lösung ist. Durch Anwendung von Satz (5.29)c) erhält man dann sofort, daß

$$\{ k \cdot (\frac{1}{2}, \frac{1}{2}, -1) + d, \; k \cdot (\frac{1}{2}, -1, \frac{1}{2}) + d, \; k \cdot (-1, \frac{1}{2}, \frac{1}{2}) + d \}$$

$$= \{ (\frac{1}{2}, \frac{1}{2}, 0), (\frac{1}{2}, 0, \frac{1}{2}), (0, \frac{1}{2}, \frac{1}{2}) \} = L$$

eine von-Neumann-Morgenstern-Lösung von W ist.

(ii) Im zweiten Beweisabschnitt wird nachgewiesen, daß die Mengen $L_i(\alpha)$, $i \in \{1,2,3\}$, $\alpha \in [0; \frac{1}{2})$, von-Neumann-Morgenstern-Lösungen von W sind: Seien dazu $i \in \{1,2,3\}$ und $\alpha \in [0; \frac{1}{2})$ beliebig vorgegeben. Da alle zu $L_i(\alpha)$ gehörenden Imputationen in der i-ten Komponente gleich α sind, kann für $b, c \in L_i(\alpha)$ höchstens eine Dominanz der Form $b \overline{\underset{N-\{i\}}{}} c$ bestehen. Dies ist aber wiederum nicht möglich, da

$$\overline{\underset{j \in N-\{i\}}{\sum}} b_j = \overline{\underset{j \in N-\{i\}}{\sum}} c_j = 1 - \alpha$$

gelten muß und somit b nicht in beiden von i verschiedenen Komponenten größer als c sein kann. Folglich besitzt $L_i(\alpha)$ die Eigenschaft der inneren Stabilität.

Zum Nachweis der äußeren Stabilität sei $c \in I(W) - L_i(\alpha)$. Dann ist $c_i \neq \alpha$, d.h. es gilt entweder $c_i > \alpha$ oder $c_i < \alpha$. Für $c_i > \alpha$ dominiert die Imputation $b \in L_i(\alpha)$ mit

$$b_j = c_j + \frac{c_i - \alpha}{2} , \qquad j \in \{1,2,3\} - \{i\},$$

die Imputation c bzgl. der Koalition $\{1,2,3\} - \{i\}$. Ist dagegen $c_i < \alpha$, dann gibt es eine Komponente $k \neq i$ mit $c_k < 1-\alpha$, denn wären beide von i verschiedenen Komponenten größer oder gleich $1-\alpha$, erhielte man den Widerspruch

$$c_i = 1 - \sum_{\substack{j=1 \\ j \neq i}}^{3} c_j \leq 1 - 2(1-\alpha) = 2\alpha - 1 < 0.$$

Folglich dominiert die Imputation $b \in L_i(\alpha)$ mit $b_k = 1-\alpha$ die Imputation c bzgl. der Koalition $\{i,k\}$. Damit ist auch die äußere Stabilität von $L_i(\alpha)$ nachgewiesen.

(iii) Im dritten Beweisschritt bleibt somit nur noch zu zeigen, daß für jede von-Neumann-Morgenstern-Lösung L^* von W gilt

$$L^* \in \{L\} \cup \{L_i(\alpha); \quad 1 \leq i \leq 3, \ \alpha \in [0; \tfrac{1}{2})\}.$$

Sei dazu L^* eine beliebige von-Neumann-Morgenstern-Lösung von W. L^* besitzt dann zum einen die Eigenschaft der äußeren Stabilität, so daß nach Lemma (5.23)b) mehr als eine Imputation zu L^* gehören muß. Zum anderen dürfen sich wegen der inneren Stabilität von L^* je zwei Imputationen $b, c \in L^*$ nicht gegenseitig dominieren. Da nach Lemma (5.24) für $b, c \in I(W)$ gilt

$$b \rhd c \iff \exists K \subset \{1,2,3\}: \quad |K| = 2 \wedge b \underset{K}{\rhd} c$$

$$\iff \exists i, j \in \{1,2,3\}: \quad b_i > c_i \wedge b_j > c_j$$

und da $b_1 + b_2 + b_3 = c_1 + c_2 + c_3 = 1$ sein muß, folgt, daß sich zwei Imputationen $b, c \in I(W)$ genau dann nicht dominieren, wenn ein $i \in \{1,2,3\}$ existiert mit $b_i = c_i$. Die Eigenschaft der inneren Stabilität von L^* hat also zur Folge, daß es entweder - wie

bei den von-Neumann-Morgenstern-Lösungen $L_i(\alpha)$ - genau eine
Komponente gibt, in der alle Imputationen aus L^* gleich sind,
oder daß es - wie bei der von-Neumann-Morgenstern-Lösung L -
eine solche Komponente nicht gibt. Mit dem letzteren Fall
wollen wir uns zunächst beschäftigen:

(iii) a) Es war bereits angemerkt worden, daß L^* mindestens
zwei Imputationen enthalten muß. Würde L^* nur genau zwei
Imputationen enthalten, gäbe es jedoch - da sich diese beiden
nicht dominieren dürften - eine Komponente, in der alle
Imputationen aus L^* gleich sind. Diese Möglichkeit war hier
aber gerade ausgeschlossen worden. Somit enthält L^* mindestens
drei Imputationen b,c,d derart, daß gilt:

(*)   Es gibt kein $i \in \{1,2,3\}$ mit $b_i = c_i = d_i$.

Folglich existiert genau ein $j^* \in \{1,2,3\}$ mit $b_{j^*} = c_{j^*}$ und genau
ein $k^* \in \{1,2,3\} - \{j^*\}$ mit $c_{k^*} = d_{k^*}$. Das bedeutet aber bereits,
daß für den übrig bleibenden Index $m^* \in \{1,2,3\} - \{j^*,k^*\}$ gelten
muß $b_{m^*} = d_{m^*}$, da sowohl $b_{j^*} = d_{j^*}$ als auch $b_{k^*} = d_{k^*}$ wegen (*)
nicht möglich sind. Die Imputationen b,c,d seien nun o.B.d.A.
so bezeichnet, daß $b_1 = c_1$, $b_2 = d_2$ sowie $c_3 = d_3$ gilt. Entweder
muß dann $b_2 < c_2$ und $b_3 > c_3$ oder $b_2 > c_2$ und $b_3 < c_3$ sein.

Wäre $b_2 < c_2$ und $b_3 > c_3$, so folgte einerseits

$$d_1 = 1 - d_2 - d_3 = 1 - b_2 - c_3 = b_1 + (b_3 - c_3) > b_1$$

und andererseits, daß

$$e := \frac{1}{3}(b+c+d) = \left(\frac{2b_2+d_1}{3}, \frac{2b_2+c_2}{3}, \frac{2c_3+b_3}{3}\right) \in I(W)$$

wäre mit $e_1 > b_1 = c_1$, $e_2 > b_2 = d_2$, $e_3 > c_3 = d_3$. Also würde e jede
der Imputationen b,c und d dominieren und könnte nicht zu L^*
gehören. Wegen der äußeren Stabilität müßte es dann jedoch
ein $f \in L^*$ geben mit $f \rhd e$, d.h. mit $f_i > e_i$ und $f_j > e_j$ für
$i,j \in \{1,2,3\}$, $i \neq j$, so daß sich

$$\text{für} \quad \{i,j\} \quad = \{1,2\} \quad \text{die Dominanz} \quad f \rhd b,$$
$$\text{für} \quad \{i,j\} \quad = \{2,3\} \quad \text{die Dominanz} \quad f \rhd d \quad \text{und}$$
$$\text{für} \quad \{i,j\} \quad = \{1,3\} \quad \text{die Dominanz} \quad f \rhd c$$

ergäbe, was im Widerspruch stände zur inneren Stabilität von L^*. Folglich müssen anstelle von $b_2<c_2$ und $b_3>c_3$ die Ungleichungen $b_2>c_2$ und $b_3<c_3$ gelten, was

$$d_1 = 1-d_2-d_3 = 1-b_2-c_3 = b_1+(b_3-c_3)<b_1 = c_1$$

und damit insbesondere $b_1>0$, $b_2>0$, $c_1>0$, $c_3>0$, $d_2>0$, $d_3>0$ impliziert.

Angenommen, es würde auch $b_3 > 0$ gelten. Dann wäre

$$b^*:= (b_1 + \frac{b_3}{3} \, , \, b_2 + \frac{b_3}{3} \, , 0) \in I(W)$$

eine Imputation mit $b^* \underset{\{1,2\}}{\rhd} b$, $b^* \underset{\{1,2\}}{\rhd} c$, $b^* \underset{\{1,2\}}{\rhd} d$, woraus sich wie oben ein Widerspruch erzeugen ließe. Es muß deshalb $b_3 = 0$ sein und analog $c_2 = 0$, $d_1 = 0$. Man erhält dann die folgenden Gleichungen:

$$b_1 + b_2 = c_1 + c_3 = d_2 + d_3 = 1.$$

Mit $b_1 = c_1$, $b_2 = d_2$ und $c_3 = d_3$ erhält man hieraus

$$c_1 + d_2 = c_1 + c_3 = d_2 + c_3 = 1$$

und damit $c_1 = d_2 = c_3 = \frac{1}{2}$. Die drei Imputationen b,c,d haben also notwendig die Gestalt

$$b = (\frac{1}{2} \, , \frac{1}{2} \, , 0), \quad c = (\frac{1}{2} \, , 0, \frac{1}{2}), \quad d = (0 \, , \frac{1}{2} \, , \frac{1}{2}).$$

Daraus ergibt sich natürlich auch, daß dies die einzigen Imputationen in L^* sind, d.h. es gilt $L^* = L$.

(iii) b) Es bleibt damit noch die Möglichkeit zu betrachten, daß alle Imputationen aus L^* in einer festen Komponente gleich sind. Aus Symmetriegründen braucht dabei nur der Fall betrachtet werden, daß dies die erste Komponente ist, d.h. daß

es ein $\alpha \in [0;1]$ gibt mit $b_1 = \alpha$ für alle $b \in L^*$. Da keine
Imputation $c \in I(W)$ mit $c_1 = \alpha$ durch eine Imputation $b \in L^*$
dominiert werden kann, folgt aus der Eigenschaft der
äußeren Stabilität, daß alle Imputationen $c \in I(W)$ mit $c_1 = \alpha$
zu L^* gehören müssen. Es ist noch zu prüfen, welche Werte
bei einer von-Neumann-Morgenstern-Lösung für die Konstante α
auftreten können:

Zunächst sieht man sofort, daß $\alpha < 1$ sein muß, da sonst
$L^* = \{(1,0,0)\}$ wäre und nicht die Eigenschaft der äußeren
Stabilität besäße, z.B. wird $(0,1,0)$ nicht von $(1,0,0)$ dominiert.
Angenommen es gälte $\frac{1}{2} \leq \alpha < 1$. Dann wäre $b^* := (2\alpha-1,\ 1-\alpha, 1-\alpha) \in I(W)$
eine Imputation mit $b_1^* < \alpha$, so daß es wegen der äußeren Stabi-
lität von L^* eine Imputation $c = (c_1, c_2, c_3) \in L^*$ geben müßte
mit $c_2 > 1-\alpha$ oder $c_3 > 1-\alpha$. Weil jedoch aus $c_2 > 1-\alpha$ die Ungleichung $c_3 = 1 - c_2 - \alpha < 0$ und entsprechend aus $c_3 > 1-\alpha$
die Ungleichung $c_2 = 1 - c_3 - \alpha < 0$ folgt, ergibt sich in
beiden Fällen ein Widerspruch. Die Annahme $\alpha \geq \frac{1}{2}$ war also
falsch; es muß vielmehr $\alpha \in [0;\frac{1}{2})$ sein, d.h. $L^* = L_1(\alpha)$.
Analog zeigt man $L^* = L_2(\alpha)$ bzw. $L^* = L_3(\alpha)$ mit geeignetem
$\alpha \in [0;\frac{1}{2})$, falls die zweite bzw. dritte Komponente der Imputationen aus L^* gleich α ist. □

Die in Satz (5.31) erhaltenen von-Neumann-Morgenstern-Lösungen
kann man so interpretieren, daß in L alle Spieler gleichbe-
rechtigt sind, während in $L_i(\alpha)$ jeweils der Spieler i "dis-
kriminiert" wird, indem er zwar den festen Betrag α erhält,
jedoch nicht an Verhandlungen zur Aufteilung des Restbetrages
$1-\alpha$ teilnimmt.

In ihrem Buch "Theory of Games and Economic Behavior" [46]
bestimmen J. von Neumann und O. Morgenstern auch sämtliche
von-Neumann-Morgenstern-Lösungen für allgemeine, wesentliche,
reduzierte 3-Personenspiele in Funktionsform sowie für gewisse
Klassen von wesentlichen, reduzierten 4-Personen-Konstant-
summenspielen in Funktionsform. Ferner haben sie die Existenz

wenigstens einer von-Neumann-Morgenstern-Lösung für *alle*
wesentlichen, reduzierten 4-Personen-Konstantsummenspiele
bewiesen.

Darüberhinaus zeigt ein Vergleich der beiden bisher vorge-
stellten Lösungskonzepte für kooperative n-Personenspiele
in Funktionsform, daß das Konzept der von-Neumann-Morgenstern-
Lösungen im allgemeinen weit weniger restriktiv ist als das
des Kerns:

(5.32)   *Anmerkung:*

> *Der Kern eines kooperativen n-Personenspiels in*
> *Funktionsform ist in jeder von-Neumann-Morgenstern-*
> *Lösung enthalten.*

Diese Aussage folgt sofort aus der Definition des Kerns, denn
gäbe es für ein Spiel W in Funktionsform eine von-Neumann-
Morgenstern-Lösung L und eine Imputation $b \in C(W)-L$, dann müßte
wegen der äußeren Stabilität von L die Imputation b dominiert
sein, was im Widerspruch steht zur Voraussetzung $b \in C(W)$. Falls
also überhaupt eine von-Neumann-Morgenstern-Lösung existiert,
umfaßt sie den Kern.

Jahrzehntelang offen war die Frage, ob *jedes* wesentliche,
reduzierte n-Personenspiel in Funktionsform mindestens eine
von-Neumann-Morgenstern-Lösung besitzt. Im Jahre 1967 gelang
es jedoch W.F. Lucas, diese Frage (negativ) zu beantworten.
Er machte sich dabei zunutze, daß man bei der Darstellung von
n-Personenspielen durch Mengenfunktionen $W: \mathcal{P}(\{1,..,n\}) \longrightarrow \mathbb{R}^1$
in gewissem Sinne sogar auf die Oberadditivität von W ver-
zichten kann.

(5.33) *Definition (vgl. Gillies [21]):*

Es seien $M \in \mathbb{R}^1$ und $W: \mathcal{P}(\{1,\ldots,n\}) \longrightarrow \mathbb{R}^1$ eine Mengenfunktion mit $W(\emptyset) = 0$. Dann heißt (M,W) ein <u>*verallgemeinertes n-Personenspiel in Funktionsform*</u> *und*

$$I(M,W) := \{b \in \mathbb{R}^n;\ \sum_{i=1}^{n} b_i = M,\ b_i \geq W(\{i\})\ \text{für } 1 \leq i \leq n\}$$

<u>*die Menge der Imputationen von (M,W).*</u>

Man sieht sofort, daß die Konstante M hier lediglich dazu benötigt wird, die Menge der Imputationen zu definieren. Entsprechend der in Definition (5.2o) eingeführten Begriffsbildung läßt sich dann auch für verallgemeinerte n-Personenspiele in Funktionsform die Dominanz von Imputationen definieren:

(5.34) *Definition:*

(M,W) sei ein verallgemeinertes n-Personenspiel in Funktionsform und $b,c \in I(M,W)$ Imputationen.

a) <u>*b dominiert c bzgl. K*</u> *(Bezeichnung $b \underset{K}{\succ} c$), falls gilt:*

   (i) $b_i > c_i$ für alle $i \in K$,

   (ii) $\sum_{i \in K} b_i \leq W(K)$.

b) <u>*b dominiert c*</u> *(Bezeichnung $b \succ c$), falls eine Koalition $L \in \mathcal{P}_o$ existiert mit $b \underset{L}{\succ} c$.*

Im Gegensatz zu kooperativen n-Personenspielen in Normalform, bei denen die strategische Äquivalenz direkt über die Auszahlungsfunktionen definiert worden war und zu n-Personenspielen in Funktionsform, bei denen die Koalitionsäquivalenz mit Hilfe der charakteristischen Funktionen erklärt worden war, wird jetzt bei verallgemeinerten n-Personenspielen in Funktionsform eine Äquivalenz zwischen Spielen unter Zuhilfenahme der Dominanzrelation $\succ$ definiert:

<u>*(5.35) Definition:*</u>

Zwei verallgemeinerte n-Personenspiele (M_1, W_1) und (M_2, W_2) in Funktionsform heißen <u>dominationsäquivalent</u> (Bezeichnung: $(M_1, W_1) \simeq (M_2, W_2)$), falls es eine bijektive Abbildung $\varphi: I(M_1, W_1) \longrightarrow I(M_2, W_2)$ gibt, so daß für alle $b, c \in I(M_1, W_1)$ gilt:

$$b \succ c \;\Longleftrightarrow\; \varphi(b) \succ \varphi(c).$$

Wie man aus der Definition sofort ersieht, ist die Dominationsäquivalenz tatsächlich eine Äquivalenzrelation auf der Menge aller verallgemeinerten n-Personenspiele in Funktionsform. Darüberhinaus läßt sich zeigen, daß man aus jeder bzgl. der Dominationsäquivalenz gebildeten Äquivalenzklasse einen "normierten" Repräsentanten auswählen kann:

<u>*(5.36) Lemma:*</u>

Zu jedem verallgemeinerten n-Personenspiel (M, W) in Funktionsform gibt es ein verallgemeinertes n-Personenspiel (M^*, W^*), für das gilt

$$M^* \in \{-1, 0, 1\}, \quad W^*(\{i\}) = 0 \;\; \text{für alle } 1 \leq i \leq n \;\; \text{und } (M, W) \simeq (M^*, W^*).$$

Beweis: Mit $d := M - \sum_{i=1}^{n} W(\{i\})$ läßt sich ein Spiel (M^*, W^*) wie folgt angeben:

$$M^* := \begin{cases} \dfrac{d}{|d|} & \text{falls} \quad d \neq 0 \\[2ex] 0 & \text{falls} \quad d = 0 \end{cases},$$

$$W^*(K) := \begin{cases} \dfrac{1}{d} \cdot \left(W(K) - \sum_{i \in K} W(\{i\}) \right) & \text{falls} \quad d \neq 0 \\[2ex] W(K) - \sum_{i \in K} W(\{i\}) & \text{falls} \quad d = 0 \end{cases}, \quad K \subset N.$$

Man sieht dann sofort die Gültigkeit der Äquivalenzen

$$d < 0 \;\Longleftrightarrow\; I(M, W) = \emptyset \;\Longleftrightarrow\; I(M^*, W^*) = \emptyset$$

und

$$d = 0 \longleftrightarrow I(M,W) = \{(W(\{1\}),\ldots,W(\{n\}))\} \longleftrightarrow I(M^*,W^*) = \{(0,\ldots,0)\},$$

so daß in beiden Fällen die Dominationsäquivalenz $(M,W)\simeq(M^*,W^*)$ trivial ist, da keine Imputation von einer anderen dominiert werden kann.

Für d>0 erhält man als Imputationsmengen

$$I(M,W) = \{(b_1,\ldots,b_n)\in \mathbb{R}^n;\ b_i \geq W(\{i\}) \text{ für } 1\leq i\leq n,\ \sum_{i=1}^{n} b_i = M\},$$

$$I(M^*,W^*) = \{(b_1,\ldots,b_n)\in \mathbb{R}^n;\ b_i \geq 0 \text{ für } 1\leq i\leq n,\ \sum_{i=1}^{n} b_i = 1\}.$$

Man kann dann eine positive lineare Transformation $\varphi: I(M,W) \longrightarrow I(M^*,W^*)$ definieren durch

$$\varphi(b) = (\varphi_1(b_1),\ldots,\varphi_n(b_n)) := \frac{1}{d}\cdot(b - (W(\{1\}),\ldots,W(\{n\}))),$$

die $I(M,W)$ bijektiv auf $I(M^*,W^*)$ abbildet. Dann gilt für $b,c\in I(M,W)$ und $K\in \mathcal{P}_0$:

$$b \underset{K}{\succ} c \longleftrightarrow b_i > c_i \text{ für alle } i\in K \text{ und } \sum_{i\in K} b_i \leq W(K)$$

$$\longleftrightarrow \varphi_i(b_i) > \varphi_i(c_i) \text{ für alle } i\in K \text{ und}$$

$$\sum_{i\in K} \varphi_i(b_i) = \frac{1}{d} (\sum_{i\in K} b_i - \sum_{i\in K} W(\{i\})) \leq \frac{1}{d}(W(K) - \sum_{i\in K} W(\{i\}))$$

$$= W^*(K)$$

$$\longleftrightarrow \varphi(b) \underset{K}{\succ} \varphi(c).$$

Folglich besteht auch für d>0 die Dominationsäquivalenz $(M,W) \simeq (M^*,W^*)$. $\qquad\square$

Damit sind die Hilfsmittel bereitgestellt, die man benötigt, um die frühere Bemerkung zu präzisieren, daß bei der Darstellung von kooperativen n-Personenspielen durch Mengenfunktionen $W: \mathcal{P}(\{1,\ldots,n\}) \longrightarrow \mathbb{R}^1$ auf die Oberadditivität von W verzichtet werden kann.

<u>(5.37)</u> <u>*Satz:*</u>

Zu jedem verallgemeinerten n-Personenspiel (M,W) in Funktionsform gibt es ein dominationsäquivalentes verallgemeinertes n-Personenspiel (M^*,W^*), bei dem W^* oberadditiv ist mit $W^*(\{i\}) = 0$ für alle $1 \leq i \leq n$ und für das $M^* \in \{-1,0,1\}$ gilt.

Beweis: (M,W) sei ein verallgemeinertes n-Personenspiel in Funktionsform. Dann kann man aufgrund von Lemma (5.36) o.B.d.A. annehmen, daß $M \in \{-1,0,1\}$ und $W(\{i\}) = 0$ für alle $1 \leq i \leq n$ ist. Setzt man für $M \in \{-1,0\}$

$$M^* := M \text{ und } W^*(K) := 0 \quad \text{für alle } K \subset N,$$

so ist W^* oberadditiv und es gilt

$$I(M,W) = I(M^*,W^*) = \begin{cases} \emptyset & \text{falls } M = -1 \\ \{(0,\ldots,0)\} & \text{falls } M = 0 \end{cases},$$

woraus man sofort $(M,W) \simeq (M^*,W^*)$ schließen kann. Somit bleibt nur noch der Fall $M = 1$ zu untersuchen, in dem man $M^* := M$ sowie

$$W^*(K) := \max\{\sum_{i=1}^{k} W(K_i); \; 1 \leq k \leq |K|, \; K_\nu \neq \emptyset \text{ und } K_\mu \cap K_\nu = \emptyset \text{ für } 1 \leq \mu, \nu \leq k, \; \mu \neq \nu,$$

$$\sum_{i=1}^{k} K_i = K\}$$

definiert. Zum Beweis dafür, daß die so definierte Mengenfunktion W^* oberadditiv ist, werden zwei disjunkte Koalitionen $K, L \in \mathcal{P}_0$ betrachtet. Da man aus jeder Zerlegung von K und aus jeder Zerlegung von L durch "Zusammensetzen" insbesondere eine Zerlegung von $K \cup L$ erhält, folgt dann

$$W^*(K \cup L) = \max\{\sum_{i=1}^{s} W(S_i); \; 1 \leq s \leq |K \cup L|, \; S_\nu \neq \emptyset \text{ und } S_\mu \cap S_\nu = \emptyset \text{ für } 1 \leq \mu, \nu \leq s,$$

$$\mu \neq \nu, \; \sum_{i=1}^{s} S_i = K \cup L\}$$

$$\geq \max \left\{ \sum_{i=1}^{k} W(K_i); \ 1 \leq k \leq |K|, \ K_\nu \neq \emptyset \text{ und } K_\mu \cap K_\nu = \emptyset \text{ für } 1 \leq \mu, \nu \leq k, \right.$$

$$\left. \mu \neq \nu, \ \sum_{i=1}^{k} K_i = K \right\}$$

$$+ \max \left\{ \sum_{j=1}^{\ell} W(L_j); \ 1 \leq j \leq |L|, \ L_\nu \neq \emptyset \text{ und } L_\mu \cap L_\nu = \emptyset \text{ für } 1 \leq \mu, \nu \leq \ell, \right.$$

$$\left. \mu \neq \nu, \ \sum_{j=1}^{\ell} L_j = L \right\}$$

$$= W^*(K) + W^*(L),$$

also die Oberadditivität von W^*. Die Dominationsäquivalenz $(M,W) \simeq (M^*,W^*)$ sieht man schließlich wie folgt ein: Wegen $M = M^*$ und $W(\{i\}) = W^*(\{i\}) = 0$ ist $I(M,W) = I(M^*,W^*)$. Als bijektive Abbildung $\varphi: I(M,W) \longrightarrow I(M^*,W^*)$ wählt man

$$\varphi(b) := b \quad \text{für alle } b \in I(M,W)$$

und zeigt für $b, c \in I(M,W)$

$$b \succ c \iff \varphi(b) \succ \varphi(c) \quad {}^{1)}.$$

"$\Rightarrow$": Gilt $b \succ c$, so gibt es eine Koalition $K \in \mathcal{P}_0$ mit $b \underset{K}{\succ} c$, d.h.

$$b_i > c_i \text{ für alle } i \in K \text{ und } \sum_{i \in K} b_i \leq W(K) \leq W^*(K).$$

Es gilt also auch $\varphi(b) \underset{K}{\succ} \varphi(c)$.

"$\Leftarrow$": Umgekehrt gelte nun $\varphi(b) \underset{K}{\succ} \varphi(c)$ für eine Koalition $K \in \mathcal{P}_0$, d.h.

$$b_i > c_i \text{ für alle } i \in K \text{ und } \sum_{i \in K} b_i \leq W^*(K).$$

---

[1] Obwohl φ die identische Abbildung ist, wird $\varphi(b)$ und $\varphi(c)$ anstelle von b bzw. c geschrieben, um zu verdeutlichen, daß sich die Dominanz $\varphi(b) \succ \varphi(c)$ auf die Imputationen im Spiel (M^*,W^*) bezieht, die Dominanz $b \succ c$ dagegen auf die Imputationen im Spiel (M,W).

Nach Definition von W^* gibt es dann eine disjunkte Zerlegung $K = \sum_{i=1}^{k} K_i$, $K_i \neq \emptyset$ für alle $1 \leq i \leq k$, mit $W^*(K) = \sum_{i=1}^{k} W(K_i)$. In dieser Zerlegung muß es mindestens eine Koalition K_{i_0} geben mit $\sum_{j \in K_{i_0}} b_j \leq W(K_{i_0})$, denn wenn für alle $i \in \{1,\ldots,k\}$ gelten würde

$$\sum_{j \in K_i} b_j > W(K_i),$$

so folgte

$$\sum_{j \in K} b_j = \sum_{i=1}^{k} \sum_{j \in K_i} b_j > \sum_{i=1}^{k} W(K_i) = W^*(K),$$

was im Widerspruch zu $\varphi(b) \underset{K}{\succ} \varphi(c)$ steht. Da $K_{i_0} \subset K$ ist, gilt also $b \underset{K_{i_0}}{\succ} c$ und damit insbesondere $b \succ c$.   □

Obwohl mit diesem Satz sichergestellt ist, daß es zu jedem verallgemeinerten n-Personenspiel (M,W) in Funktionsform ein dominationsäquivalentes Spiel (M^*,W^*) mit oberadditiver Mengenfunktion W^* gibt, ist doch noch nicht gezeigt, daß man dieses Spiel o.B.d.A. bereits als ein n-Personenspiel in Funktionsform annehmen kann; dazu müßte man nämlich stets (M^*,W^*) so wählen können, daß $M^* = W^*(N)$ gilt. Dies trifft in dem uninteressanten Fall $M - \sum_{i=1}^{n} W(\{i\}) < 0$ nicht zu; in allen anderen Fällen, d.h. für alle verallgemeinerten Spiele mit nicht-leerer Imputationenmenge, gilt jedoch diese Aussage.

(5.38) *Korollar:*

> *Es sei (M,W) ein verallgemeinertes n-Personenspiel in Funktionsform mit $I(M,W) \neq \emptyset$. Dann gibt es ein dominationsäquivalentes verallgemeinertes n-Personenspiel (M^*,W^*) mit oberadditiver Mengenfunktion W^* und $M^* = W^*(N)$.*

Beweis: Nach Satz (5.37) kann man o.B.d.A. annehmen, daß W oberadditiv ist mit $W(\{i\}) = 0$ für $1 \le i \le n$, und daß $M \in \{-1,0,1\}$ gilt. Aus der Voraussetzung $I(M,W) \ne \emptyset$ folgert man, daß sogar $M \in \{0,1\}$ gelten muß. Für $M = 0$ ergibt sich $I(M,W) = \{(0,\dots,0)\}$, so daß (M,W) dominationsäquivalent ist zu dem durch

$$M^* := 0 \text{ und } W^*(K) := 0 \text{ für alle } K \subset N$$

definierten Spiel (M^*,W^*). Für $M = 1$ erhält man dagegen

$$I(M,W) = \{b \in \mathbb{R}^n;\ b_i \ge 0 \text{ für alle } 1 \le i \le n,\ \sum_{i=1}^{n} b_i = 1\}.$$

Wegen der Oberadditivität von W muß ferner einer der beiden Fälle $W(N) = 0$ oder $W(N) > 0$ vorliegen.

<u>Fall 1:</u> $W(N) = 0$.

In diesem Fall gibt es wegen (5.34)(ii) keine Koalition K und keine Imputationen $b,c \in I(M,W)$ mit $b \underset{K}{\succ} c$. Setzt man

$$M^* = 1 \text{ sowie } W^*(K) = \begin{cases} 0 & \text{falls } K \underset{\ne}{\subset} N \\ 1 & \text{falls } K = N \end{cases},$$

so gilt $I(M^*,W^*) = I(M,W)$. Außerdem gibt es wegen (5.34)(ii) und (5.33) ebenfalls keine Koalition K und keine Imputationen $b,c \in I(M^*,W^*)$, so daß (bzgl. W^*) die Dominanz $b \underset{K}{\succ} c$ gelten würde. Hieraus folgt $(M,W) \simeq (M^*,W^*)$.

<u>Fall 2:</u> $W(N) > 0$.

Sei $M^* := W(N)$ und $W^* := W$. Dann wird durch $\varphi(b) := M^* \cdot b$ eine bijektive Abbildung $\varphi: I(M,W) \longrightarrow I(M^*,W^*)$ definiert, so daß für $b,c \in I(M,W)$ und jede Koalition K überdies gilt

$$b \underset{K}{\succ} c \iff \varphi(b) \underset{K}{\succ} \varphi(c).$$

Es folgt also insbesondere $(M,W) \simeq (M^*,W^*)$. $\qquad\qquad$ □

In Anlehnung an das in (5.28) definierte Lösungskonzept der von-Neumann-Morgenstern-Lösung für kooperative n-Personen-

spiele in Funktionsform wird jetzt für verallgemeinerte
n-Personenspiele in Funktionsform ein entsprechender Lösungsbegriff definiert, bei dem anselle der Dominanz "$\rhd$" die
Dominanzrelation "$\succ$" verwendet wird.

(5.39) Definition:

> *Es sei (M,W) ein verallgemeinertes n-Personenspiel in
> Funktionsform. Dann heißt eine Imputationenmenge
> $L \subset I(M,W)$ eine <u>Lösung</u> von (M,W), falls gilt:*
>
> *(i)   Für alle $b,c \in L$ gilt weder $b \succ c$ noch $c \succ b$.*
>
> *(ii) Zu jedem $c \in I(M,W)-L$ gibt es ein $b \in L$ mit $b \succ c$.*

Es besteht dann der folgende Zusammenhang zu von-Neumann-
Morgenstern-Lösungen bei Spielen in Funktionsform:

(5.4o) Satz:

> *(M,W) sei ein verallgemeinertes n-Personenspiel in
> Funktionsform und W^* ein n-Personenspiel in Funktions-
> form derart, daß (M,W) und $(W^*(N),W^*)$ dominations-
> äquivalent sind. d.h. daß es eine bijektive Abbildung
> $\varphi: I(M,W) \longrightarrow I(W^*(N),W^*)$ gibt mit*
>
> $$b \succ c \longleftrightarrow \varphi(b) \succ \varphi(c) \quad \text{für alle} \quad b,c \in I(M,W).$$
>
> *Dann gilt:*
>
> *$L \subset I(M,W)$ ist eine Lösung von (M,W) genau dann, wenn
> $\varphi(L)$ eine von-Neumann-Morgenstern-Lösung von W^* ist.*

Beweis: Wegen der Äquivalenz

$$b \succ c \longleftrightarrow \varphi(b) \succ \varphi(c) \longleftrightarrow \varphi(b) \rhd \varphi(c) \quad \text{für alle} \quad b,c \in I(M,W)$$

und der Bijektivität von φ besitzt $L \subset I(M,W)$ genau dann die
Eigenschaften (5.34)(i), (ii), wenn $\varphi(L) \subset I(W^*(N),W^*) = I(W^*)$
die Eigenschaften (5.28)(i), (ii) besitzt. □

Damit läßt sich jetzt durch das Beispiel von W.F. Lucas (vgl.
[38]) bzw. durch eine Verallgemeinerung dieses Beispiels (vgl.
[60]) die Frage negativ beantworten, ob jedes kooperative
n-Personenspiel in Funktionsform eine von-Neumann-Morgenstern-
Lösung besitzt. Bei dem Beispiel von Lucas bzw. dessen Verallgemeinerung zu einer ganzen Klasse von Beispielen gibt man
verallgemeinerte n-Personenspiele in Funktionsform an und macht
sich zunutze, daß man bei diesen Spielen die Dominanz von
Imputationen relativ einfach (allerdings mit recht umfangreichem
Rechenaufwand) überprüfen kann. Wenn man ein Beispiel (M,W)
für ein verallgemeinertes n-Personenspiel in Funktionsform angegeben hat, welches keine Lösung im Sinne von (5.34) besitzt,
kann man mit Hilfe von Korollar (5.38) folgern, daß es ein
n-Personenspiel W^* in Funktionsform gibt, so daß (M,W) und
$(W^*(N), W^*)$ dominationsäquivalent sind. Aus Satz (5.4o) erhält
man dann direkt, daß W^* keine von-Neumann-Morgenstern-Lösung
besitzen kann.

<u>(5.41)</u> <u>Satz</u> *(vgl. Lucas [38], Schmitz [60]):*

> *Es seien $m \in I\!N$ eine ungerade Zahl und $n = 2m+8$. (M,W) sei
> das verallgemeinerte n-Personenspiel in Funktionsform,
> das man erhält, wenn man $M = m+4$ wählt und mit Hilfe der
> beiden Koalitionen*
>
> $$V := \{2i-1; \quad 1 \le i \le m+2\}, \quad H := \{2m+5, \ 2m+7\}$$
>
> *eine Mengenfunktion $W: \wp(N) \longrightarrow I\!R^1$ definiert durch*
>
> $$W(K) := \begin{cases} m+4 & falls \quad K = N \\[4pt] |K-H| + 1 & falls \quad H \subset K, \ K-H \subset V, \ 2 \le |K-H| \le m+2 \\[4pt] |K-H| & falls \quad |K \cap H| = 1, \ K-H \subset V, \ 2 \le |K-H| \le m+1 \\[4pt] 1 & falls \quad K = \{2i-1, \ 2i\} \ für \ ein \ 1 \le i \le m+4 \\[4pt] 2 & falls \quad H \subset K, \ K \cap H^c \cap V = \{j\}, \\ & \qquad K \cap H^c \cap V^c = \{j+3, \ j-2m-1\} \cap \{1,\ldots,2m+4\} \\[4pt] 0 & sonst. \end{cases}$$
>
> *Dann besitzt (M,W) keine Lösung (im Sinne von (5.39)).*

Wegen des großen technischen Rechenaufwandes, den der ausführliche Beweis dieses Satzes erfordert soll hier nur die
Beweis*idee* angegeben werden: Man zeigt zunächst, daß

$$C := \{b \in I(M,W);\ b_{2i-1} + b_{2i} = 1 \text{ für alle } 1 \le i \le m+4,\ \sum_{j \in V \cup H} b_j = m+3\}$$

die Menge aller nicht dominierten Imputationen im Spiel (M,W)
ist. Dann zerlegt man die Menge I(M,W) der Imputationen von
(M,W) in fünf geeignet gewählte disjunkte Teilmengen. Aufgrund
eines "zyklischen" Dominationsmusters, das sich aus der o.a.
Festlegung von W ergibt, läßt sich dann durch umfangreiche
Fallunterscheidungen zeigen, daß (M,W) keine Lösung im Sinne
von (5.39) besitzt.

Diese in Satz (5.41) angegebene Beispielklasse ist noch in
anderer Hinsicht bemerkenswert: Wenn nämlich W^* ein (nach
Korollar (5.39) existierendes) n-Personenspiel in Funktionsform ist derart, daß $(W^*(N),W^*)$ und (M,W) dominationsäquivalent sind, dann gibt es eine bijektive Abbildung
$\varphi: I(M,W) \longrightarrow I(W^*)$ mit $b \succ c \longleftrightarrow \varphi(b) \rhd \varphi(c)$ für alle $b,c \in I(M,W)$.
Da im Beweis von Satz (5.41) gezeigt wird, daß C die Menge
aller nicht dominierten Imputationen im Spiel (M,W) ist, folgt
jetzt außerdem, daß $C(W^*) = \varphi(C)$ der Kern des Spiels W^* ist.
Man hat in Satz (5.41) also gleichzeitig ein Beispiel für ein
Spiel in Funktionsform angegeben, welches einen nicht-leeren
Kern, aber keine von-Neumann-Morgenstern-Lösung besitzt. Dies
steht nicht, wie es zunächst erscheinen mag, im Widerspruch
zur Anmerkung (5.32), da dort nur behauptet wird, daß der
Kern Teilmenge jeder von-Neumann-Morgenstern-Lösung ist,
sofern überhaupt eine solche existiert. Damit ist der vielleicht zunächst entstandene Eindruck korrigiert, der Kern
sei ein schärferes Lösungskonzept als das der von-Neumann-
Morgenstern-Lösung. Andererseits kann man jedoch auch zeigen,
daß für eine relativ große Klasse von Spielen in Funktionsform
diese beiden Lösungsbegriffe sogar äquivalent sind:

_(5.42)_ _Satz:_

Es seien $K_1, \ldots, K_{2^n - n - 2}$ _die Teilmengen_ $K \subset \{1, \ldots, n\}$
mit $2 \leq |K| \leq n-1$ _in beliebiger, aber fester Reihenfolge._
Ferner seien

$$W := \{W; \ W \text{ ist ein reduziertes, wesentliches}$$
$$n\text{-Personenspiel in Funktionsform mit}$$
$$W(K_i) < \tfrac{1}{n} \text{ für } 1 \leq i \leq 2^n - n - 2\}$$

und

$$W' := \{(w_1, \ldots, w_{2^n - n - 2}) \in \mathbb{R}^{2^n - n - 2}; \ \exists W \in W: \ \forall i \in \{1, \ldots, 2^n - n - 2\}:$$
$$w_i = W(K_i)\}.$$

Dann gilt:

_a)_ $\quad \lambda^{2^n - n - 2}(W') > 0.$

_b)_ $\quad$ _Für alle_ $W \in W$ _ist_ $C(W) \neq \emptyset.$

_c)_ $\quad$ _Für alle_ $W \in W$ _ist_ $C(W)$ _die einzige von-Neumann-_
Morgenstern-Lösung von $W.$

Die Aussage dieses Satzes wird manchmal auch kürzer (und un-
genauer) folgendermaßen formuliert:

Eine Teilmenge positiven Lebesgue-Maßes der Menge aller
reduzierten, wesentlichen n-Personenspiele besitzt genau
eine von-Neumann-Morgenstern-Lösung, die zudem mit dem
Kern übereinstimmt.

Weil zum einen der Beweis dieses Satzes recht langwierig ist
und zum anderen der Kern $C(W)$ der Spiele $W \in W$ auch nicht allgemein bestimmt wird, soll dieser auf Gillies (vgl. [21])
zurückgehende Beweis hier nicht ausgeführt werden.

§ 3   Der Shapley-Wert

Die beiden bisher behandelten Lösungsbegriffe für kooperative
n-Personenspiele in Funktionsform haben verschiedene schwer-
wiegende Nachteile: Der Kern ist, wie in Korollar (5.27) angemerkt wurde, in vielen Fällen leer - man hat dann also gar
keine Imputation, die man als "Lösung" bezeichnen könnte - und
auch von-Neumann-Morgenstern-Lösungen existieren nicht immer.
Wie das Beispiel des wesentlichen, reduzierten 3-Personen-
Konstantsummenspiels in Funktionsform zeigt, ist es andererseits aber auch möglich, daß es zu einem Spiel in Funktionsform *verschiedene* von-Neumann-Morgenstern-Lösungen gibt, die
jeweils wiederum überabzählbar viele Imputationen enthalten -
auch in diesem Fall ist also keine Imputation besonders ausgezeichnet, deren Komponenten man als Wert des Spiels für die
einzelnen Spieler interpretieren könnte. Somit stellt sich die
Frage, ob man nicht durch möglichst einfache, intuitiv naheliegende Forderungen an die Bewertung von Spielen eine spezielle Imputation als "Lösung" des Spiels aussondern kann. Ein
derartiges, besonders einfaches System von Forderungen stammt
von Shapley, [65]. Dabei werden n-Personenspiele in Funktionsform "bewertet" durch eine Funktion Φ, deren Definitionsbereich
die Menge

$$CF_n := \{W: \mathcal{P}(\{1,\ldots,n\}) \longrightarrow \mathbb{R}^1 ; \ W(\emptyset)=0, \ W \text{ ist oberadditiv}\}$$

ist und deren Funktionswerte Imputationen im $\mathbb{R}^n$ sind. Forderungen an die Bewertung von Spielen werden dann also ausgedrückt durch Bedingungen an die Funktion Φ.

Eine naheliegende Forderung ist, daß "offensichtlich schwache"
Spieler nur eine geringe Auszahlung erhalten sollten. Um dies
mathematisch formulieren zu können, muß zunächst der Begriff
des "schwachen Spielers" präzisiert werden.

(5.43) *Definition:*

> *Es sei W ein n-Personenspiel in Funktionsform. Ein*
> *Spieler $i \in N$ heißt* <u>*Strohmann*</u> *für W, wenn für alle*
> *Koalitionen $K \subset N$ mit $i \in K$ gilt*
>
> $$W(K) = W(K-\{i\}) + W(\{i\}).$$
>
> *Eine Koalition $T \subset N$ heißt* <u>*Träger*</u> *von W, wenn für alle*
> *$K \subset N$ gilt*
>
> $$W(K) = W(K \cap T) + \sum_{i \in K \cap T^c} W(\{i\}).$$

Für jedes n-Personenspiel in Funktionsform gilt wegen der Oberadditivität von W stets die Ungleichung

$$W(K) \geq W(K-\{i\}) + W(\{i\}) \quad \text{für alle } i \in K \subset N;$$

wenn also i ein Spieler ist, so daß für jede Koalition K mit
$i \in K$ sogar die Gleichheit

$$W(K) = W(K-\{i\}) + W(\{i\})$$

gilt, dann ist dieser Spieler i in jeder Koalition insofern
unwesentlich, als er nur seinen Minimalbetrag $W(\{i\})$ mit in
den Koalitionsgewinn einbringen kann. Seine Position bei
eventuellen Koalitionsbildungsprozessen ist also denkbar
schwach; deshalb bezeichnet man ihn, wie beim Whistspiel, als
Strohmann.
Der zweite Teil der Definition (5.43) besagt, daß zu einem
vorgegebenen Spiel $W \in CF_n$ die Menge

$$T(W) := \{ i \in N; \ i \text{ ist nicht Strohmann für } W \}$$

ein Träger von W ist, da für jede Koalition K die Spieler in
K-T(W) Strohmänner sind und somit

$$W(K) = W(K \cap T(W)) + \sum_{i \in K-T(W)} W(\{i\})$$

gilt. Umgekehrt ist jeder Träger T von W eine Obermenge von
T(W). Ist nämlich $i_o \in T^c$, dann gilt für alle Koalitionen K mit
$i_o \in K$ die Gleichheit

$$W(K) = W(K \cap T) + \sum_{i \in K-T} W(\{i\})$$

$$= W((K-\{i_o\}) \cap T) + W(\{i_o\}) + \sum_{i \in (K-\{i_o\}) \cap T^C} W(\{i\})$$

$$= W(K-\{i_o\}) + W(\{i_o\});$$

der Spieler i_o ist folglich ein Strohmann für W und es gilt $T(W) \subset T$.

Nach diesen Vorbereitungen können nun die auf Shapley [65] zurückgehenden Forderungen an die Bewertung von Spielen in Funktionsform formuliert werden:

(5.44) *Definition:*

> *Eine Funktion $\Phi: CF_n \longrightarrow \mathbb{R}^n$ heißt eine Shapley'sche Wertfunktion, falls für jedes $W \in CF_n$ der Vektor $\Phi(W) = (\Phi_1(W),\ldots,\Phi_n(W))$ eine Imputation in $I(W)$ ist und folgende Bedingungen erfüllt sind:*
>
> *(i)   Ist $i \in N$ ein Strohmann für $W \in CF_n$, dann gilt*
> $$\Phi_i(W) = W(\{i\}).$$
>
> *(ii)   Sind $W \in CF_n$, $\pi: N \longrightarrow N$ eine Permutation und W_π das durch $W_\pi(K) := W(\pi^{-1}(K))$, $K \subset N$, definierte n-Personenspiel in Funktionsform, dann gilt für alle $i \in N$*
> $$\Phi_{\pi(i)}(W_\pi) = \Phi_i(W).$$
>
> *(iii)   Für alle $W_1, W_2 \in CF_n$ gilt $\Phi(W_1+W_2) = \Phi(W_1) + \Phi(W_2)$.*

Die Bedingung (i) in dieser Definition enthält die Forderung, daß jedem Strohmann, also jedem "schwachen" Spieler nur sein Garantiebetrag zugebilligt wird. In (ii) ist eine Forderung formuliert, wie sich die Bewertung von Spielen ändern soll, wenn man die Spieler "umbenennt" (umnumeriert): Wird eine solche Umnumerierung durch eine Permutation π beschrieben, dann entspricht der Koalition $K \subset N$ im umnumerierten Spiel W_π die Koalition $\pi^{-1}(K)$ im ursprünglichen Spiel W; entsprechend soll dann der Bewertungsvektor $\Phi(W_\pi)$ durch Umnumerierung der Komponenten aus dem Bewertungsvektor $\Phi(W)$ hervorgehen, d.h. die i-te Komponente von $\Phi(W)$ soll übereinstimmen mit der $\pi(i)$-ten Komponente von $\Phi(W_\pi)$. Die "Benennung" der Spieler soll also keine Rolle spielen, sondern nur ihre strategische Stärke. Schließlich wird in (iii) die charakteristische Funktion betrachtet, die man erhält, wenn man die durch W_1 und W_2 gegebenen Spiele völlig unabhängig voneinander spielt. Da mit W_1 und W_2 auch W_1+W_2 oberadditiv und somit Element von CF_n ist, wird in (iii) verlangt, daß die Bewertung $\Phi(W_1+W_2)$ des "zusammengesetzten Spiels" W_1+W_2 sich als Summe der Einzelbewertungen $\Phi(W_1)$ und $\Phi(W_2)$ ergibt.

Die sich nun stellenden Fragen nach der Existenz und gegebenenfalls nach der Eindeutigkeit von Shapley'schen Wertfunktionen sollen in mehreren Schritten beantwortet werden. Im ersten Schritt wird dabei zunächst eine Teilmenge der Menge aller n-Personenspiele in Funktionsform betrachtet.

(5.45)   *Definition:*

> *Es sei $H \in \mathcal{R}_0$ eine beliebige Koalition. Dann heißt das durch*
>
> $$W_H(K) := \begin{cases} 1 & \text{falls } H \subset K \\ 0 & \text{sonst} \end{cases}, \qquad K \subset N,$$
>
> *definierte n-Personenspiel in Funktionsform ein* *einfaches Spiel* [1].

In einem einfachen Spiel W_H gibt es für jede Koalition nur die beiden Möglichkeiten zu "gewinnen" ($W_H(K)=1$) oder zu "verlieren" ($W_H(K)=0$). Jede Gewinnkoalition muß außerdem die "minimale Gewinnkoalition" H enthalten. Für solche Spiele gilt:

---

[1]   Diese Bezeichnung wird in der Literatur nicht einheitlich verwandt (vgl. z.B. Vorobev [70], Burger [14]).

_(5.46)_ _Lemma:_

> _Es sei_ $W_n^* := \{k \cdot W_H;\ \emptyset \neq H \subset N,\ k>0\} \subset CF_n$. _Dann gibt es_
> _genau eine Funktion_ $\Phi^*\colon W_n^* \longrightarrow I\!R^n$, _welche die auf_ W_n^*
> _eingeschränkten Bedingungen (5.44)(i) und (ii) erfüllt,_
> _nämlich_ $\Phi^*(k \cdot W_H) = (\Phi_1^*(k \cdot W_H),\ldots,\Phi_n^*(k \cdot W_H))$ _mit_

$$\Phi_i^*(k \cdot W_H) = \begin{cases} \dfrac{k}{|H|} & falls\ i \in H \\[2ex] 0 & sonst \end{cases} \qquad , \qquad 1 \leq i \leq n.$$

Beweis: Für $k \cdot W_H \in W_n^*$ ist $T(k \cdot W_H) = H$, d.h. Strohmänner sind genau die Spieler aus H^C. Folglich erfüllt Φ^* die auf W_n^* eingeschränkte Bedingung (5.44)(i). Ist $\pi\colon N \longrightarrow N$ eine Permutation, so gilt für alle $K \subset N$

$$(k \cdot W_H)_\pi (K) = k \cdot W_H(\pi^{-1}(K)) = k \cdot W_{\pi(H)}(K),$$

also $(k \cdot W_H)_\pi = k \cdot W_{\pi(H)}$ und damit

$$\Phi_{\pi(i)}^*((k \cdot W_H)_\pi) = \Phi_{\pi(i)}^*(k \cdot W_{\pi(H)}) = \Phi_i^*(k \cdot W_H).$$

Hieraus ergibt sich auch, daß Φ^* die einzige Funktion ist, welche die auf W_n^* eingeschränkten Bedingungen (5.44)(i) und (ii) erfüllt: Ist nämlich $\Phi^{**}\colon W_n^* \longrightarrow I\!R^n$ eine weitere Funktion mit diesen Eigenschaften und sind $k \cdot W_H \in W_n^*$ sowie $\pi\colon N \longrightarrow N$ eine Permutation mit $\pi(H) = H$, dann folgt aus (5.44)(i)

$$\Phi_i^{**}(k \cdot W_H) = 0 = \Phi_i^*(k \cdot W_H) \qquad \text{für alle } i \in H^C.$$

Wegen $(k \cdot W_H)_\pi = k \cdot W_{\pi(H)} = k \cdot W_H$ ergibt sich außerdem aus (5.44)(ii)

$$\Phi_i^{**}(k \cdot W_H) = \Phi_{\pi(i)}^{**}((k \cdot W_H)_\pi) = \Phi_{\pi(i)}^{**}(k \cdot W_H) \text{ für alle } i \in H.$$

Da π als eine beliebige Permutation mit $\pi(H) = H$ gewählt war, folgt hieraus

$$\Phi_i^{**}(k \cdot W_H) = \Phi_j^{**}(k \cdot W_H) \qquad \text{für alle } i,j \in H,$$

woraus man wegen $k = \sum_{i \in N} \Phi_i^{**}(k \cdot W_H) = \sum_{i \in H} \Phi_i^{**}(k \cdot W_H)$ unmittelbar die Gleichheit

$$\Phi^{**}_i(k \cdot W_H) = \frac{k}{|H|} = \Phi^*_i(k \cdot W_H) \qquad \text{für alle } i \in H$$

erhält.   □

Als nächste Hilfsaussage soll gezeigt werden, daß man jedes n-Personenspiel in Funktionsform als Linearkombination einfacher Spiele darstellen kann.

(5.47) *Lemma:*

Zu jedem n-Personenspiel W in Funktionsform gibt es reelle Zahlen c_H, so daß

$$(*) \qquad W = \sum_{H \in \mathcal{P}_o} c_H \cdot W_H$$

gilt; die Zahlen c_H, $H \in \mathcal{P}_o$, sind durch diese Eigenschaft eindeutig bestimmt.

Beweis: Zu vorgegebenem $W \in CF_n$ seien

$$c_H := \sum_{K \subset H} (-1)^{|H|-|K|} W(K), \qquad H \in \mathcal{P}_o .$$

Es soll gezeigt werden, daß für diese Zahlen die behauptete Gleichheit (*) gilt. Sei dazu $K \subset N$ eine beliebige Koalition. Dann ergibt sich:

$$\sum_{H \in \mathcal{P}_o} c_H \cdot W_H(K) = \sum_{\emptyset \neq H \subset K} c_H = \sum_{\emptyset \neq H \subset K} \sum_{T \subset H} (-1)^{|H|-|T|} W(T)$$

$$= \sum_{\emptyset \neq T \subset K} W(T) \sum_{H: \, T \subset H \subset K} (-1)^{|H|-|T|}$$

$$= \sum_{\emptyset \neq T \subset K} W(T) \sum_{j=|T|}^{|K|} \sum_{H: \, T \subset H \subset K, \, |H|=j} (-1)^{j-|T|}$$

$$= \sum_{\emptyset \neq T \subset K} W(T) \sum_{j=|T|}^{|K|} (-1)^{j-|T|} \cdot \binom{|K|-|T|}{j-|T|}$$

$$= W(K) + \sum_{T: \, \emptyset \neq T \subset K, \, T \neq K} W(T) \cdot (1-1)^{|K|-|T|}$$

$$= W(K) .$$

Zum Nachweis, daß die Zahlen c_H durch die Gleichheit (*) eindeutig bestimmt sind, wird angenommen, daß es eine weitere Darstellung

$$W = \sum_{H \in \mathcal{P}_O} c_H \cdot W_H = \sum_{H \in \mathcal{P}_O} d_H \cdot W_H$$

gibt. Da für jedes $i \in \{1, \ldots, n\}$ wegen $W_H(\{i\}) = 0$ für $H \neq \{i\}$ gilt

$$W(\{i\}) = c_{\{i\}} \cdot W_{\{i\}}(\{i\}) = d_{\{i\}} \cdot W_{\{i\}}(\{i\}) \, ,$$

erhält man $c_H = d_H$ für alle $H \in \mathcal{P}_O$ mit $|H| = 1$. Unter der Voraussetzung, daß $c_H = d_H$ gilt für alle $H \in \mathcal{P}_O$ mit $|H| \leq j < n$ wird nun gezeigt, daß auch $c_H = d_H$ gilt für alle $H \in \mathcal{P}_O$ mit $|H| \leq j+1$. Es sei also $H_O \in \mathcal{P}_O$ eine Koalition mit $|H_O| = j+1$. Wegen

$$0 = \sum_{H \in \mathcal{P}_O} (c_H - d_H) \cdot W_H(H_O) = \sum_{\emptyset \neq H \subset H_O} (c_H - d_H)$$

$$= c_{H_O} - d_{H_O} + \sum_{H: \, \emptyset \neq H \subset H_O, \, |H| \leq j} (c_H - d_H) = c_{H_O} - d_{H_O}$$

folgt dann auch $c_{H_O} = d_{H_O}$, womit durch Induktion $c_H = d_H$ für alle $H \in \mathcal{P}_O$ folgt.
□

Durch die beiden zuletzt bewiesenen Lemmata ist das weitere Vorgehen nahegelegt: Zu einem vorgegebenen n-Personenspiel W in Funktionsform wird man die nach Lemma (5.47) eindeutig bestimmte Darstellung $W = \sum_{H \in \mathcal{P}_O} c_H \cdot W_H$ suchen und dann zeigen, daß die durch

$$\Phi(W) = \sum_{H \in \mathcal{P}_O} c_H \cdot \Phi^*(W_H)$$

definierte Funktion $\Phi: CF_n \longrightarrow \mathbb{R}^n$ die einzige Funktion ist, welche alle Eigenschaften einer Shapley'schen Wertfunktion erfüllt. Außerdem wird man versuchen, mit der in Lemma (5.46) durchgeführten Berechnung der Funktionswerte $\Phi^*(k \cdot W_H)$ eine Formel zur Berechnung von $\Phi(W)$ anzugeben.

<u>*(5.48)*</u> <u>*Satz:*</u>

> *Für jedes $n \in \mathbb{N}$ gibt es genau eine Shapley'sche Wert-*
> *funktion $\Phi: CF_n \longrightarrow \mathbb{R}^n$, nämlich die durch*
>
> $$\Phi_i(W) := \sum_{K \subset N,\ i \in K} \frac{(|K|-1)!\ (n-|K|)!}{n!}\ (W(K)-W(K-\{i\})), \qquad 1 \leq i \leq n,$$
>
> *definierte Funktion $\Phi = (\Phi_1, \ldots, \Phi_n)$. Die Komponente*
> *$\Phi_i(W)$ heißt <u>Shapley-Wert</u> von W für den Spieler i.*

Beweis: Bevor gezeigt wird, daß die in dem Satz angegebene
Funktion $\Phi = (\Phi_1, \ldots, \Phi_n)$ tatsächlich eine Shapley'sche Wertfunktion ist, wird bewiesen, daß es höchstens eine Shapley'sche
Wertfunktion auf CF_n geben kann: Sind nämlich $\tilde{\Phi}$ und $\hat{\Phi}$ zwei
derartige Funktionen und besitzt $W \in CF_n$ die Darstellung

$$W = \sum_{H \in \mathcal{P}_o} c_H \cdot W_H \ , \quad \text{dann können einige der Zahlen } c_H \text{ negativ}$$

sein, so daß Lemma (5.46) nicht direkt anwendbar ist. Wegen

$$W - \sum_{c_H < 0} c_H \cdot W_H = \sum_{c_H > 0} c_H \cdot W_H$$

folgt jedoch aus der Eigenschaft (5.44)(iii)

$$\tilde{\Phi}(W) + \sum_{c_H < 0} \tilde{\Phi}(|c_H| \cdot W_H) = \sum_{c_H > 0} \tilde{\Phi}(c_H \cdot W_H)$$

und

$$\hat{\Phi}(W) + \sum_{c_H < 0} \hat{\Phi}(|c_H| \cdot W_H) = \sum_{c_H > 0} \hat{\Phi}(c_H \cdot W_H).$$

Da nach Lemma (5.46) für alle $H \in \mathcal{P}_o$ gilt

$$\tilde{\Phi}(|c_H| \cdot W_H) = \hat{\Phi}(|c_H| \cdot W_H) = \Phi^*(|c_H| \cdot W_H),$$

erhält man $\tilde{\Phi}(W) = \hat{\Phi}(W)$, d.h. es gibt höchstens eine
Shapley'sche Wertfunktion auf CF_n.

Es bleibt also noch zu zeigen, daß die im Satz angegebene
Funktion Φ die Eigenschaften einer Shapley'schen Wertfunktion
besitzt. Dazu ist zunächst nachzuweisen, daß zu vorgegebenem
$W \in CF_n$ der Vektor $\Phi(W)$ eine Imputation ist: Für jeden Spieler
$i \in N$ erhält man:

$$\Phi_i(W) = \sum_{K \subset N,\ i \in K} \frac{(|K|-1)!\ (n-|K|)!}{n!} (W(K) - W(K-\{i\}))$$

$$\geq \sum_{K \subset N,\ i \in K} \frac{(|K|-1)!\ (n-|K|)!}{n!} W(\{i\})$$

$$= W(\{i\}) \sum_{s=1}^{n} \frac{(s-1)!\ (n-s)!}{n!} \binom{n-1}{s-1}$$

$$= W(\{i\}) \sum_{s=1}^{n} \frac{1}{n} = W(\{i\}).$$

Außerdem ergibt sich beim Aufsummieren der Komponenten $\Phi_i(W)$

$$\sum_{i=1}^{n} \Phi_i(W) = \sum_{j=1}^{n} \sum_{i=1}^{n} \sum_{\substack{K \subset N \\ i \in K,\ |K|=j}} \frac{(j-1)!\ (n-j)!}{n!} (W(K)-W(K-\{i\})),$$

wobei

$$\sum_{i=1}^{n} \sum_{K:\ K \subset N,\ i \in K,\ |K|=j} \frac{(j-1)!\ (n-j)!}{n!} W(K-\{i\})$$

$$= \sum_{H:\ H \subset N,\ |H|=j-1} (n-j+1)\ \frac{(j-1)!\ (n-j)!}{n!} W(H)$$

$$= \sum_{H:\ H \subset N,\ |H|=j-1} (j-1)\ \frac{(j-2)!\ (n-j+1)!}{n!} W(H)$$

$$= \sum_{i=1}^{n} \sum_{H:\ H \subset N,\ i \in H,\ |H|=j-1} \frac{(j-2)!\ (n-j+1)!}{n!} W(H).$$

Daraus erhält man schließlich

$$\sum_{i=1}^{n} \Phi_i(W) = \sum_{j=1}^{n} \left(\sum_{i=1}^{n} \sum_{K:\ K \subset N,\ i \in K,\ |K|=j} \frac{(j-1)!\ (n-j)!}{n!} W(K) \right.$$

$$\left. - \sum_{i=1}^{n} \sum_{K:\ K \subset N,\ i \in K,\ |K|=j-1} \frac{(j-2)!\ (n-j+1)!}{n!} W(K) \right)$$

$$= \sum_{j=1}^{n} \frac{(n-1)!}{n!} W(N) = W(N).$$

$\Phi(W) = (\Phi_1(W),\dots,\Phi_n(W))$ ist also eine Imputation. Die Eigenschaften (5.44)(i)-(iii) sieht man wie folgt ein:

(5.44)(i): Wenn $i \in N$ ein Strohmann ist für W, dann gilt stets $W(K) - W(K-\{i\}) = W(\{i\})$. An der Stelle des vorhin durchgeführten Beweises für die Ungleichung $\Phi_i(W) \geq W(\{i\})$, wo das $\geq$ - Zeichen stand, steht in diesem Fall sogar das Gleichheitszeichen, d.h. es gilt $\Phi_i(W) = W(\{i\})$.

<u>(5.44)(ii):</u> Es sei $\pi: N \longrightarrow N$ eine Permutation und $W \in CF_n$. Dann gilt für alle $i \in \{1,\ldots,n\}$:

$$\Phi_{\pi(i)}(W_\pi) = \sum_{K:\ K \subset N,\ \pi(i) \in K} \frac{(|K|-1)!\ (n-|K|)!}{n!} (W_\pi(K) - W_\pi(K-\{\pi(i)\}))$$

$$= \sum_{K:\ K \subset N,\ i \in \pi^{-1}(K)} \frac{(|K|-1)!\ (n-|K|)!}{n!} (W(\pi^{-1}(K)) - W(\pi^{-1}(K)-\{i\}))$$

$$= \sum_{K:\ K \subset N,\ i \in K} \frac{(|K|-1)!\ (n-|K|)!}{n!} (W(K) - W(K-\{i\}))$$

$$= \Phi_i(W).$$

<u>(5.44)(iii):</u> Für $W_1, W_2 \in CF_n$ gilt

$$\Phi_i(W_1+W_2) = \sum_{K:\ K \subset N,\ i \in K} \frac{(|K|-1)!\ (n-|K|)!}{n!} ((W_1+W_2)(K) - (W_1+W_2)(K-\{i\}))$$

$$= \sum_{K:\ K \subset N,\ i \in K} \frac{(|K|-1)!\ (n-|K|)!}{n!} (W_1(K) - W_1(K-\{i\}))$$

$$+ \sum_{K:\ K \subset N,\ i \in K} \frac{(|K|-1)!\ (n-|K|)!}{n!} (W_2(K) - W_2(K-\{i\}))$$

$$= \Phi(W_1) + \Phi(W_2).$$

Φ ist somit eine Shapley'sche Wertfunktion. $\quad\square$

Für eine Interpretation des Vektors der Shapley-Werte als Lösungskonzept für n-Personenspiel in Funktionsform ist noch eine andere Darstellung dieser Werte von Interesse: In der Formel

$$\Phi_i(W) = \sum_{K \subset N,\ i \in K} \frac{(|K|-1)!\ (n-|K|)!}{n!} (W(K) - W(K-\{i\}))$$

gibt der Term $W(K) - W(K-\{i\})$ gerade den Wertzuwachs an, den der Spieler i der Koalition $K-\{i\}$ durch seinen Beitritt verschafft. Wenn sich nun die Spieler im Wege einer Verhandlungs-

prozedur sukzessive zu immer größeren Koalitionen zusammenschließen, dann hängt der Wertzuwachs, den der Beitritt des
i-ten Spielers bewirkt, natürlich noch davon ab, wer von den
anderen Spielern bereits vor dem Spieler i dieser Koalition
beigetreten ist.

(5.49) *Definition:*

> *W sei ein n-Personenspiel in Funktionsform und*
> $\pi: N \longrightarrow N$ *eine Permutation. Dann heißt*
>
> $$\Delta_i(\pi,W) := W(\{j \in N; \ \pi(j) \leq \pi(i)\}) - W(\{j \in N; \ \pi(j) < \pi(i)\})$$
>
> *der* <u>*Zuwachs*</u> *des Spielers i bzgl. der Permutation π im*
> *Spiel W.*

Die Permutation π gibt die Eintrittsnummern für die Spieler in
die zu bildenden Koalitionen an; die verschiedenen Möglichkeiten bei der Reihenfolge des Eintritts werden dabei durch die
n! verschiedenen Permutationen $\pi: N \longrightarrow N$ beschrieben. Geht man
nun davon aus, daß sich die Reihenfolge des sukzessiven Zusam-
menschlusses in dem Sinne "rein zufällig" ergibt, daß alle
Permutationen $\pi: N \longrightarrow N$ mit gleicher Wahrscheinlichkeit auftreten, dann erhält man die Shapley-Werte für die Spieler als
Erwartungswerte der Zuwächse bzgl. dieser Gleichverteilung.

(5.50) *Satz:*

> *Für jedes n-Personenspiel in Funktionsform läßt sich*
> *der Shapley-Wert $\Phi_i(W)$, $1 \leq i \leq n$, berechnen als Erwar-*
> *tungswert der Zuwächse $\Delta_i(.,W)$ bzgl. der Laplace-Ver-*
> *teilung auf der Menge der Permutationen $\pi: N \longrightarrow N$,*
> *d.h. es gilt:*
>
> $$\Phi_i(W) = \sum_{\pi} \frac{1}{n!} \Delta_i(\pi,W), \qquad 1 \leq i \leq n.$$

Beweis: Sei $i \in K \subset N$. Die Anzahl der Permutationen $\pi: N \longrightarrow N$ mit

$$\{j \in N; \ \pi(j) \leq \pi(i)\} = K \quad \text{und} \quad \{j \in N; \ \pi(j) < \pi(i)\} = K - \{i\}$$

ist gleich $(|K| - 1)! \; (n-|K|)!$, da man die Spieler aus $K-\{i\}$ auf $(|K| -1)!$ verschiedene Arten vor i und die Spieler aus K^c auf $(n-|K|)!$ verschiedene Arten hinter i plazieren kann. Für jede Permutation mit dieser Eigenschaft ergibt sich

$$\Delta_i(\pi,W) = W(K) - W(K-\{i\}),$$

woraus man erhält

$$\sum_\pi \frac{1}{n!} \, \Delta_i(\pi,W) = \sum_{K\subset N, i\in K} \frac{1}{n!} \, (|K| -1)! \; (n-|K|)! \, (W(K) - W(K-\{i\}))$$

$$= \Phi_i(W). \qquad\qquad \square$$

Bei der Behandlung der Lösungskonzepte des Kerns und der von-Neumann-Morgenstern-Lösung konnte man sich aufgrund der Aussage des Satzes (5.29) sowie der Tatsache, daß zu jedem n-Personenspiel in Funktionsform ein strategisch äquivalentes (und damit insbesondere koalitionsäquivalentes) reduziertes Spiel existiert, auf reduzierte Spiele beschränken. Daß eine solche Beschränkung auch bei Shapley-Werten möglich ist, zeigt der folgende Satz:

(5.51)   *Satz:*

> *Es seien W_1 und W_2 zwei koalitionsäquivalente n-Personenspiele in Funktionsform, d.h. es gebe eine Zahl $k>0$ und einen Vektor $(c_1,\ldots,c_n)\in \mathbb{R}^n$ mit*
>
> $$W_1(K) = k\cdot W_2(K) + \sum_{i\in K} c_i \quad \text{für alle} \quad K\subset N.$$
>
> *Dann gilt für die Shapley-Werte der einzelnen Spieler:*
>
> $$\Phi_i(W_1) = k\cdot\Phi_i(W_2) + c_i, \quad 1\le i\le n.$$

Beweis: Für jedes $i\in\{1,\ldots,n\}$ gilt:

$$\Phi_i(W_1) = \sum_{K\subset N, i\in K} \frac{(|K| -1)! \; (n-|K|)!}{n!} \, (k\cdot W_2(K)-k\cdot W_2(K-\{i\})+c_i)$$

$$= k\cdot\Phi_i(W_2) + c_i \sum_{K\subset N, i\in K} \frac{(|K| -1)! \; (n-|K|)!}{n!}$$

$$= k \cdot \Phi_i(W_2) + c_i \sum_{j=1}^{n} \frac{(j-1)! \ (n-j)!}{n!} \binom{n-1}{j-1}$$

$$= k \cdot \Phi_i(W_2) + c_i \qquad\qquad \square$$

Für die Shapley-Werte von unwesentlichen Spielen erhält man
aus der Existenzaussage von Satz (5.48) und der Tatsache,
daß es für solche Spiele nur die eine Imputation
$(W(\{1\}),\dots,W(\{n\}))$ gibt, sofort:

(5.52)   Korollar:

> *Ist W ein unwesentliches n-Personenspiel in Funktions-*
> *form, dann gilt für alle $i \in \{1,\dots,n\}$:*
>
> $$\Phi_i(W) = W(\{i\}).$$

Auch für Zweipersonenspiele lassen sich die Shapley-Werte sehr
leicht angeben:

(5.53)   Korollar:

> *W sei ein Zweipersonenspiel in Funktionsform. Dann*
> *gilt für $i \in \{1,2\}$:*
>
> $$\Phi_i(W) = \frac{1}{2} \cdot (W(\{1,2\}) + W(\{i\}) - W(\{3-i\})).$$

Beweis: Der Beweis ergibt sich mit $\mathcal{R}_o = \{\{1,2\}, \{1\}, \{2\}\}$ durch
Einsetzen in die Formel aus Satz (5.48):

$$\Phi_i(W) = \frac{0! \ 1!}{2!} \ (W(\{1\}) - W(\emptyset)) + \frac{1! \ 0!}{2!} \ (W(\{1,2\}) - W(\{3-i\}))$$

$$= \frac{1}{2}(W(\{1,2\}) + W(\{i\}) - W(\{3-i\})).$$

Im folgenden sollen solche wesentlichen Spiele in Funktionsform näher untersucht werden, bei denen für alle Koalitionen
$K \subset N$ gilt $W(K) \in \{0,1\}$.

380

(5.54) <u>*Definition:*</u>

> *Es sei W ein n-Personenspiel in Funktionsform mit*
> *W(K)$\in$\{0,1\} für alle K$\subset$N. Dann heißt eine Koalition*
> *K$\subset$N eine <u>Gewinnkoalition</u>, falls W(K) = 1 gilt und*
> *eine <u>Verlustkoalition</u>, falls W(K) = 0 gilt. Eine*
> *Koalition K heißt <u>blockierend</u>, falls W(K^c) = 0 gilt.*

Spezielle derartige Spiele sind die in Definition (5.45) eingeführten einfachen Spiele W_H, für welche bereits in Lemma
(5.46) die Shapley-Werte berechnet wurden. Folglich braucht
man nur noch die Shapley-Werte für nicht-einfache, wesentliche
Spiele mit W(K)$\in$\{0,1\} für alle K$\subset$N zu berechnen. Da für jedes
solche Spiel notwendig W(\{i\}) = 0 für alle i$\in$N und W(N) = 1
gelten muß, reicht es also, die nachfolgenden Betrachtungen
zu beschränken auf reduzierte, wesentliche Spiele in Funktionsform. Aufgrund von Satz (5.2o) sind damit bis auf Koalitionsäquivalenz aber auch schon alle wesentlichen Spiele in
Funktionsform erfaßt, so daß man gegebenenfalls mit Hilfe
von Satz (5.51) die Shapley-Werte berechnen kann.

(5.55) <u>*Korollar:*</u>

> *Es sei W ein reduziertes, wesentliches n-Personen-*
> *spiel in Funktionsform. Dann gilt für die Shapley-*
> *Werte:*

$$\Phi_i(W) = \sum_{\substack{K \subset N, \ i \in K \\ W(K)=1, \ W(K-\{i\})=0}} \frac{(|K|-1)! \ (n-|K|)!}{n!} .$$

Der Beweis dieses Korollars ist trivial, da die Terme
W(K)-W(K-\{i\}) für K$\subset$N mit i$\in$K nur die Werte 0 oder 1 annehmen
können und genau dann gleich 1 sind, wenn W(K)=1 und
W(K-\{i\}) = 0 gilt. □

Bei der im Zusammenhang mit Satz (5.5o) angegebenen Interpretation der Shapley-Werte wurde die Möglichkeit betrachtet,
daß sich die Spieler im Verlauf einer Verhandlungsprozedur
zu immer größeren Koalitionen zusammenschließen. Dann kann
es vorkommen, daß bei einem derartigen sukzessiven Zusammen-
schluß der Spieler $i \in N$ gerade zu dem Zeitpunkt einer schon
bestehenden Koalition K beitritt, wo $W(K) = O$ aber
$W(K+\{i\}) = 1$ ist.

(5.56) *Definition:*

> *Es seien W ein reduziertes, wesentliches n-Personen-*
> *spiel in Funktionsform und $\pi: N \longrightarrow N$ eine Permutation.*
> *Dann heißt ein Spieler $i \in N$ <u>Vormann</u> bzgl. der*
> *Permutation π, wenn*
>
> $$K(\pi,i) := \{j \in N;\ \pi(j) < \pi(i)\}$$
>
> *eine Verlustkoalition und $K(\pi,i) + \{i\}$ eine Gewinn-*
> *koalition ist. Ein Spieler $i \in N$ heißt <u>Blockierer</u>*
> *bzgl. π, wenn die Koalition $K(\pi,i)$ nicht blockierend*
> *und $K(\pi,i) + \{i\}$ blockierend ist.*

Für die Shapley-Werte der Spieler läßt sich mit diesen Bezeichnungen die folgende Aussage beweisen:

(5.57) *Satz:*

> *W sei ein reduziertes, wesentliches n-Personenspiel*
> *in Funktionsform. Es bezeichne $V(W,i)$ die Anzahl der*
> *Permutationen $\pi: N \longrightarrow N$, für die Spieler i Vormann*
> *ist und $B(W,i)$ die Anzahl der Permutationen $\pi: N \longrightarrow N$,*
> *für die Spieler i Blockierer ist. Dann gilt*
>
> $$\Phi_i(W) = \frac{1}{n!}\ V(W,i) = \frac{1}{n!}\ B(W,i).$$

Beweis: Es sei $i \in N$ und $\pi: N \longrightarrow N$ eine Permutation; dann gilt

$$\Delta_i(\pi,W) = \begin{cases} 1 & \text{falls i Vormann ist bzgl. } \pi \\[2mm] 0 & \text{sonst} \end{cases}$$

so daß aus Satz (5.5o) folgt

$$\Phi_i(W) = \sum_\pi \frac{1}{n!} \Delta_i(\pi,W) = \frac{1}{n!} V(W,i).$$

Um die zweite behauptete Gleichheit einzusehen, wird zunächst eine Hilfsüberlegung durchgeführt: Definiert man zu einer vorgegebenen Permutation $\pi: N \longrightarrow N$ eine Permutation $\overleftarrow{\pi}$ durch

$$\overleftarrow{\pi}(j):= n - \pi(j) + 1, \quad j\in N,$$

dann ist $\overleftarrow{\pi}$ gerade so erklärt, daß die Spieler bei dem sukzessiven Koalitionsbildungsprozeß genau in der umgekehrten Reihenfolge der zu bildenden Koalition beitreten wie bei der Permutation π. Die Zuordnung $\pi \longrightarrow \overleftarrow{\pi}$ stellt eine bijektive Abbildung von der Menge aller Permutationen $\pi: N \longrightarrow N$ auf sich selbst dar.

Wenn nun $i\in N$ ein Blockierer bzgl. einer Permutation $\pi: N \longrightarrow N$ ist, so gilt

$$W(K(\pi,i)^C) = 1 \quad \text{und} \quad W(K(\pi,i)^C-\{i\}) = 0.$$

Daraus ergibt sich jedoch, daß der Spieler i bzgl. der Permutation $\overleftarrow{\pi}$ ein Vormann ist, woraus wegen der Bijektivität der Abbildung $\pi \longmapsto \overleftarrow{\pi}$ folgt $V(W,i) = B(W,i)$, also die zweite behauptete Gleichheit. □

Ein große Klasse von Anwendungsbeispielen für reduzierte, wesentliche Spiele in Funktionsform liefern Situationen, wie sie z.B. bei Abstimmungen in Entscheidungsgremien vorliegen. Dort muß eine Koalition über ein bestimmtes "Gewicht" verfügen, um sich durchsetzen und damit gewinnen zu können.

_(5.58)_ _Definition:_

Ein n-Personenspiel W in Funktionsform heißt
gewichtetes Majoritätsspiel, falls es reelle Zahlen
$M, g_1, \ldots, g_n \geq 0$ *gibt mit* $M > \frac{1}{2}(g_1 + \ldots + g_n)$ *und*

$$
W(K) = \begin{cases} 1 & falls \quad \sum_{i \in K} g_i \geq M \\[2em] 0 & falls \quad \sum_{i \in K} g_i < M \end{cases} \quad , \quad K \subset N.
$$

Es läßt sich umgekehrt leicht nachrechnen, daß für alle
Zahlen $M, g_1, \ldots, g_n \geq 0$ mit $M > \frac{1}{2}(g_1 + \ldots + g_n)$ durch

$$
W(K) = \begin{cases} 1 & falls \quad \sum_{i \in K} g_i \geq M \\[2em] 0 & falls \quad \sum_{i \in K} g_i < M \end{cases} \quad , \quad K \subset N,
$$

tatsächlich ein n-Personenspiel in Funktionsform definiert
wird.

Bei einem gewichteten Majoritätsspiel werden die Zahlen
g_i, $1 \leq i \leq n$, als "Gewichte" der Spieler interpretiert; eine
Koalition K gewinnt genau dann, wenn die Summe der Gewichte
ihrer Mitglieder das Quorum M übersteigt. Es wird also z.B.
auch berücksichtigt, daß bei Abstimmungen die beteiligten
Wähler unterschiedliche Stimmenanzahlen besitzen können. Man
wird sicherlich erwarten, daß eine Anordnung der Spieler nach
ihren Gewichten g_i, $1 \leq i \leq n$, die gleiche Reihenfolge ergibt wie
eine Anordnung nach der Größe ihrer Shapley-Werte $\Phi_i(W)$, $1 \leq i \leq n$.

_(5.59)_ _Satz:_

Es sei W ein durch die Zahlen $M, g_1, \ldots, g_n$ *definiertes*
gewichtetes Majoritätsspiel.

384

a) *Besitzen zwei Spieler $i,j \in \{1,\ldots,n\}$ das gleiche*
Gewicht, d.h. gilt $g_i = g_j$, so folgt für die
Shapley-Werte dieser Spieler $\Phi_i(W) = \Phi_j(W)$.

b) *Ist $g_i > g_j$, d.h. hat der i-te Spieler ein größeres*
Gewicht als der Spieler j, dann gilt für die zuge-
hörigen Shapley-Werte die Ungleichung $\Phi_i(W) \geq \Phi_j(W)$.

c) *Aus $g_i > g_j$ folgt im allgemeinen nicht $\Phi_i(W) > \Phi_j(W)$.*

Beweis: Es seien $i,j \in \{1,\ldots,n\}$ mit $g_i \geq g_j$ und $\pi: N \longrightarrow N$ eine Permutation, für die Spieler j Vormann ist, d.h. für die $K(\pi,j)$ eine Verlustkoalition und $K(\pi,j)+\{j\}$ eine Gewinn-koalition ist. Vertauscht man die "Eintrittsnummern" $\pi(i)$ und $\pi(j)$ von Spieler i bzw. Spieler j miteinander, so erhält man die durch

$$\pi^*(k) := \begin{cases} \pi(j) & \text{falls} \quad k = i \\ \pi(i) & \text{falls} \quad k = j \\ \pi(k) & \text{sonst} \end{cases}$$

definierte Permutation $\pi^*: N \longrightarrow N$. Bezüglich dieser Permu-tation ist Spieler i ein Vormann: Ist nämlich $\pi(j) < \pi(i)$, so gilt $K(\pi,j) = K(\pi^*,i)$, d.h. $K(\pi^*,i)$ ist eine Verlustkoalition. Wegen $g_i \geq g_j$ und $W(K(\pi,j)+\{j\}) = 1$ ist dann

$$\sum_{k \in K(\pi^*,i)+\{i\}} g_k \geq \sum_{k \in K(\pi,j)+\{j\}} g_k \geq M,$$

so daß $K(\pi^*,i)+\{i\}$ eine Gewinnkoalition und i somit ein Vor-mann bzgl. π^* ist. Für den umgekehrten Fall $\pi(j) > \pi(i)$ gilt $K(\pi,j)-\{i\} = K(\pi^*,j)-\{j\}$. Die Koalition $K(\pi^*,i) = (K(\pi,j)-\{i\})+\{j\}$ ist dann eine Verlustkoalition, da aus

$$W(K(\pi,j)) = O, \text{ d.h. } \sum_{k \in K(\pi,j)} g_k < M \text{ sowie } g_i \geq g_j$$

folgt

$$\sum_{k \in (K(\pi,j)-\{i\})+\{j\}} g_k \leq \sum_{k \in K(\pi,j)} g_k < M.$$

Die Koalition $K(\pi^*,i) + \{i\} = K(\pi,j) + \{j\}$ ist aber nach
Voraussetzung eine Gewinnkoalition, so daß der i-te Spieler
auch in diesem Fall ein Vormann bzgl. π^* ist.

Es ist damit gezeigt, daß zu jeder Permutation π, bzgl. derer
Spieler j Vormann ist, eine Permutation π^* existiert, bzgl.
derer Spieler i Vormann ist. Zusammen mit der Tatsache, daß
$\pi \longmapsto \pi^*$ eine bijektive Abbildung der Menge der Permutationen
von N auf sich selbst definiert, folgt hieraus $V(W,i) \geq V(W,j)$
und somit aufgrund von Satz (5.57) $\Phi_i(W) \geq \Phi_j(W)$.

Aus der soeben bewiesenen Implikation

$$g_i \geq g_j \;\Rightarrow\; \Phi_i(W) \geq \Phi_j(W)$$

erhält man unmittelbar die Behauptungen a) und b).

Die Aussage der Behauptung c), daß die Implikation

$$g_i > g_j \;\Rightarrow\; \Phi_i(W) > \Phi_j(W)$$

im allgemeinen falsch ist, sieht man leicht an dem durch
$W(\{1\}) = W(\{2\}) = 0$, $W(\{1,2\}) = 1$ definierten Zweipersonenspiel in Funktionsform ein: Die zu diesem Spiel gehörigen
Shapley-Werte sind $\Phi_1(W) = \Phi_2(W) = \frac{1}{2}$. Andererseits läßt sich
das Spiel aber auch als gewichtetes Majoritätsspiel dar-
stellen - beispielsweise mit den Konstanten $M = 3$, $g_1=1$, $g_2=2$.

$$\square$$

Obwohl man mit diesem Satz einen Zusammenhang zwischen den
Gewichten und den Shapley-Werten eines gewichteten Majoritäts-
spiels hergestellt hat, bleibt doch anzumerken, daß die Gewichte im allgemeinen eine weitaus ungenauere Beschreibung
der "Spielstärke" der Spieler liefern als die Shapley-Werte.
So wird z.B. durch

$$M = 2, \quad g_1 = g_2 = 1 \quad \text{und} \quad M = 5, \quad g_1 = 4, \quad g_2 = 2$$

dasselbe Zweipersonenspiel W in Funktionsform beschrieben,
welches durch

$$W(\{1\}) = W(\{2\}) = 0, \quad W(\{1,2\}) = 1$$

definiert ist und die Shapley-Werte

$$\Phi_1(W) = \Phi_2(W) = \frac{1}{2}$$

besitzt.

Zum Abschluß dieses Paragraphens soll das Lösungskonzept des Shapley-Wertes anhand von Beispielen erläutert werden, wobei es insbesondere darum geht, die Anwendung der bisher erhaltenen verschiedenen Berechnungsmöglichkeiten zu demonstrieren.

(5.60) *Beispiel:*

Das vom Deutschen Bundestag beschlossene Mitbestimmungsgesetz vom 4. Mai 1976 schreibt vor, daß im Aufsichtsrat eines Unternehmens, der z.B. aus 2o Mitgliedern besteht, 1o Mitglieder von seiten der Kapitalgeber und 1o Mitglieder von seiten der Arbeitnehmer zu stellen sind. Ferner wird vorgeschrieben, daß der Aufsichtsratsvorsitzende, dessen Stimme bei Stimmengleichheit im Aufsichtsrat den Ausschlag gibt, der Kapitalgeberseite angehören muß.
Wenn man voraussetzt, daß es keine Stimmenthaltung gibt, kann man die Stimmenverteilung in einem derartig besetzten Aufsichtsrat durch ein gewichtetes Majoritätsspiel mit den Konstanten $M = 11$, $g_1 = 2$, $g_2 = \ldots = g_{2o} = 1$ beschreiben, bei dem der Spieler 1 der Aufsichtsratsvorsitzende ist. Um zu analysieren, welche Konsequenzen diese Stimmenverteilung im Hinblick auf die Machtverhältnisse hat, werden die Shapley-Werte der einzelnen Spieler berechnet.
Bezeichnet man mit W das durch $M, g_1, \ldots, g_{2o}$ definierte 2o-Personenspiel in Funktionsform, so werden durch den Beitritt des ersten Spielers alle 9-elementigen und alle 1o-elementigen Koalitionen zu Gewinnkoalitionen. Es gilt also

$$V(W,1) = \binom{19}{9} \cdot 9! \cdot 1o! + \binom{19}{1o} \cdot 1o! \cdot 9! = 2 \cdot 19!$$

und damit

$$\Phi_1(W) \;=\; \frac{1}{2o!}\; V(W,1) \;=\; \frac{1}{1o}\;.$$

Hieraus ergibt sich wegen Satz (5.59)a) und $\sum\limits_{i=1}^{2o} \Phi_i(W) = 1$
sofort $\Phi_2(W)=\ldots=\Phi_{2o}(W) = \frac{9}{19o}$. Man sieht, daß der Aufsichtsratsvorsitzende einen Machtanteil von $\frac{1}{1o}$ besitzt, wodurch die Kräfteverhältnisse weit besser beschrieben werden
als durch die Konstanten $M, g_1, \ldots, g_{2o}$, die man z.B. genauso
gut durch $M' = 10{,}oo1$, $g_1' = 1{,}oo1$, $g_2'=\ldots=g_{2o}' = 1$ ersetzen
könnte.

Setzt man allerdings voraus, daß Kapitalgeber und Arbeitnehmer
geschlossen abstimmen ("Fraktionszwang"), dann liegt ein
Zweipersonenspiel $\tilde{W}$ in Funktionsform vor, das man z.B. als
gewichtetes Majoritätsspiel mit den Konstanten $M = 11$, $g_1 = 11$,
$g_2 = 1o$ darstellen kann. Nach Korollar (5.53) ergibt sich

$$\Phi_1(\tilde{W}) = 1, \quad \Phi_2(\tilde{W}) = O,$$

d.h. in diesem Fall ist die gesamte Macht auf seiten der An-
teilseigner – offensichtlich kann den Arbeitnehmervertretern
nicht an einer starren "Blockbildung" gelegen sein.   □

(5.61) *Beispiel:*

Im Sicherheitsrat der Vereinten Nationen haben fünf ständige
Mitglieder, die Vertreter der Großmächte China, Frankreich,
Großbritannien, Sowjetunion und U.S.A., sowie zehn nicht-
ständige Mitglieder, die für jeweils zwei Jahre gewählt werden,
Sitz und Stimme. Zur Annahme einer Resolution ist es notwendig,
daß neun der 15 Mitglieder der Resolution zustimmen, wobei je-
doch die fünf ständigen Mitglieder ein Vetorecht besitzen.
Da diese Abstimmungsvorschrift so ausgelegt wird, daß das
Nicht-Ausüben des Veto-Rechts als Zustimmung gewertet wird,
läßt sich dieses "Abstimmungsspiel" z.B. darstellen als gewichtetes Majoritätsspiel mit den Konstanten $M = 39$, $g_1=\ldots=g_5=7$,
$g_6=\ldots=g_{15}=1$. Ist W das zugehörige 15-Personenspiel in

388

Funktionsform, dann folgt aus Satz (5.59)a) für die Shapley-
Werte der einzelnen Spieler:

$$\Phi_1(W) = \ldots = \Phi_5(W) \quad \text{sowie} \quad \Phi_6(W) = \ldots = \Phi_{15}(W).$$

Folglich reicht es aus, $\Phi_1(W)$ mit Hilfe von Korollar (5.55)
zu berechnen, da man dann $\Phi_6(W)$ aus

$$\Phi_6(W) = \frac{1}{10}(1-5\cdot\Phi_1(W))$$

erhält. Es ergibt sich dann:

$$\Phi_1(W) = \frac{1}{15!} \sum_{j=9}^{15} \sum_{\substack{\{1,\ldots,5\}\subset K\subset N \\ |K|=j}} (|K|-1)! \ (15-|K|)!$$

$$= \frac{1}{15!} \sum_{j=9}^{15} (j-1)! \ (15-j)! \ \binom{10}{j-5} = 0{,}19627$$

sowie

$$\Phi_6(W) = \frac{1}{10}(1- 5\cdot 0{,}19627) = 0{,}001865.$$

Die mit Hilfe von Shapley-Werten vorgenommene Analyse der
Kräfteverteilung im Weltsicherheitsrat zeigt, daß die fünf
Großmächte zusammen über 98,135% der Macht verfügen, während
die Kleinen Zehn zusammen einen Machtanteil von 1,865% besitzen. Mit einem Anteil von 0,1865% hat jedes der zehn
nichtständigen Mitglieder im Sicherheitsrat nicht sonderlich
viel Bedeutung.   □

Schließlich läßt sich der Vektor der Shapley-Werte auch in
Situationen aus der Ökonomie als Lösungsbegriff verwenden:

(5.62) _Beispiel (vgl. Vorobev [70]):_

Der Markt eines Produktes (z.B. Rohöl) wird von einer Menge P
von Produzenten beliefert. Jeder der Produzenten $i \in P$ produziert
x_i Einheiten dieses Gutes, das von einer Menge V von Verbrauchern
benötigt wird. Jeder einzelne Verbraucher $j \in V$ besitzt eine
Nachfrage nach y_j Einheiten dieses Gutes. Es wird vorausgesetzt,

daß $x_i \geq 0$, $y_j \geq 0$ für $i \in P$, $j \in V$ gilt, und daß auf dem Markt gerade soviel produziert wie nachgefragt wird, d.h. daß

$$\sum_{i \in P} x_i = \sum_{j \in V} y_j$$

gilt. Dieser Markt kann durch ein n-Personenspiel W in Funktionsform beschrieben werden mit der Spielermenge $N := P \cup V$ und

$$W(K) := \min \left(\sum_{i \in K \cap P} x_i , \sum_{j \in K \cap V} y_j \right), \quad K \subset N.$$

W(K) gibt also den Umfang der Geschäfte unter den Produzenten und Verbrauchern einer Koalition K an, die bei einem Angebot von $\sum_{i \in K \cap P} x_i$ und einer Nachfrage von $\sum_{j \in K \cap V} y_j$ getätigt werden können. Für dieses Spiel sollen nun mit Hilfe von Satz (5.5o) die Shapley-Werte der einzelnen Spieler bestimmt werden.

Zur Berechnung der Zuwachswerte $\Delta_k(\pi,W)$ für eine vorgegebene Permutation $\pi: N \longrightarrow N$ und einen Spieler $k \in N$ bezeichne

$$d(\pi,k) := \sum_{j \in K(\pi,k) \cap V} y_j - \sum_{i \in K(\pi,k) \cap P} x_i$$

die Differenz zwischen nachgefragter und angebotener Menge innerhalb der Koalition $K(\pi,k)$. Dann gilt für jeden Produzenten $k \in P$:

$$\Delta_k(\pi,W) = W(K(\pi,k) + \{k\}) - W(K(\pi,k))$$

$$= \min \left(\sum_{i \in (K(\pi,k)+\{k\}) \cap P} x_i , \sum_{j \in K(\pi,k) \cap V} y_j \right)$$

$$- \min \left(\sum_{i \in K(\pi,k) \cap P} x_i , \sum_{j \in K(\pi,k) \cap V} y_j \right)$$

$$= \begin{cases} x_k & \text{falls} \quad d(\pi,k) \geq x_k \\ d(\pi,k) & \text{falls} \quad 0 \leq d(\pi,k) < x_k \\ 0 & \text{falls} \quad d(\pi,k) < 0 \end{cases} \quad .$$

Definiert man nun zu π die Permutation π^*: $N \longrightarrow N$ durch $\pi^*(m) := n - \pi(m) + 1$, dann ergibt sich außerdem für jeden Produzenten $k \in P$

$$d(\pi,k) + d(\pi^*,k) = \sum_{j \in K(\pi,k) \cap V} y_j - \sum_{i \in K(\pi,k) \cap P} x_i$$
$$+ \sum_{j \in K(\pi,k)^c \cap V} y_j - \sum_{i \in (K(\pi,k)^c \cap P) - \{k\}} x_i$$

$$= \sum_{j \in V} y_j - \sum_{i \in P} x_i + x_k = x_k.$$

Da wegen $\sum_{i \in P} x_i = \sum_{j \in V} y_j$ ferner die Äquivalenz $d(\pi,k) \leq 0 \Longleftrightarrow d(\pi^*,k) \geq x_k$ gilt, folgt insgesamt

$$\Delta_k(\pi,W) + \Delta_k(\pi^*,W) = x_k,$$

so daß sich aus Satz (5.5o) für alle $k \in P$ ergibt:

$$\Phi_k(W) = \frac{1}{n!} \sum_{\pi} \Delta_k(\pi,W) = \frac{1}{n!} \cdot \frac{1}{2} \sum_{\pi} (\Delta_k(\pi,W) + \Delta_k(\pi^*,W)) = \frac{1}{2} \cdot x_k.$$

Auf die gleiche Weise wie man den Fall $k \in P$ behandelt hat, kann man nun auch den Fall $k \in V$ betrachten und das entsprechende Ergebnis

$$\Phi_k(W) = \frac{1}{2} \cdot y_k \qquad \text{für alle } k \in V$$

erhalten.

Eine Interpretation der Shapley-Werte als Lösung der zugrunde-liegenden Marktsituation liefert somit insbesondere das - nicht erstaunliche - Resultat, daß auf einem Markt, auf dem das gesamte Angebot auch gerade nachgefragt wird, der Nutzen, der sich aus dem Verkauf bzw. Kauf des angebotenen Produktes ergibt, nur abhängt von der Größe des *eigenen* Angebots bzw. der *eigenen* Nachfrage, *nicht jedoch* von der "Verteilung" des Angebots bzw. der Nachfrage unter den Produzenten bzw. Verbrauchern oder von der Gesamtmenge des Angebots.   □

§ 4   Schlußbemerkungen

Bei den bisher behandelten Lösungskonzepten für kooperative
n-Personenspiele in Funktionsform war die Betrachtungsweise
vorwiegend "statisch": Beim Kern und bei den von-Neumann-
Morgenstern-Lösungen werden "Verhaltensnormen" gesetzt, die
aus der Menge der Imputationen eine Teilmenge aussondern (nämlich diejenigen Imputationen, welche dieser "Verhaltensnorm"
genügen); alle Elemente dieser Teilmengen werden als mögliche
Auszahlungsvektoren angesehen. Beim Shapley-Wert wird aufgrund
der "Stärke" der einzelnen Spieler eine spezielle Imputation
ausgezeichnet; diese wird man jedoch eher als "Schiedsspruch-
lösung" eines unbeteiligten Schiedsrichters interpretieren wollen denn als Auszahlungsvektor aufgrund tatsächlicher Koali-
tionsverhandlungen. Stets werden nur "fertige" Koalitionen betrachtet; es wird jedoch nicht untersucht, auf welche Weise
diese Koalitionen zustande kommen.

Demgegenüber haben Aumann und Maschler (*"The bargaining set for
cooperative games."* Annals of Mathematics Studies 52 (1964),
443-476) eine "dynamische" Verhandlungstheorie entwickelt, bei
der die Koalitionsbildung selbst eine entscheidende Rolle
spielt - hierbei werden auch die Versuche der einzelnen Spieler berücksichtigt, durch Angebote und Drohungen Mitglied einer
für sie möglichst günstigen Koalition zu werden bzw. innerhalb
einer Koalition möglichst viel ausgezahlt zu bekommen. Die
Grundidee bei dem Aumann-Maschler'schen Lösungskonzept von
(stabilen) *Verhandlungsmengen* besteht darin, solche Koalitionsstrukturen und Auszahlungsvektoren auszuzeichnen, bei denen auf
jeden *Einwand* einer Teilkoalition, sie könne sich durch das
Eingehen einer anderen Koalition verbessern, ein berechtigter
Gegeneinwand der restlichen Koalitionspartner erfolgen kann,
auch sie besäßen dann die Möglichkeit zu einer für sie günstigen anderweitigen Koalition. Die auf diesem Wege ausgezeichne-
ten Lösungsmengen sind jedoch schon bei kleinem n im allgemeinen sehr umfangreich und unübersichtlich, so daß man häufig nur

eine grobe Orientierung erhält, wo eine sich tatsächlich ergebende Lösung etwa liegen könnte.

Bei dem Lösungsbegriff des *Kernels* zeichnen Davis und Maschler
(*"The kernel of a cooperative game."* Naval Research Logistics
Quarterly 12 (1965), 106-108) solche Koalitionsstrukturen und
Auszahlungsvektoren aus, bei denen die Mitglieder einer Koalition jeweils "gleich stark" sind - die "Stärke" wird dabei
durch einen Vergleich der Verbesserungen gemessen, welche die
Spieler bei Änderungen der Koalitionsstruktur erreichen können.
Der Lösungsbegriff des Kernels hat zwar den Vorteil der leich-
teren Berechenbarkeit (gegenüber den Verhandlungsmengen), es
gibt jedoch kaum spieltheoretische oder spielpraktische Gründe
für eine besondere Bevorzugung dieser Konfigurationen.

Durch eine Einschränkung des Kernels gelangte Schmeidler (*"The
nucleolus of a characteristic function game."* SIAM Journal on
Applied Mathematics 17 (1969), 1163-1170) zum Lösungskonzept
des *Nucleolus*, bei dem die Auszahlungsvektoren verglichen werden nach ihren Differenzbeträgen gegenüber den erreichbaren
maximalen Auszahlungen. Aus den Einwänden, die gegenüber diesem
Lösungskonzept erhoben wurden, hat Horowitz (*"The competitive
bargaining set for cooperative n-person games."* Journal of
Mathematical Psychology 10 (1973), 265-289) die Anregung zur
Entwicklung des Lösungsbegriffs der *Konkurrenzverhandlungs-
mengen* erhalten - er liefert jedoch bereits selbst Einwände
gegenüber diesem Konzept.

Insgesamt läßt sich wohl feststellen, daß es (bisher) kein
Lösungskonzept für allgemeine n-Personenspiele (in Funktionsform) gibt - und wegen der großen Komplexität des Problems
auch vermutlich nicht geben kann - , das für jeden "Spieler" in
jeder Situation akzeptabel erscheint.

Mit den obigen Bemerkungen wurde auf spezielle Lösungskonzepte
hingewiesen, die aus Platzgründen im Rahmen dieser Einführung
nicht behandelt werden können. Es sei überdies angemerkt, daß
etliche Fragenkomplexe aus der Spieltheorie, die bereits zu

393

eigenständigen Gebieten geworden sind – wie etwa die Theorie
der *Differentialspiele*, die der *stochastischen Spiele* oder die
Spieltheorie mit einem *Kontinuum von Spielern* – nicht einmal
gestreift werden konnten.

AUFGABEN

<u>1.</u> Es sei W ein kooperatives n-Personenspiel in Funktionsform.

a) Für $i \in N$ sei $\gamma_i := \max_{S \subset N-\{i\}} (W(S \cup \{i\}) - W(S))$, und $b \in I(W)$ erfülle *nicht*
die Bedingung
$$b_i \leq \gamma_i \quad \text{für alle } i \in N.$$

Zeigen Sie, daß dann b weder zum Kern C(W) noch zu irgendeiner von-Neumann-
Morgenstern-Lösung von W gehört.

b) Der Kern C(W) sei eine von-Neumann-Morgenstern-Lösung von W. Zeigen
Sie, daß dann für jedes $i \in N$ gilt
$$C(W) \cap \{ b \in I(W); \; b_i = W(\{i\})\} \neq \emptyset.$$

<u>2.</u> W_H sei ein einfaches n-Personenspiel in Funktionsform. Zeigen Sie,
daß $\{b \in I(W_H); \; b_i = 0 \text{ für alle } i \notin H\}$ eine von-Neumann-Morgenstern-Lösung von
W_H ist.

3. Zwei im Ausland hochverschuldete Staaten S_1 und S_2 müssen zur Ab-
wendung eines drohenden wirtschaftlichen Bankrotts zusehen, aus einem
Spezialfonds, der ihnen bei solcher Unbill schon wiederholt unter die Arme
gegriffen hat, einen Kredit (der de facto einer Schenkung gleichkommt) zu
erhalten. Die Kommission, die den Fonds verwaltet, hat zu diesem Zweck einen
Betrag B aus dem Fondsvermögen bereitgestellt, der voll zur Auszahlung gelangt, wenn sich beide Länder über eine Aufteilung des Betrages einig sind.
Liegt zwischen S_1 und S_2 keine Einigkeit darüber vor, dann werden die
Kreditwünsche der Staaten ganz rigoros heruntergehandelt und S_1 bekommt $\frac{B}{4}$
zudiktiert, während S_2 einen Kredit von $\frac{B}{3}$ bekommt.

Stellen Sie das so beschriebene Zwei-"Personen"-Spiel durch seine charakteristische Funktion dar und untersuchen Sie, ob eine Imputation (z_1,z_2)
existiert, die Funktionswert einer Shapley'schen Wertfunktion ist. Bestimmen
Sie gegebenenfalls eine solche Imputation (z_1,z_2).

<u>4.</u> W sei ein n-Personen-Konstantsummenspiel in Funktionsform. Zeigen
Sie, daß dann für die Shapley-Werte der einzelnen Spieler gilt:

$$\Phi_i(W) = 2 \cdot \sum_{\substack{K \subset N \\ i \in K}} \frac{(|K|-1)! \, (n-|K|)!}{n!} \, W(K) \; - \; W(N), \qquad 1 \leq i \leq n.$$

<u>5.</u> Der bisher sehr erfolgreiche Privatbankier Statt ist wegen einiger
riskanter Geschäfte ins Gerede gekommen. Um die Schließung seiner Bank
noch im letzten Moment zu verhindern, wandelt er sein Bankhaus kurzerhand
in eine Aktiengesellschaft um. Mit einem ausgeklügelten Trick bringt er es
darüberhinaus sogar fertig, alle ausgegebenen Aktien innerhalb kurzer Zeit
zu verkaufen: Zunächst einmal kauft er für sich privat einen (nicht unbe-
trächtlichen) Anteil $a < 50\,\%$ dieser Aktien, dann bietet er die noch verbleibenden Wertpapiere interessierten Anlegern zum Kauf an, wobei er die
Einschränkung macht, daß alle anderen Anleger jeweils eine feste Anzahl
von Aktien kaufen müssen. Auf diese Weise ist das Risiko der fremden
Aktionäre genau kalkulierbar, wodurch zum einen ein eventueller Konkurs
relativ "lautlos" abgewickelt werden kann und zum anderen als Kaufargument
für die Anleger die Aussicht auf hohe Spekulationsgewinne voll zur Geltung
kommt. Nicht zuletzt zu seiner eigenen Überraschung hat Herr Statt mit
diesem "Sanierungskonzept" für seine Bank einen so großen Erfolg, daß
- entgegen seinen Befürchtungen - die Bank doch nicht geschlossen wird
und es zur ersten Hauptversammlung der Aktionäre kommt, auf der zur Annahme
eines eingebrachten Antrages die (absolute) Mehrheit der Aktienstimmen erforderlich ist.

Stellen Sie die Situation auf der Hauptversammlung durch ein gewichtetes
Majoritätsspiel dar und analysieren Sie die Machtverhältnisse unter den
n+1 Aktionären mit Hilfe von Shapley-Werten. Was ergibt sich für n→∞, wenn
der relative Aktienanteil a von Herrn Statt konstant bleibt?

LITERATUR

[1] Allais, M.: *Le comportement de l'homme rationnel devant le risque: Critique des postulats et axiomes de l'école Americaine.* Econometrica 21(1953), 503-546.

[2] Aumann, R.J.: *Mixed and behavior strategies in infinite extensive games.* Annals of Mathematics Studies 52 (1964), 627-650.

[3] Aumann, R.J., Shapley, L.S.: *Values of Non-Atomic Games.* Princeton, 1974.

[4] Bamberg, G.: *Über das Garantieprinzip bei allgemeinen Zweipersonenspielen.* Operations Research Verfahren VI (1969), 17-37.

[5] Bauer, H.: *Wahrscheinlichkeitstheorie und Grundzüge der Maßtheorie.* Berlin, 1968.

[6] Bierlein, D.: *Eine Bemerkung zur diskreten gemischten Erweiterung eines unendlichen Spiels.* Archiv der Mathematik 12 (1961), 224-226.

[7] Bierlein, D.: *Über wesentlich indefinite Spiele.* Symposium on Probability Methods in Analysis, 28-35; Berlin, 1967.

[8] Bierlein, D.: *Spieltheorie.* Vorlesungsausarbeitung, Karlsruhe, 1968.

[9] Birkhoff, G.: *Lattice Theory.* 3rd edition, Providence, 1973.

[10] Blackwell, D., Girshick, M.A.: *Theory of Games and Statistical Decisions.* New York, 1954.

[11] Blatter, C.: *Analysis II.* Berlin, 1974.

[12] Bohnenblust, H.F., Karlin, S., Shapley, L.S.: *Games with continuous, convex pay-off.* Annals of Mathematics Studies 24 (1950), 181-192.

[13] Brown, G.W.: *Some notes on computation of games solutions.* RAND Report P-78, Santa Monica, 1949.

[14] Burger, E.: *Einführung in die Theorie der Spiele.* 2. Aufl., Berlin, 1966.

[15] Calder, N.: *Das Lebensspiel.* Reinbek, 1976.

[16] Fan, K.: *Minimax theorems.* Proceedings of the National Academy of Sciences, U.S.A., 39 (1953), 42-47.

[17] Fishburn, P.C.: *Utility Theory for Decision Making.* New York, 1970.

[18] Fishburn, P.C.: *Axioms for expected utility in n-person games.* International Journal of Game Theory 5 (1976), 137-149.

[19] Gale, D., Stewart, F.M.: *Infinite games with perfect information.* Annals of Mathematics Studies 28 (1953), 245-266.

[20] Gass, S.I.: *Linear Programming. Methods and Applications.* New York, 1958.

[21] Gillies, D.B.: *Solutions to general non-zero-sum games.* Annals of Mathematics Studies 40 (1959), 47-85.

[22] Glicksberg, I.L.: *A further generalization of the Kakutani fixed point theorem, with application to Nash equilibrium points.* Proceedings of the American Mathematical Society 3 (1952), 170-174.

[23] Hadley, G.: *Linear Programming.* Reading, 1962.

[24] Hildenbrand, W.: *Core and Equilibria of a Large Economy.* Princeton, 1974.

[25] Huizinga, J.: *Homo Ludens. Vom Ursprung der Kultur im Spiel.* Reinbek, 1956.

[26] Kakutani, S.: *A generalization of Brouwer's fixed point theorem.* Duke Mathematical Journal 8 (1941), 457-459.

[27] Kalai, E.: *Proportional solutions to bargaining situations: Interpersonal utility comparisons.* Econometrica 45 (1977), 1623-1630.

[28] Kalai, E., Smorodinsky, M.: *Other solutions to Nash's bargaining problem.* Econometrica 43 (1975), 513-518.

[29] Karlin, S.: *Mathematical Methods and Theory in Games, Programming, and Economics.* 2 Bände. Reading, 1959.

[30] Kindler, J.: *Spiele mit abzählbarem Baum.* Operations Research Verfahren XXI (1975), 141-154.

[31] Kornai, J.: *Anti-Equilibrium.* 2nd printing, Amsterdam, 1975.

[32] Krelle, W., Coenen, D.: *Das nichtkooperative Nichtnullsummen-Zwei-Personen-Spiel*. Unternehmensforschung 9 (1965), 57-79; 137-163.

[33] Kuga, K.: *Brouwer's fixed point theorem: An alternative proof*. SIAM Journal on Mathematical Analysis 5 (1974), 893-897.

[34] Kuhn, H.W.: *Extensive games and the problem of information*. Annals of Mathematics Studies 28 (1953), 193-216.

[35] Kuhn, H.W.: *An algorithm for equilibrium points in bimatrix games*. Proceedings of the National Academy of Sciences, U.S.A., 47 (1961), 1657-1662.

[36] Kumfert, M.: *Ein Verhandlungsmodell für das kooperative Zweipersonenspiel ohne und mit Berücksichtigung von Drohungen*. Diplomarbeit, Münster, 1976.

[37] Lemke, C.E., Howson, J.J.: *Equilibrium points of bimatrix games*. Journal of the Society for Industrial and Applied Mathematics 12 (1964), 413-423.

[38] Lucas, W.F.: *The proof that a game may not have a solution*. Transactions of the American Mathematical Society 137 (1969), 219-229.

[39] Luce, R.D., Raiffa, H.: *Games and Decisions*. New York, 1957.

[40] Mangasarian, O.L.: *Equilibrium points of bimatrix games*. Journal of the Society for Industrial and Applied Mathematics 12 (1964), 778-780.

[41] Maynard Smith, J.: *The Theory of games and the evolution of animal conflicts*. Journal of Theoretical Biology 47 (1974), 209-221.

[42] Nash, J.F.: *The bargaining problem*. Econometrica 18 (1950), 155-162.

[43] Nash, J.F.: *Non-cooperative games*. Annals of Mathematics 54 (1951), 286-295.

[44] Nash, J.F.: *Two-person cooperative games*. Econometrica 21 (1953), 128-140.

[45] von Neumann, J.: *Zur Theorie der Gesellschaftsspiele*. Mathematische Annalen 100 (1928), 295-320.

[46] von Neumann, J., Morgenstern, O.: *Theory of Games and Economic Behavior*. Princeton, 1944.
deutsche Übersetzung: *Spieltheorie und wirtschaftliches Verhalten*. 3. Auflage, Würzburg, 1973.

[47] Nikaido, H., Isoda, K.: *Note on noncooperative convex games*. Pacific Journal of Mathematics 5 (1955), 807-815.

[48] Nydegger, R., Owen, G.: *Two person bargaining: An experimental test of the Nash axioms*. International Journal of Game Theory 3 (1974), 239-249.

[49] Opitz, O.: *Eine Konkurrenzsituation bei endlichen Zweipersonen-Spielen*. Operations Research Verfahren VI (1969), 220-226.

[50] Opitz, O.: *Geometrische Kriterien für endliche Zweipersonen-Spiele*. Operations Research Verfahren VII (1970), 161-196.

[51] Owen, G.: *Game Theory*. Philadelphia, 1968.
deutsche Übersetzung: *Spieltheorie*. Berlin, 1971.

[52] Parthasarathy, T.: *A note on a minimax theorem of T.-T. Tie*. Sankhyā 27 (1965), Series A, 407-408.

[53] Parthasarathy, T., Raghavan, T.E.S.: *Some Topics in Two-Person Games*. New York, 1971.

[54] Robinson, J.: *An iterative method of solving a game*. Annals of Mathematics 54 (1951), 296-301.

[55] Rosenmüller, J.: *Kooperative Spiele und Märkte.* Berlin, 1971.

[56] Rosenthal, R.W.: *An arbitration model for normal-form games.* Mathematics of Operations Research 1 (1976), 82-88.

[57] Roth, A.E.: *Individual rationality and Nash's solution to the bargaining problem.* Mathematics of Operations Research 2 (1977), 64-65.

[58] Savage, L.J.: *The Foundations of Statistics.* New York, 1954.

[59] Schmitz, N.: *Bemerkung zur Verwendung randomisierter Verfahren.* Operations Research Verfahren XIX (1974), 116-120.

[60] Schmitz, N.: *Eine Klasse von Mehrpersonen-Spielen ohne von-Neumann'sche Lösung.* Institut für Mathematische Statistik, Münster, Arbeitspapier S 13 (1975).

[61] Schmitz, N.: *Two-person bargaining without threats - a review note.* Operations Research Verfahren XXIX (1978), 517-533.

[62] Selten, R.: *Spieltheoretische Behandlung eines Oligopolmodells mit Nachfrageträgheit.* Zeitschrift für die gesamte Staatswissenschaft 121 (1965), 301-324; 667-689.

[63] Selten, R.: *A simple model of imperfect competition, where 4 are few and 6 are many.* International Journal of Game Theory 2 (1973), 141-201.

[64] Selten, R.: *Reexamination of the perfectness concept for equilibrium points in extensive games.* International Journal of Game Theory 4 (1975), 25-55.

[65] Shapley, L.S.: *A value for n-person games.* Annals of Mathematics Studies 28 (1953), 307-317.

[66] Simmons, D.M.: *Linear Programming for Operations Research.* San Francisco, 1972.

[67] Tjoe-Tie, T.: *Minimax theorems on conditionally compact sets.* Annals of Mathematical Statistics 34 (1963), 1536-1540.

[68] Tucker, H.G.: *A Graduate Course in Probability.* New York, 1967.

[69] Vorob'ev, N.N.: *Equilibrium points in bimatrix games.* Theory of Probability and its Applications 3 (1958), 297-309.

[70] Vorob'ev, N.N.: *Game Theory.* New York, 1977.

[71] Wald, A.: *Statistical Decision Functions.* New York, 1950.

[72] Wickler, W., Seibt, U.: *Das Prinzip Eigennutz; Ursachen und Konsequenzen sozialen Verhaltens.* Hamburg, 1977.

[73] Williams, J.D.: *The Compleat Strategyst.* 2nd edition, New York, 1966.

[74] Zachow, E.-W.: *Zur Darstellung von Präferenzrelationen durch Nutzenerwartungswerte.* Dissertation, Universität Münster, 1976.

[75] Zachow, E.-W.: *Expected utility in two-person games.* Mathematics of Operations Research 4 (1979), to appear.

[76] Zachow, E.-W., Schmitz, N.: *Eine Axiomatisierung des erwarteten Nutzens.* Mathematical Economics and Game Theory, Essays in Honor of O. Morgenstern, 250-264. Berlin, 1977.

Sachverzeichnis